半导体科学与技术丛书

太阳电池基础与应用（第二版）

（上册）

朱美芳　熊绍珍　主编

科学出版社

北京

内 容 简 介

本书较系统地介绍与阐述太阳电池的物理基础及运作原理、各类电池的研究进展及光伏发电应用的基本问题。全书上、下册共 12 章,第 1 章详细介绍太阳电池的发展以及由此引出的物理思考。第 2 章就光伏材料基本性质、电池工作原理、参数表征及理论模拟进行基础性分析。随后各章分别介绍各类电池的基本结构、技术特点、产业化与展望,其中包括:晶体硅电池(第 3 章);III-V族化合物电池(第 4 章);各种薄膜电池如硅基薄膜电池(第 5 章);CIGS 电池(第 6 章);CdTe 电池(第 7 章)及染料敏化与有机电池(第 8 章,第 9 章)。第 10 章介绍了高效"新概念"电池的基础理论与技术进展。第 11 章和第 12 章分别就太阳电池、组件以及光伏系统性能测试与光伏发电等相关应用问题,结合实际进行了较为全面与系统的介绍。

本书可作为高等院校高年级本科生、研究生、相关教师的教材或参考书,也可作为从事光伏与光电子器件领域科研人员与工程技术人员的参考书。

图书在版编目(CIP)数据

太阳电池基础与应用.上册/朱美芳,熊绍珍主编.—2 版.—北京:科学出版社,2014.3

ISBN 978-7-03-039789-8

Ⅰ.①太… Ⅱ.①朱…②熊… Ⅲ.①太阳能电池 Ⅳ.①TM914.4

中国版本图书馆 CIP 数据核字(2014)第 029152 号

责任编辑:钱 俊 / 责任校对:郭瑞芝
责任印制:吴兆东 / 封面设计:陈 敬

科 学 出 版 社出版

北京东黄城根北街 16 号
邮政编码:100717
http://www.sciencep.com

北京虎彩文化传播有限公司 印刷

科学出版社发行 各地新华书店经销

*

2009 年 10 月第 一 版 开本:720×1000 1/16
2014 年 3 月第 二 版 印张:28 1/4
2023 年 7 月第十次印刷 字数:540 000

定价:148.00 元
(如有印装质量问题,我社负责调换)

《太阳电池基础与应用(第二版)》编撰人员名录

第 1 章　熊绍珍　南开大学

第 2 章　朱美芳　中国科学院大学

　　　　熊绍珍　南开大学

第 3 章　施正荣　尚德电力控股有限公司

第 4 章　向贤碧　中国科学院半导体研究所

　　　　廖显伯　中国科学院半导体研究所

第 5 章　阎宝杰　胜华电光公司(Wintek Electro-Optics Corporation)

　　　　廖显伯　中国科学院半导体研究所

第 6 章　李长键　南开大学

　　　　张　力　南开大学

第 7 章　刘向鑫　中国科学院电工研究所

第 8 章　戴松元　中国科学院等离子体研究所

第 9 章　朱永祥　华南理工大学

　　　　陈军武　华南理工大学

　　　　曹　镛　华南理工大学

第 10 章　朱美芳　中国科学院大学

第 11 章　李长键　南开大学

　　　　翟永辉　中国科学院电工研究所

第 12 章　王斯成　国家发展和改革委员会能源研究所

　　　　王一波　中国科学院电工研究所

　　　　许洪华　中国科学院电工研究所

《半导体科学与技术丛书》出版说明

半导体科学与技术在 20 世纪科学技术的突破性发展中起着关键的作用,它带动了新材料、新器件、新技术和新的交叉学科的发展创新,并在许多技术领域引起了革命性变革和进步,从而产生了现代的计算机产业、通信产业和 IT 技术。而目前发展迅速的半导体微/纳电子器件、光电子器件和量子信息又将推动本世纪的技术发展和产业革命。半导体科学技术已成为与国家经济发展、社会进步以及国防安全密切相关的重要的科学技术。

新中国成立以后,在国际上对中国禁运封锁的条件下,我国的科技工作者在老一辈科学家的带领下,自力更生,艰苦奋斗,从无到有,在我国半导体的发展历史上取得了许多"第一个"的成果,为我国半导体科学技术事业的发展,为国防建设和国民经济的发展做出过有重要历史影响的贡献。目前,在改革开放的大好形势下,我国新一代的半导体科技工作者继承老一辈科学家的优良传统,正在为发展我国的半导体事业、加快提高我国科技自主创新能力、推动我们国家在微电子和光电子产业中自主知识产权的发展而顽强拼搏。出版这套《半导体科学与技术丛书》的目的是总结我们自己的工作成果,发展我国的半导体事业,使我国成为世界上半导体科学技术的强国。

出版《半导体科学与技术丛书》是想请从事探索性和应用性研究的半导体工作者总结和介绍国际和中国科学家在半导体前沿领域,包括半导体物理、材料、器件、电路等方面的进展和所开展的工作,总结自己的研究经验,吸引更多的年轻人投入和献身到半导体研究的事业中来,为他们提供一套有用的参考书或教材,使他们尽快地进入这一领域中进行创新性的学习和研究,为发展我国的半导体事业做出自己的贡献。

《半导体科学与技术丛书》将致力于反映半导体学科各个领域的基本内容和最新进展,力求覆盖较广阔的前沿领域,展望该专题的发展前景。丛书中的每一册将尽可能讲清一个专题,而不求面面俱到。在写作风格上,希望作者们能做到以大学高年级学生的水平为出发点,深入浅出,图文并茂,文献丰富,突出物理内容,避免冗长公式推导。我们欢迎广大从事半导体科学技术研究的工作者加入到丛书的编写中来。

愿这套丛书的出版既能为国内半导体领域的学者提供一个机会,将他们的累累硕果奉献给广大读者,又能对半导体科学和技术的教学和研究起到促进和推动作用。

2005 年 3 月 16 日

第二版前言

光伏发电作为洁净的可再生能源,在改变现有能源结构、改善生态环境,以及未来能源中将占据重要地位,已成为世界各国极为关注的领域。自贝尔实验室的第一个晶体硅太阳电池起,太阳电池的研发至今已半个世纪有余,但从未像现在这样受到高度重视与蓬勃发展。

《太阳能电池基础与应用》一书于 2009 年 10 月出版。在本书出版后的这几年中,以提高电池效率、降低电池成本为主要目标的技术取得了大的发展。太阳电池的新技术成果不断涌现,各类太阳电池的世界纪录不断刷新,特别是产业化中太阳电池组件效率与成本明显下降;光伏发电应用市场得到迅速发展,成为新能源市场不可或缺的领域;有机太阳电池的高速进展,是由电池新材料研发带动的新技术、新工艺与出现新型太阳电池为典型代表;过去纯属"新概念"的高效太阳电池的实验研究,其理论模型亦得以部分验证。为能反映光伏技术领域的快速发展,本书作者本着实时更新的觉悟,决定编写第二版。为规范对太阳电池的称谓,第二版的书名为《太阳电池基础与应用》。

本书旨在全面、深入地介绍光伏器件的工作原理及特性参数、各类电池的结构与制备技术及发展前景,并涉及光伏器件的应用及新型电池的基本概念,同时希望尽可能地反映目前科研和生产的最先进水平和技术,力求写成一本既具有较深基础理论又有实用价值,既有实际指导意义又具有科学前瞻性的光伏书籍,使读者对未来光伏器件发展的新概念和新技术有所启示,能够成为有参考价值的教科书与光伏研究人员的参考书。

本书第二版对各类电池进行了全面的介绍。基于"既具有扎实基础理论又有实用价值,既有实际指导意义又有科学前瞻性的光伏书籍"的宗旨,各章作了必要的修改,特别是跟进太阳电池的新概念、新技术、新成果与光伏各领域的新进展。在第二版中,我们增添了三章;CdTe 薄膜太阳电池列为第 7 章。将发展极为迅速的有机聚合物太阳电池从原来的染料敏化电池章节中分出,作了充实与展开,独立为第 9 章。为了增加与光伏应用有关的内容,将测试部分与应用分开,增设第 11章太阳电池与组件的测试以及第 12 章光伏发电系统及应用。希望改版后的内容能给读者提供更为全面与有益的帮助。

本书第二版上、下册共 12 章,从内容而言分四个方面:

(1) 太阳电池的发展史与基础理论(第 1 章,第 2 章);

(2) 各类电池的基本结构、技术特点、产业化与展望(第 3 章~第 9 章);

　　(3) 新概念电池的详细阐述及进展(第 10 章);

　　(4) 光伏电池测试与光伏发电应用的基本问题(第 11 章,第 12 章)。

　　本书各章主笔均是长期工作在光伏领域第一线的专家,他们不仅就太阳电池的原理以及相关技术深入浅出地进行概括与阐述,并总结了在第一线进行科研与生产指导的丰富经验,提供了及时的参考文献。十分感谢他们对本书付出大量的伏案工作,为提高本书的质量提供了保证。

　　特别感谢陈文浚研究员对本书第 4 章的审阅,孙云教授对本书第 6 章的审阅,吴选之研究员对本书第 7 章的审阅,肖志斌研究员对测试有关部分的审阅。

　　在编写过程中,作者力求物理图像表述清晰、数学推导准确、文字叙述流畅。但由于时间紧迫,作者学识有限,不足与疏漏难免,衷心希望得到广大读者和同行的批评、指正。

作　者

2013 年 12 月

第一版序言

当今，越来越多的人认为，不论是通过光热途径还是光伏途径，直接应用太阳能不可避免地将成为人类使用能源的方式，特别是，这种方式将成为人类最终使用能源的重要组成部分。太阳能将在 21 世纪（或者可能在 22 世纪内）世界范围内直接替代数十亿吨人类现在主要使用的化石能源。太阳能具有环境友好特性，当前太阳能的一些直接应用，特别是前面提到的"光明前景"，驱使人们在言论中、在宣传上、在各国政策方面、在直接或风险投资方面都给予太阳能事业越来越强烈的支持。世界各国也确立了更多的太阳能项目，其中有一些在十万千瓦以上。这些情况的确使人激动，也将以前所未有的力量与速度推动整个太阳能事业，使太阳能大规模的使用更早到来。就拿我国来说，未来如果十几亿人都能过上"小康"的现代生活；如果我国要有与其他发达国家相比的生产能力与防卫能力；如果我国要承担在世界上应承担的责任，即便节能水平能与美、欧、日相当，到 2050 年左右我国能耗也将达到 40 亿～50 亿吨标煤以上，我国发电能力也将达十几亿千瓦电功率。有些人还认为这些是比较保守的估计，因为到那时我国人均年能耗也只约是美国的 1/3，西欧和日本的一半。长期支撑这样大的能耗，并考虑到我国资源情况及国际环境和我国的环境状况，到 22 世纪初如果不能用非化石能源，如核能、太阳能，替代相当一部分化石能源，我们国家、我们民族的发展都会受重大影响。因此，大规模推进太阳能的发展和应用，对我国尤为重要。这里特别强调的是着眼于为大规模发展太阳能、使太阳能在我国整个能源结构中占相当比重而去工作、去布局。在上述背景下，出版该书是非常有意义的。该书比较公正、全面介绍各主要光伏太阳能的途径，它们的基本过程及主要技术，它们各自的特点及发展前景。该书各章的作者基本上都是我国在各光伏太阳能途径上研究、开发的领军人物，因此各章除了介绍各途径外，对途径发展的分析和讨论，也是有很多亲身体会和真知灼见的。应该说，这些体会和见解是我国多年来发展太阳能工作的收获，在某种程度上的凝练。这是该书与其他介绍太阳能书籍的一个区别。对于今后越来越多投身太阳能事业的年轻科技工作者来说，阅读该书应该有可能得到更多的收益，产生一些真正的潜移默化。

从该书的结构也可以看出，在今后很多年内，发展大规模太阳能源都将是非常艰巨的工作和事业，当今也还只能看成是事业的起始。对所涉及的各种光伏太阳能，各有各的优点，也各有各的问题，尽管都发展多年，但都还未能确切地判断其是否适合于大规模发展。此外，由于太阳能的一些特点，如何在国家能源网络中接纳一定比例的太阳能,是从现在开始就必须考虑或准备的。例如,是否要发展大规模氢能系统,作为存储及传送太阳能及其他非均匀产能能源(如风能等)的调整、分配,或作为整个能源系统中的储能系统;如果以光伏太阳能途径为主,则发展和建设一个能接纳一定比例非均匀光伏电能输入的电网,其难度也不亚于建设相应规模的光伏电站。这些问题,通常的"环保人士"是不太会提及的,但却是从事太阳能事业的科技工作者、从事当前光伏应用的人士所必须考虑、必须反映的。

相信该书的出版,将会促进我国太阳能事业的发展与扩大。

霍裕平

中国科学院院士　郑州大学教授

2009 年 7 月 1 日

第一版前言

面临严峻的能源形势和生态环境的恶化,改变现有能源结构、发展可持续发展的绿色能源已成为世界各国极为关注的课题。太阳能电池是从太阳获得洁净能源的主要途径之一,虽然从太阳能电池的发明到现在已有半个世纪,但从来没有像现在这样受到重视和获得高速的发展。《太阳能电池基础与应用》一书受到这样的大环境的推动,成为科学出版社的《半导体科学与技术丛书》之一。

本书旨在全面、深入地介绍光伏器件的工作原理及特性参数、各类电池的结构与制备技术及发展前景,并涉及光伏器件的应用及新型电池的基本概念。同时希望尽可能地反映目前科研和生产的最先进的水平和技术。力求写成一本既有较深基础理论又有实用价值,有实际指导意义又有前瞻性科学意义的光伏书籍,使读者对未来光伏器件发展的新概念和新技术有所启示,并能够成为有参考价值的教科书与光伏电池研究人员的参考书。

本书共分9章。从内容而言分4个层面:

- 太阳电池的发展史与基础理论(第1章,第2章);
- 各类电池的基本结构、技术特点、产业化与展望(第3~7章);
- 光伏应用的基本问题与示例(第8章);
- 新概念电池的详细阐述,现状与展望(第9章)。

本书各章的主笔均是长期工作在光伏领域第一线的研究人员与工程技术人员。以他们在进行科研与生产指导时的丰富学识和专业经验,就太阳能电池的原理、相关技术,系统地进行了概括与阐述。

其中第1章由熊绍珍编写,该章详细介绍了太阳能电池的发展史,以及由此引出的物理与发展前景的思考。第2章由朱美芳和熊绍珍编写,主要内容为光伏电池的物理基础,包括半导体材料与物理的基本性质、太阳能电池工作原理、参数表征及模拟计算等。该章为后续各章提供了必要的基础知识。第3章由施正荣编写,主要介绍晶体硅太阳能电池及其组件,特别讨论了高效晶体硅电池产业化前沿中的重要问题。第4章由向贤碧及廖显伯编写,主要叙述高效Ⅲ-Ⅴ族化合物电池的发展和展望。第5章由阎宝杰与廖显伯编写,该章全面介绍了硅基薄膜材料与电池的基本性质,硅基薄膜电池的不同结构与工艺,并深入讨论了产业化中的关键问题。第6章是由李长健编写的铜铟镓硒化合物薄膜电池,该章全面介绍了铜铟镓硒薄膜材料的基本性质,电池结构与制备技术,讨论了该电池的发展动向。第7章由戴松元与李永舫编写,该章对染料敏化电池与有机电池进行了比较系统深入的介绍。第8章由王斯成与李长健编写,该章系统地介绍了太阳能电池实际应用中的相关技术,并结合实际,给出了有意义的示例。最后,第9章由朱美芳编写,该章主要介绍了太阳能电池的理论极限效率,以及为获得高的光电转换效率所提出的各类新概念太阳能电池,电池的基本物理过程及技术展望,给读者于深入思考的空间。

我们特别感谢王占国院士、耿新华教授、孙云教授、林原研究员和翟永辉研究员分别对本书第4章,第5章,第6章,第7章与第8章的审阅。该书受到国家重点基础研究发展计划项目(2006CB202600)的资助。特别感谢973项目首席专家戴松元研究员与赵颖教授对本书编写过程中的多方面支持。

在编写过程中,作者力求物理图像表述清晰,数学推导准确,文字叙述流畅。主编最后对全书各章进行了仔细评阅与校对。但由于作者学识有限,时间紧迫,错误及遗漏难免。特别是,本书的出版与近年光伏电池的许多创新性的结果,尤其是与光伏产业年均增长50%以上的高速发展相比,仍有不够全面与完善之处。衷心希望能得到广大读者和同行的批评、指正,以便在后续再版中不断完善。

作　者

2009 年 5 月

目　　录

(下册)

第1章 光伏发电——人类能源的希望

熊绍珍

弗利茨(C. Fritts)于1883年在以融化的Se片作有源层的夹心电极结构上施加光照,观察到有电流流过的现象[1]。他指出这个电流可以储存起来,也可传输到你所设想用它的地方。这位一百多年前的科学先驱,预示了光伏技术的应用思路。之后于20世纪30年代,肖特基(Schottky)在固态氧化亚铜(Cu_2O)上发现一种"光转换成电压"的光伏效应[2],从此科学界哲人们一直致力于从太阳那里获取能量。光伏研究走过的历程,显示人类追求新能源不弃不舍的韧劲。这是因为从"蒸汽机"到"电动机"的一系列动力技术发明中看到,是能源的发展带动着人类社会的进步。但现今以化石能源为主的能源结构在带给社会进步的同时,日益显示出对人类生存环境严重的破坏力。因此"保护地球,改变现有能源结构"成为全球的呼声。发展光伏能源,其中从电解水产生氢能以及光伏与热的同步利用[3],是最清洁环保的可再生能源之一,也成为各国政府大力支持的国策。因为,太阳能量来源的无偿性、无地域性,可为人类世世代代地提供取之不尽、用之不竭的可再生清洁能源。

1.1 光伏能源是环境友好的最佳选择

1.1.1 能源是当今社会发展水平的标志

图1.1是2011年由联合国对占全球人口90%以上的130多个国家有关各国人类发展指数(human development index, HDI)分布的统计图表。其中图1.1(a)中HDI的数值以颜色表示[4],颜色与HDI数值的对应关系示于表1.1中。表1.2给出2011年HDI国际排名前五位的国家以及与中国排名的比较。图1.1(b)以电力消耗表征各国的HDI分布图[5]。

图1.1(a)中的HDI,由三个指数综合组成。其一是健康指数(LEI),与寿命预期指数(life expectancy index)相关;其二是教育指数(education index, EI),与受教育的年数相关;其三是收入指数(Ⅱ),与年均收入(income index)相关(折合美元计)。这些数据综合表征了各国人民的生活质量。我国是发展中国家,占国际排名的101位,属于中等偏下。图1.1(b)示出HDI与各国年人均电力需求的关系①。

---

① 每年的HDI数据统计各有侧重,仅2000年是以年人均消耗电力为标准计算的。2011年则是以年均收入水平计算的。

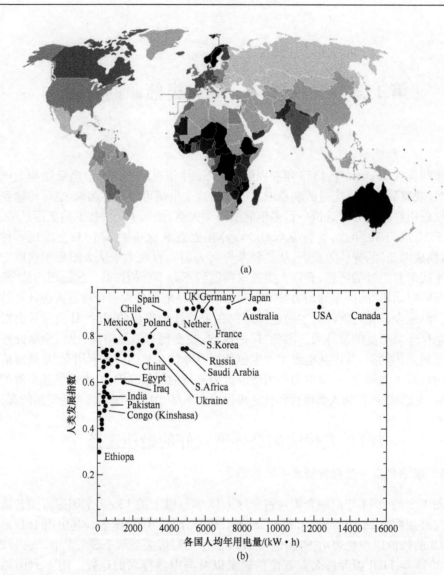

(a)

(b)

图 1.1　各国 HDI 分布图[4,5]

(a)各国 HDI(以颜色表示)的分布图[4];(b)HDI 与人均年消耗电力关系(2000 年数据[5])

表 1.1　图 1.1(a)中颜色与 HDI 对应表[4]

0.900以上	0.650~0.699	0.400~0.449
0.850~0.899	0.600~0.649	0.350~0.399
0.800~0.849	0.550~0.599	0.300~0.349
0.750~0.799	0.500~0.549	0.300以下缺数据
0.700~0.749	0.450~0.499	

表 1.2　2011 年 HDI 排名前五位国家以及与中国的比较[4]

排名		国家	HDI	
以新计算法算2011 年排名[1]	相对于 2010 年的变化[1]		新计算法计算2011 年 HDI	相对于 2010 年变化量
1	—	Norway(挪威)	0.943	▲ 0.002
2	—	Australia(澳大利亚)	0.929	—
3	—	Netherlands(荷兰)	0.910	▲ 0.001
4	—	United States(美国)	0.910	▲ 0.002
5	—	New Zealand(新西兰)	0.908	—
101	—	China(中国)	0.687	▲ 0.005

如图 1.1 所示我国的电力消费在 2000 年人年均五百多度(kW·h)，至今，对我国 13 亿人口，人年均要提高到一倍的话，这将是多大的电力需求！能源从哪里来？显然我们不能选择无节制地燃烧更多的化石燃料、释放更多兆吨级温室气体，更不能在无法安全处置核废料之前继续建造更多的核能电厂。发展可再生能源是保障社会进步，同时保护人类生存环境的必由之路！

图 1.2 展示自 1990 年到 2030 年各国温室排放状况及其预测比较[6]。中国属于快速发展的发展中国家，对环境保护重视不足的情况下，温室气体排放造成的危害十分惊人！按图中速率至 2015 年之后，排放温室气体的数量将赶上并超过世界最发达国家——美国。纵观我国近年来云雾天气、重大自然灾害不断，生产生活严重受损，这应该是一种警示：环境是自洽的，破坏与灾害将同比增长！为此自 1997 年 12 月 11 日各国政府间签订《京都议定书》以来，各国连续发表节能减排、开发新能源的计划，以努力拯救地球。

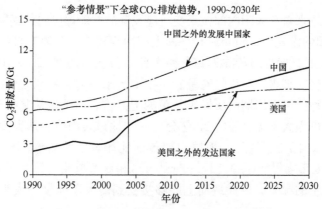

图 1.2　各国温室排放状况及其趋势预测[6]

资料来源：世界能源展望 2006，IEA

1.1.2　太阳能是未来能源的主力

图 1.3 和表 1.3 分别示出联合国环境规划署从 2004～2011 年对全球可再生能源投资随年度增长的统计数据以及 2011 年投资中各类能源所占比例[7]。该图、表显示,全球可再生能源投资额 7 年内增长 6 倍,2011 年总投资 2570 亿美元,其中太阳能为 1470 亿美元,占到一半以上(57%),说明了将太阳能发展成能源主力的期盼。

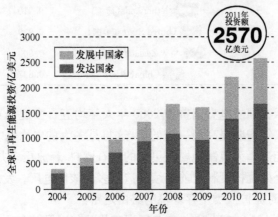

图 1.3　全球对可再生能源投资年度增长趋势[7]

表 1.3　2011 年对各类可再生能源投资额及其所占比例[7]

类别	太阳能	风力	生物质	生物燃料	小水力	地热
投资/亿美元	1470	840	110	70	60	30
比例/%	56.98	32.56	4.26	2.71	2.33	1.16

1. 太阳是地球和大气能量的源泉

太阳的能量来自于太阳内部核聚变所蕴藏着的并能爆发向外辐射的能量。据粗略估计,太阳的发光度(luminosity),即太阳向宇宙全方位辐射的总能量流是 4×10^{26} J/s。其中向地球输送的光和热,每分钟达 250 亿亿卡的热能(2.5×10^{18} cal/min)①,相当于燃烧 4 亿吨烟煤所产生的能量。一年中太阳辐射到地球表面的能量,相当于人类现有各种能源在同期内所提供能量的上万倍。而地球从其他天体,如来自宇宙的辐射能仅为太阳辐射能的 20 亿分之一。地球表面除了从太阳那里取得能源外,也从地球内部获得能量,地球内部传到地球表面的热量,全年约为 5.4×10^4 cal/m²,与太阳辐射能($\sim 9.12 \times 10^8$ cal/m²)相比可忽略不计。所以说,太阳是地球和大气能量的源泉。因此地面上能够接受到的太阳能量的大小及其光谱分

---

① 1cal=4.1868J。

布,以及太阳能随地域的分布状况,都是我们利用太阳能的依据。

2. 光伏发电是最适合人类应用的可再生能源形式

太阳能利用中,除了太阳的光和热直接利用外,最主要的利用思路是太阳能发电。当前主要包括两大方面:光伏(photovoltaic, PV)发电和光热发电(thermal power plants)。至今太阳热发电,需在较高直接辐射太阳能并辅以聚光条件时才将具有明显价值,在西班牙曾有所尝试,中科院电工研究所亦于北京建有电站予以示范。光伏发电是指利用一种能产生"光伏效应(将光能转换成电能)"[2]的器件所发电,称之为"光伏发电"。光伏发电的载体是太阳电池。光伏产品是以电池板组件形式,既可转换太阳的直接辐射能,也可以相同的转换效率利用太阳光的漫射能。它可用在地球上任何有阳光的地方,不受地域的限制。

电力是当今人类生产生活中最通用的能源形式。光伏发电产生的是电力,与现代人们广泛使用的电力形式完全匹配。除受白天黑夜的时间限制外,只要有阳光的地方都可以用阳光来发电。光伏发电提供电能的方式,大致可分两种,一种是独立应用,一种是并网应用。在独立应用中也可以为分布式或一家一户的各自独立应用。尤其是边远山区、海岛,或沿交通、通信线路设置的中继监控等应用,应用方式可多样灵活。随着光伏产业的发达,并网发电将逐步进入广阔的城市用电、智能光伏建筑群的能源市场。其将由辅助能源,逐渐向着替代、乃至将来成为重要的能源形式发展,这正是"平价供电"的目标。光伏的并网发电,白天用电高峰时,自身发出的电为城市家庭提供部分生活用电或储存供晚上用,或提交电网供公共使用;夜间则利用白天储存电能或从电网获得电力。既保证正常生活又可减轻电网负担。因此可以说,光伏发电为现代文明生活和社会进步提供了一个崭新且安全保障的可再生能源。光伏既可地面应用也可空间应用。它一直为人造卫星、空间站等航天飞行器提供电力。光伏之所以能够成为可持续发展的能源,其无地域限制的优势,是其他可再生能源望尘莫及的!

3. 光伏发电任重而道远

工业时代兴起的化石燃料能源,在促进社会发展的同时,亦使人类赖以生活的环境遭受破坏得越来越严重。1973年10月第一次世界性的石油危机,促使大部分国家的政府开始认识到继续使用化石燃料已经到了危险境地,纷纷审视和制定相应政策和法规,以推进包括太阳能利用在内的可再生能源的发展。美国专门成立了"能源研究和开发署"(US Energy Research and Development Agency)(现美国能源部的前身),设立专项基金于可再生能源,尤其是光伏项目的支持。随后,日本的"阳光"(Sun Shine)计划,德国的太阳能计划纷纷启动,开启了光伏的新纪元。

1992年一份有关世界环境保护紧急状况的研究报告提交到政府首脑会议。

该报告分析了在发展中国家既要减少 CO_2 排放又要维持高度经济增长速率的可能途径。其途径之一就是要"不断提高可再生能源在国家总能源中的比例",并要"考虑新能源占总能源比例提高之时,还必须使其增长的速度,逐步能和化石能源消耗带来环境破坏的程度相补偿,以满足社会进步和环境保障的综合平衡"。该概念由图 1.4(a)所描述。图中部那条粗线描述的是为达到减少环境污染足以保持经济稳步发展,需要在发展中国家逐年累计建立光伏(PV)电力的趋势图。浅色线为世界电力总发电量需求数(用太瓦小时——TW·h(10^9 度)为单位)。按此预测,到2040 年光伏将占到总能源需求的 1/6。图 1.4(b)是联合国提交到各国政府首脑

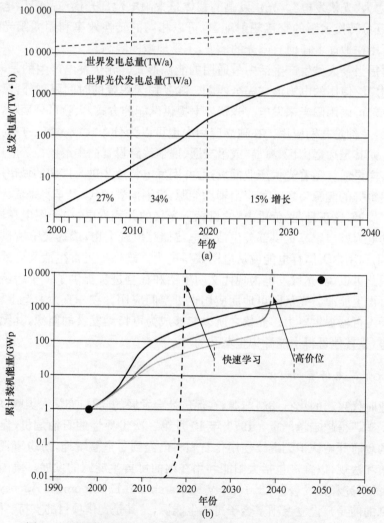

图 1.4　世界能源组织(IEA-PVPS)的预测,至 2020 年 PV 占 1%,
2040 年大于 20%(a),光伏电池装机容量预测(b)

文件中有关解决温室效应改变现有能源结构所作的光伏发展的预测[8]。该图描述，在 20 世纪头 10 年，光伏电力的发展速度较快，而后有所变缓。图中所示三条深浅程度不同的曲线分别示出按照国民经济总产值（general national product，GNP）的百分比用于发展光伏所预期的装机容量。其中实线是把 GNP 的 0.3% 用于 PV 发展开发的奋斗目标。其下两条浅阴影线之间是与弹性需求相关联的预期装机容量。最下面那条浅阴影线，对应工业化国家计划用 0.05% 用于 PV 事业的发展，而中间那条浅影线对应将 GNP 的 0.2% 用于发展 PV 事业。除非常规能源的价格成倍增长，或者，为使光伏产品具有竞争力，需以微电子 0.32 的"快速学习"（quick learn）经验因子、创新型的发展和商品化（见图中短虚线所示）。图中上部的两个黑点，分别代表 2025 年和 2050 年两个节点年所对应的光伏能源在总能源中所占比例的预测指标。预计到 2025 年，光伏能源占总能源的比例为 22%，到 2050 年将占到 34%，即到 21 世纪中叶，光伏能源占到整个能源体系的 34% 的时候，人类生产生活用电的 1/3 将取自于光伏发电，这时光伏已经不再是替代性能源，而是实实在在的主力能源之一了！

　　回顾光伏发展的历程[9]，我们感到光伏事业任重而道远。从 1839 年法国 Becquerel 最初发现液体电解液中的光电效应，到 1883 年美国 Fritts[1] 研制出第一个 Au/Se/Metal 结构（$30cm^2$）太阳电池雏形；再到 1930 年肖特基（Schottky）首次对固态 Cu_2O 电池提出"光伏效应"理论[2]，摸索了近一个世纪。1954 年美国贝尔实验室的皮尔森（Pearson）偶然发现了单晶硅 pn 结上的光伏现象[10]，开启了"pn 结"结型电池时代。又经约半个世纪的研发，1999 年澳大利亚新南威尔士大学的马丁·格林创造出单晶硅电池效率达 25% 的最高纪录[11]，才宣告光伏事业的来临。

　　为使太阳电池进入能源市场，降低成本、提高转换效率并同时提高产率，成为当务之急。此时减薄单晶硅电池厚度、创新高效电池结构、开发新型薄膜光伏材料及其太阳电池，成为 20 世纪后半叶科学界关注的重点。20 世纪 80 年代第一个效率大于 10% 的 CuInSe 薄膜太阳电池在美国制出；RCA 的 Carlson 等最先于 1976 年开始非晶硅太阳电池的研究[12]，并于 1980 年效率达 8%[13]，为非晶硅电池进入产业化提供依据。1991 年瑞士诺桑 Gratzel 的"染料敏化"电池首次开发成功[14]，随后几年固/液电池效率达 11%，开创了化学类"非结型"电池[15]。2008 年，美国 NREL 宣布薄膜 CnInSe 电池效率达 19.9%[16]，第一个 GaInP/GaAs/Ge 三结聚光电池正式应用到 1 号空间站上。到 21 世纪初的 2003 年，持久的中东战争引发第二次石油危机，再次唤起人们对发展可再生能源，尤其是太阳电池的专注。此时单晶硅太阳电池投入力度再次加大。也正是单晶硅太阳电池投入力度的猛增，造成硅材料供应严重短缺，使得多晶硅价格由 2005 年的每千克几十美元，两三年内飙升到每千克 300 美元以上。人们的目光再次转向薄膜电池。那些原先专注于发展大尺寸液晶显示制造设备的美国应用材料公司（Applied Materials，AM）和瑞士

Unaxis(后改名欧瑞康(Oliken)公司),看准时机,纷纷重组,大力发展尺寸为平方米级的太阳电池制造设备,推出单片尺寸从 $1.4\sim5.7m^2$、单台套生产能力达到五十兆瓦级的硅基薄膜电池的生产线。从此硅基薄膜电池以及与硅基薄膜相关的单晶硅异质结(hetero-junction with intrinsic thin layer,HIT)电池技术逐渐成熟,效率稳步提高。例如,2011 年 7 月美国 United Solar 报道三结非晶硅/非晶锗硅/微晶硅电池效率达 16.3%[17]。2012 年 7 月,日本松下能源集团报道厚度 $100\mu m$ 的 HIT 电池效率达 23.9%[18],计划 2015 年前后转换效率达到 25%;被 NREL 保持多年 16.7% 的 CdTe 最高纪录[19]被 First Solar 打破,达到 17.3%[20](该纪录已经过 NREL 测试认证)。而化学类的有机太阳电池(OPV)2012 年报道效率逼近 11%[21]。这些历程见证光伏事业的蒸蒸日上。

虽然晶体 Si 电池的技术已相当成熟,但人们对其钟爱程度并未降低,不同电极类型的单晶电池纷纷亮相,以利于不断提高单晶硅电池产品的效率。图 1.5 所示为各类电池最高效率逐年进展趋势[22],除新型化学类电池类型外(其工作原理并非完全属于半导体 pn 结),其他各类电池的发展趋势渐进平缓,显示对创新技术的渴求。因此进入 21 世纪以来,澳大利亚新南威尔士大学的 Marting Green 教授于 2003 年提出"第三代"(third generation)电池的理念[23]。如图 1.6 所示,目标拟以"量子点(阱)"太阳电池的全新概念,力图采用清洁、绿色、环保的新材料和新技术,达到 60% 以上的高效率。其中不乏借用微电子集成电路的技术,其成本将

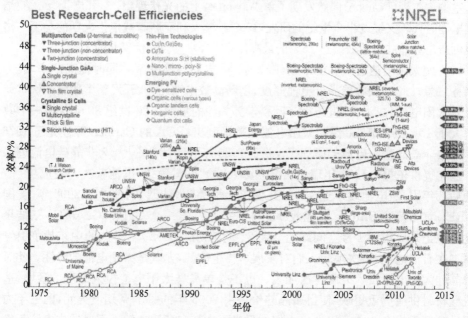

图 1.5　各类电池最高效率随年度增长趋势[22]

随效率同步上升,至今仍为达到高效率而奋争着。此时称之为"第四代"电池的概念悠然兴起[24](图 1.6),唤起人们进行突破半导体极限概念的创新研究。"强相关电子系材料"呼之欲出。其他如上、下转换材料以及等离子(plasmon)振荡基元等新概念,为光伏发展开启更为灿烂的明天。

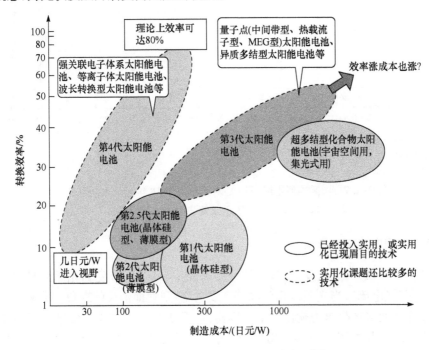

图 1.6 转换效率和成本发展的路线图[24]

1.2 光伏发展历史的启示——寻找新材料, 开发新技术,开拓新领域

由研究、开发,直至建立规模化生产,光伏行业已经打造成为现今有声势的可再生能源领域。太阳电池产业一直保持 20%～30%的年增长率(近几年是～50%),虽进入 2010 年以来的金融危机带给光伏产业的寒冬,但是对能源的需求,新能源的发展速度,如图 1.7 所示,仍持续增长着。由图可见未来五年内(2012～2016 年)全球太阳电池装机容量相对前十年之比[25],显示出巨大上升势头。若有良好政策驱动,发展将更为迅速。然而光伏发展的历程不会是一帆风顺的。但人类有充分的智慧,坚持不懈,向太阳索取能量,推动光伏产业的发展。如何推动光伏技术不断地进步? 为了更好理解,让我们简要介绍什么是光伏现象。

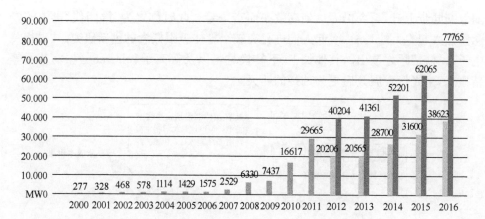

图 1.7　国际能源组织(EPIA)对 2012～2016 年全球太阳电池
装机容量增长趋势的预示以及与历史发展之比较[25]

1.2.1　太阳电池工作原理

如前曾提及的,光伏发电,是当某种结构的半导体器件,受到光照射时将产生直流电压(或电流);当光照停止后,电压(或电流)则立即消失的现象。太阳电池就是利用光伏效应产生电力输出的半导体器件,图 1.8 示出其简单的结构示意图及其工作原理。其中图 1.8(a)示出 pn 结结构,该图是在一个低掺杂的 n 型半导体衬底上,通过硼(B)扩散形成浅结的 p^+ 发射层、构成 p^+n 结,再在该层上制备一定疏密的金属(收集)栅极、减反射膜,以增加进入电池的入射光并有效收集电流。图 1.8(b)示出该 pn 结的空间电荷示意图。在 p^+ 区和 n^- 区相接触处,由于两边自由载流子浓度的差异,各区的自由载流子将在其浓度梯度的驱使下向对方扩散。这些自由载流子扩散离去之后,就会在原地留下不能运动的掺杂离子,形成空间电荷。由自由载流子的扩散运动而产生的电动势将阻碍其继续扩散,最后达到动态平衡,从而在 p、n 掺杂区的接触处形成空间电荷区(亦称"pn 结")。对该区可近似认为,可动电荷离去后遗留下的掺杂原子全部离化,n 区为带正电的施主离子,p 区为带负电的受主离子,故 pn 接触处又称为耗尽层,产生一个由 n 区指向 p 区的内建电场 E_{bi}。

图 1.8(c)示出 pn 结的能带图,它给出半导体内不同空间位置处电子能量的分布。其中能带弯曲的部位正对应耗尽区的电场分布,所给出内建势,以 qV_{bi} 表示。它由 p、n 区的掺杂程度决定,即取决于两区费米能级之差。

图 1.9 示出 pn 结太阳电池内光生载流子的产生、输运直至产生光伏效应的示意图。当入射光子的能量($h\nu$),大于半导体带隙宽度($h\nu \geqslant E_g$)的时候,该光子就

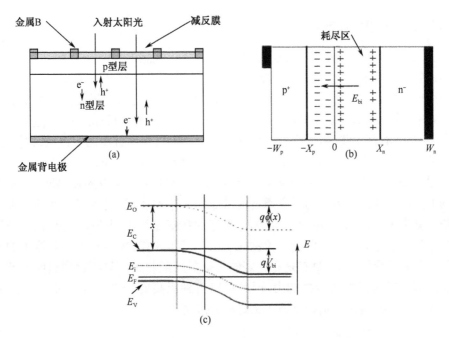

图 1.8 晶硅太阳电池的结构示意图(a)、pn 结(b)与能带图(c)

足以把价带中价电子的价键打断。那个吸收了足够能量的价电子将从价带跃迁到导带,成为可在导带内"自由运动"的电子,同时在价带那个"价电子"的位置上,留下一个空穴。因此价电子吸收光子跃迁到导带之后,将在半导体内产生一个自由电子和一个自由空穴,统称为光生的电子-空穴对(e-h)。在空间电荷区内产生的 e-h 对,在内建电场作用下分离,电子被拉向 n 区,空穴被拉向 p 区,亦称光生电子或空穴分别被收集到 n 和 p 区。而产生在 p、n 中性区的光生载流子则以扩散形式运动到电极处。倘若 p 区和 n 区外电极引线是开路的,光生载流子就分别积累在 p、n 区电极处。这些分别积累在 p、n 区处的光生空穴与电子,将形成一个与原来内建电场方向相反的(光生)正向电场。这个正向的光生电场使 n 区能带相对于 p 区上移,起着阻止光生电子、空穴被反向抽取的作用,从而减弱光生电子、空穴被分离的能

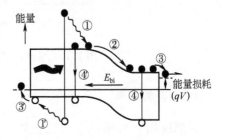

图 1.9 光辐照下光生载流子输运示意图

力,最后达到动态平衡。在稳态下,外电路呈现出开路电压。显然,开路电压的最大值由内建电势 qV_{bi} 决定。倘若外电路接上负载,光生伏特就会输出电流(注:光生电流是反向电流),对外电路做功。

1.2.2 新材料带动技术的跨跃

研究光伏的目的,在于改变现有能源结构,变化石能源为可再生清洁能源。要能够达到这一目的,必须使太阳电池的制造成本和系统应用成本降低到可与现有能源可比拟的程度,世人才愿意使用,达到替代的目的。因此"提高太阳电池和系统的效率,同时降低光伏系统的制造成本",是光伏界的最终目标。在此,重要的是两点:一是要有理论指导,二是技术要切实可行。纵观光伏进步的历程,新材料、新结构的出现和与之相关新技术的开发是当今呈现有诸多类型电池的主要驱动力。

图 1.10 是 Shockley 和 Queisser(肖克莱,坤塞尔)[26]发表的在 AM1.5 光照条件下太阳电池极限效率与其有源材料带隙的关系曲线图(对极限效率的推导部分请参见第 10 章新概念电池)。它的获得建立在双能级模型的基础上,认为载流子产生与发射之间平衡。此处的关键在于两个基本条件:第一是光生载流子的产生与无辐射复合的分离,第二是有良好的无损电接触收集。只要达到这两个条件的器件都可以具有光伏转换能力,而且可以得到很高的转换效率。对于一个 pn结电池,图 1.10 提供了选择合适光伏材料的依据[26]。

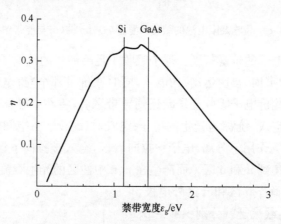

图 1.10　电池效率极限和材料带隙关系[26]

1. 化合物电池

目前应用于太阳电池的化合物材料主要是Ⅲ-Ⅴ族的 GaAs 类和Ⅱ-Ⅵ族的CdTe 类,以及这两类元素部分掺杂构成的合金材料,如 CuInGaSe(CIGS)材料等。

(1) GaAs 类Ⅲ-Ⅴ族材料的带隙,多位于图 1.10 中顶部附近高效电池范围,且迁移率很高,又属于直接带隙,吸收光后电子从价带跃迁到导带时,无须声子的参与就能满足能量守恒与动量守恒,因此吸收系数高。加之这类材料的带隙可通过添加原子半径不同的元素而调变带隙,可制成多结叠层电池,扩展光谱,提高效率。这也是人们乐于选用 GaAs 类电池的重要原因。采用非常精细的 MOCVD 沉积技术，获得高纯、高完整的晶格结构，制得的电池效率更高。其耐辐射的又一特点，适于空间应用，现在已成为航空航天器上能源的主流。鉴于该类电池成本高昂，目前正通过聚光手段提高电池效率，使其适合于地面应用。近年来效率速度增长较快，三结（铟镓磷/砷化镓/铟镓砷）未聚光叠层电池 2009 年效率为 35.8%，2011 年达 36.9%，2012 年报道聚光电池效率达到 43.5%。GaAs 类Ⅲ-Ⅴ族化合物电池将在第 4 章中予以详述。

（2）$CuInGaSe_2$（CIGS）与 GaAs 类材料相似，亦属直接带隙的化合物薄膜材料，随 GaAs 化合物的出现而随之被研究者们所看中，自 1975 年开始研究 $CuInSe_2$（简称 CIS），随后通过添加 Ga，增大带隙，成为现今的 $CuInGaSe_2$（CIGS），至今已有近四十年历史。CIGS 通过与随后沉积的 CdS、ZnO 等材料构成异质结电池，因其具有高效率（$0.45cm^2$ 最高效率已达 20.3%）与高稳定性，正受到生产厂家青睐，纷纷报道 CIGS 研究与产业化进展，$900cm^2$ 模块的效率已达 17%[27]。鉴于其高稳定性以及耐辐射性，具有很好的应用前景，生产规模近年不断扩大（10～30MW），对此不拟过多评述。

鉴于 In 地球含量受限，另外 Se、Cd 的毒性，但又是所需添加、以调制带隙的元素，为此现正开展着替代这些元素的新型材料（如 CuZnSnS），以及替代 CdS 材料的研究，以便满足环保与高效光伏发电的双重功能。有关 CIGS 类电池的内容将在第 6 章中阐述。

（3）碲化镉（CdTe）太阳电池。碲化镉属Ⅱ-Ⅵ族的直接禁带的化合物半导体材料。作太阳电池用的碲化镉薄膜，常选用闪锌矿（zinc-blende）型立方晶格的多晶结构（晶粒尺寸在纳米到微米量级），晶格常数约 0.648nm[28]。与典型的闪锌矿型半导体材料（如砷化镓）有许多相似之处，理论计算得出的碲化镉能带结构可参见文献[29]，其直接禁带的奇点都位于布里渊区的 Γ 点（即 $k=0$ 处），禁带宽度约为 1.5eV。该值与地面标准太阳光谱（AM1.5）的峰值位置吻合甚好[28]，且光吸收系数亦高[28]。这些综合特性使得碲化镉成为理想的电池吸收层首选材料，也是目前产量及市场规模最大的薄膜电池。

碲化镉材料一般显示 p 型导电性，与之构成异质结的多采用六方结构、常呈 n 型的硫化镉（CdS）。这两种材料都不需要在沉积过程中外加掺杂，其导电性主要是由内部结构缺陷和后期氯化镉（$CdCl_2$）处理过程中引入的杂质而予以调整[28]。

碲化镉电池 2012 年最高效率是 18.3%[30]。理论计算和实验经验都表明，单结碲化镉电池的转换效率提高到 20% 及以上是完全可能的[28,31]。

CdTe 的制备工艺简单，其中常用的为"近空间升华"（closed space sublimation，CSS）法。其特点是，以二维平面分布的碲化镉源，与衬底之间的距离非常接近，如是在源和衬底之间的空间内,易于维持比较高的蒸气压。碲化镉加热升华后能很快沉积在衬底上,形成均匀薄膜。

与其他薄膜电池相比,碲化镉电池在效率、生产工艺的成本与稳定性、原材料供应等各方面综合性能比较均衡,因此其产销量在最近几年增长特别快,也是第一个做到生产成本低于每峰瓦特1美元的太阳电池技术[32]。有关 CdTe 太阳电池的详细阐述将在第 7 章中进行。

2. 硅基薄膜电池

无论从地球含量的丰富度、对环境无污染,还是比单晶硅高两个量级的光吸收系数来看,非晶硅基薄膜电池具有明显特色,被认为是非常适于光伏应用的材料。随着 Dundee 大学 Spear 和 LeComber 发明用辉光放电(glow discharge,GD)制备非晶硅材料取得突破性的进展和掺杂的成功,由 RCA 的 Carlson 小组进行的非晶硅电池的研究,自 1976 年报道效率仅 2%[12]到 1980 年效率突破 8%[13],标志着达到可用于生产的技术。非晶硅太阳电池因其低温且可大面积、连续沉积的优势,成为最早实现产业化的薄膜电池。

在非晶硅中通过添加原子半径不同的元素(如碳、氧、锗等)可构成带隙宽度不同的硅基合金,用以形成可吸收太阳不同光谱波段的单结及其叠加的宽光谱叠层电池,以提高转换效率。文献[17]正是巧妙地利用掺氧微晶硅的高电导及低其折射率,置于顶电池与中间电池之间,构成兼顾导电层和中间层需要,既降低导电层的光透过损失,又起到调制光谱分配的双重作用,将三叠层电池的效率提高到16.3%的世界纪录。理论预计硅基薄膜最高效率可达 21%(双结叠层)~36%(三结叠层),是低成本高效、适宜地面应用的太阳电池。早期发现其光致不稳定的Staebler-Wronski(SW)效应,随近年深入研究,通过调控沉积工艺及采用叠层结构,使电池光照一年的衰退率可控在 10%左右。硅基薄膜电池将在第 5 章中予以详述。而晶体硅电池将在第 3 章中详述。

随着人们对高效低成本太阳电池迫切的需求,电池研究的种类除从体电池逐渐发展到薄膜电池之外,还由物理类电池拓展到化学类的新原理电池,以实现环保、低成本,并兼顾高效的目标。

3. 染料敏化薄膜电池(DSSC)

如前所述,不是只有 pn 结,才能产生光伏效应,只要能够有光生载流子的产生以及能够有效地分离与被外电路收集,就能产生光生电流(电压)。1991 年瑞士洛桑高等工业学院(EPFL)的 Michael Grätzel 教授,首次在 *Nature* 上报道所研究的染料敏化电池(dye-sensitized solar cell,DSSC)[14-15],就是一个很好的例证。图 1.11(a)示出 DSSC 的结构及其能级的示意图。纳米 TiO_2 多孔薄膜是染料敏化

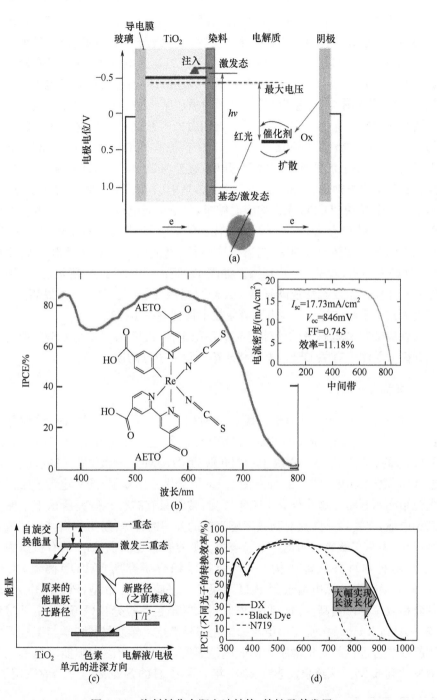

图 1.11　染料敏化太阳电池结构、特性及其发展

(a)染料敏化太阳电池结构；(b)光敏化材料分子式及电池 *I-V* 曲线（见插图）；

(c)电荷受激跃迁的能级示意；(d)使用打破三激态禁戒跃迁 DX 的 IPCE[33]

太阳电池的核心之一,其作用是以高的比面积,大量吸附染料分子。吸附于 TiO_2 表面的染料分子吸收光后产生光生电子,这些光生电子穿过 TiO_2 很容易地传导到称为"上阳极"的透明导电膜 TCO 上,而与染料相连的电解质,则把光阳极处那些释放了电子之后、处于氧化态的染料分子予以还原;同时电解质自身也因失电子而被氧化;它再从称作"对电极"处接受电子而被还原,这样构成了光生电流的闭合循环回路。这种新型电池示例,是利用了人们对染料敏化材料光电化学现象长期研究的成果。Putzeiko 和 Trenin[34] 等于 1949 年将有机染料吸附在压紧的 ZnO 粉末上,观测到光生电流的现象,从那时开始,直至 1991 年 Grätzel 电池的出现,开创了染料敏化太阳电池的新领域。图 1.11(b)是采用 N-719 二氧化钌作敏化剂(图中示出其分子式)的 DSSC 光谱响应的结果,可看出光电流对入射光子的转换效率(IPCE)有很宽的响应范围,在紫外波段优异的响应、乃至可见直至近红外波段,显示出比单结非晶硅更为优越的宽谱响应特性,电池的 I-V 曲线及其参数并列于图 1.11(b)右上角,效率达 11.18%。如图 1.11(c)、图 1.11(d)所示,当选用了打破原先不能向三激发态禁戒跃迁的 DX 新材料后,跃迁几率由 25% 提高到 75%,并且大大拓展了响应光谱[33],进而可使效率得到进一步提高。

为解决染料和电解液的液体封装的不稳定性,准固态和固态 DSSC 的研究正在受到极大关注。有关 DSSC 电池将于第 8 章中予以阐述。

4. 有机太阳电池

21 世纪是有机化学材料迅速崛起的时代。在光伏领域,引入一种被称之为"有机光伏"(organic photovoltaics,OPV)或"聚合物太阳电池"(polymer solar cell,PSC)的有机类电池。它属于由"HOMO""LUMO"能级[①]描述的有机半导体"类 pn 结"电池结构。图 1.12(a)、图 1.12(b)分别示出双层 OPV 电池能带以及叠层电池结构示意图。这些仅有十来年历史,常常只有高校和研究所乐于不疲研究的新型电池,亦受到一向只对高效率感兴趣的公司的青睐,纷纷报道其快速成长的研究成果,表明它低成本的良好市场潜力。如夏普报道面积 $1cm^2$ 的有机薄膜太阳电池,经由日本官方认证机构——产业技术综合研究所(AIST)测量,实现了 3.8% 的转换效率。该电池选用 P_3HT(聚 3-己基噻吩)作 p 型,PCBH 作 n 型,从而使转换效率得以提高。由加利福尼亚州大学圣芭芭拉分校(UCSB)诺贝尔化学奖得主 Alan J. Heeger 研究小组与韩国光州科学技术学院材料科学与工程系的李光熙教授联合进行的有机薄膜太阳能电池研究,使有机薄膜太阳能电池单元的转换效率达到 6.5%,该结果发表在 2007 年 7 月 13 日的 Science 上[35],它采用了"串

---

① HOMO (the highest occupied molecular orbital)能级是指最高被电子占据的分子轨道;LUMO(the lowest unoccupied molecular orbital)能级是指最低的未被电子填充的分子轨道。

联"叠层的概念，将两种带隙宽度不同的 OPV 串接起来，有效利用了太阳光谱。更有意义的是如美国 UCLA 的杨阳教授于 2012 年 2 月报道的，引入起隧穿结作用的中间层（图 1.12(c) 所示）[33]，并采用日本住友新开发的窄带隙有机材料，使 OPV 电池效率提高到 10.6%；三菱化学随后又将该类电池效率提高到 11.0%[36]，并预计 2015 年将达到 15%，反映了这类电池发展之迅速！关于有机太阳电池将在第 9 章中予以阐述。

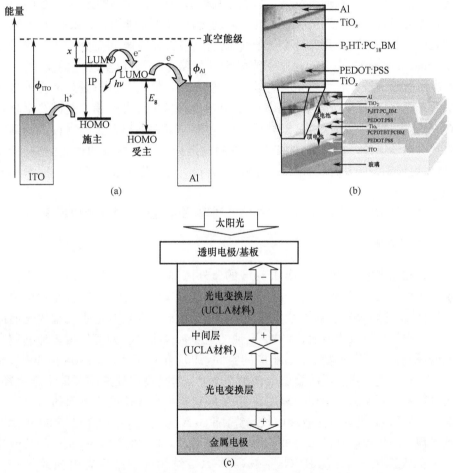

图 1.12　双层 OPV 电池能带示意(a)，OPV 叠层电池结构(b)
及其带中间层的 OPV 电池结构示意图(c)[33]

　　总结起来，对太阳电池的研究，现正打破材料门类条框，寻找各类光伏材料；开发有利吸收太阳光并能有效分离、收集光生电子与空穴的新型电池结构；借鉴其他成熟技术，采用降低成本的工艺，提高效率与产率，努力使光伏形成优势产业。而一种力图打破现有半导体概念束缚的新型太阳电池正孕育剥茧而出[24]。

1.2.3 新结构、新技术带动效率的提升

要想使新能源成为能源市场的主力之一,必须要具有与现代化石能源相比拟的价格。而为此,效率与产率是至关重要的两大因素。这除与光伏材料和制备设备密切相关之外,新技术与新结构注入的活力和促进作用必不可少。

在提高效率方面,由光伏转换的概念可知,任一确定材料的极限效率是在考虑了自身本征特性之后的理想效果。为趋近其极值,所应该做到的是以下两个方面:其一是充分吸收并能利用所吸收了的太阳能量,以减少光学损失。做好光学设计,要求无反射损失以及采用理想陷光技术以达到最大光吸收和充分利用。光管理(light management),更多地集中于光学设计思路与技巧,以实现低的反射损失,以及电池能最多地吸收太阳光的能量。拓宽可吸收的太阳光谱;延长光在电池中传输的光程(多次反射及其再利用),以有利吸收更多的光能。第二是减少电学损失,减小体内与界面复合(仅有辐射复合);理想接触特性,以及无衬底内的输运损失。减少电学损失,主要关注的是光伏材料的选择及其高质量的优化制备(低缺陷、低光生载流子的复合)与精细的器件结构设计(有利光生载流子的产生、分离与收集)。

各类新型结构的电池及新技术的不断涌现,使电池效率逐年得以增高。

1. 叠层电池

太阳的光谱曲线,涵盖了从 $0.3\mu m$ 的紫外区到 $4\mu m$ 以上的红外区。任何一种半导体材料,鉴于其固定的带隙(对单晶体)或有限可调范围(如多元化合物合金、氢化硅基薄膜等),它的吸收光谱响应,绝不可能覆盖太阳光那么宽的光谱区间。就太阳光能量吸收限而言,单结电池的能量损失很大。如何尽量多地利用太阳光谱,提供一个拓展电池光谱响应的空间,1955 年由 E. D. Jackson 提出[37]、而后由 M. Wolf 进一步发展的叠层电池的概念[38],为提高电池效率开辟了新途径,叠层电池的的研究随之涌现。早期在Ⅲ-Ⅴ族化合物半导体电池方面的研究已经有非常好的示例,纵观电池效率增长趋势,随 GaAs 多结电池于 20 世纪 80 年代后期的出现,Ⅲ-Ⅴ族电池的效率得以突飞式的增长。据 2007 年 *Applied Physics Letters* 的报道,$Ga_{0.44}In_{0.56}P/Ga_{0.92}In_{0.08}As/Ge$ 结构的三结聚光电池效率达到 40.7%[39],2013 年达到 44.7%[37],效率达 45% 指日可待。

鉴于硅基薄膜局限的电学特性,受Ⅲ-Ⅴ族叠层概念的启发,为发挥其带隙可调的优势,近年来叠层结构成为其提高效率的主要途径。图 1.13 示出硅基薄膜三结叠层的电池效率,及当固定底电池为微晶硅电池(带隙 1.1eV),其效率与顶、底电池带隙关系的理论曲线[40]。可以看到选用中间电池为带隙 1.45eV 的非晶锗硅电池,顶电池为带隙为 2eV 以上的非晶硅基电池构成的叠层电池,其最高理论效

率可达到 21.4%。图 1.14 示出不同硅基薄膜电池量子效率谱，随单结到三结叠层不断展宽的示例。当仅用非晶硅材料作有源层时，它的光谱吸收限在 700nm 附近。倘若采用非晶硅/微晶硅锗双结叠层结构，乃至非晶硅/非晶硅锗叠层/微晶硅三结叠层之后，以及晶硅/非晶硅锗叠层/微晶硅锗三结结构[41]，其光谱响应可从 700nm 拓宽到 1000nm，甚至到 1200nm。电池效率则由 9% 到 11.7% 直至 16.3%[17]。这些新型的电池结构正是工作在光伏前沿科学家们认真思考材料特性之后所作设计的结果[42]。

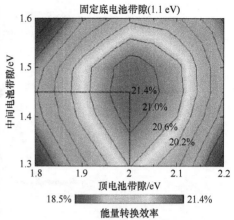

图 1.13　硅基薄膜叠层电池效率和顶底电池带隙[40]

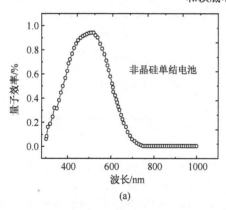

(a)

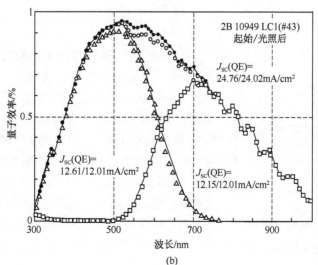

(b)

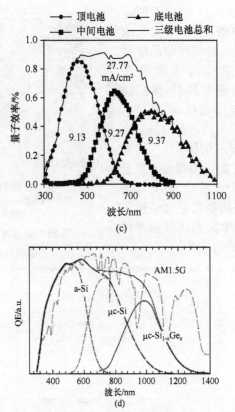

(c)

(d)

图 1.14　由单结、双结到不同三结叠层电池光谱响应逐步拓展的比较

(a) a-Si:H 单结;(b) a-Si:H/a-SiGe:H 双结;(c) a-Si:H /a-SiGe:
H /μc-Si:H;(d) a-Si:H/a-SiGe:H /μc-SiGe:H 三结电池[41]

2. 光管理学[43]

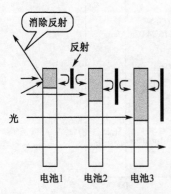

图 1.15　叠层陷光结构示意图[44]

电池的优化,要求有最大的对太阳光能的吸收与利用,以及最小的光反射损失。所谓光管理(light managment)是指仔细进行与光谱分配有关的光学系统的设计。光管理概念之一是采用叠层结构,即在叠层电池内,按子电池所需对不同波段的太阳光逐层吸收从而拓展光谱响应的概念,如图 1.15示出的,按电池带宽递减($E_{g1} > E_{g2} > E_{g3}$)串接各子电池、各子电池之间附加中间层以形成分布式布拉格反射(distributed Bragg reflectors,DBR)模式的微腔结构或其他有效结构,以反射前一子

电池所需之光而透过其后电池的太阳光[44]，使得各子层能够获得最佳光学吸收效果；其二是"光陷阱"（light trapping）效应。通过表面的织构设计，利用光伏材料一般都具有高折射率，故织构形成的多个光密（光伏材料）与光疏（TCO）介质的界面，光在这些界面的反射易于回到光密介质（电池的有源层），从而延长光在其中的传播路径，加强吸收并降低受光面处的反射；其三是加强背电极的反射，提高光的多次利用率。这些消除上表面的反射、加强电池内部乃至背面的光反射的多次利用等整套综合管理的设计思路，对效率的贡献是极为重要的。

绒面结构能有效减少光损失，提高光的再利用率。澳大利亚新南威尔士大学Green 教授在这方面有出色的贡献。他们后期在连续创造单晶硅太阳电池效率的世界纪录中，主要工作几乎均来源于他们在光利用率方面的创新成果[12]。对于单晶体硅电池，表面的植绒（黑化）处理十分重要，对薄膜太阳电池，光学设计有着比体电池更宽的空间（受光面、有源层与背面均可用以设计）。有关光管理的基本概念在第 5 章中将有详细描述。

1) 绒面透明导电膜（TCO）

薄膜电池制备中，常规市售的前电极用绒面优质 TCO，当属日本旭销子玻璃公司的带 U-type 结构的透明导电膜。随其技术的不断发展，该公司产品已由单绒面（single texture）开发出双重绒面（dual texture）结构（图 1.16）[44]，在长波段也具有较高的绒度（>60%），适用于结晶状态不同的薄膜电池的减反、增透的用途。从研究进展得知，对 V 型的倒金字塔结构，鉴于其尖锐的底部，会引起沉积在它上面的膜产生微裂缝，致使微区漏电增加。为此必须予以退火处理，以便获得圆滑谷底的 U 型形貌[43,44]。

2) 中间反射层[45]

在叠层电池中，为了既减薄顶电池，提高非晶顶电池的稳定性，又能达到顶、底电池之间的电流匹配，提高整体电池效率，在顶、底子电池之间插一薄层反射层（interlayer，中间层）是有效的。该层应具有低的折射率及一定的导电性。将它插入具有高折射率的顶、底硅基薄膜电池之间，调节合适折射率与厚度之积，则可形成起增反作用的 DBR 结构[46,47]。它的反射率可用下式表示

$$R_d = \left[\frac{n_t - \left(\dfrac{n_{\text{int}}}{n_b}\right)^{2s} n_b}{n_t - \left(\dfrac{n_{\text{int}}}{n_t}\right)^{2s} n_b} \right]^2 \qquad (1.1)$$

式中，n_b、n_{int} 分别为构成 DBR 材料系的底电池（p^+ 层）和中间层的折射率，s 为 DBR 的周期数（图 1.17 所示的情况为一个周期的 DBR，$s=1$）。若没有中间层，对同质异性的顶、底电池（n^+，p^+），两者折射率几乎相当，故中间部分的反射为 0；但是如果将一个折射率低的薄层插在两子电池之间，由式（1.1）所示，则相当于降低了底电池的折射率（由原来的 n_b 变成 $(n_{\text{int}}/n_b)^2 n_b$，$n_{\text{int}}/n_b < 1$）。如是顶底电池界面处的反射得以增强。将图 1.17 所用结构的折射率参数代入式（1.1），此时插入或

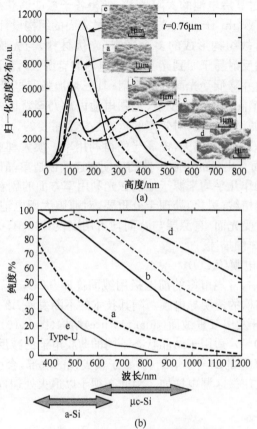

图 1.16　不同绒面 TCO 相应的表面粗糙度的归一化分布(a)，
及其绒度的光谱分布(b)[44]

图 1.17　计算中间层作用的示意图[46]

不插入中间层的反射率之比可达 196。这表明
选用低折射率的中间层后，将可把从顶部透过
来的短波长的光再反射回去，得以再次利用。
中间层的折射率尽量选低为好(对硅基薄膜电
池，$n_{int} = 1.5 \sim 1.7$ 较好)，厚度应与顶电池相
容，以便反射具有一定的选择性。这些参数的
选取将改善陷光作用的大小以及光谱范围，为
此优化设计是必要的[45]。

3) 绒面背电极结构

已知，背反射层的作用，是需要利用其绒面结构，达到加强散射、增强反射，将
光谱吸收限以内、但尚未被电池吸收完全的光子，经陷光结构再反射回到体内予以
二次利用。对于不透明的体电池，背部无法制造陷光效果。背反射层给薄膜电池
提供了可分担陷光效益的作用。因为沉积在绒面结构上的薄膜，厚度较厚之后，它

将部分填满粗糙绒面表面上的凹部,减弱陷光效果,尤其在多层的沉积情况下。常规的背反射电极结构是在掺杂层与金属电极之间,采用与电池制备工艺相容的方法,沉积一低折射率的 TCO 薄层,再制作外引线电极用的金属导电层,构成带 BDR 效果的 $n^+(p^+)$/ TCO/金属结构,获得如上所述由 BDR 带来的提高反射率的效果,这已被文献所证明[48]。

被称为光子晶体的陷光理论与技术被提了出来[48-49],理论计算结果比无规绒面更能增加吸收。常规对无规绒面计算结果最大能增加吸收达 $4n^2$ 倍。图 1.18 示出不同绒面结构的示意图。其中图 1.18(a)、图 1.18(b)及图 1.18(c)分别示出对金属层表面进行腐蚀和无规绒面 TCO 的情况以及设计成规则矩形光栅的示意图。由计算可知,无规绒面可增强吸收的倍率最大可达 $4n^2$ 倍。但若是矩形周期性光栅的绒面结构,则增强 $\pi 4n^2$ 倍;若设计成三角形周期性绒面则比矩形的再增加约 1.15 倍,即达 $\dfrac{2}{\sqrt{3}}\pi 4n^2$。这是极具吸引力的。

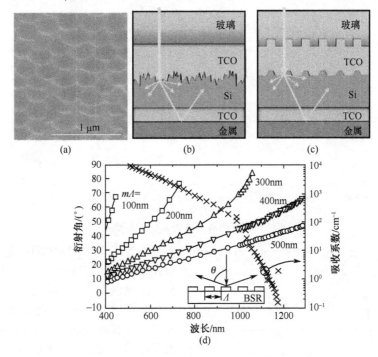

图 1.18 不同绒面电极的示意图

(a)腐蚀成弹坑状的金属背电极;(b)无规的绒面 TCO;

(c)矩形光栅;(d)对矩形光栅模拟计算结果

图 1.18(d)给出对周期为 Λ、介质的折射率为 n、光以入射角 θ 入射,当改变光栅的衍射级别 m,模拟计算此时出光的衍射角及其吸收系数的光谱分布[48-50]。衍射角

大,反应散射作用强。当光栅周期选 250～300nm 时,在非晶硅、微晶硅的吸收限 800～1100nm 范围内,仍有较大的衍射角。说明选用的光栅周期合适的话,能增强微晶硅薄膜对红外部分(IR)的吸收,故有利提高微晶硅电池的效率。对背面金属电极腐蚀成绒面的 μc-Si:H/ Ag/绒面 Al 结构的背电极(图 1.18 (a) 的绒面 Al 电极),非晶/微晶硅叠层电池的短路电流从 16.9mA/cm² 提高到 20.7mA/cm²,改善率约 20%。

　　Berginski 等[50]对整个电池各部分在光传播过程中可能的损失,按照 Deck-man[51]理论进行了综合计算分析,作出图 1.19 所示的叠层电池各部分陷光改善贡献的示意图,该图表明当优化光学设计后,短路电流可从 24.3mA/cm² 提高到 27mA/cm²。改善效果～10%。该图清晰地给出光管理应涉及的内容,为实际设计提供有益指导。

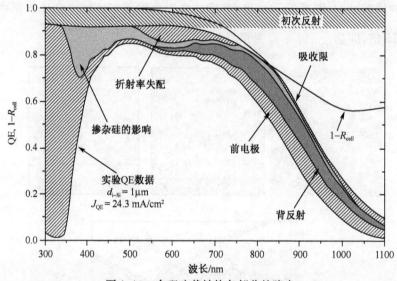

图 1.19　合理改善结构各部分的陷光

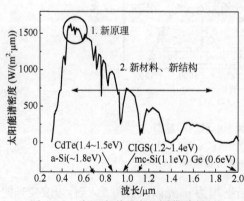

图 1.20　太阳光谱及由不同带隙材料构成电池对应其长波限的示意图

　　经过多年发展,太阳电池无论是研究水平还是产业化程度都有长足进步。但纵观图 1.5 所示近期各类电池效率随年度提高的里程表,现有电池效率进步日趋变缓。人们不断探寻着创新之路。图 1.20 示出太阳光谱与现有几种电池长波限的分布图,从中寻得突破口未必不是好的思路! 在高能端开发新原理电池,找回约 5%的太阳光中 350nm 以外紫光波段高能损失,以及光生载流子进入能带高激发态的能量损失;在可见与近红外区应寻找新材料、开发新结构,可能是有效之路!

1.2.4　下一代电池的启示

M. Green 于 2001 年提出第三代电池的定义。他认为,第三代电池应该是能同时满足"绿色、环保、新概念、高效"要求的太阳电池,因此开发新概念最为重要。关于这一部分将在本书的第 11 章中重点阐述。在此仅给出几个新一代电池基本概念的示例。

1. 紫光区的利用

针对对短波段太阳能的利用,鉴于至今尚未开发出带隙位于紫外光范围的合适的半导体光伏材料,借助超晶格"量子限制效应"能扩展带隙的概念,为此 M. Green 提出硅氧化物或氮化物介质中制备硅量子点形成宽带隙材料的概念[52]。他们采用 15~20 层 3nm 的 n^+(掺 p)的 $SiO_x(x=0.7)/2nm\ SiO_2$ 的超晶格结构得到 1.7eV 的单晶性的宽带隙材料[53],虽离紫外尚远,用此材料与 p 型单晶硅构成的多结电池,已得到效率达 10.58% 的全硅单晶多结电池。

2. 对可见光能量的利用

1) 光生量子效率大于 1 的电池结构

当前所有的光激发产生电子-空穴对的效率,不是 0(光子能量小于 E_g)就是 1(光子能量大于 E_g)。那些高于 E_g 的能量都被热化弛豫损失了。图 1.21(a)(b)(c)分别示出对无机量子点、染料敏化电池和有机聚合物电池中所示的,那些获得高于 E_g 能量产生的电子空穴对,若有能力把它们高于 E_g 的能量通过俄歇激发方式,同时激发出另一对电子空穴对,就可以成倍地增加光生载流子的产生率,即称多激子产生(multiple exciton generation,MEG)效应。无机纳米半导体,如球状量子点、量子棒或者量子线都有可能通过 MEG 效应来改善体半导体电池的效率,这是近期国际热点课题。

2) 热载流子电池

早于 1982 年 Ross 和 Nozik 提出了载流子电池(hot carrier solar cells)[55],1997 年 Würfel 从热载流子出发,提出碰撞电离电池的概念[56],随后 2003 年 M. Green 在他的《第三代电池》一书中更为明晰地给出热载流子电池的定义[23],图 1.22(a)示出热载流子电池能带的示意图。其结构由能量吸收体(absorber)及其两边各与电子或空穴形成"单能量滤过膜"(membrane)性质的能量选择接触层(energy-selective contact,ESC)组成。能量吸收体需能够将载流子的冷却速率从皮秒延长至纳秒[56-57],ESC 是指能让能量高于 E_e 的电子或者低于 E_h 的空穴通过该层迅速被抽取到外金属电极中去。目的是为了让光生电子和空穴还没来得及冷却就被抽取流向外电极,提高输出电压。ESC 的选择是能否迅速将尚未热弛豫的光生载流子抽取至外电极的关键。要想热载流子在高能量处就被抽取,必须延长

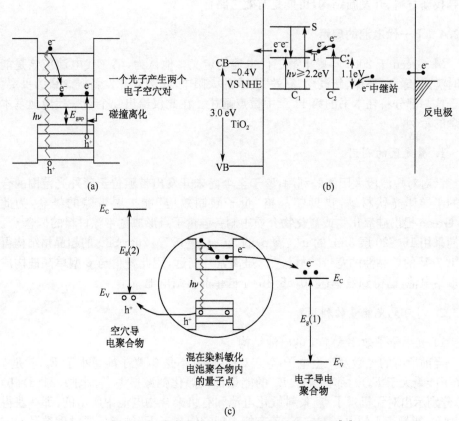

图 1.21 多激子倍增（MEG）电池结构示意图[54]

(a)量子点；(b)染料敏化电池中和 (c)聚合物电池内的 MEG 效应

热化的弛豫时间，或者说降低"冷却"速度。对于没有热化过程的热载流子电池，理论计算的最高效率可达 60%；实验表明，采用聚光条件，产生高浓度的光生载流子，从而延长热化弛豫时间，光生载流子能够及时被外回路抽取，有利于效率提高。其最高转换效率依计算参数选取的不同，可以达到或超过 85%[56,58]或按照 Takeda 的计算，如图 1.22(b)所示，最大可达 76%[59]，NREL 的 A. Nozik 于 2002 年提出由量子点构成热载流子电池概念的示例[55]，由量子点形成的子能带，由于子能带间距远大于声子的能量，可降低热载流子冷却过程，有利于热载流子电池的实现。

3. 红外部分能量的利用

1) 中间带电池

中间带（internal band, IB）电池是指采用某些特殊方法，在主要成分材料的带隙中，形成一个中间带隙的电池结构。这种电池内的光吸收不仅有基质内的"带-带"间的吸收，还可引入通过这些中间带的吸收，因为这些中间带是插在带隙内的，

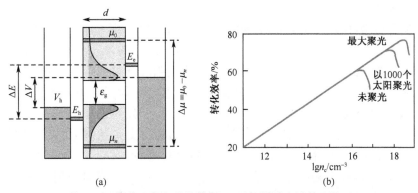

图 1.22　热载流子电池能带图(a)及极限效率计算比较(b)

引入了窄带隙的吸收，有利于对红外光的吸收，拓宽了电池的光谱响应，从而提高效率。图 1.23(a)、图 1.23(b) 分别显示了中间带的能带构造以及量子跃迁的基本过程。形成中间带隙的方法，可采用量子点、超晶格结构，或形成高度失配的合金材料等方法。以下分别予以描述。

(1) 量子点中间带

图 1.23(a)[58] 描述了中间带电池的具体结构示意图。当在基质"垒"材料薄层中插入"阱"材料的量子点时，由于量子限制效应会引起微带结构，从而成为中间带[59-60]，图 1.23(b) 中是在带隙为 1.95eV 的垒材料 $Al_{0.4}Ga_{0.6}As$ 薄层中逐层插入带隙为 0.87eV、直径为 39nm 的阱材料 $In_{0.58}Ga_{0.42}As$ 的量子点(QD)而产生的中间带，从其费米能级到垒的高度为 0.71eV。可以通过垒材料的掺杂使 IB 带填满一半。这会有利于红外波段的吸收而提高效率。

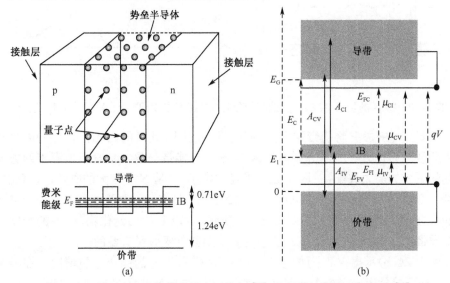

图 1.23　量子点电池结构及其中间带(a)[60]，中间带的能带示意图(b)[60]

（2）高失配合金[61]

高失配合金（highly mismatch alloys，HMAs）中产生中间带的模型，按照"能带反交叉（band anti-crossing，BAC）模型"认为[61-62]中间带是由构成合金的基质成分的扩展态与添加成分的局域态之间的互作用引起能带的杂化，导致能带重组而形成的。例如，N 对 III-V 族化合物或者 O 对 II-VI 族化合物进行"稀释"（dilution）构成新型合金（GaN_xAs_{1-x} 或 $Zn_{1-y}Mn_yO_xTe_{1-x}$，ZnOTe）时，N 的局域态 E_N 与 III-V（II-VI）族基质扩展态 E_M 之间，会有强烈的反交叉互作用，使得基质的导带分裂成两个子带（E_- 和 E_+）。图 1.24（a）示出，当对 GaAs 和含不同 P 成分的 GaAsP 的 III-V 族化合物进行 2% 的 N 离子注入之后，由光调制反射光谱（photo-modulated reflectance spectra，PRS）得到其能带发生分裂情况[62]。由图可见，对 E_M 处于 1.43eV 的 GaAs，注入 N 之后其能带将分裂成 $E_+=1.82eV$ 和 $E_-=1.24eV$ 的两个能带。E_- 能带基本上对应当用 1% 的 N 替代 As 点阵位置后使能带变窄 0.18V 的实验规律。GaAs 掺 N 后其能带重组，分裂成导带底为 1.82eV，在离它 0.58eV 处有一个中间带，中间带的带隙为 1.24eV。

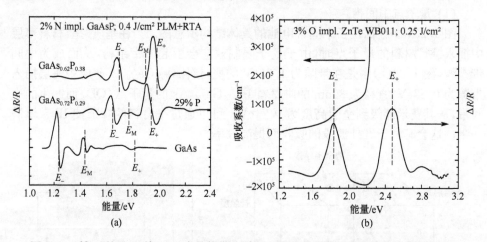

图 1.24　掺 N 的 III-V 族 GaA 类的能带分裂（a），掺 O 的 ZnTe 化合物的能带分裂（b）

在 GaAs 中掺 P 将使带隙展宽，再进行 N 注入，此时的四元化合物的能带将发生分裂。为什么掺 P 不分裂而注入 N 则引起能带分裂？其原因来源于两方面引起的更大的应力失配，一是 N 原子半径非常小，二是 N 有较大的电负性（氮的电负性为 3.04 而磷为 2.19）。电负性大的 N 原子，具有比 P 更强的与基质原子离子性的耦合，也使失配增高。如图 1.24（a）所示，对掺 P 的四元化物，引入的中间带离新导带的距离较小，仅在 0.3eV 左右。这对红外吸收是有益的。

图 1.24（b）示出在 II-VI 族掺 O 的 SnTe：O 所引起的能带分裂情况。在导带底 2.45eV 处分裂出一个 1.7eV 的子带。它们的带隙差可调节到 0.65eV。由对

不同化合物"稀释"掺杂，可以调节得到具有不同带隙差的中间带。这是有意义的。其工艺应该比量子能带工程的工艺简单实用。

从图 1.24(b)的吸收系数曲线，可以看到它们的吸收系数均大于 $10^5\,\text{cm}^{-1}$，是非常良好的直接带隙材料。而且在分裂的两个带的中间，吸收系数有一个突然增大的效应。反应 E_- 和 E_+ 这两个能带均有吸收，所以使吸收增高。这对光伏材料无疑是极为有益的现象。

2) 并联式叠层结构[64]

相对于串接式的叠层电池，并联叠层使载流子输运无须跨越隧穿结所要遇到的诸多困难（详细参见本书Ⅲ-Ⅴ族电池和 Si 薄膜电池章节）以及为附加中间层的补救办法而引入的工艺复杂性，因而有诸多优点。图 1.25 示出并联叠层电池的结构示意及其能带图。其结构的特点是整个电池为一个 pn 结，但是各相邻子层的掺杂是逐步减小直至本征层，过了本征层之后导电类型反型，即掺反型杂质且掺杂浓度逐渐增高直至接触层。受光面的带隙最宽，越往里带隙逐渐减小。按此材料构成的结构，其能带图如图 1.25(b)所示。由此能带图可以清晰看出，鉴于能带由表及里逐渐减小，因此多结电池体内存在着一个连续的内建电场，而不像串接式叠层电池中各个子电池内各有一个内建电场，各个电场是不连续的。各个子电池通过隧穿结连接起来，其隧穿结质量将对光生载流子输运与收集存在明显影响。但在并联式叠层结构中，在统一的同向电场的作用下，对光生电子-空穴对的分离、抽取作用受到逐层的加速，输运畅通。当载流子加速到一定程度甚至可以产生雪崩效应，进而新增载流子，有利于增大光生电流。另外杂质光伏[65]以及中间带的光伏效应[60]均易于在并联叠层电池中产生。对红外光部分，其光子是在电池深部吸收，此时若电池带隙中的那些由局域态与扩展态存在有强交互作用、能引入中间带作用，两个红外光子的结合能够产生一个 e-h 对，它们又很容易被梯度的内场所分离、加速，收集到外电路。此类示例已由 I. M. Dharmadasa 等在 $CuInSe_2$ 电池以 p^+，p^-，i^-，n^- 和 n^+ 结构予以报道[66]。

3) 表面等离子极元

金属表面存在着大量的自由电子，光照射到金属表面，当条件合适，表面大量的电子受光波作用会发生集体共振。那些位于金属表面的电子发生等离子振荡的振子称为表面等离子极元(surface plasmon polariton, SPP)，这种共振将产生表面等离子波(surface plasmon, SP)。SP 的振荡频率 ω_p 与电子数相关，$\omega_p = \sqrt{\dfrac{4\pi ne^2}{m}}$，其中 n 为电子数，m 为金属中电子的有效质量。对于连续金属薄膜，电子浓度很高，所以 ω_p 非常大，达到 $10^{16}\,\text{Hz}$(10 倍的太赫兹)，一般很难得以利用。但是如果将金属作成纳米颗粒，电子数目大量减少，其振荡频率可降至可见光范围。等离子学(plasmonics)是一个老的物理问题、但刚开始得以应用研究的光子学的分支，起

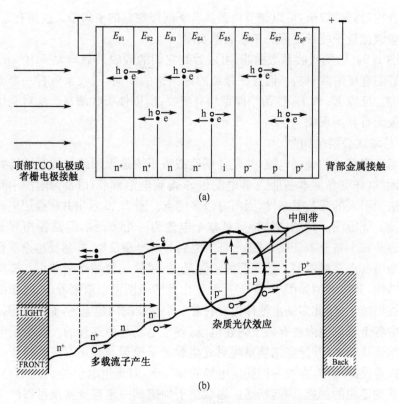

图 1.25　并联叠层电池结构(a)及其能带图(b)[64]

初属于典型的光子学研究的材料科学范畴,在光波导、光通信方面已经有较为深入的研究结果,而用在电池方面是近期才初见端倪。Plasmonics 在光伏器件上的研究,是希望纳米结构的材料去控制光,使更多的光进入吸收层。因为等离子波是一种电子密度波(density waves of electrons),这些高密度电子集体振荡的电磁波与光耦合进入 PV 电池,除了与一般的光吸收一样进行正常的吸收外,还能额外增加光吸收。图 1.26(a)(b)(c)分别示出近期将金属纳米颗粒置于底衬非晶硅电池的背面[67]、早期放置在单晶硅[68]和非晶硅电池[69]上表面进行研究的结构示例。鉴于纳米金属颗粒固有的光吸收特性,如果将它放置在受光面,其改善作用与吸收可能互为抵消,因此图 1.26(b)(c)所示结构均未能给出令人满意的结果,但是作为新概念的探索,其示范意义仍是可嘉的。近期,将 Ag 纳米颗粒放置于底衬电池之背面,实验结果表明,既可消除纳米 Ag 颗粒对光吸收的影响,plasmon 的光散射作用又得以发挥,对电池贡献为正,其结果如图 1.27 所示。

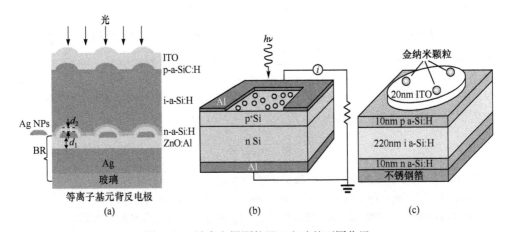

图 1.26　纳米金属颗粒置于电池的不同位置

(a)底衬非晶硅电池的背面[67]；(b)单晶硅电池的上表面[68]；(c)底衬非晶硅电池的上表面[69]

图 1.27 示出平面背电极和带 plasmonic 效应的纳米 Ag 颗粒背电极非晶硅电池的外量子效率(EQE)以及器件总吸收(1−R)特性的光谱响应之比较。图中的吸收特性为去除了反射影响的结果，以入射光强 I 进行归一化(设为 1)，再减去器件表面的反射率 R，即用(1−R)表征。如图所示，外量子效率 EQE 在长波段得到明显提高(见图中灰色实线)，其作用与用 1−R 表征光吸收参量的增大相对应(见图中灰色点线)。相对于至今所涉及 plasmon 研究的报道，该工作给出结果是积极的，实属良好起步。

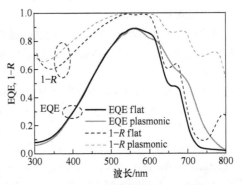

图 1.27　带与不带 plasmon 背电极非晶硅电池的 EQE 及吸收特性(1−R)的比较[67]

新概念的实现是需要不断努力、不断深入、不断创新的艰难过程。不过，随化石燃料日益耗尽对光伏电池需求与希望的重托，这一过程显然会得到加速，它的生命力，以新材料、新技术的研究和深入开发而会逐渐展现出来。有关新概念电池的讲述，请参见本书第 10 章。

所谓的新概念，其实是在现有科技前沿基础上总结不同的思路，巧妙结合电池的基本原理而创造出来的。它需要有深厚的物理功底以及博览群书、广纳新技术与新方法，包括光子学、光电子学，大规模集成电路制造学，介观物理、介观材料、低维材料等一系列前端科学的内涵。要有综合的、跨学科的、扎实的基础知识，广泛吸收、借鉴相关学科技术，才能不断开创光伏的新概念和新技术。其中知识积累是根本的。只有相互融会贯通才能熟能生巧,灵活应用。

　　作为对太阳电池参数与应用的基本介绍,本书第 11 章和 12 章将分别阐述太阳电池单元与组件的测试,以及光伏应用与发电系统,以便在实际工作中易于迅速起步。

　　最后,作者愿以本书给读者以阶梯,熟练掌握基本理论与相应知识,在光伏领域里创出一番事业,作出贡献。希望这本书能够成为大家的朋友。

参 考 文 献

[1] Fritts C. Proc. Am Assoc. Adv. Sci, 1883, 33: 97

[2] Schottky W. Cuprous oxide photoelectric cells. Zeit. Phys, 1930

[3]〔日经能源环境网〕120731, 太阳能先生:"电""热"同时回收,太阳能转换效率可超 40%

[4] http://en. wikipedia. org/wiki/Human_Development_Index#2011_report

[5] Benka S. Phys. Today, 2002, 38. 39; adapted from Pestemak A, Lawernce Livermore National Lab UCRL_ID_14773 (2000 October)

[6] 世界能源展望. IEA, 2006

[7] 联合国环境规划署(UNEP). 可再生能源投资国际动向 2012 年版. 2012

[8] Johansson T, Kelly H, Reddy A, et al. Renewable Energy. Washington D C: Island Press, 1993

[9] Hegedus S, Antonio L. Handbook of photovoltaic science and engineerin. Edited by Antonio Luque and Steven Hegedus, 2002, Great Britain by Antony Rowe Ltd, Chippenham, Wiltshire.

[10] Chopin D, Fuller C, Pearson G. J. Appl. Phys, 1954, 25: 676-677

[11] Zhao J, Wang A, Green M. Prog. Photovolt, 1999, 7: 471-474

[12] Carlson D E, Wronski C. APPl. Phys. Lett, 1976, 28: 671

[13] Carlson D E. Recent developments in amorphous silicon solar cells. Solar Energy Materials, 1980, 3(4): 503-518

[14] Oregan B, Gratzel M A. A low-cost, hogh-efficiency solar-cell based on dye-sensitized colloidal TiO_2 films. Nature, 1991, 353(6346): 787-740

[15] Gratzel M. Prog. Photovolt, 2000, 8: 171-186

[16] Repinsl I, Contreras M A, Egaas B, et al. 19.9% -efficient $ZnO/CdS/CuInGaSe_2$ solar cell with 81.2% fill factor. Prog. Photovolt. Res. Appl, 2008, 16: 235-239

[17] Yan B, Yue G, Sivec L, et al. Innovative dual function nc-SiO_x: H layer leading to a> 16% efficient multi-junction thin-film silicon solar cell. Appl. Phys. Lett. , 2011, 99: 113512

[18]〔日经 BP 社报道〕http://china. nikkeibp. com. cn/news/econ/61853-20120709. html 报道:"HIT 太阳能电池实现 23.9%效率,松下谈今后的研发方针"

[19] Green M A et al. Solar cell efficiency tables (version 37), Prog. Photovolt: Res. Appl. , 2011, 19: 84-92

[20] Firstsolar 公司的网站：http://investor. firstsolar. com/ releasedetail. cfm? ReleaseID＝593994

[21] 日经 BP 社 http://china. nikkeibp. com. cn/news/econ/61287-20120531. html120601 报道，三菱化学开发成功转换效率达到 11.0％的有机薄膜太阳能电池

[22] Evergreen：Evergreen release updated Installation Manual，http://www. mail-archive. com/ rewrenches@lists. rewrenches. org/msg00433/08-03-US_Installation_Manual_Update_Release_0108. pdf.)

[23] Green M A. Third Generation Photovoltaics. Berlin：Springer-Verlag，2003

[24] 日经 BP 社 http://china. nikkeibp. com. cn，[太阳能电池的技术革命(1)]现有技术的局限性和闭塞性(2011/12/21)

[25] EPIA，Global Market outlook for Photovoltaic until 2016. http://solar. ofweek. com/ 2012-09/ARF 260006-8420-28643161. html

[26] Shockley W，Queisser H. J. Appl. Phys. ，1961，32：510-519

[27] Kushiya K. Technical Digest of the International PVSEC-17，PL5-2，P. 44，Japan，Fukuoka，2007

[28] McCandless B E，Sites J R. Cadmium Telluride Solar Cells in Handbook of Photovoltaic Science and Engineering. Edited by Antonio Luque and Steven Hegedus，The Atrium，Southern Gate，Chichester，West Sussex PO19 8SQ，England，John Wiley & Sons Ltd，2003，617- 662

[29] Chelikowsky J R，Cohen M L. Nonlocal pseudopotential calculations for the electronic structure of eleven diamond and zinc-blende semiconductors. Phys. Rev. B，1976，14：556-582

[30] Green M A，et al. Solar cell efficiency tables (version 37). Prog. Photovolt：Res. Appl. ，2011，9：84 - 92

[31] Henry C H. Limiting efficiencies of ideal single and multiple energy gap terrestrial solar cells. J. Appl. Phys，1980，51(8)：4494 - 4500

[32] Avrutin V，Izyumskaya N，Morkoc H. Semiconductor solar cells：recent progress in terrestrial applications. Superlattices and Microstructures，2011，49：337 - 364

[33] 河合基伸，野泽哲生，[展望现有技术发展前景(7)]有机技术组合利用，发光太阳能电池登台亮相. http://china. nikkeibp. com. cn/eco/2011-12-06-01-35-09/1721-20111209. html：2011/12/17

[34] Putzeiko E K，Terein A. Zhurnal Prikladnoi Khimii，1949，23：676

[35] Kim J Y，Lee K，Coates N E，et al. Science，2007，317：222

[36] 日经 BP 社 20120216 报道，有机薄膜太阳能电池转换效率达到 10.6％，采用住友化学的长波长吸收材料；日经 BP 社 120601 报道，三菱化学开发成功转换效率达到 11.0％的有机薄膜太阳能电池

[37] http：//www. soitec. com/en/news/press-releases/world-record-solar-cell-1373/

[38] Wolf M. Proc. IRE，1960，481：246

[39] King R，Law D C，Edmondson K M，et al. 40％ efficient metamorphic GaInP/GaInAs/Ge

multijunction solar cells. Applied Physics Letters,2007, 90: 183516

[40] Konagai M. Present status and future prospects of silicon thin-film solar cells. Japanese Journal of Applied Physics, 2011, 50:030001

[41] Oyama T, Kambe M, Taneda N , et al. Requirements for TCO substrate in si-based thin film solar cells-toward tandem. Proc. MRS' 2008, 1101-KK02 -01

[42] Yan B, Yue G z, Subhendu Guha. Status of nc-si:H solar cells at united solar and roadmap for manufacturing a-Si:H and nc-Si:H based solar panels. Proceedings of MRS, 2007

[43] Kondo M. Thin film silicon solar cells:latest development and future prospect . Technical Digest of the International PVSEC-17, PL4-1,Japan:Fukuoka,2007

[44] Oyama T,Kambe M,Taneda N,et al. Requirements for TCO substrate in Si-based thin film solar cells toward tandem. Proc. MRS, 2008,1101-KK02-01

[45] Krc J, Smole F, Topic M. Solar Energy Materials & Solar Cells, 2005, 86:537

[46] 陈培专,陈新亮,蔡宁,等.硅基薄膜叠层太阳电池中顶底电池电流匹配的实现. 光电子·激光,2011, 22(6):868-872

[47] Asens D E. Properties of Crystalline Silicon. INSPEC, 1999, 683-690; Yablonovitch, et al. JOSA, 1982

[48] Raman Z Y, Fan S. Optical Express, 2010

[49] Haug F J, Soderstrom K, Naqavi A, et al. J. Appl. Physics, 2011, 109: 084516

[50] Berginski M,Das C,Doumit A,et al. Proceedings of the 22th EPVSEC,Italy: Miland,2007

[51] Deckman H W, Wronski C R. Appl. Phys. Lett, 1983, 42: 968

[52] Green M A, Conibeer G, König D, et al. Progress with All-Silicon Tandem Cells Based on Silicon Quantum Dots in a Dielectric Matrix. 21st European Photovoltaic SolarEnergy Conference, Dresden, September 2006

[53] Cho E C, Hao X J, Park S W, et al. Toward Silicon quantum dot junction to realize all-Silicon tandem. 22nd European Photovoltaic Solar Energy Conference, P. 169, Milan, 3-7 September 2007

[54] Nozik A J. Quantum dot solar cells. Physica E,2002,14:115

[55] Ross R T, Nozik A J. J. Appl. Phys,1982,52:3813

[56] Würfel P. Sol. Energy Mater. Sol. Cells, 1997, 46: 43

[57] Ekins-Daukes N J, Schmidt T W. A Molecular Approach to the Intermediate Band Solar Cells. Technical Digest of the International PVSEC-17, Japan: Fukuoka, 2007

[58] Takeda Y, Ito T, Motohiro T, et al. Solar Energy Conversjon Using Temper Ature- Controlled Carriers. 22nd European Photovoltaic Solar Energy Conference, Italy:Milan, 2007

[59] Luque A, Mart' A. Increasing the Efficiency of Ideal Solar Cells by Photon Induced Transitions at Intermediate Level, Physical Review Letters, 1997,78(34): 5014-5017; Luque A, et al. U. Politecnica de Madrid Phys. Rev. Lett. , 1997, 78(26)

[60] Yu K M, Alberi1 K, Reichertz1 L A. Highly Msmatched Semiconductor Alloys for High-efficiency Solar Cells. Proceedings of 22nd European Photovoltaic Solar Energy Confer-

ence, Italy：Milan, 2007

[61] Shan W, Walukiewicz W, Ager Ⅲ J W, et al. Phys. Rev. Lett, 1999, 82：1221

[62] For a review see：Ⅲ-N-V Semiconductor Alloys 2002, special Issue of Semiconductor Science and Technology, 2002,17：741-906

[63] Dharmadasa I M. Third generation multi-layer tandem solar cells for achieving high conversion efficiencies. Solar Energy Materials & Solar Cells, 2005,85：293-300

[64] Green M A. In：Proceedings of the Third World Conference on PV Energy Conversion, 11-18 May 2003, Osaka, Japan

[65] Luque A, Marti A, Wahnon P, C et al. In：Proceedings of 19th European PV Solar Energy Conference and Exhibition, 7-11 June 2004, Paris, France

[66] Dharmadasa I M, Chaure N B, Samantilleke A P, et al. In：Proceedings of 19th European PV Solar Energy Conference and Exhibition, 7-11 June 2004, Paris, France

[67] Hairen T, Sanrbergen R, Armo H M S, et al. Plasmonic light trapping in thin-film silicon solar cells with improved self-assembled silver nano-particles. Nano-Letter, 2012, 12：4070-4076

[68] Pillai S, Catchople K R, Trupke T, et al. Surface plasmon enhanced silicon solar cells. J. Appl. Phy. ,2007, 101：093105

[69] Darkacs D, Lim S H, Matheu P, et al. Improved performance of amorphous silicon solar cells vis scattering from surface plasmon polaritons in nearby metallic nanoparticles. Appl. Phys. Lett. , 2006, 89：093103

第 2 章　光伏原理基础

朱美芳　熊绍珍

2.1　半导体基础

太阳电池源于半导体中的光生伏特效应。当能量大于半导体材料的禁带宽度的一束光入射到 pn 结表面,光子在一定深度内被吸收,并在结附近产生电子空穴对。经过光生载流子的扩散与漂移运动形成光生电流,并产生一个与结电场方向相反的电场,使 pn 结正向电流增大,同时补偿暗态的结内建电场。当结正向电流与光生电流相等时,结两端建立起一定的电势差,即光生电压。

对结型太阳电池,其有源层材料主要是半导体材料,除了Ⅳ族元素半导体 Si、Ge 以外,还有以 GaAs 为代表的Ⅲ-Ⅴ族化合物半导体,以 CdS,CdTe 等为代表的Ⅱ-Ⅵ族化合物半导体,以 CuInSe$_2$ 为代表的Ⅱ-Ⅲ-Ⅵ族元素组成的多元化合物半导体,以及一些氧化物半导体等,都是太阳电池无机类的基本材料。近期,一些有机材料、聚合物材料等更多的材料,被应用于太阳电池的研发。从总体来看,目前的光伏器件主要是采用无机半导体材料,而且是建立在半导体 pn 结光电转换的理论基础上,因此需了解熟悉固体物理及半导体的一些基本概念及半导体太阳电池的工作原理。本章将主要介绍与太阳电池相关的无机半导体材料的基本性质及其表征,包括晶体结构、电子态与能带结构、载流子分布与输运。在对 pn 结及其输运方程了解的基础上,再介绍太阳电池的特性及基本参数;最后简单介绍太阳电池的模拟计算,以作对太阳电池理解的补充。此处为易于了解贯通全书的内容,仅限于原理介绍而不作严格的理论推导与分析。详细的处理可阅读相关参考书[1-4]。

2.1.1　半导体材料结构与表征

应用于太阳电池的半导体材料,按结构分有单晶体(包含多晶体)、原子无序排列的非晶态材料及新发展的低维材料(纳米晶、量子点、超晶格量子阱)、有机材料等。晶体材料是目前电池应用量最大的,单晶材料的性质也是讨论其他材料的基础和参考。因此这里主要介绍单晶体的结构特性。晶体是指原子在三维空间周期性重复排列拓展而成的。原胞为晶体的最小重复单元,按原胞结构的不同,构成不同类型的晶体。以立方晶系原胞为例,可构成如图 2.1 所示的简单立方、体心立方、面心立方三种原胞。原胞的棱长为晶格常数 a。用密勒指数来表征晶体的不同晶向或晶面。器件的电学和光学性质与晶体的取向密切相关。确定密勒指数的方法是：首先获得一个晶面在原胞三个基轴上的截距，它们应是晶格常数 a 的整数倍 (l,m,k)。取截距的倒数，按比例换算成最小的整数 (h, k, l)，$(h k l)$ 就是该晶面的密勒指数。若某一方向是负截距，密勒指数则表示成 $(\bar{h}kl)$。由对称性决定的等价的晶面表示为 $\{h k l\}$。如图 2.2(a) 给出的晶面在 X,Y,Z 轴的截距为 $2a,a,2a$，其倒数的最小整数为 $1,2,1$，该晶面的密勒指数是 $(1\ 2\ 1)$，等价晶面用 $\{121\}$ 表示。垂直于晶面的方向称为晶向，图 2.2(b) 画出了立方晶格中的一个 (111) 晶面，它的晶向表示为 $[111]$，与 $[111]$ 等价的 8 个晶向表示为 $\langle 111 \rangle$。

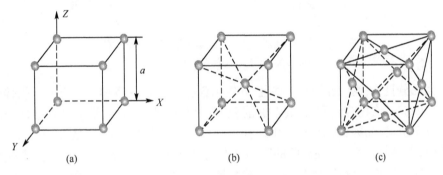

图 2.1　立方晶体原胞

(a) 简立方；(b) 体心立方；(c) 面心立方

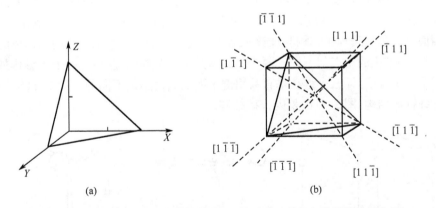

图 2.2　密勒指数 (a) 和立方晶格的 (111) 晶面，$[111]$ 方向及其等价晶向 (b)

从结晶学的角度，Ge,Si,C 的晶体结构是金刚石结构，它是立方晶系中两个面心立方体结合的复式格子，是由两个面心立方晶格在沿体对角线 $[111]$ 方向相对移动 $(a/4,a/4,a/4)$ 相嵌而成。如图 2.3(a) 所示。每个原子与周围最近邻的四个原子成键，键与键之间的夹角是 $129.5°$。观察图 2.3(a) 右前上方，如虚线围成的部分形成一个四面体结构。四面体是金刚石结构最小重复单元,又称物理学原胞。

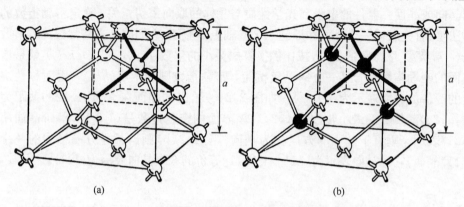

(a)　　　　　　　　　(b)

图 2.3　立方晶系中金刚石结构(a)和闪锌矿结构(b)

空心与实心圆分别代表 A 原子和 B 原子

大部分Ⅲ-Ⅴ族化合物及一些Ⅱ-Ⅵ族化合物,如 CdTe 等属于立方晶系闪锌矿结构。闪锌矿结构与金刚石结构的晶格点阵是相同的,不同的是金刚石结构是由同种原子组成,而闪锌矿结构是由两种不同原子组成。图 2.3(b)是 GaAs 原子排列结构,它是 Ga 原子(空心圆)的面心立方晶格与 As 原子(实心圆)面心立方晶格沿对角线方向相对移动$(a/4,a/4,a/4)$相嵌而成的。闪锌矿结构同样有四面体的物理学原胞,只是四面体的中心原子和顶角原子不同。

另外一些Ⅱ-Ⅵ族光伏材料,如 CdS,ZnS,CdSe,ZnSe 等则属于简六方的纤锌矿结构,如图 2.4(a)所示。该结构中每个原子与最近邻的四个原子成键,也形成四面体。虽然闪锌矿结构与纤锌矿结构都是由两个不同原子构成的四面体的堆积,但它们堆积的组态却不同。两个四面体是由一个共用键组合的,上下键排列相对转了一定角度,即三个键在垂直共用键平面上的投影是不同的。图 2.4(b)所示的是纤锌矿结构,图 2.4(c)是闪锌矿结构。

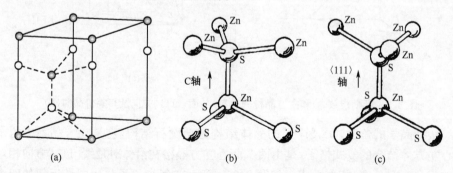

(a)　　　　　　　　　(b)　　　　　　　　　(c)

图 2.4　纤锌矿结构原胞,两个四面体键组合(a),纤锌矿结构(b),闪锌矿结构(c)

　　应用于薄膜太阳电池的一类材料是以非晶硅(Si)、锗(Ge)为代表的非晶半导体。其材料的结构特征是原子排列长程无序(没有周期性)。图 2.5(a) 给出了非晶态固体二维结构示意图,原子排列由五原子环、六原子环构成。仔细观察三维原子排列网络示意图 2.5(b),非晶态中原子也不是任意乱排,原子排列具有短程有序:①原子最近邻原子的类型、数目(称配位数);②近邻原子的间距(键长);③键与键之间的夹角,这三个参数与相应晶体的近程结构是相似的。如晶体 Si 有四个最近邻原子,键角是 129.5°。非晶 Si 原子配位数也是四,键角为 109.5°,非晶硅与晶体硅的键长是相近的。非晶态固体结构的近程有序把非晶材料与相应晶体的基本特性联系了起来。然而长程拓扑无序又使它们的性质有大的差异。关于非晶硅的基本性质在第 5 章将有详述。

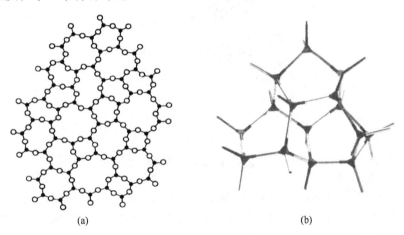

(a)　　　　　　　　　　　　　　　　(b)

图 2.5　非晶态固体
(a)二维网络;(b)三维网络示意图

2.1.2　半导体中电子态与能带结构

1. 半导体中能带结构

　　固体中电子态是由能带理论描述的。较完整的叙述及计算结果可参见文献[1]。首先定性地介绍能带的形成。我们知道,一个孤立原子中电子运动的轨道由内到外依此排列为 1s;2s;2p;3s,…,如硅原子的电子组态是 $1s^2 2s^2 2p^6 3s^2 3p^2$,每一个态对应一个能级,如图 2.6 所示。原子间距很大的情况下,原子的能级为分立能级。当这些孤立原子逐渐靠近、按周期性排列形成固体时,各个原子的外层电子波函数会发生不同程度的交叠。外层电子波函数的交叠使电子的运动不再局限于某一个原子,而是可转移到邻近的原子乃至整个晶体,形成电子的共有化运动,此时孤立原子的能级扩展成为能带。能带宽度代表了电子共有化运动的程度。通

过求解在晶体周期势场 $V(r)$ 作用下的单电子薛定谔方程

$$\left[\frac{-\hbar}{2m}\nabla^2+V(\boldsymbol{r})\right]\psi_k(\boldsymbol{r})=E\psi_k(\boldsymbol{r}) \tag{2.1}$$

可得到电子以 Bloch 波函数 $\psi_k(\boldsymbol{r})=u(\boldsymbol{k})e^{i\boldsymbol{k}\cdot\boldsymbol{r}}$ 的方式在晶体中运动,形成新的电子能量状态,用波矢 $\boldsymbol{k}$ 来描述晶体中电子的运动状态。$\boldsymbol{k}$ 是一个"好"量子数,能带内电子的能量由波矢 $\boldsymbol{k}$ 确定。

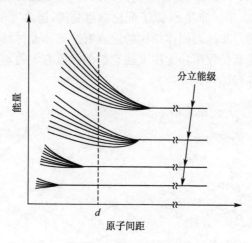

图 2.6　固体中能带形成

　　固体中,电子从低能量到高能量填充一系列的能带。金属、绝缘体及半导体呈现电学性质的差别是由外层电子最高能带的填充情况决定的。最高填充能带是由价电子组成的,称价带。价带上面较高的能带为导带。价带与导带之间是没有电子态存在的禁带。禁带宽度或称带隙宽度用 E_g 表示。图 2.7 为固体价电子填充能带的不同情况。绝对零度下,对于绝缘体与半导体而言,价带是由电子填满的,而导带是空的。而在金属的价带中,没有被电子填满,有空的能态。

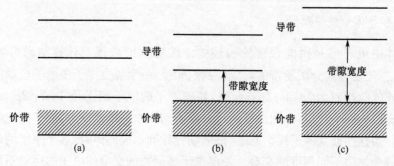

图 2.7　不同材料的能带示意图

(a)金属;(b)半导体;(c)绝缘体

　　对于一个填满电子的带,虽然带内电子在外场作用下是运动的,鉴于满带内总是有速度相等但方向相反的成对的电子运动,统计平均起来对外呈现的总的电流为零,因此被电子完全占据的满带,对外不呈导电性。在绝对零度下,绝缘体和半导体均不导电。而金属的价带是半填满的,外场作用下电子运动不呈现对称性,因此显现良好的导电性。虽然绝对零度下,绝缘体和半导体均是不导电的,但它们的导电性能仍是有差别的。这是由于绝缘体和半导体的带隙宽度 E_g 的不同。绝缘体的禁带宽度 E_g 很大,通常在 5.0eV 以上,因此不导电。半导体材料的 E_g 较小,在 0.5~3.0eV 范围。价带电子较容易受热、电及光的作用激发到导带,此时价带与导带都不再是满带,虽然电导率较低,仍能呈现导电性,形成电导率较低的半导体。通常由于热激发,半导体中的价带留下少量未填充的空状态 k。固体物理证明,在此情况下价带的电流及其在外场作用下的变化,可以等价地用一个荷正电的、有效质量为 $|m^*|$ 的粒子来描述,这个等价的粒子称为空穴。空穴的特征是:荷电量与电子相等但符号相反($+q$);运动速度 $v(k)$ 就是价带顶处空态对应的电子速度;空穴的浓度等于空状态的浓度。

　　在一定的温度下,半导体材料中总是有少量的自由电子与空穴。在能量空间,这些电子与空穴分别处于导带底及价带顶极值点附近很小的范围。用自由电子近似来描述它们的运动。可把导带底及价带顶附近的能带看成是球对称的,它们的 $E(k)$ 关系用自由电子近似来表征。

$$E(k) = \frac{\hbar^2}{m^*} k^2 \tag{2.2}$$

式(2.2)与自由电子的表述的差别是自由电子的质量 m 被电子有效质量 m^* 代替。这有效质量是由能带 $E(k)$ 关系确定的

$$m^* = \hbar^2 \left(\frac{\partial^2 E(k)}{\partial k^2} \right)^{-1} \tag{2.3}$$

采用有效质量的概念可以将电子在实空间的运动规律应用于晶体中的载流子。如在晶体中,外场对有效质量为 m_n^* 的电子运动的作用可表示成

$$F = m_n^* \frac{dv}{dt} \tag{2.4}$$

有效质量的物理意义可理解为晶体场对电子作用的结果。电子有效质量与电子的惯性质量 m_0 的绝对值是不同的。如式(2.3)所示,载流子的有效质量是由它们对应的 $E(k)$ 关系确定的。可大于或小于 m_0。导带底的电子有效质量为正。价带顶电子有效质量为负,因此空穴的有效质量 $m_p^* = -m_e^*$ 为正。对于 GaAS 等材料,导带底的 $E(k)$ 关系是球对称的,有效质量是各向同性的。但对于 Ge,Si 等材料的导带底,是各向异性的椭球等能面。

$$E(k) = E_C - \frac{\hbar^2}{2} \left[\frac{k_1^2 + k_2^2}{m_t^*} + \frac{k_3^2}{m_1^*} \right] \tag{2.5}$$

其中, m_t^* , m_l^* 分别代表椭球等能面的横轴和纵轴方向的电子有效质量[1-4]。

固体中电子状态由 $E(k)$ 关系描述, $E(k)$ 关系是通过求解方程(2.1)得到的。由于晶体的周期性结构,第一布里渊区中能量与波矢的关系 $E(k)$ 就反映了材料的能带结构。图2.8给出了具有代表性的硅及砷化镓的 $E(k)$ 关系。图2.8中纵轴是能量 E ,横轴是 k 空间(动量空间)坐标。 Γ 点是 k 空间的原点, $\Gamma\text{-}X$ 为 Δ 轴是[100]方向, $\Gamma\text{-}L$ 为 Λ 轴是[111]方向。我们感兴趣的是电子受外界条件激发从价带顶向导带底跃迁,设价带顶的能量为零,电子跃迁的最小能量为材料的基本带隙 E_g 。跃迁过程满足能量与动量守恒规则。

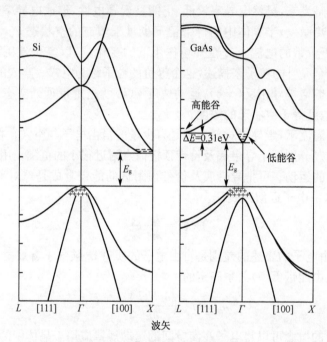

图2.8　硅及砷化镓材料的能带

对于砷化镓,其能带图显示有两个导带底,一个位于 Γ 点的"低谷",另一个是位于 X 点附近的"高谷",高、低两谷的能量差为0.31eV。因此GaAs具有两个带隙。一个是电子从价带顶 Γ 点跃迁到低谷 Γ 点,该跃迁过程中动量(k)是不变的,称为直接跃迁,这种能带称为直接带,砷化镓基本吸收的带隙宽度(带隙)为1.42eV。电子另一个可能的跃迁是从 Γ 点到 X 点。这个跃迁在 k 空间不是同一点,电子跃迁过程需有声子参加才能满足动量守恒的要求,称为间接跃迁。计算表明砷化镓材料中,间接跃迁的跃迁几率要比直接跃迁几率小许多。砷化镓是直接带隙材料。

然而对于硅,图2.8显示的 Si 能带图中,有三个导带谷,能量最低的谷位于[100]方向上的近 X 点。为满足动量守恒,电子需在声子的帮助下改变动量,从 Γ

向 X 方向的导带底跃迁,称为间接跃迁,这是硅的基本吸收,相应的带隙能量是 1.12eV。锗的光吸收也属于间接跃迁过程。对于锗和硅这类半导体称为间接带隙材料。

电子在以砷化镓为代表的直接带材料的光跃迁过程中,不需要声子的参加,故光跃迁几率高,而以硅代表的间接带材料,电子跃迁过程中需要声子的参与,因此光跃迁几率较低。这就是为什么目前半导体光学器件大都是Ⅲ-Ⅴ族化合物半导体。而硅至今主要应用于太阳电池,对于其他功能光学器件的应用还很困难。

对两元或多元的化合物半导体,它们的带隙可随元素成分比变化。例如 Ge_xSi_{1-x} 合金,多元的 $Al_xGa_{1-x}As$,CuInGaSe 材料等。材料的带隙可随摩尔百分数 x 变化。图 2.9(a)给出单晶锗硅合金材料的带隙宽度随硅/锗含量的变化的实验曲线。它显示,随硅含量的增加,在锗含量为主,从 100% 降到 80% 的范围内,带隙宽度从 0.66eV 很快增加到 0.86eV。当硅含量大于 20%,带隙的增大变得缓慢。在非晶硅基薄膜太阳电池中,非晶 Ge_xSi_{1-x} 合金薄膜有重要的应用,虽然单晶 Ge_xSi_{1-x} 的数据不能在薄膜材料中简单地移植使用,从带隙调制的趋势而言,仍有重要的参考价值[5]。如 Cu(InGa)Se₂ 薄膜的禁带宽度是与 $x=Ga/(Ga+In)$ 值有关的,它可用 $E_g=1.04+0.65x-0.26x(1-x)$ 来表示[6]。通过合金组分的变化来调制带隙宽度,改变电池结构,提高太阳电池转换效率,这概念和技术已广泛地应用于太阳电池的研发和生产中。

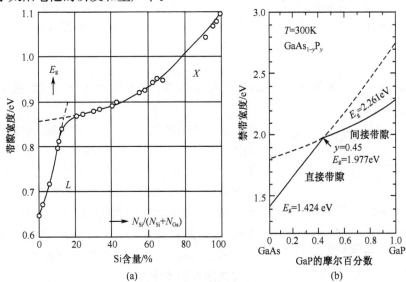

图 2.9　合金带隙宽度随组分变化的关系

(a)Ge_xSi_{1-x}合金带隙宽度随 Si 成分的变化[5];

(b)$GaAs_{1-y}P_y$ 中 GaAs 直接带隙向间接带隙 GaP 的变化[2]

　　对于由直接带隙和间接带隙材料组成的两元或多元的半导体合金,还需考虑,在一定比例下,将呈现从直接带隙向间接带隙的转变点,图 2.9(b)显示 GaAs 和 GaP 组分的改变将引起 $GaAs_{1-y}P_y$ 合金材料从直接带隙向间接带隙的转变,这转变发生在 $y=0.45$ 处。

2. 半导体中能态密度

　　固体能带的另一个表征是,能带中电子状态按能量的分布 $N(E)$,它是指在单位体积、单位能量的状态数。有了 k 空间的状态密度及单位能量所占的 k 空间的体积就可以获得。能态密度涉及电子的填充、输运与跃迁等诸多电子的基本性质,是与固体能带结构密切相关的一个参量。能态密度表示为

$$N(E)=\frac{2}{(2\pi)^3}4\pi k^2\frac{\mathrm{d}k}{\mathrm{d}E} \tag{2.6}$$

式(2.6)表明,有了 $E(k)$ 关系就可求出 $N(E)$。首先讨论导带底的情况。对于 GaAs 等材料的导带底的 $E(k)$ 关系是球对称的,将式(2.2)应用于式(2.6),得到导带底单位体积、单位能量的状态密度($eV^{-1}\cdot cm^{-3}$),

$$N_C(E)=\frac{(2m_n^*)^{3/2}}{2\pi^2\hbar^3}(E-E_C)^{1/2} \tag{2.7}$$

对于 Ge,Si 等材料的导带底如图 2.8 所示,是如式(2.5)表示的各向异性的椭球等能面。Si 的导带底是在[100]方向,Si 导带底等能谷数即能带简并度 S 为 6。而 Ge 的导带底在[111]方向,等能谷数 S 为 8。导带底的态密度可表示为

$$N_C(E)=\frac{(2m_C^*)^{3/2}}{2\pi^2\hbar^3}(E-E_C)^{1/2} \tag{2.8}$$

注意,其中 m_C^* 为导带底电子态密度有效质量,计入简并度 S 之后,则 $m_C^*=S^{2/3}(m_t^{*2}, m_1^*)^{1/3}$。

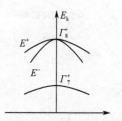

图 2.10　价带顶的三个能带
(第三个带离价带顶能量为 Δ)

　　关于价带的能态密度。无论 Ge, Si 或 GaAs 的价带顶均位于 $k=0$ 处,如图 2.10 所示的三个带。对空穴,通常起作用的是能量较低的上面两个各向同性的能带 E^+ 和 E^-,根据式(2.3)计算价带顶 E^+ 和 E^- 空穴的有效质量,E^+ 对应重空穴能带,有效质量为 m_{vh}^*。而 E^- 对应轻空穴能带,有效质量为 m_{vl}^*。采用与前面类似的方法可得到价带顶附近的态密度

$$N_V(E)=\frac{(2m_V^*)^{3/2}}{2\pi^2\hbar^3}(E_V-E)^{1/2} \tag{2.9}$$

式中,m_V^* 为价带态密度有效质量,它是由价带顶的能带结构决定的。价带态密度

有效质量如式(2.10)所示,为

$$m_V^* = \left[(m_{Vl}^*)^{3/2} + (m_{Vh}^*)^{3/2}\right]^{2/3} \tag{2.10}$$

2.1.3　半导体中的杂质与缺陷

在理想的半导体晶体中,电子在严格的周期性势场中自由地运动。可以想象,如果晶体生长过程中有缺陷产生或有杂质引入,这将对晶体的周期场产生扰动。凡晶体周期势场被破坏的对应位置均称为缺陷。实际材料中的缺陷是不可避免的。从缺陷产生来分,可分成两类。一类缺陷是在材料制备过程中无意引进的,如在格点上缺少一个原子的空位缺陷;或格点上原子排列倒置的反位缺陷;原子处于格点之间的间隙原子;较大尺寸范围的有位错、层错缺陷等。另一类是由于材料纯度不够,杂质原子替代晶体的基质原子引进的杂质缺陷。无论是何种缺陷或杂质,它们主要特征是引起晶体周期势场的畸变,其结果是在没有电子态的禁带中引进新的电子能级,称为缺陷态或杂质态。

人们通过制备工艺的改进和完善,使材料结构的本征缺陷尽量得少,纯度尽量得高。另外,在实际应用中,在充分认识杂质性质的基础上,引进所需的杂质,实现对材料性质的控制,正是器件应用所需的。因此对杂质缺陷的认识是重要的。

1) 浅能级杂质

这里以硅中的杂质为例。图 2.11 画出了 V 族杂质(如磷原子)替代一个硅原子进入硅晶格的二维结构。硅原子的电子组态是 $1s^2 2s^2 2p^6 3s^2 3p^2$,有 4 个价电子。磷原子的电子组态是 $1s^2 2s^2 2p^6 3s^2 3p^3$,有 5 个价电子。磷原子与周围四个硅原子形成 4 对共价键,还多出一个 3p 电子,低温下该电子束缚在磷离子(P^+)周围,保

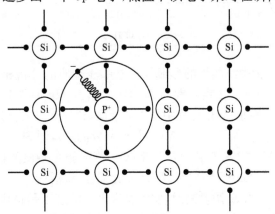

图 2.11　磷原子在硅晶格中替代一个硅原子

黑点代表电子,低温下多出的 3p 电子束缚

在磷原子周围,束缚半径远大于原子间距

持电中性。由于磷离子与外层电子是一种较松散的结合,具有类氢原子的性质。在一定温度下该电子易摆脱束缚成为导带的自由电子。磷原子成为荷正电的离子,电子从杂质束缚态到自由态需要的能量称为杂质激活能或电离能 E_D,磷在硅晶体中的激活能为 0.044eV,这束缚态能级在导带以下。V 族杂质在 Ge,Si 晶体中,均可提供电子,通常称这类能提供电子到导带并成为正电中心的杂质称为施主杂质,在禁带中为施主能级。

另一种替代杂质是荷负电的中心,如Ⅲ族的硼原子。硼原子的电子组态是 $1s^2 2s^2 2p^1$,最外层有 3 个价电子。当它取代了 Si 中一个格点后,硼原子与周围的 3 个 Si 原子形成 3 个 B—Si 共价键,尚缺一个电子与第四个 Si 原子成键,此处的硼原子相当于束缚了一个空穴。若硼原子从价带获得一个电子,即硼原子上的空穴激发到价带,空穴在价带是自由的,则自身成为荷负电的硼离子(B^-)。Ⅲ族的杂质在 Ge,Si 晶体中,处于束缚态时是电中性的,接受电子后形成荷负电中心的杂质称为受主杂质。杂质上的空穴从束缚态到价带需要的能量称为受主杂质激活能 E_A。硼在硅中的激活能是 0.045eV。由于空穴能量增加的方向是与电子能量方向相反的,因此受主杂质能级的位置在价带以上。

表 2.1 列出了锗、硅晶体中Ⅲ及V族杂质的激活能。从表中看出锗硅材料中施主杂质和受主杂质的激活能都远小于禁带宽度,称这类杂质为浅杂质,对应的杂质能级为浅能级。在室温下晶格热振动传递给杂质原子的能量可使施主杂质和受主杂质离化,它们决定了半导体材料的导电类型。

表 2.1 　Ⅲ及V族杂质在锗和硅中的激活能(单位:eV)

	P	As	Sb	B	Al	Ga	In
Si	0.044	0.049	0.039	0.045	0.057	0.065	0.16
Ge	0.0126	0.0127	0.0096	0.01	0.01	0.011	0.011

在Ⅲ-V族化合物中浅能级的形成与在硅中浅杂质的分析相似。Ⅵ族元素如 Se,S 及 Te 是施主杂质。Ⅱ族元素如 Zn,Be,Mg,及 Hg 是作为受主杂质。Ⅳ族元素如 Si,Ge,Sn 等在Ⅲ-V化合物中呈现的性质,相比而言要复杂一些,它与所替代原子的原子价有关。如 Si 在 GaAS 中替代V族的 As,则 Si 起受主杂质的作用,其激活能为 0.03eV。如 Si 替代Ⅲ族元素(Ga)则起施主杂质的作用,其激活能为 0.006eV。一般 Si 在 GaAS 中主要替代 Ga 的位置,激活能小,因此通常呈现浅施主杂质的性质。但是当 Si 浓度高时,实验发现电子浓度不是正比于 Si 浓度,这是由于在较高浓度时 Si 不仅替代 Ga 原子同时也替代了部分 As 原子,在此情况下有杂质补偿作用,因此 Si 在 GaAs 中呈现"双性"掺杂作用。

2) 深能级杂质与缺陷

除了上述浅杂质的能级在禁带中处于距导带底或价带顶很近的位置,室温下基本都是电离的外,另一些杂质,它们的能级在禁带中处于较深的位置,即距导带底或价带顶较远,称为深能级。它们与基质原子成键后,在能隙中呈现的电学性质与它们的荷电情况有关,可能产生多个不同位置的深能级。如 Au 是 I 族元素,Au在 Si 中失去一个电子成为 Au^+,形成在价带顶上 0.35eV 的施主能级,是远离导带的深能级。若 Au 原子得到一个电子,可形成位于导带下 0.54eV 的一受主深能级。

这些深能级杂质的含量并不高,但即使很少量,对半导体材料的性质却有极重要的影响。因为深能级作为非辐射复合中心,将降低材料中载流子的寿命。如太阳电池级的 Si 材料中,重金属元素如铜、银、金、铁、钴、镍、铬、锰、钼等都是可能存在的深能级杂质。它们不仅本身是深能级杂质,而且还容易与材料中的缺陷结合形成复合缺陷,严重降低材料的性能。因此降低材料中深能级杂质的含量始终是应用的重要课题。

然而,另一方面,在了解杂质性能的基础上,可应用深能级杂质特性制备特殊的器件,如用 Au 掺杂来制备高速开关管。又如氧在硅中是间隙型杂质,适当的退火使硅片内部有高密度的氧,并产生缺陷与晶格应力场起吸杂的作用,有利于提高材料质量。

3) 表面与界面缺陷

固体中存在的另一种本征缺陷是表面缺陷。在晶体表面,原子周期性排列在晶体表面终断,从化学键的概念来说,固体表面最外层的原子将至少有一个未配对的电子,成为悬挂键即表面态,处于禁带之中。此外表面损伤及外来杂质吸附等,它们都可能在带隙中引进缺陷态即表面态。

对于器件而言,任意两种不同材料之间的界面,如异质材料之间、同质异构材料之间、电极材料与有源层之间,由于晶格结构的突变,或晶格终止,都可能在交界面处产生缺陷态。这些表面态或界面态可在禁带中呈现连续的分布。表面或界面缺陷态对器件性能有极重要的影响。

2.1.4　平衡态载流子分布

在一定温度下,半导体中载流子(电子、空穴)的来源:一是电子从价带直接激发到导带,在价带留下空穴的本征激发;二是施主或受主杂质的电离激发。与载流子的热激发过程相对应的,还伴随有电子与空穴的复合过程。最终系统中的产生与复合达到热力学平衡,称此动态平衡下的载流子为热平衡载流子。电子作为费米子,服从费米-狄拉克统计分布 $f(E)$,$f(E)$ 表示能量为 E 的能级上被电子填充的几率

$$f(E) = \frac{1}{\exp\dfrac{E - E_F}{k_B T} + 1} \qquad (2.11)$$

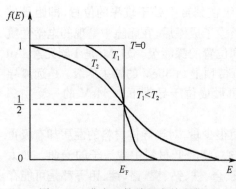

图 2.12　费米函数随温度的变化

其中，E_F 为费米能级，是系统中电子的化学势，在一定意义上代表电子的平均能量。k_B 为玻尔兹曼常量。费米能级位置与材料的电子结构、温度及导电类型等有关。对于一定材料它仅是温度的函数，图 2.12 是费米分布随温度的变化。如图所示，当 $T=0$K 时，电子在能量小于 E_F 能级上的填充几率 $f(E)=1$。能量大于 E_F 时，$f(E)=0$。在 $T \neq 0$K 情况下，电子在能量大于 E_F 能级上的填充几率 $f(E) \neq 0$。随温度升高，电子在高能量的填充几率逐渐增加，而在低能量的填充几率减小。在 $E-E_F \gg k_B T$ 条件下，式(2.11)的分母远大于 1，费米分布可表示成式(2.12)

$$f(E)=\exp\left(-\frac{E-E_F}{k_B T}\right) \tag{2.12}$$

式(2.12)称为电子的玻尔兹曼(Boltzmann)分布，空穴在能量为 E 能级上填充的几率应该是能级未被电子填充的几率，表示成 $1-f(E)$。空穴的分布函数为

$$f(E)=\frac{1}{\exp\dfrac{E_F-E}{k_B T}+1} \tag{2.13}$$

有了前面导带和价带的状态密度分布 $N_C(E)$ 及电子与空穴的分布函数，就可计算在能带内的载流子浓度。以电子浓度为例，在能量 $E \to E+\mathrm{d}E$ 内的电子数 $\mathrm{d}n$，应是在该能量范围内状态密度和分布函数的乘积，如式(2.14)所示。

$$\mathrm{d}n=f(E)N_C(E)\mathrm{d}E \tag{2.14}$$

采用非简并半导体的玻尔兹曼分布式(2.12)代入式(2.14)，并对整个导带宽度的能量积分，求出热平衡电子浓度

$$n_0=2\left(\frac{m_C^* k_B T}{2\pi\hbar^2}\right)^{3/2}\exp\left[-\frac{E_C-E_F}{k_B T}\right]=N_C\exp\left(-\frac{E_C-E_F}{k_B T}\right) \tag{2.15}$$

同样求出热平衡空穴浓度

$$p_0=2\left(\frac{m_V^* k_B T}{2\pi\hbar^2}\right)^{3/2}\exp\left[-\frac{E_F-E_V}{k_B T}\right]=N_V\exp\left(-\frac{E_F-E_V}{k_B T}\right) \tag{2.16}$$

其中，N_C，N_V 分别称为导带底和价带顶的有效状态密度。

$$N_C=2\left(\frac{m_C^* k_B T}{2\pi\hbar^2}\right)^{3/2} \tag{2.17}$$

$$N_V=2\left(\frac{m_V^* k_B T}{2\pi\hbar^2}\right)^{3/2} \tag{2.18}$$

图 2.13 为图解电子、空穴浓度与分布函数及能带态密度的关系。

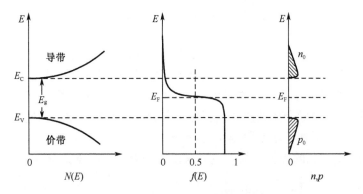

图 2.13　电子、空穴浓度与能带态密度及分布函数

取 n_0 与 p_0 的乘积为

$$n_0 p_0 = N_C N_V e^{-E_g/k_B T} \qquad (2.19)$$

式(2.19)表明,对于一定的材料,$n_0 p_0$ 乘积仅是温度的函数,与费米能级无关。这表明在一定温度下 n_0 与 p_0 是相互制衡的,称 $n_0 p_0$ 积为热平衡常数。

对于本征半导体,$n_0 = p_0 = n_i$,称 n_i 为本征载流子浓度。据式(2.15),式(2.16),得出本征半导体的费米能级

$$E_F = \frac{1}{2}(E_C + E_V) + \frac{3}{4} k_B T \ln \frac{m_V^*}{m_C^*} \qquad (2.20)$$

由式(2.20)看出,本征半导体的费米能级基本位于带隙中央。本征载流子浓度

$$n_i = n_0 = p_0 = (N_C N_V)^{1/2} e^{-E_g/2k_B T} \qquad (2.21)$$

对于一定的材料,$n_0 p_0 = n_i^2$,n_i 仅是温度的函数。如在 300K,Si 的 $n_i \approx 1.5 \times 10^{15} \text{cm}^{-3}$。

讨论掺杂半导体的载流子浓度。与讨论本征载流子浓度相类似,电子在施主能级 E_D 及空穴在受主能级 E_A 的填充几率可分别写成

$$f_D(E) = \frac{1}{1 + \dfrac{1}{2} \exp \dfrac{E_D - E_F}{k_B T} + 1} \qquad (2.22)$$

$$f_A(E) = \frac{1}{1 + \dfrac{1}{2} \exp \dfrac{E_F - E_A}{k_B T} + 1} \qquad (2.23)$$

若施主和受主杂质浓度分别为 N_D 和 N_A,在杂质能级 E_D 及 E_A 能级上电子和空穴的浓度

$$n_D = N_D f_D(E_D) \qquad (2.24)$$

$$p_A = N_A f_A(E_A) \qquad (2.25)$$

杂质激发到导带的电子浓度 n_{CD} 和价带的空穴浓度 p_{VA}

$$n_{CD} = N_D[1 - f_D(E)] \tag{2.26}$$

$$p_{VA} = N_A[1 - f_A(E)] \tag{2.27}$$

　　以上分析可知,掺杂半导体的载流子有两个来源,一是从价带到导带的本征激发,二是杂质离化的贡献。这两部分均是温度的函数。图 2.14 是一 n 型半导体电子浓度随温度变化的示意图。在低温下,本征激发很小,杂质是浅能级,离化能较小,载流子浓度主要随杂质的离化而指数上升,斜率为 $(E_C - E_D)/2k_B$,当温度上升到杂质完全离化,但本征激发仍很小时,呈现一个平台。本征激发主要发生在高温区,以斜率为 $E_g/2k_B$ 的指数增加。我们这里感兴趣的是杂质完全电离的平台区。

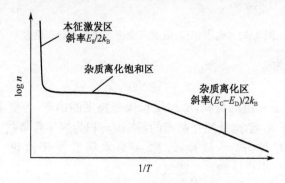

图 2.14　n 型半导体电子浓度随温度的变化的示意图

　　以 n 型材料为例。在完全电离的温度条件下,半导体中的负电荷是导带中的电子浓度,正电荷是价带中的空穴与离化施主杂质 N_D^+ 之和,根据电中性条件 $p_0 + N_D^+ - n_0 = 0$,通过关系 $n_0 p_0 = n_i^2$ 及费米分布函数可以求出 n_0, p_0 及 N_D^+ 的一般解。对于杂质完全电离的情况

$$N_D^+ \approx N_D, \quad p_0 + N_D - n_0 = 0 \tag{2.28}$$

　　当 N_D 较大,$N_D \gg p_0$,电子浓度基本上与施主杂质浓度相等,可得 $n_0 \approx N_D$。应用热平衡常数,可获得 $p_0 = n_i^2/N_D$。例如,若晶体硅中掺磷浓度为 $10^{17}\,\mathrm{cm}^{-3}$,在室温下认为是全部离化的,因此 $n_0 = 10^{17}\,\mathrm{cm}^{-3}$;引用室温下 n_i 的值,计算空穴的浓度为 $p_0 = n_i^2/10^{17} = 2.1 \times 10^3\,\mathrm{cm}^{-3}$。与电子相比,电子为多数载流子,空穴为少数载流子,$n_0 \gg p_0$,为 n 型半导体。对于掺受主杂质的 p 型半导体,分析是类似的。

　　半导体材料中,可能同时有施主和受主杂质,如它们浓度有差别,将产生杂质补偿效应。设施主杂质浓度大于受主杂质浓度,在不考虑本征激发情况下,由于能级位置的关系,施主上束缚电子将先补偿受主杂质,再提供电子给导带。当杂质能级完全电离情况下 $n_0 = |N_D - N_A|$。

2.1.5　半导体光吸收

半导体与光相互作用有如光吸收、光电导、光发射、光散射等现象。这里主要介绍半导体光吸收的结果。

一束光在固体中传播,由于材料对光的吸收,实验上观察到其强度随距离表面的距离 x 而衰减,它们的关系表示为

$$I = I_0 \exp(-\alpha x) \qquad (2.29)$$

其中,I_0 是入射光强强度,α 是材料的光吸收系数。半导体中有多种光的吸收过程:能带之间的本征吸收;激子的吸收;子带之间的吸收;同一带内的自由载流子吸收;与晶格振动能级之间跃迁相关的晶格吸收等。与光伏电池有关的基本吸收是电子从价带跃迁到导带的本征吸收。发生本征吸收的条件是光子能量必须满足 $h\omega \geqslant E_g$ 的关系。根据它们的跃迁过程,有直接带隙与间接带隙光吸收过程。

直接带隙半导体光吸收,即价带顶与导带底的波矢均位于 Γ 点($k=0$)的半导体材料,如图 2.15(a)所示的能带结构。光照下,能量大于 E_g 的光子激发一个电子从价带跃迁到导带。在电子跃迁前、后的波矢分别是 $\boldsymbol{k}_V$ 和 $\boldsymbol{k}_C$,光子波矢为 $\boldsymbol{k}$,它们满足动量守恒

$$\boldsymbol{k}_V + \boldsymbol{k} = \boldsymbol{k}_C \qquad (2.30)$$

光子波矢 $\boldsymbol{k}$ 与电子的波矢 $\boldsymbol{k}_C$ 相比可忽略不计,式(2.30)可简化成 $\boldsymbol{k}_V = \boldsymbol{k}_C$。正是前面提到的价带电子竖直跃迁到导带的情况,称直接的光吸收。

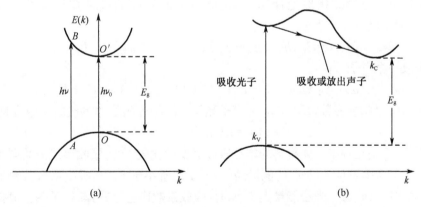

图 2.15　半导体光吸收过程中电子动量变化的示意图
(a)直接跃迁;(b)间接跃迁

光吸收可用光子与电子相互作用的量子理论求出。吸收系数 $\alpha(\omega)$ 定义为单位时间,单位体积净吸收光能量 $I_0(\omega)$ 与入射光能量 $I(\omega)$ 之比。根据量子力学,对于各向同性材料的计算,略去详细推导过程[6-7],得到吸收系数表达式为

$$\alpha(\omega) = M \underbrace{\int \frac{2\mathrm{d}k}{(2\pi)^3} \delta(E_{Ck} - E_{Vk} - \hbar\omega)}_{J_{CV}(\hbar\omega)} \tag{2.31}$$

这里，M 为材料的参数，$J_{CV}(\hbar\omega)$ 是与导带、价带的能带 $E(k)$ 相关的联合态密度。通过 $E(k)$，应用能量守恒条件，可获得吸收系数。

将式(2.31)应用于如 GaAs，GaInP，CdTe 和 Cu(InGa)Se$_2$ 等这类直接带隙半导体材料。它们的导带底与价带顶的 $E(k)$ 都是球对称的，可获得竖直跃迁的吸收系数，它与带隙有平方根的关系

$$\alpha(\omega) = \frac{A^*}{\omega}(\hbar\omega - E_g)^{1/2} \tag{2.32}$$

其中，A^* 是与材料有关的参量。

间接带隙半导体的光吸收。Si 为间接带隙材料，它的能带图及跃迁过程分别如图 2.8 和图 2.15(b)所示。价带的极大值 Γ 点与导带极小值(接近 X 点)出现在不同的波矢处。电子初态 k_V 与末态 k_C 之间存在着明显的差异。电子的跃迁在保证能量守恒的情况下，为满足动量守恒，除了光子与电子的相互作用外，须有第三个粒子声子参与，以满足能量与动量的双重守恒。电子从初态到末态的跃迁可以是吸收一个声子，或发射一个声子，要求

$$k_V = k_C \pm q \tag{2.33}$$
$$E_C - E_V = \hbar\omega \pm \hbar\omega_q \tag{2.34}$$

采用量子力学微扰理论计算，可获得 Ge，Si 这类间接带隙材料的吸收系数[7,8]。对于吸收一个声子

$$\alpha_a(\omega) = C_1(\hbar\omega - E_g + E_q)^2 N_q(T), \quad \hbar\omega > E_g - E_q \tag{2.35}$$

对于释放一个声子

$$\alpha_e(\omega) = C_1(\hbar\omega - E_g - E_q)^2 [N_q(T) + 1], \quad \hbar\omega > E_g + E \tag{2.36}$$

这里，C_1，C_2 是材料参数，$E_q = \hbar\omega_q$ 为声子能量，N_q 为声子数，总的吸收系数应是

$$\alpha(\omega) = \alpha_a(\omega) + \alpha_e(\omega) \tag{2.37}$$

图 2.16 是几种半导体材料的本征吸收光谱的比较[6-8]。吸收谱线的共同点是都有一个与带隙宽度 E_g 对应的能量阈值，光子能量小于 E_g 时，吸收系数很快地下降，形成本征吸收边。光子能量大于 E_g 时，吸收系数快速上升，渐趋平缓。值得注意的是 Ge 和 Si 的吸收，当光子能量进一步增加，Ge 和 Si 的吸收呈现一个拐点，吸收系数又有快速的上升。在较高光子能量处，吸收的快速上升反映了电子从间接跃迁向直接跃迁的转变。此外，比较图 2.16(b) 给出的 Si 和 GaAs 的吸收光谱。Si 吸收系数比 GaAs 吸收系数小，这从实验上验证了包含三粒子过程的间接跃迁的几率比直接带隙的跃迁几率要小许多。然而，当光子能量大于 3.4eV 时，Si 的直接跃迁发生，吸收系数有明显的上升，直至与 GaAs 的吸收相当。我们注意到

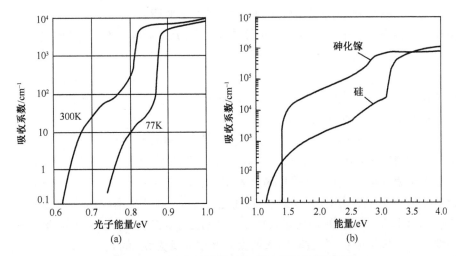

图 2.16　几种半导体材料的本征吸收光谱的比较

(a) Ge；(b)Si 与 GaAs

图 2.16(a)显示的吸收光谱是与温度有关的,这是因为带隙宽度与温度有 $E_g(T)=E_g(0)+\beta T$ 关系,温度系数 β 是负的。如 Si 与 GaAs 在 0K 时,E_g 分别为 1.17eV 与 1.519eV。而在室温下,E_g 分别为 1.12eV 与 1.42eV。温度上升,带隙减小,吸收谱红移。

对于非晶材料,它的结构特征是原子排列长程无序,没有长程周期性,因此不存在量子数波矢 k。跃迁过程只要求满足能量守恒,无动量守恒的要求。可按直接带跃迁来处理。因此非晶材料的吸收系数往往比同质的晶体材料要大,在第 5 章将有详细的讨论。

2.1.6　非平衡载流子产生与复合

前面讨论的是用费米函数描述热平衡状态的载流子分布,它们仅是温度的函数。在实际应用中,总是有一定的外场(光照,电场等)条件。外场作用下,载流子分布将偏离热平衡状态。如在恒定光照下,电子从价带激发到导带产生电子与空穴,载流子浓度增加。同时也启动了另一过程,即导带中新增加的电子与价带中空穴的复合。当两个过程达到动态平衡时,形成一个新的稳定状态称为非平衡稳态。与非平衡过程相关的载流子的产生、复合及输运是与器件应用密切相关的重要问题。

1. 非平衡载流子产生

由外界条件如光照射(含高能粒子辐照)半导体的光注入,或对一个 pn 结加上正向偏压引入的电注入,都能导致半导体内载流子的增加,使半导体处于非热平衡状态,那些偏离热平衡所增加的载流子统称为非平衡载流子。非平衡载流子浓度是非平衡稳态与热平衡态载流子浓度之差。对于太阳电池而言,光照是电池运作的原动力。因此以光吸收产生非平衡载流子为例展开讨论。

光在半导体中沿光照方向距表面 x 点的产生率 $G(\omega,x)$ 定义为,在单位时间、单位体积内光吸收产生的电子-空穴对数,单位为 $cm^{-3} \cdot s^{-1}$。对频率为 ω 的单色光吸收系数 $\alpha(\omega)$,产生率可写成

$$G(\omega,x) = I_0(\omega)\eta(\omega)[1-R(\omega)]\alpha(\omega)e^{-\alpha(\omega)x} \tag{2.38}$$

式中,I_0 为入射光强,$R(\omega)$ 为光反射系数,$\alpha(\omega)$ 为光吸收系数,$\eta(\omega)$ 为量子效率,是指一个光子激发电子-空穴对的几率。太阳光总的产生率 $G(x)$,应该是式(2.39)对光频在 $\omega_g \to \infty$ 的积分,ω_g 由 $E_g = \hbar\omega_g$ 确定。式(2.39)为太阳光总的产生率。设量子效率为 1,$I_0(\omega)$ 用 $Q(\omega)$ 表示,$Q(\omega)$ 为太阳光子流密度的光谱分布(称光子流谱密度),代表单位面积、单位时间入射太阳光中能量为 $\hbar\omega$ 的光子数。

$$G(x) = \int_{\omega \geqslant \omega_g} [1-R(\omega)]\alpha(\omega)Q(\omega)e^{-\alpha x} d\omega \tag{2.39}$$

2. 非平衡载流子复合

外界注入使半导体处于非热平衡状态。由能量最小原理,万物都有使非平衡态趋于回到平衡状态的趋势。在半导体内,这个驱使其回到平衡态的"驱动力"就是电子与空穴的"复合"。也就是说,当注入条件消失之后,外界的产生率为零,由环境温度决定的热产生率不为零,非平衡的载流子通过复合而回到平衡状态,复合过程成为主要的。当光照结束,导带的光生自由电子与价带中的空穴复合,非平衡载流子浓度逐渐减少,回到热平衡态。宏观上呈现光生载流子浓度的减少。光电导实验表明非平衡载流子的浓度呈指数衰减。如 p 型半导体,少数载流子电子浓度随时间变化规律为

$$\Delta n(t) = \Delta n_0 e^{-\frac{t}{\tau}} \tag{2.40}$$

用上式定义,非平衡载流子浓度减少到 1/e 所需的时间为非平衡载流子在导带或价带平均存在时间 τ,也称为非平衡载流子的寿命,τ 是材料质量的主要标志之一。实际上复合过程在任何时间都是存在的。即使在热平衡情况下,载流子浓度也是由一定温度下电子和空穴的产生与复合之间的平衡即产生率等于复合率来确定的。

非平衡载流子寿命是由复合过程确定的。电子与空穴的复合的微观过程或复合途径有两类,分别是带间的直接复合和通过带隙中复合中心的间接复合。图 2.17 给出了直接复合和间接复合的基本过程。

电子与空穴的复合过程是能量释放的过程,根据能量释放的方式也就是复合机制,分成以下几种情况。

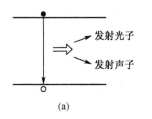

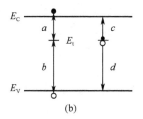

图 2.17 电子与空穴的复合途径

(a)直接复合;(b)间接复合的微观过程。E_t为复合中心,

a 和 b 分别代表复合中心 E_t 俘获电子和空穴的过程,

c 和 d 分别代表复合中心 E_t 发射电子和空穴的过程

1) 直接带之间的辐射复合

辐射复合是光吸收的逆过程。电子与空穴复合的能量以发射光子的方式释放,如图 2.17(a)所示。复合过程中能量释放的途径可以是直接的或间接的。直接复合是没有声子参加的绝热的电子跃迁,复合过程中没有动量的变化,故直接复合几率高。间接复合是需要声子参加的过程,故辐射复合几率很小。因此仅讨论直接带之间的辐射复合。复合率 R 定义为单位时间、单位体积复合的电子与空穴数。R 与载流子浓度 n 及 p 成正比。

$$R = r_{rad}\, np \tag{2.41}$$

这里,r_{rad}为辐射系数或电子与空穴的辐射复合几率。热平衡时载流子浓度为 n_0 及 p_0,热平衡时复合率 $R_0 = r n_0 p_0$,热平衡时复合率等于产生率,有 $G_0 = R_0$。

外场作用下,产生率 G 增加,非平衡载流子使复合率 R 也增加,达到一个新的非平衡稳态时 $G=R$。当外场撤出,只有热产生率,复合率大于产生率 G_0,非平衡载流子浓度衰减,净复合率 U 可写成

$$U = R - G_0 = r_{rad}(np - n_i^2) \tag{2.42}$$

对 p 型半导体$(n_0 \ll p_0)$,小信号条件下$(\Delta n, \Delta p \ll n_0 + p_0)$,净辐射复合率表示为

$$U_{rad} = \frac{n - n_0}{\tau_{n,rad}} \tag{2.43}$$

$$\tau_{n,rad} = \frac{1}{r_{rad} N_A} \tag{2.44}$$

式(2.44)表明净复合率 U_{rad} 正比于非平衡少数载流子浓度。这里,$\tau_{n,rad}$为少数载流子的辐射复合寿命,少子寿命反比于掺杂浓度。同样分析可得 n 型$(p_0 \ll n_0)$半导体的净辐射复合率和少子辐射复合寿命 $\tau_{p,rad}$

$$U_{rad} = \frac{p - p_0}{\tau_{p,rad}} \tag{2.45}$$

$$\tau_{p,rad} = \frac{1}{r_{rad} N_D} \tag{2.46}$$

在实际的太阳电池运作中似乎辐射复合并不重要。然而辐射复合对理论分析太阳电池是不可缺少的,特别在计算理想电池的极限效率时,由细致平衡原理要求,辐射复合是不可忽略的重要因素,在第 10 章中对此将有详细的讨论。

2) 通过复合中心的间接复合——非辐射复合

非辐射复合释放的能量是以发射声子的方式交给晶格(图 2.17)。直接的效果是提高晶格温度。间接带隙半导体材料如 Ge,Si 等,它们的导带底与价带顶不在 k 空间的同一点,带间直接复合几率极小,而是间接复合途径;导带电子被带隙中的缺陷或陷阱能级俘获,当该能级再俘获价带的空穴,电子与空穴在该缺陷能级复合而消失。电子与空穴的复合通过带隙中陷阱能级 E_t 来完成,是个间接的复合过程,这陷阱能级亦称为复合中心。前面介绍的深能级可能成为复合中心。图 2.17(b)显示了非平衡载流子通过浓度为 N_t 的缺陷能级 E_t 产生-复合的微观过程。这种通过单陷阱能级 E_t 的复合称之为 Shockley-Read-Hall(SRH)复合,分析可得其净复合率,由式(2.47)表示[9]。其中 p_t 和 n_t 分别为空穴与电子的准费米能级与缺陷能级重合($E_{Fp}=E_t$;$E_{Fn}=E_t$)时对应的空穴浓度和电子的浓度,用式(2.48)表示。

$$U_{SRH}=\frac{np-n_i^2}{\tau_{n,SRH}(p+p_t)+\tau_{p,SRH}(n+n_t)} \tag{2.47}$$

$$p_t=n_i e^{\frac{E_i-E_t}{k_BT}}, \quad n_t=n_i e^{\frac{E_t-E_i}{k_BT}} \tag{2.48}$$

$\tau_{n,SRH}$ 及 $\tau_{p,SRH}$ 分别为电子与空穴的寿命,

$$\tau_{n,SHR}=\frac{1}{v_n\sigma_n N_t}, \quad \tau_{p,SRH}=\frac{1}{v_p\sigma_p N_t} \tag{2.49}$$

其中,v_n 与 v_p 分别为电子与空穴的平均热运动速度,此处 σ_n 与 σ_p 分别表示复合中心 E_t 对电子与空穴的俘获截面。

实际半导体中,带隙中可能有多个复合能级,通过式(2.47)对能量求极值,发现当复合能级位于带隙中央即 $E_t=E_i$ 时,对 SRH 的复合贡献最大。在小注入及 $E_t=E_i$ 情况下,可对式(2.47)予以简化。如 n 型半导体的小注入条件下,$n\approx n_0\gg p_0$,$p_0\leqslant p\ll n_0$,复合率可表示成

$$U_{SRH}\approx\frac{p-p_0}{\tau_{p,SRH}} \tag{2.50}$$

3) 俄歇复合

俄歇(auger)复合也是带间直接复合,但其能量释放的途径不同于带间辐射复合的直接发射光子,而是一种非辐射复合。俄歇过程是导带中的电子 1 与价带中的空穴 2 复合,该带间复合释放的能量不是发射光子而是交给了晶体中另一个邻近的电子(空穴)3,使该电子(空穴)从导带(价带)的低能态激发到高能态,随后从高能态通过发射声子回到导带底(价带顶),如图 2.18(a)所示。它涉及第三个电

子(空穴)的加入。

俄歇复合是"三粒子"的相互作用,对于带-带的俄歇复合,涉及两个电子与一个空穴,或两个空穴与一个电子,因此其复合率与三粒子的浓度有关。对两个电子与一个空穴的碰撞,复合率为

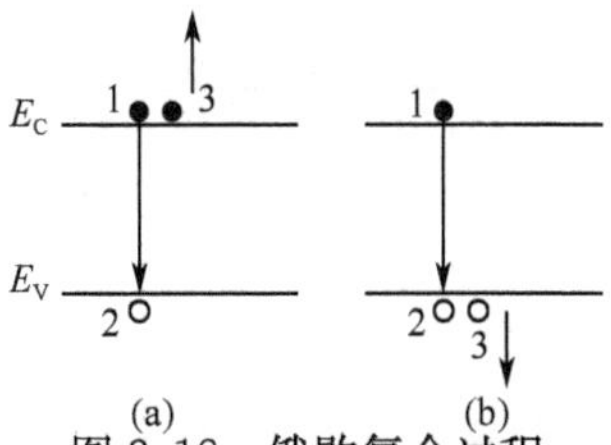

$$R_{aug,n} = r_{aug,n} n^2 p \qquad (2.51)$$

对于两个空穴与一个电子的过程,复合率

图 2.18　俄歇复合过程

电子与空穴直接复合,能量传递给另一个邻近电子(a)或空穴(b),该载流子激发到高能态

$$R_{aug,p} = r_{aug,p} p^2 n \qquad (2.52)$$

r_{aug} 为俄歇复合系数。

俄歇复合的逆过程是碰撞电离,是电子-空穴对的产生过程。一个处于高能态的电子碰撞晶格中的原子,将能量交给该原子价带的电子而激发到导带产生一个电子-空穴对,然后高能态的电子回落到导带底。碰撞电离的产生率与高能电子或空穴的浓度成比例

$$G_{aug,n} = g_{aug,n} n \qquad (2.53)$$
$$G_{aug,p} = g_{aug,p} p \qquad (2.54)$$

g_{aug} 是碰撞电离的产生系数。热平衡时,俄歇复合与碰撞电离平衡,因此

$$R_{aug,n0} = G_{aug,n0}, \quad R_{aug,p0} = G_{aug,p0} \qquad (2.55)$$

将式(2.47)~式(2.50)应用于式(2.51),净复合率为

$$U_{aug} = (r_{aug,n} n + r_{aug,p} p)(np - n_i^2) \qquad (2.56)$$

在小注入条件下,俄歇复合的寿命由式(2.57)表示

$$\tau = \frac{1}{r_{aug,n} n_0^2 + (r_{aug,n} + r_{aug,n}) n_i^2 + r_{aug,p} p_0^2} \qquad (2.57)$$

对于 n 型半导体,带-带俄歇复合的空穴寿命和 p 型半导体的带-带俄歇复合的电子寿命分别为

$$\tau_{aug,n} = \frac{1}{r_{aug,n} N_A^2} \qquad (2.58)$$

$$\tau_{aug,p} = \frac{1}{r_{aug,p} N_D^2} \qquad (2.59)$$

俄歇复合几率为载流子浓度的三次方关系,故俄歇过程容易发生在载流子浓度高的情况。对于高掺杂、窄带隙、强注入或高温条件下的半导体,俄歇过程将是主要的复合通道。图 2.19 是 p 型 GaAs 非平衡载流子寿命随温度的变化[12]。从图看出,室温下 GaAs 以辐射复合为主,即使对高掺杂的 GaAs 也是如此。然而在高温下俄歇复合起主要作用。

俄歇复合也可以通过复合中心完成,靠近导带的缺陷态上的电子与价带空穴

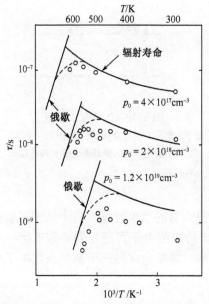

图 2.19　p 型 GaAs 少子寿命随 $1/T$ 的变化[10]

复合,其释放的能量交给了导带中的另一个电子,使其激发到导带较高能态,当然这涉及的过程更复杂。注意到俄歇复合要求复合过程满足动量和能量守恒,因此俄歇过程也能在间接带隙材料中发生,而辐射复合在间接带隙材料中发生几率是很小的。俄歇复合的逆过程,碰撞电离是第三代太阳电池中碰撞电离太阳电池工作的基础,在第 10 章中将进一步讨论。

上述各复合过程有的是不可避免地具有本征特性,如辐射复合、俄歇复合;有的是与材料缺陷或杂质有关的,如通过带隙中缺陷态(复合中心)的间接复合。关于半导体中复合问题的进一步了解,可参考有关文献[9-11]。

基于上述诸多复合过程彼此是独立或平行发生的,而且带隙中也可能有多个陷阱能级,因此总复合率是由各种过程所引起的复合率之和

$$U = \sum_i U_{i,\mathrm{SRH}} + U_{\mathrm{rad}} + U_{\mathrm{aug}} \tag{2.60}$$

式中,i 代表不同的陷阱(缺陷)能级,对于掺杂材料,小信号输入情况下,少数载流子的有效寿命可写成

$$\frac{1}{\tau} = \sum_i \frac{1}{\tau_{i,\mathrm{SRH}}} + \frac{1}{\tau_{\mathrm{rad}}} + \frac{1}{\tau_{\mathrm{aug}}} \tag{2.61}$$

4) 表面和界面复合

前面介绍了晶体表面周期性的中断、外来杂质吸附、两种不同材料之间的界面结构的突变,都可能在交界面处产生缺陷态。与体内的缺陷态一样,表面或界面态对电子和空穴起复合中心的作用,将增加载流子在表面或界面区的复合。表面复合的分析与通过复合中心的间接复合类似,只是,与复合相关的表面或界面缺陷通常集中在二维空间,因此用单位面积来描述它们。结合式(2.47),单位面积、单位时间的表面复合率 U_S 可写成[11]

$$U_S = \int_{E_V}^{E_C} \frac{np - n_{\mathrm{i}}^2}{(p + n_{\mathrm{i}} \mathrm{e}^{(E_{\mathrm{i}} - E_{\mathrm{t}})/k_B T})/S_{\mathrm{n}} + (n + n_{\mathrm{i}} \mathrm{e}^{(E_{\mathrm{t}} - E_{\mathrm{i}})/k_B T})/S_{\mathrm{p}}} D_S(E_{\mathrm{t}}) \mathrm{d}E_{\mathrm{t}} \tag{2.62}$$

这里,E_{t} 是陷阱能级(复合中心),$D_S(E_{\mathrm{t}})$ 是表面态的态密度分布,S_{n} 和 S_{p} 分别为电子与空穴的有效表面复合速度,具有速度的量纲。表面复合速度与体载流子寿命

有类似的意义。对 n 型半导体,表面复合率可简化成

$$U_S = S_p(p - p_0) \tag{2.63}$$

p 型半导体

$$U_S = S_n(n - n_0) \tag{2.64}$$

实验上测得的非平衡载流子寿命应是体内复合与表面复合的综合结果。下式中的 f 是与表面相关的因子。

$$\frac{1}{\tau} = \frac{1}{\tau_{体}} + \frac{f}{\tau_{表面}} \tag{2.65}$$

注意,有效复合速度不仅与材料的性质(如晶向等)有关,更常因工艺而异。为讨论简单起见,常被当作常数来处理。表面复合对半导体器件性能及稳定性具有极重要的意义,严重的表面复合将引起器件的失效。在太阳电池的制备中,低表面复合是制备高效电池的重要因素。如在薄膜非晶硅/晶体硅异质结电池 HIT(heterojunction with intrinsic thin layer)中,本征非晶硅薄膜对晶硅表面的钝化作用,是该电池获得高效的关键因素之一。

3. 非平衡载流子浓度

设热平衡时电子及空穴的浓度分别为 n_0,p_0,电导为 σ_0。在光照下载流子达到一个新的非平衡稳态,电子及空穴的浓度增加到 $n_0 + \Delta n$ 和 $p_0 + \Delta p$,Δn,Δp 为非平衡载流子浓度。相应的电导率为

$$\sigma = q[(n_0 + \Delta n)\mu_n + (p_0 + \Delta p)\mu_p] \tag{2.66}$$

恒定光照下 $\Delta n = \Delta p$,电导率的增加为光电导 σ_p

$$\sigma_p = \sigma - \sigma_0 = q\Delta n(\mu_n + \mu_p) \tag{2.67}$$

对于本征半导体,光照引起电子电导与空穴电导的变化是相近的,在同一个量级。对于掺杂半导体,电导的变化与平衡载流子的状况有关。仍依前面提及的晶体硅中掺磷为例(磷浓度为 10^{17} cm^{-3}),室温下杂质全部离化,因此 $n_0 = 10^{17}$ cm^{-3};空穴浓度 $p_0 = n_i^2/n_0 = 2.1 \times 10^3$ cm^{-3}。设光注入产生非平衡载流子浓度为 $\Delta n = \Delta p = 10^{12}$ cm^{-3}。$\Delta n \ll n_0$,光注入后电子浓度基本不变,而空穴浓度增加了 9 个量级。说明外场条件对少数载流子的影响更为灵敏。

在非平衡稳态,载流子不再遵循费米-狄拉克分布式(2.11)。若考虑载流子寿命是 $10^{-8} \sim 10^{-3}$ s,载流子与晶格相互作用弛豫时间 $\sim 10^{-10}$ s,表明在同一带内,仅需很短的时间即能实现带内载流子的新平衡。因此可认为电子在导带处于准热平衡态,相应的温度为 T_n。同样价带空穴也处于准热平衡态,相应的温度为 T_p。原则上 T_n,T_p 与晶格温度(环境温度)T 是不等的。倘若 $T_n > T$,则是热电子的情况。在外场作用不是很强的情况下,可认为 $T = T_n = T_p$。由于导带和价带之间能量差别大,电子与空穴没有统一的费米能级。对于处于准热平衡的导带和价带,分别引

入电子和空穴的准费米能级 E_{Fn} 和 E_{Fp}，导带和价带非平衡载流子分布遵循式(2.68)及式(2.69)

$$f_n(E) = \frac{1}{\exp\dfrac{E - E_{Fn}}{k_B T} + 1} \tag{2.68}$$

$$f_p(E) = \frac{1}{\exp\dfrac{E_{Fp} - E}{k_B T} + 1} \tag{2.69}$$

此时的非平衡载流子浓度可表示成

$$n = N_C \exp\left(-\frac{E_C - E_{Fn}}{k_B T}\right) \tag{2.70}$$

$$p = N_V \exp\left(-\frac{E_{Fp} - E_V}{k_B T}\right) \tag{2.71}$$

电子和空穴浓度的乘积

$$np = n_0 p_0 \exp\left(-\frac{E_{Fn} - E_{Fp}}{k_B T}\right) = n_i^2 \exp\left(-\frac{E_{Fn} - E_{Fp}}{k_B T}\right) \tag{2.72}$$

式(2.72)表明，电子与空穴的准费米能级之差，$\Delta E_F = E_{Fn} - E_{Fp}$ 反映了半导体偏离热平衡的程度。若 $\Delta E_F = 0$，电子和空穴费米能级重合，形成单一的费米能级，回到热平衡状态。

2.1.7　载流子输运性质

导带和价带的自由载流子在外场(电场、磁场、温度场)作用下运动，如载流子在电场作用下的漂移运动，载流子空间分布不均匀引起的扩散运动等。载流子的各种运动统称为"输运"。需有参量来表征载流子运动的性质与规律。

1. 漂移运动与迁移率

在电场作用下，自由空穴(电子)沿(逆)电场方向漂移，载流子在电场中不断获得能量而加速。另外，载流子在晶体场中受到晶体中偏离周期场的畸变势的散射作用，失去原来的运动方向或损失能量，经重新加速，再散射和再加速不断地进行，由于畸变势的散射作用，使载流子漂移速度不会无限地增大。对于一个恒定电场，漂移运动速度 v_D 与电场强度 F 成正比，$v_D = \mu F$。比例系数 μ 称为迁移率，定义为单位电场下的载流子漂移速度。原则上迁移率是电场的函数，但在弱场下迁移率与电场无关，可看成是常数。太阳电池通常工作在低电场条件。电子浓度为 n 的漂移电流密度 J_n 为

$$J_n = -qnv_D = qn\mu_n F \tag{2.73}$$

空穴浓度为 p 的漂移电流密度 J_p 为

$$J_p = qp v_D = qp\mu_p F \tag{2.74}$$

n 型和 p 型半导体电导率分别表示成

$$\sigma_n = nq\mu_n, \quad \sigma_p = pq\mu_p \tag{2.75}$$

半导体中电子和空穴对电导都有贡献的情况

$$\sigma = q(n\mu_n + p\mu_p) \tag{2.76}$$

对本征半导体

$$\sigma = n_i q(\mu_n + \mu_p) \tag{2.77}$$

　　迁移率是半导体材料主要的宏观参量之一,单位为 $cm^2/(V \cdot s)$。它是由固体中载流子运动遭遇的散射过程确定的。它涉及晶体中的晶格缺陷、杂质及晶格振动等引起对载流子的弹性散射或非弹性散射。描述这种散射过程的参数是 τ 或散射几率 $1/\tau$。τ 可理解成载流子在两次散射之间的平均时间间隔,它的大小直接反映了载流子在晶体中运动的迁移能力。迁移率正比于 τ,反比于载流子的有效质量,有以下直接关系

$$\mu_n = \frac{q\tau}{m_n^*}, \quad \mu_p = \frac{q\tau}{m_p^*} \tag{2.78}$$

载流子平均自由时间 τ 由散射过程决定。半导体中有多种散射机制,如电离杂质散射,中性杂质散射,声学波形变势散射,长光学波畸变势散射和长光学波极化势散射等。在诸多散射机制中电离杂质散射与声子散射对迁移率的影响是主要的[3-4]。与杂质散射有关的平均自由时间 τ_d 反比于杂质浓度 N_i,随温度上升而增加的关系为

$$\tau_d \propto N_i^{-1} T^{3/2} \tag{2.79}$$

声子的散射涉及声学声子与光学声子,电子与声学声子散射的平均自由时间 τ_s

$$\tau_s \propto T^{-3/2} \tag{2.80}$$

电子与光学声子散射平均自由时间 τ_0 为

$$\tau_0 \propto e^{\frac{\hbar\omega}{k_B T}} - 1 \tag{2.81}$$

后者只是在较高温度下起作用。因此在固体中,通常主要考虑电离杂质散射与声学声子散射。从式(2.79)与式(2.80)看出,温度对 τ_d 与 τ_s 的影响是相反的。高温使电子运动加速,降低了被电离杂质的散射几率。而高温加剧了晶格振动,使 τ_s 与 τ_0 减小,反之也成立。

　　每一种散射机制 i 有它相应的平均自由时间 τ_i。对于多种散射机制共存的情况,载流子平均自由时间 τ 由各种散射几率之和来决定

$$\frac{1}{\tau} = \sum_i \frac{1}{\tau_i} \tag{2.82}$$

太阳电池的模拟计算中,对晶体 Si 材料,300 K 电子迁移率近似地表示成[8]

$$\mu_n = 92 + \frac{1268}{1 + \left(\dfrac{N_D^+ + N_A^-}{1.3 \times 10^{17}}\right)^{0.91}} \tag{2.83}$$

空穴迁移率近似地表示成[8]

$$\mu_p = 54.3 + \frac{406.9}{1 + \left(\dfrac{N_D^+ + N_A^-}{2.35 \times 10^{17}}\right)^{0.88}} \tag{2.84}$$

根据式(2.83)和式(2.84)，图 2.20 给出了硅的 μ_n 与 μ_p 随杂质浓度的变化。当杂质浓度大于 $10^{17} \, \mathrm{cm}^{-3}$，载流子迁移率随杂质浓度的增加而明显地减少。

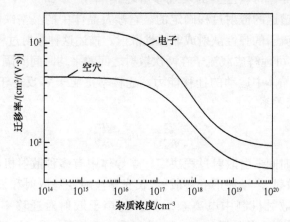

图 2.20　$T = 300 \, \mathrm{K}$，Si 载流子迁移率随杂质浓度的变化[12]

2. 载流子扩散运动

当固体中粒子浓度(原子、分子、电子、空穴等)在空间分布不均匀时将发生扩散运动。载流子从高浓度向低浓度(梯度的反方向)的扩散运动是载流子重要输运方式之一。如一束光入射到半导体材料，沿入射方向对光吸收，光的强度如式(2.29)所示衰减。在离表面吸收深度的范围内($1/\alpha$，α 为材料的光吸收系数)，激发大量的电子和空穴，形成从表面向体内，光生载流子浓度由高到低的不均匀分布。在此情况下，虽然半导体处于同一温度，载流子分布却是空间位置的函数。设在无光照时，n 型半导体电子浓度空间均匀分布为 n_0，光照后，沿光照的 x 方向电子浓度分布为 $n(x)$，光生电子沿 x 方向的浓度变化为 $\Delta n(x) = n(x) - n_0$，扩散运动形成的电子扩散流密度可表示为

$$J_{n扩} = qD_n \frac{\mathrm{d}\Delta n}{\mathrm{d}x} \tag{2.85}$$

扩散流密度与浓度梯度方向相反，然而电子带负电荷，因此，式(2.85)电子的扩散

电流密度 $J_{n扩}$,没有负号。类似地,空穴的扩散电流密度

$$J_{p扩} = -qD_p \frac{\mathrm{d}\Delta p}{\mathrm{d}x} \tag{2.86}$$

比例系数 D_n,D_p 分别为电子和空穴的扩散系数,单位是 cm^2/s。

热平衡条件下,既没有净的电子流也没有净的空穴流,此时材料中由载流子分布不均匀导致的扩散流与漂移流平衡,导出材料迁移率与扩散系数之间应满足著名的爱因斯坦关系

$$\frac{D}{\mu} = \frac{k_B T}{q} \tag{2.87}$$

式(2.87)表明,材料的迁移率与扩散系数并不是独立的,它们之间相差一个因子 $k_B T/q$。在非平衡情况下,与前面讨论准费米能级相似,非平衡载流子在很短的时间内就达到准平衡态。实验证明,式(2.87)也可以应用于非平衡载流子。

3. 非平衡载流子的扩散与漂移的基本方程

由于外场的注入引起表面与体内的差别,或材料掺杂不均匀等,非平衡载流子的空间分布通常是不均匀的。讨论扩散运动与漂移运动同时存在的情况。考虑一维的输运,设在半导体的 x 方向有一均匀外场 F,非平衡载流子同时有扩散与漂移运动时,电子与空穴的电流密度 J_n、J_p 可分别用式(2.88)和式(2.89)来表示

$$J_n = J_{n扩} + J_{n漂} = qD_n \frac{\mathrm{d}\Delta n}{\mathrm{d}x} + q\mu_n nF \tag{2.88}$$

$$J_p = J_{p扩} + J_{p漂} = -qD_p \frac{\mathrm{d}\Delta p}{\mathrm{d}x} + q\mu_p pF \tag{2.89}$$

应用爱因斯坦关系,总的电流密度方程

$$J = J_p + J_n = q\mu_n \left(nF + \frac{k_B T}{q} \frac{\mathrm{d}\Delta n}{\mathrm{d}x} \right) + q\mu_p \left(pF - \frac{k_B T}{q} \frac{\mathrm{d}\Delta p}{\mathrm{d}x} \right) \tag{2.90}$$

载流子连续方程

同样是一维情况。光沿 x 方向垂直入射半导体表面,在表面产生大量的非平衡载流子,此时半导体内同时存在漂移、扩散、产生与复合。载流子的运动不仅是空间的函数也是时间的函数。讨论在 $x \rightarrow x + \mathrm{d}x$ 小体积中电子数随时间的变化,它将由四部分的代数和决定,在 x 处流入小体积的电子数,在 $x + \mathrm{d}x$ 处流出小体积的电子数,在小体积内电子的产生率与复合率。单位面积电子浓度的变化率则为

$$\frac{\partial n}{\partial t} = \frac{1}{q} \nabla \cdot J_n(x) + G - U_n \tag{2.91}$$

第一项代表在 $x \rightarrow x + \mathrm{d}x$ 范围内电子电流密度的梯度引起的电子数的变化。G 和 U_n

表示电子的产生率与复合率。同样可得空穴浓度的变化率

$$\frac{\partial p}{\partial t}=\frac{1}{q}\nabla \cdot J_p(x)+G-U_p \tag{2.92}$$

把式(2.88)和式(2.89)代入式(2.91)和式(2.92),进一步考虑电场 F 是位置的函数,可得到一维非平衡稳态载流子的连续方程

$$\frac{\partial p}{\partial t}=G_n-U_n+n\mu_n\frac{\partial F}{\partial x}+\mu_n F\frac{\partial n}{\partial x}+D_n\frac{\partial^2 n}{\partial x^2} \tag{2.93}$$

$$\frac{\partial p}{\partial t}=G_p-U_p+p\mu_p\frac{\partial F}{\partial x}+\mu_p F\frac{\partial p}{\partial x}+D_p\frac{\partial^2 p}{\partial x^2} \tag{2.94}$$

电场强度 F 的空间分布由泊松方程决定

$$\nabla \cdot F=\rho(x,y,z)/\varepsilon_0\varepsilon_s \tag{2.95}$$

$\rho(x,y,z)$ 是半导体内电荷密度分布

$$\rho(x,y,z)=(p-n+N_D-N_A) \tag{2.96}$$

在稳态情况

$$\frac{\partial p}{\partial t}=\frac{\partial n}{\partial t}=0 \tag{2.97}$$

设材料是均匀掺杂的,其带隙宽度、载流子迁移率、介电常量和扩散系数均与位置无关,稳态连续方程

$$\mu_n\frac{dnF}{dx}+D_n\frac{d^2 n}{dx^2}+G-U=0 \tag{2.98}$$

$$\mu_p\frac{dpF}{dx}-D_p\frac{d^2 p}{dx^2}-(G-U)=0 \tag{2.99}$$

方程(2.95)、方程(2.98)和方程(2.99)是确定半导体内载流子浓度、电荷密度和电场强度的基本方程组。这是一组相互关联的非线性微分方程,原则上有了边界条件就可求解。实际上方程的求解是很复杂的,通常要通过简化,采用数字解的方法获得器件特性。

　　考虑较简单的情况,在中性区内的电场极小 $F\approx0$,因此与扩散电流相比,漂移电流可忽略不计,且是小注入条件,应用式(2.50),n 型材料的复合项可写为

$$U=\frac{p_n-p_{0n}}{\tau_p}=\frac{\Delta p_n}{\tau_p} \tag{2.100}$$

p 型材料的复合项为

$$U=\frac{p_p-p_{0p}}{\tau_n}=\frac{\Delta p_p}{\tau_n} \tag{2.101}$$

这里,Δn_p 及 Δp_n 分别为 p 区和 n 区非平衡少数载流子浓度。少数载流子寿命 τ_n 和 τ_p 是由式(2.58)和式(2.59)决定。在上述条件下,方程(2.98)和方程(2.99)可简化成为少数载流子扩散方程。对于 n 型半导体

$$D_p \frac{\mathrm{d}^2 \Delta p_n}{\mathrm{d}x^2} - \frac{\Delta p_n}{\tau_p} + G(x) = 0 \tag{2.102}$$

对于 p 型半导体

$$D_n \frac{\mathrm{d}^2 \Delta n_p}{\mathrm{d}x^2} - \frac{\Delta n_p}{\tau_p} + G(x) = 0 \tag{2.103}$$

上述方程组是分析半导体器件及太阳电池的基本方程。

2.2 半导体 pn 结基础

掺有施主杂质的 n 型半导体与掺有受主杂质的 p 型半导体的有机结合,形成具有特定功能的结构,该结构被称为 pn 结。pn 结是构成半导体器件及集成电路的基本单元。它在半导体的各类器件,如整流、开关、双极型晶体管、发光、太阳电池及集成电路中,均起重要的作用。pn 结可以是由同一种材料且带隙宽度相同但导电类型不同的材料形成,称为同质结。也可是由带隙宽度不同的材料形成,称为异质结。本章主要以同质结为例讨论 pn 结形成的物理过程、热平衡 pn 结的表征、电场偏置下的伏安特性及外场作用下的输运与基本方程,并简单介绍异质结的结特性。

2.2.1 热平衡的 pn 结

对掺杂均匀的 p 型及 n 型半导体,形成 pn 结后,在界面两边杂质的空间分布是突变的,称为突变结。工艺上采用离子注入或浅结扩散来实现。若 pn 结界面两边杂质的空间分布是逐渐变化的则称为缓变结,如深扩散结,杂质的空间分布是不均匀的,属于这一类。这里的讨论是以突变结为例来展开的。

独立的 p 型及 n 型半导体分别有各自的费米能级,如图 2.21(a)所示,p 型材料有高的空穴浓度,n 型材料有高的电子浓度。当它们紧密接触形成 pn 结时,在交界面区分别形成空穴与电子的浓度梯度。在此浓度梯度驱使下,n 区的电子向 p 区扩散,留下荷正电的施主离子,形成正的空间电荷区。p 区的空穴向 n 区扩散,留下荷负电的受主离子,形成负的空间电荷区。结果是产生一个如图 2.22(b)上部所示的从 n 区指向 p 区的电场 F。然而,该电场 F 产生漂移流的方向与扩散流方向相反,将阻止由于上述扩散引起的空间电荷区电场的增强。当扩散流等于漂移流时两者达到平衡,空间电荷区最终建立的电场 F 称为内建场。同时随内建场的建立(相当于反向偏置),E_{Fn} 与 n 区能带一起下移,或 E_{Fp} 与 p 区能带一起上移。当扩散与漂移运动达到平衡时,pn 结有统一的费米能级,达到热平衡,对外不呈现电流。

从图 2.22(b)可看到,pn 结的形成仅改变接触面附近的空间电荷区,如果 p

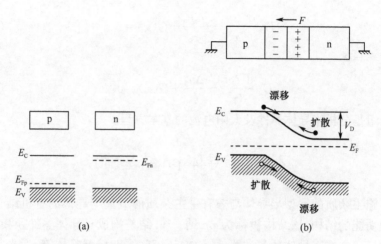

(a)

图 2.21　(a)独立的 p 型与 n 型半导体(p 型：$p_0=N_A$,

$n_0=n_i^2 / N_A$。n 型：$n_0=N_D, p_0=n_i^2 / N_D$)；(b)热

平衡态时 pn 结空间电荷区内电场和能带图

区和 n 区足够厚,离开结一定的距离,p 区和 n 区的能带保持不变,近似地认为是
没有空间电荷的电中性区,或称准中性区。因此 pn 结可看成由三部分组成：①空
间电荷区,区内没有可移动的载流子,载流子耗尽,亦称耗尽区,是 pn 结势垒区,
故又称为势垒区。②准中性的 p 区。③准中性的 n 区。结的内建场补偿了 E_{Fn} 与
E_{Fp} 的移动,结两端电势能差 qV_D,即 pn 结的势垒高度

$$qV_D = E_{Fn} - E_{Fp} \tag{2.104}$$

根据载流子分布函数,在准中性区电子与空穴的热平衡浓度

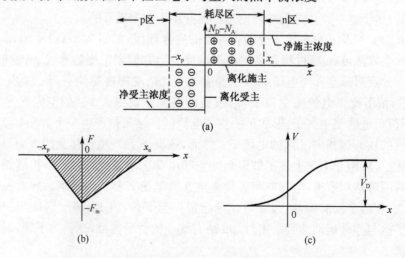

图 2.22　突变结杂质分布(a)、电场分布(b)和电势分布(c)

$$n_{0\mathrm{n}} = n_{\mathrm{i}} \mathrm{e}^{\frac{E_{\mathrm{Fn}} - E_{\mathrm{i}}}{k_{\mathrm{B}} T}} \tag{2.105}$$

$$p_{0\mathrm{p}} = n_{\mathrm{i}} \mathrm{e}^{\frac{E_{\mathrm{i}} - E_{\mathrm{Fp}}}{k_{\mathrm{B}} T}} \tag{2.106}$$

下标"0"表示热平衡条件,下标"n"和"p"分别表示在 n 区和 p 区。对于突变结,室温下 $n_{0\mathrm{n}} = N_{\mathrm{D}}$,$p_{0\mathrm{p}} = N_{\mathrm{A}}$。由式(2.104)~式(2.106)可得势垒高度,它由两边的掺杂程度决定

$$V_{\mathrm{D}} = \frac{E_{\mathrm{Fn}} - E_{\mathrm{Fp}}}{q} = \frac{k_{\mathrm{B}} T}{q} \left[\ln \frac{N_{\mathrm{D}} N_{\mathrm{A}}}{n_{\mathrm{i}}^2} \mathrm{A} \right] \tag{2.107}$$

空间电荷区电势与载流子分布

空间电荷区内的电场和电势分布,对 pn 结特性有极重要的影响。空间电荷区电势分布通过求解泊松方程(2.95)获得。考虑一维情况

$$\frac{\mathrm{d}^2 V(x)}{\mathrm{d} x^2} = -\frac{\rho(x)}{\varepsilon_0 \varepsilon_{\mathrm{s}}} \tag{2.108}$$

其中,ε_0、ε_{s} 分别为真空介电常量与半导体介电常量,电荷密度分布

$$\rho(x) = q[p(x) + p_{\mathrm{D}}(x) - n_{\mathrm{A}}(x) - n(x)] \tag{2.109}$$

这里,$p(x)$,$n(x)$ 为空间电荷区内的自由载流子浓度,$p_{\mathrm{D}}(x)$,$n_{\mathrm{A}}(x)$ 分别为荷正电的离化施主浓度和荷负电的离化受主浓度。在耗尽层近似条件下,即空间电荷区内无可移动的载流子,$p(x) = n(x) = 0$。以突变结为例(图 2.22),杂质完全离化,$p_{\mathrm{D}}(x)$,$n_{\mathrm{A}}(x)$ 由杂质浓度决定。由于是均匀掺杂,电荷密度为

$$\left.\begin{array}{l} \rho(x) = q N_{\mathrm{D}} \quad\quad (0 < x \leqslant x_{\mathrm{n}}) \\ \rho(x) = -q N_{\mathrm{A}} \quad (-x_{\mathrm{p}} \leqslant x < 0) \end{array}\right\} \tag{2.110}$$

其中,x_{n}、x_{p} 分别为 n、p 区的空间电荷区宽度。将电荷密度代入泊松方程(2.108),得

$$\left.\begin{array}{l} -\dfrac{\partial^2 V}{\partial x^2} \approx \dfrac{q}{\varepsilon_0 \varepsilon_{\mathrm{s}}} n_{\mathrm{D}}, \quad 0 < x \leqslant x_{\mathrm{n}} \\[3mm] \dfrac{\partial^2 V}{\partial x^2} \approx \dfrac{q}{\varepsilon_0 \varepsilon_{\mathrm{s}}} n_{\mathrm{A}}, \quad -x_{\mathrm{p}} \leqslant x < 0 \end{array}\right\} \tag{2.111}$$

1) 电场分布

对式(2.111)一次积分,并应用边界条件:在界面处($x = 0$)电场连续及空间电荷区外电场为零,可得到如图 2.22(b)的电场的分布

$$\left.\begin{array}{l} F(x) = -\dfrac{q N_{\mathrm{A}}(x + x_{\mathrm{p}})}{\varepsilon_0 \varepsilon_{\mathrm{s}}}, \quad -x_{\mathrm{p}} \leqslant x < 0 \\[3mm] F(x) = -\dfrac{q N_{\mathrm{D}}(x - x_{\mathrm{n}})}{\varepsilon_0 \varepsilon_{\mathrm{s}}}, \quad 0 < x \leqslant x_{\mathrm{n}} \end{array}\right\} \tag{2.112}$$

上式表明空间电荷区电场是线性分布的,式中的负号表明内建场与 x 方向相反,从 n 区指向 p 区,这与图 2.22 的定性解释是一致的。在 $x = 0$ 处的电场极值 F_{m}

$$|F_{\mathrm{m}}| = \frac{qN_{\mathrm{A}}x_{\mathrm{p}}}{\varepsilon_0\varepsilon_{\mathrm{s}}} = \frac{qN_{\mathrm{D}}x_{\mathrm{n}}}{\varepsilon_0\varepsilon_{\mathrm{s}}} \tag{2.113}$$

$$\frac{x_{\mathrm{n}}}{x_{\mathrm{p}}} = \frac{N_{\mathrm{A}}}{N_{\mathrm{D}}} \tag{2.114}$$

式(2.114)表明空间电荷区两侧的宽度与其掺杂浓度的积是常数,即保持电中性。空间电荷区主要分布在低掺杂区。

2) 电势分布

对式(2.111)的二次积分,考虑边界条件:①耗尽区的 p 区边界,$V(-x_{\mathrm{p}})=0$,在 n 区边界,$V(x_{\mathrm{n}})=V_{\mathrm{D}}$;②$x=0$ 处电势连续。得到电势的分布

$$V(x) = \frac{qN_{\mathrm{A}}}{2\varepsilon_0\varepsilon_{\mathrm{s}}}(x+x_{\mathrm{p}})^2, \quad -x_{\mathrm{p}} \leqslant x < 0 \tag{2.115}$$

$$V(x) = V_{\mathrm{D}} - \frac{qN_{\mathrm{D}}}{2\varepsilon_0\varepsilon_{\mathrm{s}}}(x-x_{\mathrm{n}})^2, \quad 0 \leqslant x < x_{\mathrm{n}} \tag{2.116}$$

热平衡条件下耗尽区总宽度为 $W = x_{\mathrm{n}} + x_{\mathrm{p}}$ 为

$$W = \left[\frac{2\varepsilon_0\varepsilon_{\mathrm{s}}}{q}\left(\frac{N_{\mathrm{D}}+N_{\mathrm{A}}}{N_{\mathrm{D}}N_{\mathrm{A}}}\right)V_{\mathrm{D}}\right]^{1/2} \tag{2.117}$$

3) 载流子浓度分布

在空间电荷区内,只要空间电荷区各处的电势分布确定,耗尽区内载流子分布仍可按式(2.15)及式(2.16)来表示。注意的是,用 E_{Cn} 和 E_{Cp} 分别代表 n 区和 p 区的导带底,E_{Vn} 和 E_{Vp} 别代表 n 区和 p 区的价带顶。n 区和 p 区的能量相差 $V(x)$,

$$E_{\mathrm{Cn}}(x) = E_{\mathrm{Cp}} - qV(x) \tag{2.118}$$

$$E_{\mathrm{Vn}}(x) = E_{\mathrm{Vp}} - qV(x) \tag{2.119}$$

耗尽区内电子浓度布可按式(2.15)及式(2.16)来表示

$$n_0(x) = N_{\mathrm{C}}\mathrm{e}^{\frac{E_{\mathrm{Cn}}(x)-E_{\mathrm{F}}}{k_{\mathrm{B}}T}} = n_{0\mathrm{p}}\mathrm{e}^{\frac{qV(x)}{k_{\mathrm{B}}T}} \tag{2.120}$$

耗尽区 n 边界的电子浓度 $n_{0\mathrm{n}}$ 和耗尽区 p 边界的电子浓度 $n_{0\mathrm{p}}$ 有如下关系

$$n_{0\mathrm{n}} = n_{0\mathrm{p}}\mathrm{e}^{\frac{qV_{\mathrm{D}}}{k_{\mathrm{B}}T}} \tag{2.121}$$

同样可得 n 区和 p 区在耗尽区边界的空穴浓度的关系

$$p_0(x) = p_{0\mathrm{p}}\mathrm{e}^{-\frac{qV(x)}{k_{\mathrm{B}}T}} \tag{2.122}$$

$$p_{0\mathrm{n}} = p_{0\mathrm{p}}\mathrm{e}^{-\frac{eV_{\mathrm{D}}}{k_{\mathrm{B}}T}} \tag{2.123}$$

式(2.121)与式(2.123)相乘可得

$$n_{0\mathrm{n}}(x)p_{0\mathrm{n}}(x) = n_{0\mathrm{p}}p_{0\mathrm{p}} = n_{\mathrm{i}}^2 \tag{2.124}$$

说明虽然在空间电荷区载流子浓度是位置的函数,但 $n_{0\mathrm{n}}(x)$ 与 $n_{0\mathrm{p}}(x)$ 乘积仍为热平衡常数,与位置无关。

2.2.2 pn 结伏安特性

从上面的讨论可知,热平衡 pn 结的核心部分是空间电荷区。空间电荷区的性质主要用电势的空间分布 $V(x)$ 及势垒宽度 W 来表征。在外电场作用下,pn 结处于非平衡状态,对外呈现不对称的伏安特性。这里讨论理想 pn 结的情况,有以下假设:①耗尽区边界是突变的。耗尽区外是中性的,因此少数载流子在准中性区作扩散运动。②采用玻尔兹曼近似。③耗尽区内既无产生也无复合。④小注入近似。

1. 外电场作用下 pn 结基本过程

1) 正向偏置

偏压为 V_F,其电场方向与内建场方向相反,使内建场减弱。如图 2.23 所示,势垒高度从 qV_D 降低到 $q(V_D-V_F)$,空间电荷相应减少,空间电荷区变窄,势垒区中扩散电流与漂移电流不再平衡。电场减弱,漂移电流比扩散电流小了,产生电子从 n 区向 p 区及空穴从 p 区向 n 区的净扩散电流。电子进入 p 区,积累在边界成为 p 区的非平衡少数载流子。同样,空穴进入 n 区,积累在边界成为 n 区的非平衡少数载流子。积累在边界的非平衡载流子将向 pn 结两端方向扩散形成扩散流。扩散过程中它们将与多数载流子复合,扩散流逐渐减少,经过一定距离后,非平衡载流子完全复合。这一段距离称为扩散区。电场作用使非平衡载流子进入 n 区和 p 区称为电注入。由上面分析可看出,正向偏压下,pn 结的电流是由从 n 区向 p 区的电子流和从 p 区向 n 区的空穴流组成,是与光生电流方向相反的。

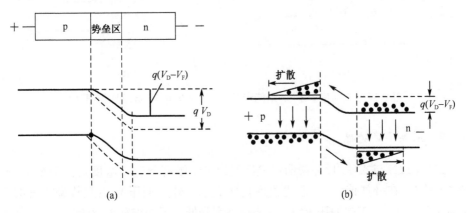

图 2.23 正向偏置 pn 结势垒(a);载流子运动(b)

2) 反向偏置

设反向偏压为 V_R。反向偏压电场方向与内建场方向相同,势垒高度从 qV_D 升

高到 $q(V_D+V_R)$，如图 2.24 所示。内建场增强，势垒区变宽，空间电荷增加，势垒区中漂移电流大于扩散电流，在增强的内建场作用下，n 区边界的少数载流子空穴向 p 区漂移，p 区边界的电子向 n 区漂移。n 区边界的少数载流子因漂移而减少，内部少子不断地补充，犹如少子不断地被抽出到另一区，称少数载流子的抽取或吸出。总的反向电流是势垒区边界少数载流子扩散电流之和。可见正向电流描述载流子的复合过程，而反向电流描述载流子的抽取过程。

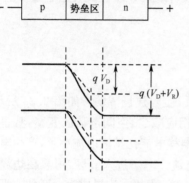

图 2.24　反向偏置 pn 结势垒变化

2. pn 结中的费米能级

外电场作用下 pn 结偏离热平衡状态，载流子浓度用准费米能级 E_{Fp} 和 E_{Fn} 来表征。如上分析，外场主要的影响是 p 区和 n 区都有少子注入，因此少数载流子的费米能级 $E_{Fn}(x)$ 和 $E_{Fp}(x)$ 是空间位置的函数。图 2.25 给出了不同偏置下的能带图。由图可见，在扩散区少子的 E_{Fn} 和 E_{Fp} 随空间变化的方向是由外加偏压决定的。图中 L_n 和 L_p 分别是 p 区和 n 区少子的扩散长度。

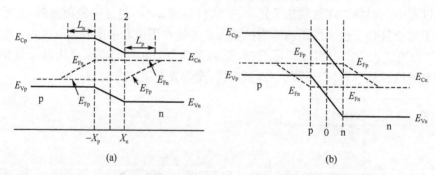

图 2.25　正向偏置下 pn 结能带图(a)；反向偏置下 pn 结能带图(b)

3. pn 结 *I-V* 特性

式(2.121)与式(2.123)说明势垒区两边电子浓度与空穴浓度是由势垒 $V(x)$ 联系起来的，在外加偏压下，上述关系仍然成立。外加偏压 V 引起势垒高度的变化为 $q(V_D-V)$。正向偏压 V 为正，势垒高度降低。反向偏压 V 为负，势垒高度增加。式(2.121)可写成

$$n_n = n_p e^{\frac{q(V_D-V)}{k_B T}} \tag{2.125}$$

外加偏压下的 pn 结处于非平衡态，n_n，n_p 分别是 n 区和 p 区在耗尽区边界的电子

浓度。在小注入条件下，$n_n \cong n_{n0}$，将式(2.121)代入式(2.125)，可给出在耗尽区 p 区边界 $x = -x_p$ 处电子浓度

$$n_p = n_{0p} e^{qV/k_BT} \tag{2.126}$$

p 区边界注入的电子浓度为非平衡条件下该处的电子浓度减去平衡时的电子浓度

$$n_p - n_{0p} = n_{0p}(e^{qV/k_BT} - 1) \tag{2.127}$$

同样，在耗尽区的 n 区边界 $x = x_n$ 处的空穴浓度 p_n

$$p_n = p_{0n} e^{qV/k_BT} \tag{2.128}$$

　　n 区边界注入的空穴浓度为边界处的空穴浓度与平衡空穴浓度之差

$$p_n - p_{0n} = p_{0n}(e^{qV/k_BT} - 1) \tag{2.129}$$

　　在稳定的外场条件下，根据理想 pn 结假设，耗尽区内既无产生也无复合，电流主要来自准中性区。在小注入条件并设中性区电场约为 0 的情况下，n 区稳态非平衡少数载流子连续方程写成

$$D_p \frac{d^2 p_n(x)}{dx^2} - \frac{p_n - p_{0n}}{D_p \tau_p} = 0 \tag{2.130}$$

应用式(2.100)及在 n 区准中性区少子浓度与热平衡时浓度相等 $p_n(x = \infty) = p_{0n}$，解方程(2.130)可得注入 n 区的非平衡少数载流子(空穴)浓度为

$$p_n - p_{0n} = p_{0n}(e^{qV/k_BT} - 1) e^{-(x-x_n)/L_p} \tag{2.131}$$

这里，$L_p = \sqrt{D_p \tau_p}$，是空穴的扩散长度。同样可得注入 p 区非平衡少数载流子浓度为

$$n_p - n_{0p} = n_{0p}(e^{qV/k_BT} - 1) e^{-(x-x_p)/L_n} \tag{2.132}$$

这里，$L_n = \sqrt{D_n \tau_n}$，是电子的扩散长度。在 n 区边界 $x = x_n$，得到空穴的扩散电流

$$J_p(x_n) = -qD_p \frac{dp_n(x)}{dx}\Big|x_n = \frac{qD_p p_{0n}}{L_p}(e^{qV/k_BT} - 1)$$

$$= \frac{qD_p n_i^2}{N_D L_p}(e^{qV/k_BT} - 1) \tag{2.133}$$

同样在 p 区电子的扩散电流为

$$J_n(-x_p) = qD_n \frac{dn_p(x)}{dx}\Big|^{-x_p} = \frac{qD_n n_{0p}}{L_n}(e^{qV/k_BT} - 1)$$

$$= \frac{qD_n n_i^2}{N_A L_n}(e^{qV/k_BT} - 1) \tag{2.134}$$

通过 pn 结的总电流是电子与空穴扩散流之和，即式(2.133)与式(2.134)的叠加

$$J = J_n(-x_p) + J_p(x_n) = J_s(e^{qV/k_BT} - 1) \tag{2.135}$$

其中，J_s 为反向饱和电流

$$J_s = \frac{qD_p p_{0n}}{L_p} + \frac{qD_n n_{0p}}{L_n} = qn_i^2 \left(\frac{D_p}{N_D L_p} + \frac{D_n}{N_A L_n} \right) \tag{2.136}$$

式(2.135)是理想 pn 结的伏安特性。正偏压时,电流随偏压的增加指数上升。反向偏置时,指数项趋于零,结电流为恒定的反向饱和电流 J_s,显示典型的整流特性。

　　图 2.26 给出由式(2.135)描述的理想 J-V 特性曲线(实线)与实测 pn 结 J-V 特性曲线的比较(虚线)。分析图 2.26 发现,式(2.135)可较好地描述小信号条件下 Ge 的 pn 结实验特性。对于 Si, GaAS 的 pn 结特性,实验与计算有明显的偏离。主要是实际的反向电流比理想的反向电流约大 2 个量级,实际的正向电流与理想的正向电流呈现不同的电压依赖关系。理想 pn 结的 J-V 特性是建立在前面的几个假设基础上得到的,它与实验的偏差说明有些假设并不适当。如小注入的假设在较高的正向偏置时是不成立的,因为在较大正向偏压下,注入的少子浓度可能接近或甚至超过所在区的多子浓度。此外耗尽区内载流子的产生与复合实际上是不能忽略的,表面效应——表面离子电荷,串联电阻效应等,使实测 J-V 特性明显偏离理想特性。

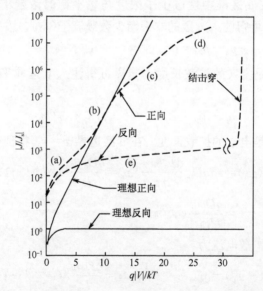

图 2.26　理想 pn 结与实际测量的 pn 结 J-V 特性的比较
(a)产生-复合电流区;(b)扩散电流区;(c)大注入区;(d)串联
电阻效应;(e)产生-复合与表面效应等引起的反向漏电流

4. 势垒区的产生-复合及大注入效应

　　在热平衡条件下,pn 结势垒区内的产生与复合是相等的。外加电场后势垒区电场的变化,少子的注入使区内载流子产生与复合失去平衡,致使势垒区内电子和空穴浓度的乘积可能偏离其平衡常数。

$$n(x)p(x)=n_i e^{\frac{E_{Fn}-E_i}{k_B T}} n_i e^{\frac{E_i-E_{Fp}}{k_B T}}=n_i^2 e^{\frac{qV}{k_B T}} \tag{2.137}$$

以下讨论几种情况:

1)正向偏置时势垒区的复合流

pn 结在正向偏压 V 下,从式(2.137)可得 $np>n_i^2$,势垒区内载流子浓度超过平衡态的值,为此需有更多的复合来达到新的平衡,有净复合率。电子从 n 区向 p 区的扩散流及空穴从 p 区向 n 区的扩散流,经过势垒区将有载流子复合流。设 $r_n=r_p=r$。如在前文讨论过的,对复合最有效的陷阱能级位于带隙的中央 $E_t \approx E_i$,净复合率可表示成

$$U=\frac{N_t r(np-n_i^2)}{n+p+2n_i} \tag{2.138}$$

在势垒区内 $n=p$ 时有最大的复合为 U_{max}。此处 n 和 p 是空间位置的函数,对空间电荷区积分(0~W),得到复合电流 J_r 为

$$J_r=\int_0^W qU_{max}dx \approx \frac{qn_i W}{2\tau} e^{\frac{qV}{2k_B T}} \tag{2.139}$$

其中,W 为势垒区宽度。正向偏置时总电流近似地为扩散电流与复合电流之和,表示为

$$J=J_r+J_F=qn_i\left[\sqrt{\frac{D_p}{\tau_p}}\frac{n_i}{N_D}e^{\frac{qV}{k_B T}}+\frac{W}{2\tau}e^{\frac{qV}{2k_B T}}\right] \tag{2.140}$$

2)反向偏置时势垒区的产生流

反向偏压下,$V_R<0$,pn 结势垒区电场强度提高,从式(2.137)给出 $np<n_i^2$。势垒区中通过复合中心产生的电子和空穴很快被电场扫出势垒区,势垒区内载流子浓度低于平衡态的值,载流子产生率大于复合率,有净产生率。由此多出了一部分反向电流密度 J_g。利用 n 和 p 比 n_i 小很多,并同样认为对产生最有效的能级是 $E_t \approx E_i$,净复合率式(2.138)成为

$$U=-\frac{n_i}{2\tau} \tag{2.141}$$

净产生率 $G=-U$,由此获得势垒区产生电流密度

$$J_g=\frac{qn_i W}{2\tau} \tag{2.142}$$

反向电流是由前面讨论的扩散电流式(2.136)与产生电流式(2.142)组成,总的表示成

$$J_R=\frac{qD_p p_{0n}}{L_p}+\frac{qD_n n_{0p}}{L_n}+\frac{qn_i W}{2\tau} \tag{2.143}$$

对于一个 p^+n 结,有 $N_A \gg N_D$ 关系,应用式(2.124),此时总的反向电流简化为

$$J_R = \frac{qD_p n_i^2}{L_p N_D} + \frac{qn_i W}{2\tau} \tag{2.144}$$

该式表明,J_R 比例于 n_i^2。Ge 的带隙宽度较小,室温下有较高的 n_i 值,式(2.144)的第一项起主要作用,反向电流符合理想 pn 结情况。对于如 Si 这类具有较大带隙的半导体,n_i 较小。当反向偏压较大,W 也大,势垒区的产生电流增加,因此 Si,GaAs 的 pn 结以势垒区产生电流为主,呈现高的反向电流。需要指出的是,除了势垒区的扩散电流与产生电流构成反向电流外,对实际器件,与工艺有关的表面复合电流是不可忽视的。

3)正向大注入

图 2.26 表明正向偏压较大时,正向电流比理想 pn 结的电流要小,或者说电流随电压上升变缓。这有两个主要的原因。首先,理想 pn 结伏安特性是在小注入条件下导出的,是指区内少子浓度远低于多子浓度,认为准中性区电场约为零。在大注入情况,注入区内少子浓度可接近或高于多子浓度,区内不仅有少子的浓度梯度,为了保持电中性,亦会出现多子的浓度梯度,由此产生多子的扩散运动使"准中性区"电场不为零。因此在势垒区外也有能带的弯曲,因此,外加正向电压不再完全降落在势垒区,也会降落在扩散区,加在势垒区上的正向电压减少,电流增加变缓。对于电流密度的计算,必须同时考虑电子和空穴的漂移和扩散电流分量。以 p^+n 结为例(省略推导过程),得到正向大注入条件下正向扩散电流密度

$$J_{Fd} = \frac{2qn_i D_p}{L_p} e^{\frac{qV}{2k_B T}} \tag{2.145}$$

结合式(2.140)小注入正向电流与大注入的情况,正向 J-V 特性可用统一的经验公式来表示,此时指数项分母中多出一个理想因子 m

$$J \propto e^{\frac{qV}{mk_B T}} \tag{2.146}$$

m 取决于载流子的输运机制,当扩散电流起主要作用时 $m \approx 1$,复合电流为主时 $m \approx 2$,两种电流同时存在时 m 在 $1 \sim 2$ 变化。由此我们可以通过分析 pn 结的正向伏安特性了解载流子的输运机制。

J-V 特性偏离理想特性的另一原因是大电流情况下串联电阻的影响显现了。实际 pn 结的准中性区和电极接触总会有一定的串联电阻 R,阻值大小与工艺有关。在小电流运作的情况,R 对 J-V 特性的影响可忽略。在大注入时,必须考虑大电流通过中性区和欧姆接触的串联电阻的影响。电流流过串联电阻的压降为 IR,降低实际加在耗尽区的偏压。理想电流降低一个因子 $\exp(qIR/k_B T)$,这就使电流随电压的上升变慢。

$$I \approx I_s e^{\frac{q(V-IR)}{k_B T}} \tag{2.147}$$

总结 pn 结的 J-V 特性是由正向或反向偏置时势垒区的变化决定。

正向偏压降低势垒高度,其伏安特性主要受以下三方面的影响:①在边界形成少数载流子的扩散流。②势垒区内载流子浓度超过平衡态的值,形成势垒区的复合电流。③大注入情况下,注入区内高的少子浓度,准中性区有电场存在,势垒区的正向电压减少。

反向偏压增加势垒高度,使势垒区变宽。pn 结的反向电流主要来源于:①少数载流子的抽出扩散电流;②势垒区内载流子浓度低于平衡态值,形成载流子产生电流。

2.2.3　pn 结电容

高频下 pn 结的整流特性的变异来自于 pn 结的电容效应。结电容是与外加电压引起的势垒区及扩散区电荷的变化有关,分成势垒电容与扩散电容。

1) 势垒电容

外加偏压使势垒区宽度改变。正向偏压的注入效应,部分电子和空穴进入势垒区并中和了其中的离化杂质,势垒区宽度减小。反向偏压的抽取效应,使势垒区宽度增加。这种电荷在势垒区两端电荷的进、出形成 pn 结势垒电容。

以下仅以突变结为例来分析。热平衡耗尽近似条件下,突变 pn 结势垒区宽度由式(2.117)表示。由此得单位面积电荷密度 $|Q| = qN_D x_n = qN_A x_p$。$x_n + x_p = W$。这表明,电荷密度与掺杂浓度及势垒区宽度或势垒高度有关。

$$|Q| = \left[\frac{2q\varepsilon_0\varepsilon_s N_D N_A}{N_D + N_A} V_D \right]^{1/2} \tag{2.148}$$

在反向电压 V_R 情况下($V_R < 0$),势垒区仍满足耗尽近似,势垒区宽度和电荷相应地变化为

$$W = \left[\frac{2\varepsilon_0\varepsilon_s}{q} \left(\frac{N_D + N_A}{N_D N_A} \right) (V_D - V_R) \right]^{1/2} \tag{2.149}$$

$$|Q| = \left[\frac{2q\varepsilon_0\varepsilon_s N_D N_A}{N_D + N_A} (V_D - V_R) \right]^{1/2} \tag{2.150}$$

给反向偏置 V_R 叠加上一个微小的交流电压 dV_R,耗尽层单位面积的微分电容可写成

$$C = \frac{dQ}{dV_R} = \left[\frac{2q\varepsilon_0\varepsilon_s N_D N_A}{2(N_D + N_A)} (V_D + V_R)^{-1} \right]^{1/2} \tag{2.151}$$

式(2.151)表明,pn 结势垒电容可等效成是平板间距为势垒区宽度 W、介质为半导体的平板电容器。与平板电容的差别是结势垒电容是外加电压的函数,是一个非线性电容。

正向偏置时,势垒区宽度变窄及空间电荷减少,势垒电容比反向偏置时要大。

但式(2.151)没有考虑此时流经势垒区的电流也大,因此式(2.151)对正向偏置情况是不适合的。正向偏置势垒电容应用下式近似表示

$$C=4C(0)=4\left[\frac{q\varepsilon_0\varepsilon_s N_D N_A}{2(N_D+N_A)V_D}\right]^{1/2} \tag{2.152}$$

$C(0)$ 是零偏压时的势垒电容。

2) 扩散电容

图 2.23 示意了正向偏置下势垒区两边少子注入的梯度分布,形成少数载流子扩散区。为了保持扩散区电中性,扩散区内也有多数载流子的积累。正偏压的变化导致在扩散区电荷数量的改变,形成扩散电容。具体分析少数载流子注入,扩散区非平衡少子浓度可由以下式(2.153)和式(2.154)给出

$$p_n-p_{0n}=p_{0n}(e^{\frac{qV}{k_B T}}-1)e^{-(x-x_n)/L_p} \tag{2.153}$$

$$n_p-n_{0p}=n_{0p}(e^{\frac{qV}{k_B T}}-1)e^{-(x-x_p)/L_n} \tag{2.154}$$

将式(2.153)和式(2.154)对扩散区积分得到单位面积的电荷密度

$$Q_n=qL_n n_{0p}(e^{\frac{qV}{k_B T}}-1) \tag{2.155}$$

$$Q_p=qL_p p_{0n}(e^{\frac{qV}{k_B T}}-1) \tag{2.156}$$

单位面积微分扩散电容 $C_{扩}$

$$C_{扩}=C_{n扩}+C_{p扩}=\frac{q^2}{k_B T}(p_{0n}L_p+n_{0p}L_n)e^{\frac{qV}{k_B T}} \tag{2.157}$$

扩散电容与偏压呈指数关系。在反向偏压下,扩散电容是很小的,可忽略不计。在大的正向偏压时,扩散电容是主要的。

以上分析表明,pn 结电容是与材料的扩散长度、掺杂浓度等器件的基本参数有关的。通过对 pn 结 C-V 特性的分析,有助于了解器件结特性与制备之间的关系。上面的讨论并没有涉及 pn 结界面的缺陷。在实际的器件,界面缺陷不仅不可避免,而且对器件特性有十分重要的影响。与可预设的扩散长度、掺杂浓度等参数不同,界面缺陷是与工艺密切相关的。通过式(2.152)C-V 特性的分析,来了解界面缺陷,是有效的常用方法。

2.2.4　异质结

以上讨论的是同一种材料,但掺杂类型不同所形成的同质 pn 结。两种具有不同带隙宽度的半导体材料形成的结称为异质结。在异质结的表示方法中,用小写符号 n 或 p 表示窄带隙材料,用大写 N,P 表示宽带隙材料。结的两边可以是不同掺杂类型材料组成的,如 nP 或 pN 是所谓异型异质结,如 n GaAs/ P Al$_x$Ga$_{1-x}$As。也可是同类型掺杂材料组成的 nN,pP 称为同型异质结,如 n GaAs/ N Al$_x$Ga$_{1-x}$As。异质结的主要特点是除了不同能隙宽度外,介电常量及电子亲和势均不同。半导

体形成异质结时亦有与同质 pn 结相似的两种情况,一是两材料界面的过渡区是几个原子间距,即所谓突变异质结。若过渡层大于几个扩散长度,则是缓变异质结,通过工艺来调节。

最先受到关注的异质结是由Ⅲ-Ⅴ族化合物材料组成。如典型的 GaAs 及 $Al_xGa_{1-x}As$三元化合物组成的异质结。随 $Al_xGa_{1-x}As$ 中的 x 从 0～1 变化,带隙宽度将从 GaAs 的 1.42eV 逐渐增加到 AlAs 的 2.17eV,形成不同的异质结结构。这类异质结在半导体多子器件、光电子器件、光伏器件、集成电路、集成光学等方面有广泛的、不可替代的作用,它也是超晶格、量子阱的基本组成部分,详述见文献[13-15]。

异质结结构在太阳电池中也有极为广泛的应用,如高效Ⅲ-Ⅴ族化合物异质结与其多结叠层电池;非晶硅薄膜与晶硅的高效异质结 HIT(heterojunction with intrinsic thin-layer)电池;硅基薄膜叠层电池,CdTe,CuInGaSe 等薄膜电池[16]。近年来,有机半导体异质结太阳电池也受到重视。

1. 理想异质结能带图

异质结的能带图是由结两侧半导体材料的带隙宽度、功函数、电子亲和势和结界面处的缺陷情况决定的。这里以理想的突变 pN 异质结的形成为例(无界面缺陷的情况),讨论能带形成的基本考虑与特点。

具有不同禁带宽度的 p 型材料 1 和 N 型材料 2 单独存在时的能带图如图 2.27(a)所示。其中 E_0 为真空能级,指电子离开半导体所需的最低能量。χ_1,χ_2分别为材料 1 及 2 的电子亲和势,反映了电子从导带底到真空能级需要的能量。W_1、W_2分别为材料 1 及 2 的费米能级与真空能级 E_0 之差即功函数,材料 1 和材料 2 的禁带宽度分别为 E_{g1} 与 E_{g2},设 $E_{g1}<E_{g2}$。当两材料连接在一起时,设:①对于没有过渡层的突变异质结,各自的带隙宽度不变;②电子亲和势不变,即晶格对原子的束缚力并没有因结的形成而改变;③内建场垒由两侧的空间电荷决定。当它们接触时,因 N 区有较高的费米能级,电子流向材料 1。同时 p 区空穴流向 N 区,两边电荷的流动直至它们的费米能级一致,形成一个如图 2.27(b)所示的热平衡的突变异型异质结能带图。可看出,它与同质 pn 结能带图的差别是在界面处:同质 pn 结在界面的能带是连续的,而对于异质结,由于带隙宽度的不同,在 N 区界面导带有"尖峰"出现,在 p 区界面导带有"尖谷";其价带有突变。这种不连续分别称为导带和价带的"带阶(offset)"E_C 和 ΔE_V,$\Delta E_C+\Delta E_V=\Delta E_g$。

对于同型材料组成的异质结如 nN,pP 异质结,也可根据前面提到的原则来分析它们在理想情况下的能带图,由于材料结构的差别,其能带宽度、功函数和电子亲和势的不同,它们具有不同的能带结构形式。Anderson 曾系统地介绍各种突变异质结的能带图[17],图 2.28 例举了一些异质结能带结构的示意图。反映出不同

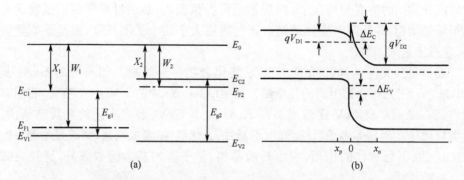

图 2.27 不同禁带宽度材料 1 和 2 接触前的能带图(a);异质结形成后的能带图(b)

的带阶,显然带阶是影响异质结性能极为重要的参量。

图 2.28 所示的是从材料 1 到材料 2 的过渡区很窄(1~2 原子层)的突变结。结的突变程度将影响异质结界面的能带图。若器件设计的材料组分是渐变的,即材料 E_g 和 χ 是渐变,或制备工艺所致,将有一个宽的过渡区,这就有可能抹平势垒区的尖峰。特别是高的界面缺陷态会影响异质结界面的能带图。这些因素在实际应用中是不能忽视的。

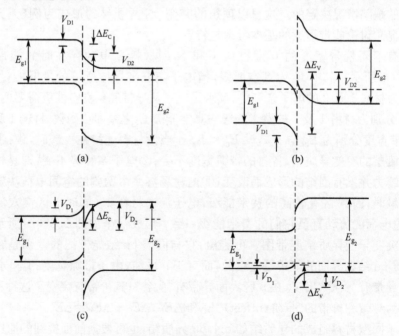

图 2.28 异质结能带图示例

(a) pN 异型异质结;(b) nP 异型异质结;(c) nN 同型异质结;(d) pP 同型异质结

2. 理想突变 pN 异质结势垒区

与分析同质结相似,由于载流子的流动,异质结界面两侧也形成空间电荷区。以图 2.28(b) 异型突变异质结能带图为例,N 区一侧为正的空间电荷区,p 区一侧为负空间电荷区。空间电荷区的内建势 V_D 是半导体 1 与半导体 2 热平衡时静电势 V_{D1} 和 V_{D2} 之和。$qV_D = W_2 - W_1 = E_{F2} - E_{F1}$,亦为两材料费米能级之差。

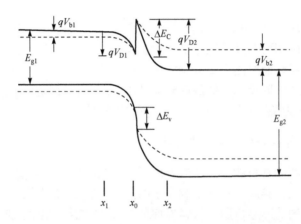

图 2.29　理想突变 pN 异质结热平衡与正偏压时的能带图

与分析同质 pn 结方法类似,采用耗尽近似条件,利用泊松方程可以获得势垒区宽度 $x_2 - x_0, x_0 - x_1$ 及内建势。略去详细的数学过程,给出势垒区有关的参数。

1) 势垒区宽度

$$(x_0 - x_1) = \left[\frac{2\varepsilon_1 \varepsilon_2 N_D}{q N_A (\varepsilon_1 N_A + \varepsilon_2 N_D)} V_D \right]^{1/2} \tag{2.158}$$

$$(x_2 - x_0) = \left[\frac{2\varepsilon_1 \varepsilon_2 N_A}{q N_D (\varepsilon_1 N_A + \varepsilon_2 N_D)} V_D \right]^{1/2} \tag{2.159}$$

$(x_0 - x_1)$, $(x_2 - x_0)$ 分别为图 2.29 中窄带区及宽带区的空间电荷区宽度,这里 N_D, N_A 分别为结两侧的掺杂浓度。$\varepsilon_1, \varepsilon_2$ 分别为材料 1,2 的介电常量。根据电中性条件可得

$$\frac{(x_0 - x_1)^2}{(x_2 - x_0)^2} = \frac{N_D}{N_A} \tag{2.160}$$

这结果表明空间电荷区宽度反比于杂质浓度,空间电荷区主要在低杂质浓度一边。这与同质 pn 结的情况是相同的。利用边界条件可得到结两侧的电势分布。

2）内建电势差

$$V_{D1} = \frac{qN_A(x_0 - x_1)^2}{2\varepsilon_1} \tag{2.161}$$

$$V_{D2} = \frac{qN_D(x_2 - x_0)^2}{2\varepsilon_2} \tag{2.162}$$

当有外加偏压 $V_b = V_{b1} + V_{b2}$（V_{b1}、V_{b2} 分别为在材料 1、2 上的压降），其能带结构如图 2.29 中虚线所示，结两侧的势垒高度都减小，V_{D1} 与 V_{D2} 分别表示成 $(V_{D1} - V_{b1})$ 与 $(V_{D2} - V_{b2})$。空间电荷区宽度的表示是将式(2.158)与式(2.159)中的电势差表示为 $(V_D - V_b)$。

对于同型异质结，结两侧的载流子类型是相同的，如图 2.28(c)的能带图，载流子都是电子。由图可知其结区宽带一侧的空间电荷区是积累层，窄带一侧的空间电荷区是耗尽层。而对图 2.28(d)的 P 型同型异质结，窄带一侧是积累层，宽带一侧是耗尽层。通常同型异质结的内建势较小，而且因一侧是积累层，另一侧是耗尽层，不能用耗尽近似，要求解泊松方程，分析较复杂[13-15]。

3. 理想突变异型异质结电输运特性

由于异质结两侧材料能隙宽度的差别，能带在界面不连续，使能带图具有"谷"与"峰"的结构特点。异质结中除了载流子的扩散机制，还有克服势垒的热发射流，以及通过尖峰结构的隧穿机制。材料界面的存在，还需要考虑载流子在界面的反射，及通过界面时由于界面缺陷态引起的复合流等，因此对异质结伏安特性分析必须结合其能带图展开。特别是其输运机制不一定是单一的，因此异质结中载流子的电输运要比同质 pn 结复杂得多。目前理论分析相对完整的主要是扩散、热发射和隧穿三种基本模型。这里仍以突变异型异质结为例，概要介绍电输运的基本特点。

1）扩散模型

扩散模型的分析与同质 pn 结的分析方法一样。以图 2.29 所示的 pN 异质结为例，只有能量大于势垒高度 qV_{D2} 的电子才能出现在窄带一侧的界面，并以扩散的方式在 p 区输运。图 2.29 所示的异质结中，载流子从 N 区流向 p 区或从 p 区流向 N 区，克服的势垒高度是不同的[17]。在 N 区有尖峰，电子从 N 区到 p 区的势垒高度为 qV_{D2}。空穴的势垒比电子的势垒高很多，也就是说空穴电流与电子电流相比小许多，仅考虑电子电流。从 N 区向 p 区的电子扩散流

$$J = q\frac{n_{02}D_{n1}}{L_{n1}}\exp\left(\frac{-qV_{D2}}{k_BT}\right) \tag{2.163}$$

电子从 p 区向 N 区的势垒高度为 $\Delta E_C - qV_{D1}$，ΔE_C 为材料 2 导带的带阶，其扩散流

$$J = q\frac{n_{01}D_{n2}}{L_{n2}}\exp\left(-\frac{\Delta E_C - qV_{D1}}{k_BT}\right) \tag{2.164}$$

热平衡时它们相等。

$$\frac{n_{02}D_{n1}}{L_{n1}}\exp\left(-\frac{qV_{D2}}{k_BT}\right)=\frac{n_{01}D_{n2}}{L_{n2}}\exp\left(-\frac{\Delta E_C-qV_{D1}}{k_BT}\right) \tag{2.165}$$

式中，n_{10}、n_{20} 分别为 p 区与 N 区的热平衡电子浓度，L_{n1}、L_{n2} 分别为 p 区与 N 区的电子扩散长度。

有外加偏压 V_b 时，在材料 1 和材料 2 上的压降分别为 V_{b1}，V_{b2}。$V_b=V_{b1}+V_{b2}$。Anderson 提出，考虑到载流子在界面有一定的反射，引入透射系数 X。电子从 N 区到 p 区的扩散电流表示为

$$J_{N\text{-}p}=qX\frac{n_{02}D_{n1}}{L_{n1}}\exp\left(-\frac{q(V_{D2}-V_{b2})}{k_BT}\right) \tag{2.166}$$

电子从 p 区到 N 区的扩散电流表示为

$$J_{p\text{-}N}=qX\frac{n_{01}D_{n2}}{L_{n1}}\exp\left(-\frac{\Delta E_c-q(V_{D1}-V_{b1})}{k_BT}\right) \tag{2.167}$$

利用前面热平衡条件，化解式(2.167)，在杂质全部电离情况下 $N_{D2}=n_{20}$，可得总的伏安特性为

$$J=qX\frac{D_{n1}N_{D2}}{L_{n1}}\exp\left(-\frac{qV_{D2}}{k_BT}\right)\cdot\left[\exp\left(\frac{qV_{b2}}{k_BT}\right)-\exp\left(-\frac{qV_{b1}}{k_BT}\right)\right] \tag{2.168}$$

在正偏压时，式(2.168)中第一项远大于第二项，表示成

$$J=qX\frac{D_{n1}N_{D2}}{L_{n1}}\exp\left(-\frac{qV_{D2}}{k_BT}\right)\cdot\exp\left(\frac{qV_{b2}}{k_BT}\right) \tag{2.169}$$

在反偏压时，式(2.168)中第一项可以忽略，第二项是主要的，可表示成

$$J=-qX\frac{D_{n1}N_{D2}}{L_{n1}}\exp\left(-\frac{qV_{D2}}{k_BT}\right)\cdot\exp\left(-\frac{qV_{b1}}{k_BT}\right) \tag{2.170}$$

根据扩散模型推出来的伏安特性式(2.168)表明，无论是正向或反向，电流都是随偏压指数变化的。加负偏压时，式(2.170)与实验结果是不符的。因为 p 区导带底是随负偏压的增加而升高，当导带底高于 N 区的尖峰时，反向电流是由 p 区的少子确定，因此式(2.170)就不能适用了。

2) 热发射模型

热发射模型的基本思路是，具有一定热运动平均速度 $\bar{v}$ 的载流子，其动能大于 qV_{D2} 才能越过势垒进入另一个区。处理方法与扩散模型相同，其差别是描述电流的参数不是扩散系数和扩散长度，而是与热运动速度有关的温度，$m\bar{v}^2/2=3kT/2$。热发射电流的表达式为

$$J=-qXN_{D2}\left(\frac{k_BT}{2\pi m}\right)^{1/2}\exp\left(-\frac{qV_{D2}}{k_BT}\right)\times\left[\exp\left(\frac{qV_{b2}}{k_BT}\right)-\exp\left(-\frac{qV_{b1}}{k_BT}\right)\right] \tag{2.171}$$

式(2.171)表明，与扩散模型的结果相似，无论是正向或反向，热发射模型所描述的

电流都是随偏压指数增加。与扩散模型同样原因,在负偏压下,N 区的尖峰下降,式(2.171)不能描述其负偏的伏安特性。

　　3) 隧穿机制

　　根据量子力学原理,粒子流的能量小于势垒高度时,部分粒子将被势垒反射,但仍有一部分粒子能穿过势垒,即粒子总是有一定的概率穿过势垒,这称为量子隧道效应(quantum tunneling)。将粒子流隧道穿过势垒的几率称为隧穿几率。隧穿几率与粒子本身的能量、垒势的结构(高度、势分布及宽度)等有关。在通常的情况下,隧穿几率极小,隧道效应并没有明显的影响,但在特定条件下,如势垒区特别的窄,强的电场条件,隧道效应或隧穿机制将有明显的表现。

　　隧道机制对具有势垒尖峰能带结构的异质结提供了载流子输运通道。在势垒较薄的情况下,能量小于势垒高度的电子可以量子隧道穿过的方式从 n 区输运到 P 区(图 2.30)。

　　图 2.30 所示的势垒尖峰,可近似地看成是电场强度为 F_0 的三角势垒,根据量子力学 WKB 近似,正偏压时电子隧穿几率可写成[18]

$$D = D_0 \exp\left[-\frac{4(2m^*)^{1/2}}{3e\hbar F_0}(V_{D2} - V_{b2})^{2/3}\right] \tag{2.172}$$

这里 m^* 为电子的有效质量,D_0 为系数。三角势垒中的电场强度为常数,$F_0 = (V_{D2} - V_{b2})/(x_2 - x_0)$,应用式(2.159),可得

$$D = D_0 \exp\left[-\frac{8}{3\hbar}\left(\frac{\varepsilon_2 m^*}{N_{D2}}\right)^{1/2}(V_{D2} - V_{b2})\right] \tag{2.173}$$

D 基本上与温度无关。将式(2-173)指数部分用 AV_f 表示,其中 A 是与温度无关的常数,隧穿电流则是隧穿几率与入射电流 $J_s(T)$ 的乘积

$$J = J_s(T)e^{AV_f} \tag{2.174}$$

$J_s(T)$ 与温度只有很弱的依赖关系,因此载流子隧道输运的特点是基本与温度无

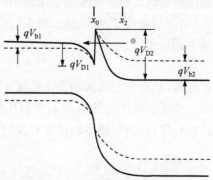

图 2.30　异质结隧道输运模式示意图

关,依赖于外加正偏压。

　　以上介绍的是理想的情况,对一个具体的异质结输运性质,需要结合实际来分析。首先,异质结电输运性质的分析必须建立在其确切能带图的基础上。如异质结生长中由于半导体晶格常数的失配产生的悬挂键;两边材料不同的热胀系数或不同相态材料形成异质结时的生长缺陷等,使界面缺陷是不可避免的。界面缺陷对载流子的俘获或发射直接影响势垒区的能带结构,从而影响输运性质。同时载流子通过界面态的非辐射复合,将增加反向电流,降低开路电压,极大地影响电池特性。然而,在隧穿机制中,界面缺陷态有可能作为隧穿复合过程中的中间能级,有利于隧穿过程。

　　在异质结中,几种不同的输运机制可能同时存在。因此要考虑多机制的情况。图 2.31 示意地表示了不同温度下,有尖峰势垒异质结的电流-电压特性。当正偏压较小时,热电子发射或扩散相关的输运机制对电流 J 的贡献是主要的。在较高的正偏压时,有较多的电子可隧穿到 p 区,隧道电流为主要的。可看到不同温度下隧道电流的斜率是相同的。偏压为零时,隧道电流的截距就是 J_s,它随温度的变化不大。

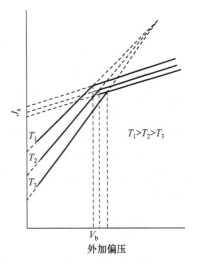

图 2.31　具有尖峰势垒异质结 I-V 特性示意图

4. 突变异型异质结注入特性

　　在 pn 结中有一个描述结特性的重要参数"载流子注入比"。注入比是指 pn 结加正向偏压后,从 n 区向 p 区的电子流与从 p 区向 n 区的空穴流之比,可表示成

$$\frac{i_n}{i_p} = \frac{D_{n1} n_{01} L_{p2}}{D_{p2} p_{02} L_{n1}} = \frac{D_{n1} L_{p2} n_{i1}^2 n_{02}}{D_{p2} L_{n1} n_{i2}^2 p_{01}} \qquad (2.175)$$

n_{i1},n_{i2} 分别为材料 1,2 中的本征载流子浓度。对同质结,$n_{i1} = n_{i2}$,D_{n1}、D_{p1}、L_{n2} 和 L_{p2} 差别不大,在杂质完全离化的情况 $n_{02} = N_D$,$p_{01} = N_A$,同质结的载流子注入比为

$$\frac{i_n}{i_p} = \frac{D_n n_{0p} L_p}{D_p p_{0n} L_n} = \frac{D_n L_p N_D}{D_p L_n N_A} \qquad (2.176)$$

可看出载流子注入比主要由掺杂浓度(N_D,N_A)比决定。要获得高注入比,发射区必须是高掺的。与理想同质 pn 结相比,异质结两材料的禁带宽度是不同的,n_{i1} 不等于 n_{i2},它们与禁带宽度有关,异质结载流子注入比表示成

$$\frac{i_{n1}}{i_{p2}} = \frac{D_{n1} L_{p2} N_{D1} (m_{p1}^* m_{n1}^*)^{3/2}}{D_{p2} L_{n1} N_{A2} (m_{p2}^* m_{n2}^*)^{3/2}} \exp[(E_{g2} - E_{g1})/k_B T] \qquad (2.177)$$

这里 m_{n1}^*、m_{p1}^*、m_{n2}^* 及 m_{p2}^* 分别为材料 1,2 中电子与空穴的有效质量,近似地认为 $(m_{p1}^* m_{n1}^*)/(m_{p2}^* m_{n2}^*)$ 为 1。注入比可成为

$$D(E) = \left(1 + \frac{m^* E W^2}{2\hbar^2}\right)^{-1} \qquad (2.178)$$

式(2.177)表明,异质结中载流子注入比与材料 1,2 的能带宽度的差呈指数关系,原则上用宽带隙材料作为发射结可获得高的注入比,而不像同质结那样,需要用高的 N_D/N_A,避免了高掺杂对材料的负面影响。这是异型异质结的一个重要特征。

总的讲,异质结在太阳电池中有极为广泛的应用。适当的材料选择,对能带图的剪裁功能,优化电池的设计,形成各种异质结,达到提高电池的效率。考虑到由不同能带宽带材料形成的多级电池,可拓展电池对太阳光谱的吸收范围。如高效Ⅲ-Ⅴ族化合物异质结电池与多结叠层电池,各种薄膜的叠层电池,这些器件的内容将在第 3 章~第 6 章中介绍。

2.2.5　隧道结

隧道结(tunnel junction)是从粒子隧穿现象发展起来的,前面我们介绍的是不同材料同一带之间的隧穿,如材料 1 导带与 2 导带之间的隧穿。隧道结是基于 Zener[19] 1943 年提出的电子可在不同带之间隧穿的概念,即电子在价带与导带的带间隧穿。1957 年 Esaki,在重掺杂的 pn 结中观察到电子在带间的负微分电阻现象(negative differential resistance,NDR),称为 Esaki 二极管。

在此基础上,各固体领域不同结构的隧穿器件获得了大量的应用。隧道结是高掺杂浓度(如大于 $10^{19}\,cm^{-3}$)的 pn 结。图 2.32 是一个重掺杂 pn 结的热平衡条件下及在不同偏压条件下的能带示意图。由于是重掺杂的 pn 结,载流子是简并的,电子与空穴的费米能级分别进入了导带和价带,如图 2.32(a)所示。重掺杂的另一个结果是空间电荷区 W 很窄(5~15nm)。Esaki 二极管的工作原理如下。图 2.32(a)所示的 pn 结,对于电子和空穴而言势垒都很高,在低偏压时,载流子的扩散输运,基本上是不可能的。然而,根据 Zener 提出的价带与导带之间直接的隧穿输运,对于一个窄的空间电荷区,一定条件下 p 区空穴容易从价带隧穿到 n 区导带,同样 n 区的电子通过带间隧穿进入 p 区。在热平衡时,隧穿的空穴流与电子流平衡,对外不呈现电流。当外加一小的正偏压,n 区的能带开始上升,n 区的电子可直接隧穿到 p 区价带中未填的空态。随电压的增加,n 区的能带进一步上升,有更多的电子隧穿到 p 区,对外呈现隧穿电流 i_t 的迅速升高,如图 2.32(b)所示。当偏压升高到图 2.32(c)的过程中,导带与价带逐步分离,n 区导带中电子填充态与 p 区中的空态的交叠逐渐减少,结果是隧穿电流随偏压的增加而减小,出现所谓负

阻现象(negative resistant),直至带间隧穿输运停止,i_t 下降到最低点。当偏压升高到如图 2.32(d)的情况,结两侧的势垒已不高,载流子的输运与通常的扩散机制相同,形成扩散电流 i_d,成为一个通常的 pn 结。

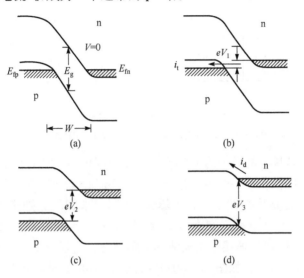

图 2.32　隧穿突变 pn 结能带示意图
(a)热平衡条件;(b)外偏压为 V_1;(c)外偏压为 V_2;
(d)外界偏压为 V_3(其中 $V_1 < V_2 < V_3$)

图 2.33 是隧穿结的伏安特性示意图。图中初始的上升段呈现一个电阻的性质,当这隧道结电阻特性消失,逐渐转变成一个 pn 结,存在一个临界电流,称为峰值隧道电流 J_p

$$J_p \propto \exp\left(-\frac{E_g^{3/2}}{\sqrt{N^*}}\right) \qquad (2.179)$$

式中,N^* 是有效掺杂浓度,$N^* = N_A N_D/(N_A + N_D)$。峰值隧道电流是与带隙及掺杂浓度有关的。仔细分析隧道结中载流子输运机制,除了导带与价带的带间的直接隧穿外,

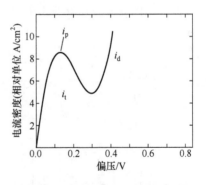

图 2.33　隧穿结的伏安特性示意图

还有通过空间电荷区缺陷态声子助的隧穿及通过缺陷的共振隧穿。隧穿机制也与隧道结所处的偏压状态有关[20]。

隧道结在多结太阳电池中有重要及广泛的应用。以叠层电池为例来说明它的作用。如图 2.34(a)所示的两个 pn 结的简单重叠,左边顶电池的 p 层直接与底电池的 n 层连接,这样就出现一个与顶电池极性相反的 pn 结。光照下这 pn 结产生的光电压的极性与顶电池的光电压极性相反,将降低光电压输出。为了减少这影

响,在顶电池与底电池之间,插入一个隧道结来连接相邻两个子电池。对于太阳电池来说,对这隧道结的要求是:在光学上是高透过的,即光学损失必须尽量得小;在电学上希望是极低的电阻。基于上述要求,这隧道结应是宽带隙的,有利于光的高透过。材料是高掺杂的,可形成窄的空间电荷区及相应的高的隧穿几率。

图 2.34　叠层电池结构示意图

(a)np/np 电池的简单连接;(b)有隧道结的叠层电池结构

图 2.34(b)是具有隧道结的 InGaP/GaAs 叠层电池的能带图。InGaP 顶电池与 GaAs 底电池中插入了一个由重掺杂的 p^{++} InGaP 及 n^{++} InGaP 组成的 InGaP 隧道结。如图可见高掺杂的 $p^{++}n^{++}$ 隧道结,其费米能级分别进入价带与导带。从能带图看出,其空间电荷区宽度很窄,约为 10 nm,因此电子可以容易地隧穿过这耗尽区到另一区,成为连接上下电池的低阻通道。重掺杂的 $p^{++}n^{++}$ InGaP 结,其输运性质与偏置有关。如图 2.35 中介绍的,在小的正偏条件下,伏安特性类似一个阻值很小的电阻,但当电流密度大于隧道电流的峰值点 J_p 时,隧道结的电阻特性消失,而呈现热发射的特性,逐渐转变成一个 pn 结。基于这一点,隧道结的 J_p 必须大于电池的光电流,这对于高效聚光电池有特别重要的意义。在硅基薄膜多结电池、Ⅱ-Ⅵ族薄膜电池中也有广泛的应用。

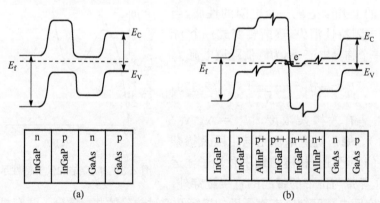

图 2.35　InGaP 与 GaAs 电池的简单连接(a);有隧道结的 InGaP/GaAs 叠层电池(b)[21]

2.3　太阳电池基础

在对 pn 结基本特性已有初步了解的基础上,以下将主要分析和讨论光照下

pn 结偏离热平衡的电流-电压特性。结合太阳电池结构,介绍太阳电池模型,分析它的终端特性、表征参数及太阳电池转换效率。

2.3.1　光生伏特效应

光照下 pn 结基本的观察是光生伏特效应。当能量大于半导体禁带宽度的一束光垂直入射到 pn 结表面,如图 2.36(a)所示,光子将在离表面深度为 $1/\alpha$ 的范围内被吸收,α 为光吸收系数。如 $1/\alpha$ 大于 pn 结厚度,入射光在结区及附近激发电子空穴对。在空间电荷区内产生的光生电子与空穴在结电场作用下分离。产生在结附近扩散长度范围的光生载流子扩散到空间电荷区,也在电场作用下分离,如图 2.36(b)所示。p 区的电子在电场作用下漂移到 n 区,n 区空穴漂移到 p 区,形成自 n 区向 p 区的光生电流。由光生载流子的漂移、堆积,形成一个与热平衡结电场方向相反的电场 $-qV$,同时由此反向电场的作用将产生一个与光生电流方向相反的正向结电流,以补偿结内建电场,使势垒降低为 qV_D-qV。当光生电流与正向结电流相等时,pn 结两端建立稳定的电势差,即光生电压。光照使 n 区和 p 区的载流子浓度增加,引起费米能级的分裂,$E_{Fn}-E_{Fp}=qV$。pn 结开路时的电压为开路电压 V_{OC},如图 2.36(c)所示。如外电路短路,pn 结正向电流为零,外电路的电流为短路电流,理想情况下也就是光电流。可见短路电流是一反向电流,因此光照下的 I-V 曲线位于第四象限。

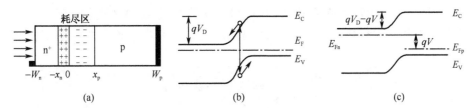

图 2.36　光照 pn 结表面(a);热平衡 pn 结能带图(b);光照 pn 结能带图(c)

2.3.2　太阳电池电流-电压特性分析

n^+p 结太阳电池的基本结构如图 2.36(a)所示。如在上节中所述,n^+p 结由三部分组成:掺杂浓度为 N_A、厚度为 W_p 的 p 型区($x>0$);掺杂浓度为 N_D、厚度为 W_n 的 n 型区($x<0$);以及在它们之间的势垒区。势垒区在 p 区及 n 区的宽度分别为 x_p 和 x_n。势垒区两边的 p 与 n 区近似地认为是没有电场的准中性区。准中性区有相应的接触电极与外电路连接。前、后电极均是欧姆接触,光照面有前电极覆盖,因此光照面积稍小。

前面已分析了热平衡情况下的载流子浓度、pn 结的 I-V 特性等。在非平衡情况下(加偏压、光照等)引入准费米能级来表征非平衡载流子浓度。因此,原则上结合边界条件,通过求解光照下非平衡稳态的电子和空穴输运方程(2.102)和方程(2.103),可获得太阳电池的电流-电压特性。

首先讨论准中性区的电流密度。准中性区的电场约为零,其多数载流子浓度是由掺杂决定的一个常数,因此主要分析少子的扩散电流。少子浓度遵循少子扩散方程,有了准中性区的边界条件,通过求解少数载流子遵循的扩散方程获得扩散电流。关于边界条件,参见图 2.36(a),n 区前表面处($-W_n$)的少子浓度与表面复合有关。前表面复合有两部分,一是金属栅线与表面接触处的复合,对于理想的欧姆接触表面复合速度趋向无限大,少子浓度 $\Delta p(-W_n)=0$。二是栅线之间的表面区的复合,该区的表面复合较小。因为金属栅线仅占表面面积的很小部分,因此用有效表面复合速度 S_{Feff} 来描述总的前表面复合,Δp 由下式表示

$$\frac{\mathrm{d}\Delta p}{\mathrm{d}x} = \frac{S_{Feff}}{D_p}\Delta p(-W_n) \tag{2.180}$$

n 区与势垒区边界 $x=-x_n$ 的空穴浓度由式(2.128)表示

$$p_n(-x_n) = p_{0n}\mathrm{e}^{\frac{qV}{k_BT}} = \frac{n_i^2}{N_D}\mathrm{e}^{\frac{qV}{k_BT}} \tag{2.181}$$

这里 p_{0n} 是 n 区平衡态的少子浓度,由热平衡常数可得为 $p_{0n}=n_i^2/N_D$。

p 区的边界条件:背表面 $x=W_p$,如果背表面是理想的欧姆接触,则 $\Delta n(W_p)=0$。然而,太阳电池的基区背面通常有一层重掺杂区 pp$^+$,称背表面场(back surface field, BSF),它使少数载流子不与欧姆电极直接接触,以提高少数载流子的收集,这等效于低的表面复合速度。用 S_{BSF} 代表有效背表面复合速度。在 $x=W_p$ 的边界条件为

$$\frac{\mathrm{d}\Delta n}{\mathrm{d}x}\bigg|_{x=W_p} = -\frac{S_{BSF}}{D_n}\Delta n(W_p) \tag{2.182}$$

p 区与势垒区边界 $x=x_p$ 的电子浓度,应用 p 区平衡态少子浓度为 $n_{0p}=n_i^2/N_D$

$$n_p(x_p) = \frac{n_i^2}{N_A}\mathrm{e}^{\frac{qV}{k_BT}} \tag{2.183}$$

解方程式(2.102)和方程(2.103)还需给出产生率。式(2.38)给出了光照的产生率。设吸收的每个光子都产生一对电子-空穴,即式(2.38)中 $\eta(\omega)=1$。考虑前金属栅线占去一部分面积,引进隐蔽因子 s,它反映受光照的实际面积是 $(1-s)A$,A 为表面面积。光从前表面 $x=-W_n$ 处入射,在 x 点的光产生率

$$G(x) = (1-s)\int_{\hbar\omega > \hbar\omega_g}[1-R(\hbar\omega)]\alpha(\hbar\omega)Q(E)\mathrm{e}^{-\alpha(x+W_n)}\mathrm{d}\hbar\omega \tag{2-184}$$

其中,$Q(E)$ 为前面提到的太阳辐射的光子流谱密度,表示为

$$Q_s(E) = \frac{2F_s}{h^3C^2}\left(\frac{E^2}{\mathrm{e}^{E/k_BT_s}-1}\right) \tag{2-185}$$

式中，F_s 为太阳辐照的几何因子，T_s 为太阳表面温度。

有了式(2.180)～式(2.182)的边界条件及式(2.184)所示的产生率，解少数载流子扩散方程(2.102)和方程(2.103)，求出在准中性区少数载流子浓度。以下介绍 Jeffery L. Gray 的分析结果[22]，在 n 区空穴浓度的空间分布 $\Delta p_n(x)$ 和在 p 区电子浓度的空间分布 $\Delta n_p(x)$。在准中性区电场可忽略，只有少数载流子的扩散电流。用式(2.85)、式(2.86)给出 p 和 n 区少子扩散电流

$$J_n(x) = qD_n \frac{\mathrm{d}\Delta n_p}{\mathrm{d}x} \tag{2.186}$$

$$J_p(x) = -qD_p \frac{\mathrm{d}\Delta p_n}{\mathrm{d}x} \tag{2.187}$$

总的扩散电流

$$J(x) = [J_p(x) + J_n(x)] \tag{2.188}$$

注意，这里的 x 仅代表电子电流与空穴电流是位置的函数，并不是在空间的同一点。

进一步分析在两区之间的空间电荷区，要通过载流子连续方程(2.102)和方程(2.103)，考虑到在势垒区内的产生与复合，获得空间电荷区边界 $J_n(-x_n)$ 与 $J_n(x_p)$ 的关系

$$J_n(-x_n) = J_n(x_p) - q\int_{-x_n}^{x_p} [U(x) - G(x)]\mathrm{d}x$$

$$= J_n(x_p) + J_D - q\frac{W_D n_i}{\tau_D}(\mathrm{e}^{\frac{qV}{2k_B T}} - 1) \tag{2.189}$$

式中，τ_D 为耗尽区有效寿命。其中，J_D 为空间电荷区产生电流，可写成

$$J_D = q(1-S)\int_\omega [1 - R(\omega)]Q(\omega)\left[\mathrm{e}^{-\alpha(W_n - x_n)} - \mathrm{e}^{-\alpha(W_n + x_p)}\right]\mathrm{d}\omega \tag{2.190}$$

略去数学推导过程，最终获得总的电流-电压的关系为

$$I = A[J_p(-x_n) + J_n(-x_n)]$$

$$= A\left[J_p(-x_n) + J_n(x_p) + J_D - q\frac{W_D n_i}{\tau_D}(\mathrm{e}^{qV/2k_B T} - 1)\right] \tag{2.191}$$

其中，A 为电池面积，第一、二项分别代表少子在 p 区与 n 区的扩散电流，第三项为空间电荷区的产生电流，最后一项代表空间电荷区的复合电流。求出少子电流密度及应用扩散电流方程(2.85)和方程(2.86)等，代入式(2.191)，亦略去数学推导，整理后可得太阳电池的电流-电压特性

$$I = I_{SC} - I_{01}(\mathrm{e}^{qV/k_B T} - 1) - I_{02}(\mathrm{e}^{qV/2k_B T} - 1) \tag{2.192}$$

式(2.192)的完全分析表达式是复杂的，这里简要说明其物理意义。第一项 I_{SC}，是当 $V=0$ 时的短路电流。电池的短路电流是由势垒区及其两边的中性区三个部分组成。

(1) 势垒区中的短路电流：$I_{SCD}=AJ_D$，其中 A 为电池面积。

(2) n 中性区少子短路电流[12]

$$I_{SCN}=qAD_p\left[\frac{\Delta p'(-x_n)T_{p1}-S_{Feff}\Delta p'(-W_n)+D_p\left.\dfrac{d\Delta p'}{dx}\right|_{x=-W_n}}{L_pT_{p2}}-\left.\dfrac{d\Delta p'}{dx}\right|_{x=-x_n}\right]$$

(2.193)

注意到它是与前表面复合 S_{Feff} 有关的。其中

$$T_{p1}=(D_p/L_p)\sinh[(W_N-x_n)/L_p]+S_{Feff}\cosh[(W_N-x_n)/L_p]\quad(2.194)$$

$$T_{p2}=(D_p/L_p)\cosh[(W_N-x_n)/L_p]+S_{Feff}\sinh[(W_N-x_n)/L_p]\quad(2.195)$$

(3) 与背面复合 S_{BSF} 有关的 p 中性区短路电流

$$I_{SCP}=qAD_n\left[\frac{\Delta n'(x_p)T_{n1}-S_{BSF}\Delta n'(W_p)+D_n\left.\dfrac{d\Delta n'}{dx}\right|_{x=W_p}}{L_nT_{n2}}+\left.\dfrac{d\Delta n'}{dx}\right|_{x=x_p}\right]$$

(2.196)

其中

$$T_{n1}=(D_n/L_n)\sinh[(W_p-x_p)/L_n]+S_{BSF}\cosh[(W_p-x_p)/L_n]\quad(2.197)$$

$$T_{n2}=(D_n/L_n)\cosh[(W_p-x_p)/L_n]+S_{BSF}\sinh[(W_p-x_p)/L_n]\quad(2.198)$$

式(2.192)中的第二、三项是二极管的表示式，第二项中 I_{01} 是与 n 和 p 中性区的复合相关的暗态饱和电流

$$I_{01}=I_{01n}+I_{01p}\tag{2.199}$$

其中

$$I_{01p}=Aq\frac{n_i^2D_p}{N_DL_p}\left[\frac{(D_p/L_p)\sinh[(W_n-x_n)/L_p]+S_{Feff}\cosh[(W_n-x_n)/L_p]}{(D_p/L_p)\cosh[(W_n-x_n)/L_p]+S_{Feff}\sinh[(W_n-x_n)/L_p]}\right]$$

(2.200)

$$I_{01n}=Aq\frac{n_i^2D_n}{N_AL_n}\left[\frac{(D_n/L_n)\sinh[(W_p-x_p)/L_n]+S_{BSF}\cosh[(W_p-x_p)/L_n]}{(D_n/L_n)\cosh[(W_p-x_p)/L_n]+S_{BSF}\sinh[(W_p-x_p)/L_n]}\right]$$

(2.201)

第三项中 I_{02} 是与耗尽区复合有关的暗态饱和电流

$$I_{02}=Aq\frac{n_iW_D}{\tau_D}\tag{2.202}$$

I_{02} 与耗尽区宽度 W_D 有关，因此也是与偏压有关。

图 2.37 给出了电池有、无光照下的 $I\text{-}V$ 特性。从图看出光 $I\text{-}V$ 特性曲线是将光电流叠加到通常的整流二极管 $I\text{-}V$ 曲线上。光电流为反向电流，故光态 $I\text{-}V$ 特性曲线位于第四象限。短路时的 I_L 就是短路电流 I_{SC}。

通过对式(2.192)的分析可知，太阳电池的 $I\text{-}V$ 特性是与材料的基本性质 E_g，

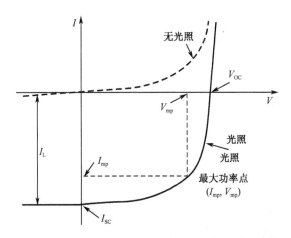

图 2.37　太阳电池有、无光照时的电流-电压输出特性

$N_A, N_D, D_n, D_p, L_n, L_p$,以及与器件结构和工艺 $W_n, W_p, S_{Feff}, S_{RSF}$ 等参数密切相关的。

2.3.3　太阳电池性能表征

为了进一步理解太阳电池工作的特点及给出太阳电池性能的表征,见上述推导,可将式(2.192)用一个等效电路来表示。图 2.38 由三个并联的元器件组成,一个理想的恒流源 I_{SC} 及理想因子分别为 n_1 和 n_2 的两个二极管 D_1 及 D_2。电流源 I_{SC} 的电流与两个二极管的电流方向是相反的,相当于二极管处于正向偏置。

为了突出描述电池的主要特性,这里暂不考虑实际电池中总是存在的串联电阻 R_S 与并联电阻 R_{Sh},R_S 与 R_{Sh} 的影响将在以后讨论。总的电流表示成

$$I(V) = I_{SC} - I_{D1} - I_{D2} \quad (2.203)$$

设在理想情况下,若与耗尽区复合相关的二极管 D_2 对电流的贡献是很小的,则式(2.192)简化为

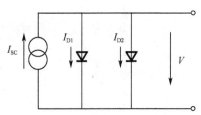

图 2.38　简化的双二极管模型等效电路

$$I = I_{SC} - I_{01}(e^{qV/k_B T} - 1) \quad (2.204)$$

具体计算一个 n^+p 结构太阳电池的 I-V 特性,表 2.2 列出一个硅太阳电池的材料与结构参数[22]。发射区的掺杂浓度(N_D)比基区掺杂浓度(N_A)高出五个量级,有高的注入效率。而发射区厚度仅是基区厚度的千分之一,保证了电池有充分的吸收。将有关参数代入式(2.204)等相关方程,计算出典型的太阳电池电流-电压特性如图 2.39 所示。图 2.39 是以光生电流为正的结果,它与图 2.37 第四象限

的结果是对应的。

表 2.2　Si 太阳电池计算参数

参数	数值
A	100 cm^2
W_N	0.35 μm
N_D	1×10^{20} cm^{-3}
D_p	1.5 cm^2/(V·s)
S_{Feff}	3×10^4 cm/s
τ_p	1 μs
L_p	12 μm
W_p	300 μm
N_A	1×10^{15} cm^{-3}
D_n	35 cm^2/(V·s)
S_{BSF}	100 cm/s
τ_n	350 μs
L_n	1100 μm

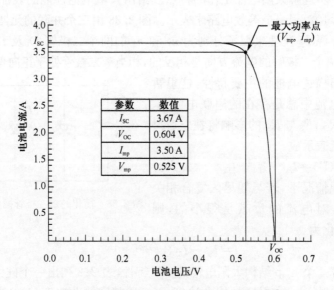

图 2.39　晶体硅太阳电池电流-电压特性[22]

　　表征电池性能的参数有四个。首先是短路电流 I_{SC},指外电路短接时($V=0$),由光电流提供的电流。其次是开路电压 V_{OC},是外电路断路时($I=0$)电池对外呈现的电压,由式(2.205)表示

$$V_{OC} = \frac{kT}{q} \ln \frac{I_{SC} + I_{01}}{I_{01}} \approx \frac{k_B T}{q} \ln \frac{I_{SC}}{I_{01}} \tag{2.205}$$

对于一定的短路电流，V_{OC} 随饱和电流 I_{01} 的增加而对数地减小。

电池的输出功率为

$$P = IV = I_{SC}V - I_{01}V(e^{qV/k_B T} - 1) \tag{2.206}$$

图 2.39 中不同工作点的功率（$I \cdot V$）相当于矩形的面积。求解式(2.206)的极值，获得最大电压 V_{mp} 和最大输出电流 I_{mp}

$$V_{mp} = V_{OC} - \frac{k_B T}{q} \ln\left[1 + \frac{qV_m}{k_B T}\right] \tag{2.207}$$

$$I_{mp} \cong I_{SC}\left[1 - \frac{k_B T}{qV_m}\right] \tag{2.208}$$

最大输出功率，则是图 2.39 中 I-V 曲线内面积最大的矩形

$$P_{mp} = V_{mp}I_{mp} \cong I_{SC}\left[V_{OC} - \frac{k_B T}{q}\ln\left(1 + \frac{qV_m}{k_B T}\right) - \frac{k_B T}{q}\right] \tag{2.209}$$

定义 $I_{mp}V_{mp}$ 与 $I_{SC}V_{OC}$ 两个矩形的面积比为填充因子 FF，填充因子是描述电池性能的第三个参数

$$FF = \frac{I_{mp}V_{mp}}{I_{SC}V_{OC}} \tag{2.210}$$

理想情况下的 FF 为 1。FF 与 V_{OC} 有直接的关系，有一经验表达式[23]

$$FF = \frac{V_{OC} - \frac{kT}{q}\ln[qV_{OC}/k_B T + 0.72]}{V_{OC} + k_B T/q} \tag{2.211}$$

表征太阳电池的另一参数是光电转换效率 η，它是电池最大输出功率 P_{mp} 与入射功率 P_{in} 之比

$$\eta = \frac{P_{mp}}{P_{in}} = \frac{I_{mp}V_{mp}}{P_{in}} = \frac{FFI_{SC}V_{OC}}{P_{in}} \tag{2.212}$$

至此用 I_{SC}、V_{OC}、FF 和 η 四个参量来描述太阳电池的性能。

2.3.4 量子效率谱

电池短路电流 I_{SC} 是与入射光子能量有关的。引入另一参数，量子效率（quantum efficiency，QE）或称收集效率（collection efficiency）来表征光电流与入射光谱的关系。QE 描述不同能量的光子对短路电流 I_{SC} 的贡献。对整个入射光谱，则是短路电流的光谱响应。QE 是入射光能量的函数，有两种表述方式。一是外量子效率（external quantum efficiency，EQE），它的定义是：对整个入射太阳光谱，每个波长为 λ 的入射光子能对外电路提供一个电子的几率，用下式表示

$$EQE(\lambda) = \frac{I_{SC}(\lambda)}{qAQ(\lambda)} \tag{2.213}$$

这里，$Q(\lambda)$为入射光子流谱密度，A为电池面积，q为电荷电量。它反映的是对短路电流有贡献的光生载流子密度与入射光子密度之比。量子效率的另一种描述是内量子效率(internal quantum efficiency, IQE)。它定义为被电池吸收的波长为λ的一个入射光子能对外电路提供一个电子的几率。内量子效率反映的是对短路电流有贡献的光生载流子数与被电池吸收的光子数之比。

$$IQE(\lambda) = \frac{I_{SC}(\lambda)}{qA(1-S)(1-R(\lambda))Q(\lambda)(e^{-\alpha(\lambda)W_{opt}}-1)} \tag{2.214}$$

这里，W_{opt}是电池的光学厚度，是指光在电池中通过的路程，它是与工艺有关的，若电池采用表面陷光结构或背表面反射结构，电池对光吸收充分，W_{opt}可以大于电池的厚度，有利于电池效率的提高。比较这两个量子效率的定义，外量子效率的分母，没有考虑入射光的反射损失、材料吸收，电池厚度和电池复合等过程的损失因素，因此EQE通常是小于1的。而内量子效率的分母是考虑了反射损失、电池实际的光吸收等，因此对于一个理想的太阳电池，若材料的载流子寿命$\tau \rightarrow \infty$，表面复合$S \rightarrow 0$，电池有足够的厚度吸收全部入射光，IQE是可以等于1的。对于电池，常用与入射光谱相应的量子效率谱来表征光电流与入射光谱的响应关系。图2.40是晶体硅电池的内量子效率谱的示例，在短波部分IQE接近1，快速下降的长波段对应电池材料带隙的吸收边。式(2.215)给出了内量子效率与外量子效率的关系

$$IQE(\lambda) = \frac{EQE(\lambda)}{1-R(\lambda)-T(\lambda)} \tag{2.215}$$

其中，$R(\lambda)$是电池半球角反射，$T(\lambda)$是电池半球透射，如果电池足够厚 $T(\lambda)=0$。

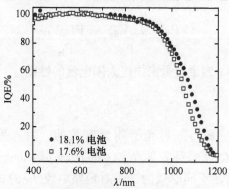

图2.40　效率为18.1%(●)及17.6%(□)
晶体Si电池的内量子效率谱[24]

　　量子效率谱从另一个角度反映电池的性能,分析量子效率谱可了解材料质量、电池几何结构及工艺等与电池性能之间的关系。

　　以下讨论一个 p^+n 结电池的量子效率谱的示例。短波长的光子主要在电池表面区被吸收,因此量子效率谱的短波方向主要反映发射区 p^+ 层的信息。首先,产生在靠近表面一层的光生载流子必须扩散到势垒区,因为光生载流子必须在势垒区内实现电荷的分离,这是光伏电压产生的必要条件。可设想如发射区厚度 W_p 过宽,大于电子的扩散长度($W_p > L_n$),产生在发射区的一部分光生载流子扩散不到势垒区,对光生电流无贡献,势必降低量子效率。因此电池设计要求 W_p 尽可能得薄,至少 $W_p < L_n$。图 2.41 显示了发射区厚度如何影响电池的量子效率谱。从图看出厚的发射区严重破坏了电池的短波响应,是不可取的。再联系到注入效率,发射区的设计应是薄和高掺杂的。此外,表面区光生载流子浓度直接受表面复合速度的影响,因此短波响应也直接反映表面复合的程度。

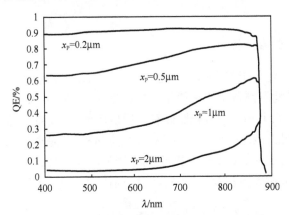

图 2.41　p^+n 结电池不同发射区厚度的量子效率谱[25]

　　低能光子在离表面较远的基区被吸收,因此量子效率谱的长波方向主要反映 n 层的信息,n 层的厚度要足够的厚,有利于对长波的充分吸收。但也不能过厚,过厚的基区,载流子扩散不到输出电极,也影响载流子的收集。在恰当的基区厚度情况下,影响长波响应的主要因素是 n 层背表面复合。长波响应的快速下降是电池带隙宽度决定的。对于中间波长的光子,主要是在靠近空间电荷区(SCR)内被吸收。将这三部分对谱的影响总结于图 2.42。该图较清楚地揭示了不同工作区对量子效率谱的贡献。

　　电池的外量子效率谱在实验上是可直接测量的。通过对外量子效率谱式(2.213)对波长的积分,可得到短路电流。而电池的内量子效率谱的确定,需要考虑电池的反射、光学厚度、栅线结构等参数。从上面的讨论可看出,量子效率谱是很有效的分析工具,帮助我们了解电池结构及工艺对电池性能的影响,从而指导

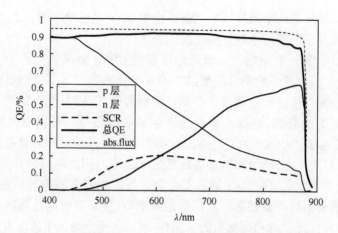

图 2.42　太阳电池中 p、n 及 SCR 各层对量子效率谱的贡献

工艺的改进。

2.3.5　太阳电池效率分析

　　高效的太阳电池要求有高的短路电流、开路电压与填充因子。这三个参数与电池材料、几何结构及制备工艺密切相关。讨论一个实际的太阳电池,其几何结构如图 2.43 所示。除了 np 结外,光照面有一层抗反射膜,以减少光反射。测量用金属栅线,电池受光照面积为 $A(1-S)$,A 为电池面积,S 是栅线与电池的面积比。电池背面有 pp^+ 背表面场(BSF)有助于载流子的收集。图 2.43 也示意了太阳电池的运作。高的太阳电池转换效率是我们所期待的,下面分析材料参数对电池效率的影响。

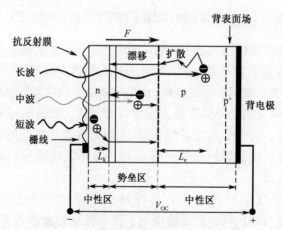

图 2.43　太阳电池几何结构及运作示意图

1. 材料带隙宽度

在对光生电流 I_{sc} 的分析中发现,对效率有贡献的是那些被电池吸收后能产生电子-空穴对的光子。计算中,光子能量的积分范围是 $E_g \to \infty$,E_g 是入射光被电池吸收的能量下限,转换效率与太阳光谱利用率有十分密切的关系。带隙宽度 E_g 减小,可以拓宽电池对太阳光谱的吸收,但 E_g 的减小使本征载流子浓度 n_i 指数地增加。如前面分析,反向饱和电流 I_{01} 比例于 n_i^2(见式(2.200),式(2.201),其结果是大大提高了 I_{01},使开路电压降低(式 2.205)),因此,小的 E_g 引起输出电压的减少。宽的带隙有利于 V_{OC} 的提高,但过高的带隙宽度使材料的吸收光谱范围变窄,降低了对光谱的利用和载流子的激发,减少光电流。因此能隙宽度太窄或太宽都会引

起效率的下降,必存在优化的 E_g 值。为了对能隙宽度如何影响电池效率有定性的认识,这里应用 Shockley 与 Queisser 给出的理想单结电池极限效率的结果[26],理想条件是:电池足够厚度,能吸收能量范围为 $E_g \to \infty$ 的全部光子;一个光子能产生一对电子-空穴;辐射复合是电池的唯一复合机制;有理想的电接触,即表面复合为零。这里不去细致分析各种光照条件的情况,主要看未聚焦,6000K 黑体辐照(a)的结果(图 2.44)。可看到,过小或过大的带隙宽度对转换效率较小,31% 的最大效率出现在 $E_g = 1.3eV$ 左右[26]。结果说明了带隙宽度对转换效率有重要的影响。对于 $E_g = 1.12eV$ 的硅是太阳电池不错的材料。目前实际的单晶硅电池的最高纪录是 $25 \pm 0.5\%$ [27]。

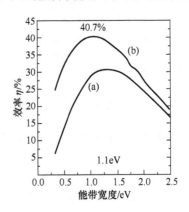

图 2.44 理想电池 S-Q 极限效率与能隙宽度的依赖关系[26]

(a) 未聚焦,6000K 黑体辐照(1595.9 W/m²);(b) 全聚焦,6000K 黑体辐照(7349.0 $\times 10^4$ W/m²)

能隙宽度对效率影响的详细理论分析和计算可参考有关文献[26,28,29]。在第 10 章中将有较详细的讨论。

2. 少数载流子寿命

由非平衡载流子输运决定的光伏器件,其少子寿命对器件的重要性是显而易见的。长的少子寿命可制备出高性能的太阳电池。用表 2.2 的参数计算了基区少子寿命对电池 I_{sc},V_{OC} 及 FF 的影响,结果如图 2.45 所示。

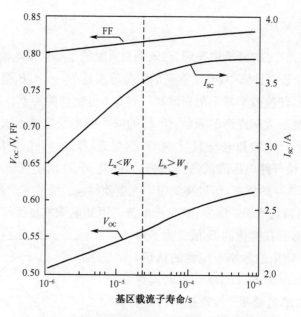

图 2.45　基区少子载流子寿命对电池参数的影响[22]

当基区少子扩散长度远小于基区厚度，$L_n \ll W_p$，$(L_n = \sqrt{D_n \tau_n})$，式(2.201)可写成

$$I_{01,n} = qA \frac{n_i^2 D_n}{N_A L_n} \tag{2.216}$$

小的 L_n 将导致大的饱和电流，从而降低 V_{OC}。此外，低扩散长度的载流子，在基区的输运过程中基本上被复合了，扩散不到背电极，因此无论 I_{SC} 或 V_{OC} 均很小。随少子寿命增加，I_{SC}，V_{OC} 及 FF 均相应增加。图中的虚线对应的是少子扩散长度等于基区厚度 $L_n = W_p$，载流子寿命为 25.7μs 的情况。当图的右侧是 $L_n > W_p$，I_{SC} 随少子寿命进一步增加。当 $L_n \gg W_p$，载流子基本上都能扩散到背电极，I_{SC} 趋向饱和。

　　非平衡载流子复合是决定少子寿命的关键因素。在前面讨论的诸多复合机制中，通过深缺陷能级的复合是主要复合过程。体材料的深能级往往是制备过程中引进的。图 2.46(a)给出了晶体硅中金属杂质浓度对电池相对效率影响的分析，该图显示了电池效率对如 Ta，Mo，Nb，W，Ti 及 V 等金属是极为灵敏的。上述金属含量只要达 10^{-5} ppm，电池效率就有明显下降[9]。相对而言，对有些金属，电池效率的灵敏程度较为减小，如 P，Cu，Ni，Al 等，即使金属杂质浓度超过 10^{-2} ppm 对电池的效率影响也不大。这比半导体级的晶体硅杂质浓度高出 100 倍。这就有可能使用较低成本的工艺技术提炼所谓太阳级硅，以获得低成本的电池。图 2.46(b)显示的是电阻率较低(1Ω·cm)的晶体硅，与图 2.46(a)相比，表明金属杂质浓度对电池的影响也与材料基质的纯度有关。对纯度较低的硅材料，金属杂质的影响更为灵敏。以 Cu 杂质为例，图 2.46(a)是电阻率为 4Ω·cm 的硅杂质浓度对电池效率的影响,当 Cu 的含量小于 20ppm,对电池效率的影响不明显。而 Cu 在电阻率为 1・Ωcm 的硅中,其含量必须小于 0.2ppm,才能减小金属杂质对电池性能的影响。

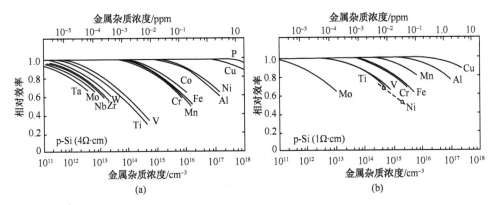

图 2.46　p-Si 基区金属杂质浓度对电池相对效率的影响

(a)电阻率为 4Ω・cm；(b) 电阻率为 1Ω・cm[9]

3. 表面复合的影响

不论是前电极或背电极的表面复合对电池效率都有重要的影响。前面讨论到扩散长度与基区厚度的关系,当 $L_n \ll W_p$,载流子扩散不到背电极就完全被复合了。在此情况下,背表面的复合不影响饱和电流,由式(2.216)描述。当少子寿命足够长,$L_n \gg W_p$,基区载流子扩散到背表面并通过背表面输出,饱和电流将受背表面复合速度 S_{BSF} 的影响

$$I_{01,n}=qA\,\frac{n_i^2}{N_A}\frac{D_n}{(W_p-x_p)}\frac{S_{BSF}}{S_{BSF}+D_n/(W_p-x_p)} \tag{2.217}$$

表面复合是与工艺有关的参量,在没有背表面场 BSF 的情况下,即 $S_{BSF} \to \infty$,式(2.217)是一个大的值。前面提到,背表面场可降低 S_{BSF},从而减少 $I_{01,n}$,提高电池性能。图 2.47 给出了根据表 2.2 电池参数计算的 S_{BSF} 对 V_{OC},I_{SC} 及 FF 的影响。可看到,在一定的 S_{BSF} 范围,V_{OC} 和 I_{SC} 随 S_{BSF} 的增加是单调下降的。

前表面有一部分是与金属栅线电极接触的。表面复合由两部分组成:在栅线之间的表面复合,其表面复合速度 S_F 相对较低;在金属栅线与电池表面接触之间,则复合速度极高 $S_g \to \infty$。前面提到的,用有效表面复合速度 $S_{F,eff}$ 表示它们的综合结果。栅线之间的表面复合速度相对较低,欧姆接触处的表面复合速度则高。

电池的前表面或背表面复合对电池性能的影响也可用量子效率谱来说明。图 2.48 计算了不同背表面和前表面复合对量子效率谱的影响。正如前面讨论到的,背表面复合主要影响电池的长波响应,而前表面复合主要影响电池的短波响应。

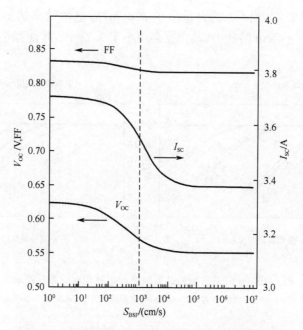

图 2.47　电池背表面复合速度对电池性能的影响[22]

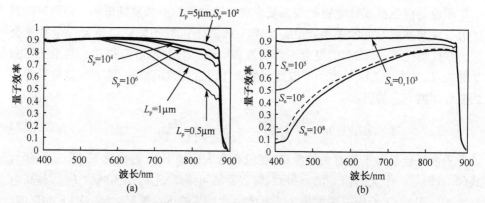

图 2.48　表面复合对于 pn 结电池量子效率谱的影响

(a) 背表面复合速度 S_p 与基区扩散长度 L_p；(b) 前表面复合速度 S_n[25]

4. 寄生电阻效应

　　为了得到电池材料与结构对其性能影响较清晰的物理图像，上面的分析没有考虑电池实际存在的寄生电阻，如串联电阻 R_s 与并联（或旁路）电阻 R_{sh}。图 2.38 的双二极管模型等效电路，是设 $R_s = 0, R_{sh} = \infty$ 的理想情况。实际上，不为零的 R_s 与有限的 R_{sh} 对电池性能影响是不可忽略的。完整的双二极管模型表示成如

图 2.49所示。串联电阻主要来源于电池本身的体电阻、前电极金属栅线的接触电阻、栅线之间横向电流对应的电阻、背电极的接触电阻及金属本身的电阻等。

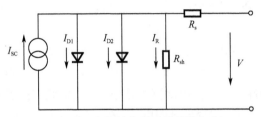

图 2.49　完整的太阳电池等效电路

电池的光生电压被串联电阻消耗了 IR_s，使输出电压下降。并联电阻主要来源于电池 pn 结的漏电，包括 pn 结内部的漏电流（晶体缺陷与外部掺杂沉积物）和结边缘的漏电流。R_{sh} 表现为使电池的整流特性变差。考虑这两个因素后，该等效电路的电流表示成[22]

$$I = I_{SC0} - I_{01}\left[e^{q(V+IR_s)/kT} - 1\right] - I_{02}\left[e^{q(V+IR_s)/2kT} - 1\right] - \frac{(V+IR_s)}{R_{sh}} \quad (2.218)$$

其中，I_{SC0} 是未考虑寄生电阻时的短路电流。R_s 与 R_{sh} 主要影响电池的填充因子。

图 2.50 是在假设 $R_{sh} = \infty$、不同串联电阻 R_s 情况下的电流-电压特性。从图可以看出，对于电流为零的开路，串联电阻不影响开路电压。电流不为零时，它使输出终端间有一压降 IR_s，因此串联电阻对填充因子的影响十分明显。串联电阻越大，短路电流的降低亦将越明显。

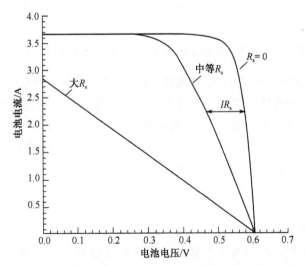

图 2.50　串联电阻对电流-电压特性的影响示意图[22]

为方便分析，将式(2.218)中双二极管的理想因子合并，用一个 n_0 代替，简化

为单二极管,在 $V=0$ 的短路情况下,考虑 R_{sh} 和 R_s 后,短路电流可表示为[22]

$$I_{SC}=I'_{SC}-I_0(e^{qI_{SC}R_s/n_0kT}-1)-I_{SC}R_s/R_{sh} \tag{2.219}$$

n_0 可在 1~2 变化,取决于扩散区的复合电流与势垒区复合电流的比例。式(2.219)清楚地表明了 R_s 与 R_{sh} 对短路电流的影响。

　　图 2.51 给出了并联电阻 R_{sh} 对电流-电压特性的影响。对于电压为零的短路情况,并联电阻不影响短路电流。电压不为零时,与 pn 结并联的电阻 R_{sh} 将分流一部分电流,I-V 特性呈现为输出电流将减小 V/R_{sh}。填充因子对并联电阻也十分敏感。极低的并联电阻还将降低开路电压,V_{OC} 与 R_{sh} 的关系为

$$V_{OC}/R_{sh}=I'_{SC}-I_0(e^{qV_{OC}/n_0k_BT}-1) \tag{2.220}$$

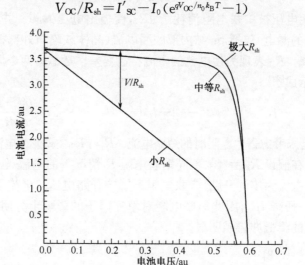

图 2.51　并联电阻对电流-电压特性的影响示意图(R_s~0)[22]

完美的 pn 结工艺将具有大的 R_{sh},可提高填充因子。以上讨论看到,电池的 I-V 特性直接联系了电池性能与工艺。小的并联电阻通常与电池切割边缘的污染、形成短路通道有关。在薄膜电池中,沉积的薄膜不致密,有小的针孔,引起漏电,或组件链接时引进的短路等诸多工艺因素。因此 I-V 特性的分析提供了与工艺有关的重要信息,是发现和改进电池工艺有效途径之一。

5. 温度对 I-V 特性的影响

　　处于工作状态的太阳电池,电池效率会出现衰退的现象,这是由于光照引起电池温度升高的缘故。电池温度系数是描述电池性能的另一个参数。分析电池的 I-V 特性可发现,除了二极管电流是与温度直接相关外,饱和电流也是温度的函数。由在中心区复合引起的暗饱和电流表达式可知,它与本征载流子浓度 n_i 的平方成正比,见式(2.200)与式(2.201)。在空间电荷区复合引起的暗饱和电流比例

于 n_i，见式（2.202）。因此分析电池 $I\text{-}V$ 温度特性主要是讨论 n_i 随温度的变化。再写本征载流子浓度

$$n_i = 2\,(m_n^* m_p^*)^{3/4}\left(\frac{2\pi k_B T}{\hbar^2}\right)^{3/2} e^{-E_g/2k_B T} \tag{2.221}$$

除本征载流子浓度与温度有直接的关系外，其中电子与空穴的有效质量也与温度有关，它们是通过能带的 $E(k)$ 与温度发生关联的，是间接的弱的依赖关系。另外，带隙宽度也是温度的函数，带隙宽度与温度的关系可表示为

$$E_g(T) = E_g(0) - \frac{\alpha T^2}{T+\beta} \tag{2.222}$$

式中，α,β 是因材料而异的常数，$E_g(0)$ 为绝对零度时半导体的带隙。式（2.222）表明温度上升带隙减小。虽然带隙宽度的减小拓宽了电池的光吸收范围，短路电流有所提高，但带隙减小的直接结果是 n_i 增加。由于 n_i 与 T 的关系是与 E_g 呈指数关系，因此温度上升的结果使 n_i 迅速增加，总的结果是 V_{OC} 下降。对于一个简单的 pn 结电池，开路电压与温度的关系可近似地表示成[30]

$$\frac{\mathrm{d}V_{OC}}{\mathrm{d}T} = \frac{\dfrac{1}{q}E_g(0) - V_{OC} + \zeta\dfrac{k_B T}{q}}{T} \tag{2.223}$$

温度引起电池 $I\text{-}V$ 特性变化的示意图如图 2.52 所示。短路电流随温度上升稍有提高，但开路电压明显下降，电池效率随温度的升高而降低。电池效率随温度变化的具体特性需与电池材料和结构结合起来分析。

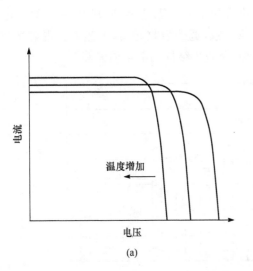

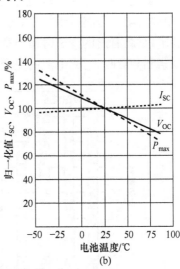

(a)　　　　　　　　　　　　(b)

图 2.52　温度对太阳电池特性影响示意图

(a) $I\text{-}V$ 特性；(b) 电池参数随温度的变化

2.3.6　太阳电池效率损失分析

　　前面介绍了 Shockley 和 Queisser 计算的单结单晶硅太阳电池转换效率的极限值是 31%。目前最高 c-Si 电池的转换效率为 25%，产业化生产的 c-Si 电池的转换效率与理论结果有大的差距。下面讨论效率损失的因素。

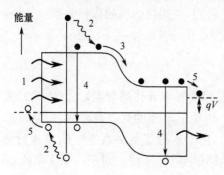

图 2.53　太阳电池工作示意图

　　图 2.53 表示了电池受光照后，光生载流子的产生、能量变化及输运过程。电池吸收一个能量大于 E_g 的入射光子产生电子-空穴对，它们分别被激发到导带与价带的高能态，光生载流子在激发态的能量位置取决于入射光子的能量（过程 1），在激发后～10 皮秒(ps)的时间内，处于高能态的光生载流子很快与晶格相互作用，将能量交给声子而分别回落到导带底与价带顶，如图示的过程 2，这过程也称热化过程(thermalization)，热化过程使高能光子的能量损失了一部分。过程 3 是光生载流子的电荷分离和输运，光生载流子在势垒区、扩散区输运过程中将有复合损失 4，最后由于电池与电极材料的功函数的差异，电压的输出又有一压降 5。

　　除了上述太阳电池基本过程引起的效率损失外，图 2.54 定性地说明影响单结 c-Si 电池效率的其他因素。它们包括电池的光损失、材料的有限迁移率、复合损失、串联电阻和旁路电阻损失。除了基本性质及制备工艺等，原则上，一个高效电池要求：材料有高的少子寿命与高的吸收系数，宽的吸收光谱，工艺上实现对光的低反射和高吸收，对光电流的完全地抽出，及减少结构的电学损失等。

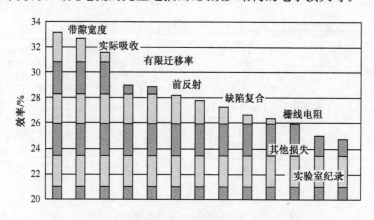

图 2.54　诸多因素对于电池效率的影响[31]

2.3.7　p-i-n 结电池

图 2.45 已讨论到,无论发射区或基区激发的光生载流子都要扩散到空间电荷区实现电荷的分离才对光电流有贡献。发射区或基区的少数载流子,通过扩散到达电极被收集,输出电流。因此,对电池而言,扩散长度越大越好。光生载流子的收集主要是扩散运动。可见,对于扩散长度小的材料,很难用 pn 结实现有效的光电转换。采用在 p 区和 n 区之间插入一本征层形成 p-i-n 结。

与 pn 结一样,p-i-n 结也由 p 和 n 掺杂决定的内建场,只是内建场也在本征层扩展,与 p 区和 n 区的高掺杂相比,i 层电导较低,因此空间电荷区宽度基本上落入 i 层,甚至延展到整个 i 层的厚度。太阳光照下,光子被足够厚的 i 层有效地吸收,i 层的光生载流子在内建场作用下分离,并漂移到边界。由于 p 层与 n 层很薄,少数载流子容易通过 p 层与 n 层被收集,结果如图 2.55 所示。

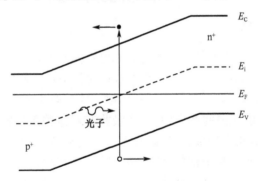

图 2.55　p-i-n 结能带示意图

p-i-n 结构中光生载流子主要是漂移运动,而不是扩散运动。对 p-i-n 结需要考虑以下几点:①i 层较厚、电导又较低,因此串联电阻将增加;②i 层中电子与空穴数是相同的,i 层内也可能有复合;③虽然较厚的 i 层可有充分的吸收,考虑到 i 层内荷电缺陷有可能降低空间电荷区的电场,如图 2.56 定性地表示了 i 层内荷电的缺陷态密度对于空间电荷区的宽度的影响。图中实线代表 i 层有高的本底掺杂的电场分布,空间电荷区的宽度小于 i 层厚度,这相当于有一"死层"(dead layer,粗实线表示),对光电流是无贡献的。电池设计时,需考虑工作状态下,空间电荷区的宽度应始终大于 i 层厚度,避免死区的形成。电池结构的设计优化是必要的。对于 p-i-n 结的 I-V 特性的描述,原则上可应用前面的分析方法,作适当的修改。主要的是应用式(2.204)时,耗尽区宽度 $W_D = x_n + W_i + x_p$。其中 W_i 为 i 层宽度。

非晶硅、微晶硅薄膜有高的吸收系数,但迁移率低,扩散长度小。p-i-n 结构的采用,使非晶硅和微晶硅薄膜电池效率提高得以成功,并实现了产业化。关于硅基薄膜电池将在第 5 章详细的介绍。

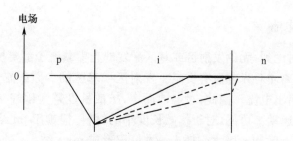

图 2.56　p-i-n 结 i 层电场分布

其中实线代表 i 层高的背景掺杂；点划线代表 i 层低的背景掺杂；

虚线为空间电荷区的宽度等于 i 层厚度

2.4　太阳电池器件模拟

2.4.1　器件模拟的意义

太阳电池是将太阳光能转换成电能的光电转换器件。为提高电池转换效率的设计，需要讨论的问题分为两类：第一涉及那些可被电池吸收的太阳光子数目及其在电池内的空间分布，这属于光学设计的问题。第二是由吸收光子所产生的那些光生电子-空穴对在电池内的产生（它与光吸收有对应关系）、输运、分离（或复合）以及在电极处所能收集到的数目，这涉及由器件内载流子输运机理导致的光电转换特性的问题；由此计算出电池的光、暗态下的 I-V 特性，QE 谱，以及它们与光照条件、材料性能（电学特性、掺杂特性、缺陷态密度等）及器件结构（层构造、尺寸以及排序）的关系等。其中与光吸收相关的光学问题，是产生光生载流子的源头；而光生载流子的分离、输运和收集是产生光电转换的基础。可见电池中光的有效利用（光管理）以及材料特性和电池结构的优化（电学管理）是最为重要而又相互依存的。

从光利用角度，要求电池能够最大限度地吸收并有效地利用太阳光子。为此要拓宽电池的光谱响应，以能更多地吸收太阳光的能量；另外又要减少在入射面的光反射损失以及在背面的透过损失。如对硅这样折射率较高（可见光区域 $n_{Si} \approx 3.5 \sim 3.8$）的间接带隙材料，裸硅表面的反射率可高达 30% 以上。因此探索减少电池表面的反射损失，增强光在电池内的充分吸收，降低电池内光损失的各种技术途径，成为目前提高太阳电池效率的重要手段之一。

从光电转换角度，应使那些已吸收进入电池的光子产生的电子-空穴对，都能被分别收集到电极两端，形成电流（或电压）、对外做功；减少光生载流子在输运过程中，由于材料自身性质，以及结性能而导致的表面和体内（含界面）复合造成的电压或电流损失，因此需要减少光生载流子各类复合而造成的光能转换损失亦是极为重要的。从如何选择优良的光电特性材料、器件结构与工艺优化入手进行设计，以提高太阳电池光电转换能力，这正是本节拟阐述的内容。

在晶态电池发展的里程中，通过对光伏器件的理论研究，以及效率极限的讨论，建立了器件特性的物理模型和数学参数的表述，获得了提高电池效率的主导方向。围绕构建电池的材料选择、电池结构以及工艺技术等多方面的研究，已逐步完善其物理模型与模拟计算的理论，找到了电池性能与材料之间的相关性，使得光伏器件的性能和效率得到明显提高。Ⅲ-V 族电池最高效率达 44.7%[32]；单晶硅电池效率达 25%[33]。这种理论与实验相得益彰的发展，成就了当今晶体类电池庞大的光伏产业。

对后起的薄膜光伏器件，鉴于材料物理模型与目前应用的晶体材料之间的明显差异，它无法像晶体电池那样，可以在稳定的高质量的材料基础上发展电池工艺，而是经历了从材料、器件的认识，到对材料的再认识，直至电池性能的再提高这样的一个反复的历程。究其原因是因为薄膜电池的特点是"材料沉积和器件制备同步完成"所致。譬如非晶硅电池，无序材料理论建立的不完全性，为适应其特性，使得其电池结构完全不同于体电池的结构；需建立新的理论模型来描述无序结构输运、复合特性及稳定性问题，通过不断和实验进行对比验证，才能更好阐述薄膜器件的工作原理。薄膜电池理论的复杂性以及对其研究尚未成熟，限制了电池效率提高的速度。

无论对哪一种电池，理论模型及其模拟计算，都是为了认识和预测影响效率的因素，以便优选光伏材料，构建合理结构，确定先进工艺，获得提高电池效率与稳定性的途径，使理论真正具有预示性和指导意义。模拟的目也正于此。

器件模拟设计的历史，要追溯到 1955 年。贝尔电话实验室 M. B. Prince 发表在应用物理杂志上题名为"硅太阳能转换器"（*silicon solar energy converters*）[34]的文章，应该是理论设计的开篇。而那个时候，离扩散掺杂制备硅 pn 结的研究成功，也不过一年的时间。从 1961 年 Shockley 和 Queisser 首次计算电池极限效率的模型[35]开始，历经了半个世纪的漫长岁月。范围涉及对不同阳光条件下的模拟，如不同大气参数、不同云雾参数等；涉及对不同类型光伏材料的优化模拟[36]，如单晶硅材料、各类半导体化合物材料、各类薄膜材料、染料敏化材料、有机材料等；涉及对不同类型电池结构的模拟，如 pn 结、PIN 结；单结、异质结、多结、串联叠层式、并联叠层式等。所列部分文献，对电池的发展，均在一定程度、不同发展阶段上，起着重要的作用。对发展较晚的硅基薄膜电池的模拟问题，是随电池的进步而逐渐发展起来的。当今，甚至一些用于单晶硅器件模拟的大型商业软件包，如 TMA 公司的 Medici[37]，Silvaco 公司的 Atlas[38]，Crosslight 公司的 Apsys[39]等软件中，在能源日益热化之时，模拟软件亦随之更为成熟、实用。在描述多晶硅和非晶硅电子器件的软件中，与太阳电池相关的内容也添加进来，以扩大其应用范围。这些商业化软件的优点在于模块化功能较强,用户只需利用模块进行很少的设置即可。但是它们对实际光伏材料所建立的模型过于简化,并不能完全适用。于是工作在光伏领域的科学家们,利用专业知识,开始自己动手建立模拟单晶硅、化合物半导体、非晶硅、微晶硅,甚至叠层太阳电池的计算机程序。

例如,由澳大利亚新南威尔士大学 Basore 开发的 PC1D 的 5.9 版(2008 年版)已成为晶体硅太阳电池工业界的模拟标准软件[40];随后美国 Hanwha Solar 公司,又在其基础上于 2011 年发布了二维晶体硅电池模拟软件 PC2D[41]。PC2D 通过模拟 20×20 个矩形子电池网络,可分析晶体硅电池设计中所涉及的二维器件机制,如选择发射极等,将其更为接近实际电池模型。由比利时 Ghent 大学的 M. Burgelman 教授编写、至今仍在不断完善中的 SCAPS(solarcell capacitance simulator)软件[42],包含两性缺陷、多价缺陷等模型,以及界面复合、串、并联电阻等因素,具有批处理、参数拟合等高级功能,目前广泛应用于如 CdTe,CIGS 等多晶薄膜太阳电池的数值模拟。但因该软件基于 Labview 仪器软件的开发,在材料层数、缺陷态数目及其类型上,尤其对高缺陷态材料的模拟均受到限制;在描写叠层电池,如隧穿模型方面亦有局限性。对硅基薄膜太阳电池的模拟设计问题,始于 Hack 和 Shur 在 1985 年建立的相关模型[43];1988 年由宾州大学 Fonash 教授开发的 AMPS 程序[44];2012 年再由南开大学刘一鸣博士与美国伊利诺大学香槟分校 Rockett 教授合作,在 AMPS 基础上将其发展成 wxAMPS[45]。

为使软件能便于使用,软件编辑者常将软件放到公共网站上供用户自行链接使用。例如 wxAMPS 软件,可从以下网站链接"https://wiki. engr. illinois. edu/ display/solarcellsim/Simulation +Software"得到其详细介绍、使用方法及前沿的拓展应用示例等。wxAMPS 继承了 AMPS 原软件的器件数值模型基础,采用相同的输入参数,以对缺陷态、带尾态模拟分析予以良好支持;另依据叠层电池需要,添加了两种隧穿电流模型;并改进其内核算法与更加便捷的用户界面,支持批处理功能,并兼容若干光学模型,使其性能更加稳定、通用性更强。该软件还可扩展到对多种新型太阳电池的模拟。

关于光学内容,1997 年由 Zeman 和 Krc 等开发了 ASA 软件包[46],着重对电池光陷阱(light trapping)的模拟设计。

另有一些发布在网站上供自由采用的模型,如德国 R. Stangl 教授基于光生载流子输运机制开发的描述同质和异质结太阳电池的专用模拟软件 Afors-Het2.0[47],只要输入太阳电池光学和电学参数,即可模拟计算异质结电池、非晶硅、微晶硅电池的 QE、I-V 等特性参数。该软件具有人性化界面、易于使用。

理论模拟是通过描述该器件或某个物理参数的理论公式、结合构建电池所用材料、结构参数所建立之模型基础上的。为了能够计算或者便于计算,对用以计算的公式,都会按需要和实际情况作某些简化或者加入某些假设的条件,以使理论公式能获得解析解,或者能进行数字计算,便于得到最终结果。因此理论模型的正确与否,数字解的收敛程度,或者可解的程度,都决定着该模拟的有效性、正确性和可靠性。同时它的发展又离不开试验结果的验证。因此模拟计算与试验验证,仍在不断进步之中。鉴于晶体硅电池的结构较为规范,工艺成熟,且已有成熟的商业模拟软件;而薄膜电池结构层数多,结构多样,因此本章拟以硅基薄膜电池为例,就其模拟过程予以简单描述,以供读者思考。

2.4.2 硅基薄膜电池的电学模型示例

要进行器件模拟,一般有以下三个主要步骤。第一步建立拟讨论的器件结构模型,即建模。也就是,按照根据基本器件物理方程编制的实用软件,输入软件计算所模拟器件的相关参数。实际上建模是在设定计算机要算什么以及怎么算。第二步,采用好的数学方法,对所模拟器件的模型划分网格,按照网格的分割,对基本方程求解联立方程组。其中找好边界条件很为重要,这是求解成功的重要环节。第三步,要注意计算结果的收敛性,如果不能收敛将重新调整模型参数,重新计算,以期获得最终模拟结果。物理与数学这两个工具,缺一不可。其具体进行模拟计算的流程如图 2.57 所示。由于现在的软件几乎是"黑匣子",内部的基本物理方程并未清晰给出,并不是所有软件均能够得到所需结果。因此获得好的模拟软件是很重要的。本节仅以硅基薄膜相关的太阳电池模拟计算思路为例,给出描述其工作的基本方程与基本运用方法,以使读者有所了解。

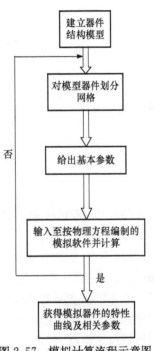

图 2.57 模拟计算流程示意图

1. 电学模型方程

首先对硅基薄膜输运的问题作简单的描述。a-Si:H 材料原子排列的无序性,导致它的输运特性有如第 5 章将讲述的特点:

(1) 非晶硅的能带图[48]如图 2.58 所示,用迁移率边替代晶体材料能带中的价带顶和导带底。

(2) 在带隙中引入连续的价带与导带的带尾态以及深能级悬挂键缺陷态,如分布于带隙中央附近的带电悬挂键定域缺陷能带,以 E_x 和 E_y 标注,它们分别相当于硅悬挂键的双占据态(类受主态)和单占据态(类施主态)能带,而非似晶体能带中的分离的能级。

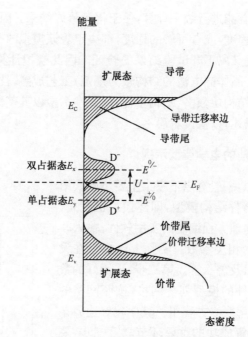

图 2.58　非晶硅的能带图[48]

（3）讨论载流子输运时，为多次陷落的扩展态输运机制[48]，迁移率比晶体硅的低 2~3 个数量级。

（4）计算带尾态和深能级的带电悬挂键带内的载流子分布及其复合率时，为简单计，先按照分离能级求解，再按照连续分布求和。

对非平衡态而言，复合与产生（R-G），是一对使器件获得稳态工作的矛盾体，因此对光伏器件工作状态的模拟不可能不涉及 R-G 问题。对 a-Si：H 电池中复合问题的描述特点为：

（1）仍可用晶体硅中的肖克莱-黎德-霍尔（Shockley-Read-Hall，SRH）模型[49]来描述其复合机制。针对非晶态材料带隙内起复合中心的是呈带状连续分布的局域态密度（density of states，DOS），先求解单一能级 SRH 模型的复合率，再对连续的态密度求积分[50]。

（2）针对硅基薄膜叠层电池中特殊的隧穿结问题，引入了隧穿复合结模型（tunnel-recombination junction，TRJ）[51-52]来模拟从非晶硅电池向微晶硅电池，乃至叠层电池的扩展。

现正进行着将 a-Si：H 器件模拟的一维计算机程序拓展至 2D 模型的研究[53-55]。

描述非平衡条件下半导体器件的一维基本方程组归纳如下

$$\frac{\mathrm{d}}{\mathrm{d}x}\left(\varepsilon\,\frac{\mathrm{d}\psi}{\mathrm{d}x}\right)=-\rho \tag{2.224}$$

$$\frac{1}{q}\frac{\mathrm{d}J_n}{\mathrm{d}x}+G_{\mathrm{opt}}-R_{\mathrm{net}}=0 \tag{2.225}$$

$$\frac{1}{q}\frac{\mathrm{d}J_p}{\mathrm{d}x}+G_{\mathrm{opt}}-R_{\mathrm{net}}=0 \tag{2.226}$$

$$J_n=qD_n\frac{\mathrm{d}n}{\mathrm{d}x}+\mu_n n\left[-q\frac{\mathrm{d}\psi}{\mathrm{d}x}-\mathrm{d}\frac{\chi}{\mathrm{d}x}-\frac{kT}{N_c}\frac{\mathrm{d}N_c}{\mathrm{d}x}\right] \tag{2.227}$$

$$J_p=qD_p\frac{\mathrm{d}p}{\mathrm{d}x}+\mu_p p\left[-q\frac{\mathrm{d}\psi}{\mathrm{d}x}-\mathrm{d}\frac{\chi}{\mathrm{d}x}-\frac{\mathrm{d}E_G}{\mathrm{d}x}+\frac{kT}{N_v}\frac{\mathrm{d}N_v}{\mathrm{d}x}\right] \tag{2.228}$$

式(2.224)为一维泊松方程,式(2.225)和式(2.226)分别为电子与空穴浓度的连续方程,随后的式(2.227)和(2.228)分别为电子与空穴的电流连续方程。以上各方程式中相关符号的意义分别是:ψ 为电势,ε 为介电常数,ρ 表示电荷密度,J_n、J_p 分别为 n、p 区的电流密度,G_{opt}、R_{net} 分别为光产生率和净复合率,D_n、D_p 分别为电子和空穴的扩散系数,χ 为材料的电子亲和势,μ 为迁移率,E_G 为材料的带隙宽度,而 N_v、N_c 分别为价带与导带迁移率边处的态密度。

由上述方程的分析看出,求解的关键是由泊松方程(2.224)求得电势 ψ 的分布。这就需要得知非晶硅半导体中电荷密度 ρ 的分布。如将在第 5 章硅薄膜电池中阐述的,非晶硅的能带图如图 2.58 所示,则其电荷密度可写成

$$\rho=q(p-n+p_{\mathrm{loc}}-n_{\mathrm{loc}}+N_{\mathrm{don}}-N_{\mathrm{acc}}) \tag{2.229}$$

与晶体中所掺入杂质基本处于离化状态不同,在无序半导体中,由于结构无序引入的大量缺陷态,限制了杂质的离化率。因此无序网络中的电荷密度 ρ,分别计入了扩展态内的自由电子(n)和自由空穴(p);带隙内局域态上的载流子(n_{loc},p_{loc})和部分离化的施主(N_{don})和受主(N_{acc})。这类电荷在能带内的分布应满足 Fermi-Dirac 分布(室温下,低掺杂为玻尔兹曼分布)。

方程组中的复合率描述的是扩展态内的自由电子和空穴同时被陷于复合中心的几率,因此它们与缺陷态的分布密切相关。硅基薄膜的无序半导体中,复合率计算的特点是:

(1) 对复合率有贡献的复合中心是位于带隙深处的悬挂键缺陷态所构成,其能级分布是按高斯函数连续分布的;

(2) 计算复合率时,是假设这种复合属于非交互式复合,即只考虑这些局域态与导带或价带扩展态之间的载流子俘获和发射,局域态之间无载流子交换;

(3) 可先按照单一缺陷态能级的肖克莱-黎德-霍尔(SRH)模型,计算各能级的净复合率以及该能级捕获的电荷数,然后对连续分布态密度进行积分,以求得最终的净复合率和捕获的电荷总数。带隙内缺陷态总的复合速率是通过价带尾

(VBT)、导带尾(CBT)和悬挂键(DB)能级上的净复合率之和。

$$R_{net} = R_{VBT}^{tot} + R_{CBT}^{tot} + R_{DB}^{tot} \qquad (2.230)$$

带隙内局域态里的总的空间电荷为

$$\rho_{loc}^{tot} = q(p_{DBT}^{tot} - n_{CBT}^{tot} + p_{DB}^{tot} - n_{DB}^{tot}) \qquad (2.231)$$

上式加上上述自由电荷与被激活电离的杂质的数目,即可得到总电荷 ρ_{tot} 的分布,进而由泊松方程(2.224)去获得电场分布,最终确定电流分布。

在室温下进行模拟计算时,依据已有程序,给出缺陷态密度的带尾宽度、悬挂键的峰值能级位置以及高斯分布半高宽、材料带隙宽度、材料掺杂的激活状况等预设参量,模拟程序将按需要自动计算及最后给出 I-V 曲线、量子效率 QE 等。更完善的模拟程序内,还分别内设了太阳能量或光子数的光谱分布,及不同材料的物理参数(如折射率的光谱曲线),将简化参数的预设。

2. 叠层电池问题

鉴于叠层电池结构是将带隙宽度不同的子电池,按从受光面由宽到窄予以叠加(或串,或并)而成,能有效扩展对太阳光的光谱响应,其成为各类电池(从Ⅲ-Ⅴ族化合物电池到硅基薄膜电池,直至最近化学类电池)欲提高效率的首选。对串联叠层电池,需满足串联原理,即电流连续与电压叠加,即应有 $J_{SC,tandem} = J_{SC1} = J_{SC2}$ 以及 $V_{OC,tandem} = V_{OC1} + V_{OC2}$。

能否真正满足串联原理,则取决于子电池之间隧穿复合结(TRJ)的质量。那个起串接作用的 TRJ 是借助图 2.59 所示深能级缺陷态的高复合率达到的。其中图 2.59(a)为高掺杂下陡峭能隙中的缺陷态或者重掺杂引入的复合中心,图 2.59(b)是硅基薄膜叠层中常用的深能级缺陷态,它可由在两子电池之间插入窄带隙微晶硅掺杂层[56-58],使复合限定于带隙中央的深能级缺陷态达到隧穿效果。

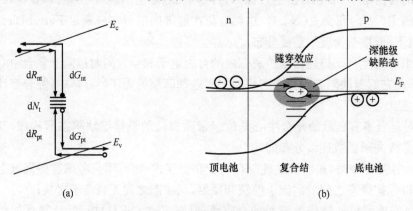

图 2.59　叠层电池中的隧穿复合结结构

(a) 能带陡峭的高场结区作复合中心的缺陷态起着缺陷辅助隧穿作用[45];

(b) 硅基薄膜电池中由深能级缺陷态构成的复合隧穿结[56]

通过缺陷辅助隧穿增强的复合率可表示成式(2.232)所示[57]

$$R=\frac{(np-n_i^2)V_{th}N_t\sigma_n(1+\Gamma_n)\sigma_p(1+\Gamma_p)}{\sigma_n(1+\Gamma_n)(n+N_ce^{\frac{E-E_c}{kT}})+\sigma_p(1+\Gamma_p)(p+N_ve^{\frac{E_v-E}{kT}})} \tag{2.232}$$

其中,Γ_n、Γ_p为考虑了隧穿效应、缺陷俘获几率的复杂函数,大小与结区能带结构有关。该式仅考虑了隧穿增强复合,但没有涉及隧穿电流输运增强问题。鉴于计算中任一栅格点处隧穿电流的添加均会导致其他格点的多重变化,给计算带来很大困难。为此 M. Zeman 在他的模拟计算中引入了一个半经验的模型[52],将隧穿电流的增强现象统一通过提高复合区内载流子的有效迁移率来替代。其迁移率增强形式为式(2.233)所示

$$\mu=\mu_0 e^{|E|/E_0} \tag{2.233}$$

其中,μ_0为热平衡时的迁移率,E为场强,E_0为拟合系数。添加有效迁移率的经验方法,使计算得以简化,可在不对基本数值模拟系统做出巨大修改的情况下,实现对叠层电池的模拟。文献[58]更对三结非晶硅基太阳电池的隧穿结模拟问题进行了考察。

3. 边界条件

以上主要讨论的问题,是解描述器件工作的基本方程组及相关的数学表达式。通过电荷分布,求解泊松方程,可以获得器件各处的电势分布,即它们与费米能级的相对位置,从而给出自由电荷浓度分布,以及随后的电流分布等。然而,一维联立偏微分方程组(2.224)~式(2.228)具体的解,是由边界条件决定的,即一维模型的两个物理边界——器件前电极和后电极这两个接触层。边界条件依赖于器件接触的固有属性而与模型无关。一般的接触分为两类:欧姆接触和肖特基接触。以下分别予以详述。

1) 欧姆接触的边界条件

这是一种理想的情况。所指边界是指前电极 $x=0$ 和后电极 $x=L$ 的位置。对欧姆接触而言,要在 $x=0,x=L$ 接触处满足电中性的要求。如是此处的电荷 ρ 为零,即有

$$\rho(x=0)=0 \tag{2.234a}$$
$$\rho(x=L)=0 \tag{2.234b}$$

定前电极的电势为 0。对金属-半导体接触,进入金属层的电子和空穴流由热发射流模拟。若选电压控制的边界条件(定义前电极在 $x=0$ 处,背电极在 $x=L$ 处),可用如下两个方程组分别表示前后电极处的边界条件

$$
\left.\begin{array}{l}
\varphi(0)=0 \\
J_{\mathrm{n}}(0)=+q \cdot S_{\mathrm{n}}^{\mathrm{f}}(n(0)-n_{\mathrm{eq}}(0)) \\
J_{\mathrm{p}}(0)=-q \cdot S_{\mathrm{p}}^{\mathrm{f}}(p(0)-p_{\mathrm{eq}}(0))
\end{array}\right\} \tag{2.235a}
$$

$$
\left.\begin{array}{l}
\varphi(L)=\varphi_{\mathrm{f}}-\varphi_{\mathrm{b}}+V_{\mathrm{app}} \\
J_{\mathrm{n}}(L)=-q \cdot S_{\mathrm{n}}^{\mathrm{b}}(n(L)-n_{\mathrm{eq}}(L)) \\
J_{\mathrm{p}}(L)=+q \cdot S_{\mathrm{p}}^{\mathrm{b}}(p(L)-p_{\mathrm{eq}}(L))
\end{array}\right\} \tag{2.235b}
$$

上式中电流 J 有正负符号,分别指电流从前电极方向流入电池的流动为正,反之为负。其背电极处 $(x=L)$ 电势与所加的外加偏置电压相等。此处上角标 f(forward),b(back)分别表示前、后电极。其中 φ_{f}、φ_{b} 是前、后电极的功函数,V_{app} 为外加偏置电压。n、p 为接触处的载流子浓度,下角标 eq 是热平衡之意,故 n_{eq} 和 p_{eq} 表示在热平衡下电极界面处的电子和空穴浓度,$S_{\mathrm{n}}^{\mathrm{f}}$、$S_{\mathrm{p}}^{\mathrm{f}}$、$S_{\mathrm{n}}^{\mathrm{b}}$、$S_{\mathrm{p}}^{\mathrm{b}}$ 分别表示前、后电极对电子、空穴的表面复合速度,它们决定了边界处的载流子浓度。表面复合速度的大小主要取决于表面钝化状况。

2) 肖特基接触的边界条件

肖特基接触下,热平衡时接触处费米能级 E_{F} 的位置,取决于金/半接触处的有效势垒高度 φ_{b}。它由金属的功函数 φ_{m} 及半导体的电子亲和势 χ_{s} 之差决定

$$
\varphi_{\mathrm{b}}=\varphi_{\mathrm{m}}-\chi_{\mathrm{s}}=E_{\mathrm{c}}-E_{\mathrm{F}} \tag{2.236}
$$

一旦与 φ_{b} 相关的费米能级位置确定了,界面处的电子、空穴浓度 n_{eq},p_{eq} 即可表示为

$$
n_{\mathrm{eq}}=N_{\mathrm{c}} \exp\left(-\frac{q\varphi_{\mathrm{b}}}{kT}\right) \tag{2.237}
$$

$$
p_{\mathrm{eq}}=\frac{n_{\mathrm{i}}^{2}}{n_{\mathrm{eq}}} \tag{2.238}
$$

n_{i} 为本征载流子浓度。越过肖特基势垒的电流输运是由多子的热发射机制决定。依照热发射理论其电流密度可写为

$$
J=A^{*} T^{2} \exp\left(-\frac{q\varphi_{\mathrm{b}}}{kT}\right)\left[\exp\left(\frac{qV_{\mathrm{app}}}{kT}-1\right)\right] \tag{2.239}
$$

其中,A^{*} 是里查德松(Richardson)常数。对比欧姆接触的边界电流,当将 S_{n}、S_{p} 分别以 $S_{\mathrm{n}}=\dfrac{A^{*} T^{2}}{qN_{\mathrm{c}}}$ 与 $S_{\mathrm{p}}=\dfrac{A^{*} T^{2}}{qN_{\mathrm{v}}}$ 来代替时,势垒边界的电子或空穴的热发射电流,就和欧姆接触边界条件下电子(空穴)电流的方程式相类似。计算中,需预置选用何种边界条件以及它们的偏置参数,如表面复合率(对欧姆接触)或接触势(肖特基接触势垒)等。

4. 网格式数字求解法

在前面有关电势、电荷浓度与电流密度的求解中,是针对空间某一位置处的变

量对能级分布的求和。而对器件特性的模拟,是要对电池的上述变量对位置分布的求解。因此,我们对求解的器件,在对一组联立的偏微分方程组进行数字模拟求解之前,需将器件分成若干个(如 N 个)微小的单元结构。单元所含尺寸越小,描述器件工作特性的精度就越高。这一步称为产生栅格(grid,一维模型)或者网格(mesh,二维模型)。然后这组方程用无限差分法或线性插值法对所有格点[59]分别逐个求解。方程中的非线性项,如泊松方程中含有二次微分的项,就用泰勒级数展开并忽略高阶项。求这组离散的空间解,对所有的 N 个格点的三个偏微分方程(泊松方程、电中性方程和电流连续方程)就具有 $3 \cdot N$ 个未知数和对应的 $3 \cdot N$ 个非线性代数方程组。一般,是用非线性代数方程系统的迭代法求解。最通用的迭代法就是牛顿法[59]。

有两个不同的途径用于求解这组 $3 \cdot N$ 个代数方程:

(1) Gummel 方法(decoupled method,常称为退耦法),它采用迭代牛顿法解三个部分耦合的 N 个方程组[59]。

(2) 全耦合法,它用牛顿迭代法同时解 $3 \cdot N$ 个方程组[60]。

Gummel 方法的优点是具有相对简单的程序码以及宽范围的收敛性,这使得能用相关性差的初始设置值作独立的变量。但是当方程之间相关性太强的话,收敛性也会变得很差。如 G-R 项较大时(a-Si：H 电池中是常会遇到的),就会产生上述情况。

全耦合法,在具有强复合的情况下,也可有一个非常好的收敛率。然而此时初始设置值则和拟求得的解相当紧密。这就需要对材料与器件有深入的了解。

2.4.3　硅基薄膜电池的光学模拟

对太阳电池这种光电转换器件,所进行的设计一定会针对光照条件进行。1996 年 W. Green 就提出,好的光学设计是晶体硅太阳电池达到高效率的主要途径之一。它包括降低表面反射(AR)和电池内部对光的陷获(light trapping)作用。这一方面要采用高吸收系数的光伏材料,尽量多地吸收光子;当选定的光伏材料一定的情况下,其后的重要问题就是做好器件的光学设计(包括材料、结构与尺寸的设计),使得入射到有源层的光能被有效地吸收。目前提出了多种陷光技术用来实现这个目的[31],包括各种规则表面形态构成的绒面效果的表面减反射膜(对晶态电池),以绒面的透明导电氧化物(TCO)作衬底(对硅基薄膜电池),建造可增加背反射的复合电极层(如 TCO/metal),叠层电池中子电池之间的中间层等,以保证入射光能尽量多地陷获在电池的有源区。陷光作用都是借透明介质或透明导电功能薄膜的织构而成,而有关延长入射光在有源区中传播光程的陷光问题,则利用光在折射率不同的介质交界面处、光由光密介质到光疏介质的入射被增反的效果来实现[61]，最简单的如 DBR 结构[62]；还有，利用光子晶体设计[63]、纳米金属颗粒构成的表面等离子基元（plasmon）效应[64]等概念。这些设计均为近期光管理研究领域的热点。鉴于对光管理所进行的薄膜设计问题，涉及常规薄膜光学基础，需配合电池吸收光谱与电流传输匹配进行综合考虑。其中结合相关薄膜材料的制备技术更为重要，例如在第 1 章中所描述的，对前电极绒面结构的不同制备技术可得到不同的减反与增强光散射的陷光效果等。关于陷光的物理描述请详见第 5 章，本节仅就薄膜光学设计为主要内容。

已知光学的基本问题来自于光在物质中传播过程中涉及的吸收，以及在不同折射率介质交界面处的反射、折射等问题。折射率 n 对光在物质内的传播起着极为重要的作用。半导体材料吸收了能量大于其带隙的光子之后，在膜内 x 处，单位体积、单位波长、单位时间内被波长为 λ 的光子所激发产生的电子空穴对的数目 $g_{sp}(x,\lambda)$（假设无反射存在）可表示为

$$g_{sp}(x,\lambda) = \eta_g \Phi^o(\lambda)\alpha(\lambda)e^{-\alpha(\lambda)x} \tag{2.240}$$

其中，η_g 是量子产率，通常为 1，意指每个能量大于带隙的光子均能产生一对电子和空穴。材料吸收太阳光能量后，电子空穴对的总产生率 G_{opt} 应是对太阳光谱中能量大于带隙的所有波长范围内产生率的积分

$$G_{opt}(x) = \int_{\lambda_1}^{\lambda_2} g_{sp}(x,\lambda)d\lambda \tag{2.241}$$

上式积分的下限 λ_1 是材料带隙所对应的长波吸收限。而上限 λ_2 是太阳光谱的上限，此处可选为无穷。

图 2.60 示出非晶硅太阳电池的结构，当计入了前、后接触处的反射损失以及在电池非有源区内的吸收损失（如玻璃，TCO，以及 n^+、p^+ 接触电极层内的吸收）后，薄膜电池有源层内，波长为 λ 的光子的产生率的光谱分布写为

图 2.60　非晶硅太阳电池结构示意

$$g_{sp}(x,\lambda) = \eta_g \Phi^o(1-R_f)e^{-\alpha_{gl}d_{gl}}e^{-\alpha_{TCO}d_{TCO}}(e^{-\alpha x} + R_b e^{-\alpha_i x}) \tag{2.242}$$

此处 R_f 为来自前电极的反射系数，R_b 是来自背电极的反射系数，d_i 是电池有源层厚度（注：因掺杂层相对很薄，为简单计，将 n、p 接触层均计入有源层），α_{gl}，α_{TCO}分别为玻璃和 TCO 的吸收系数，d_{gl}，d_{TCO} 分别是玻璃和 TCO 的厚度。若需精细计算，此式也可计入 p^+，n^+ 层内的吸收。η_g 仍设为 1。以上所述参数一般均与波长相关，结合反射系数与吸收系数的波长依赖，很容易算出电池内产生率与波长的关系以及其空间分布。再对整个电池厚度方向的积分，就可得到电池总的光产生率。

针对图 2.61 所示的薄膜电池,其界面包含有多个绒面和镜面(若绒面衬底的影响尚未波及硅层内部,则非晶硅薄膜电池 p、i、n 之间的界面可当成镜面看待,可简化为如图 2.61 所示的光学薄膜系统)。绒面和镜面对光在界面处的反射、散射状况是不同的,为此以下我们将分别讨论。

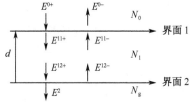

图 2.61　平面波在单层膜界面的反射和折射

1. 镜面光学薄膜系统

1) 光在单层膜界面的传播性质

镜面的光学问题,可用常规折射率描述。材料的折射率常用复数表示,$\tilde{n}=n+ik$。其中 n 为折射率,其意义表示光从真空进入折射率为 n 的介质后,将以相速度 $v_{\text{phase}}=\dfrac{c}{n}$ 在介质内传播。对折射率为 n 的介质,相速度的引入,说明光在其内的传播速度比在真空中的传播速度(c)减小 n 倍。k 为消光系数,它与材料的吸收系数 α 的关系为 $k=\alpha\lambda/4\pi$。以复折射率表示后的折射方程则变为

$$\tilde{n}_0\sin\theta_0=\tilde{n}_1\sin\theta_1=(n_0-ik_0)\cdot\sin\theta_0=(n_1-ik_1)\cdot\sin\theta_1 \tag{2.243a}$$

例如,以空气(记为介质 0)与吸收很小的介质 1 与介质 2(复折射率分别为 N_1、N_2)构成如图 2.61 所示结构,在介质 0 与介质 1 交界的第 1 界面(称为界面 1,interface 1),其反射率可写成

$$R=\frac{|n_0-n_1|^2}{(n_0+n_1)^2} \tag{2.243b}$$

依据光学方程,描述介质 1 与上下两介质(分别称为 0 介质和第 2 介质)所构成的界面的关系可用式(2.244)表示,此式中的二维矩阵称为该光学膜的特征矩阵。

$$\begin{bmatrix} E_0 \\ H_0 \end{bmatrix}=\begin{bmatrix} \cos\delta & \dfrac{i}{\eta_1}\sin\delta \\ i\eta_1\sin\delta & \cos\delta \end{bmatrix}\begin{bmatrix} E_2 \\ H_2 \end{bmatrix} \tag{2.244}$$

其中,由平面波传播特性可知,δ 为光由界面 1(如 0 介质与介质 1 构成的界面),通过介质层 1 进入与介质 2 相交的界面 2 而导致的相位移。相移 δ 可写成 $\delta=\dfrac{2\pi}{\lambda}nd\cos\theta$,$\theta$ 是光在介质 1 内传播时的角度,即折射角;n、d 分别为介质 1 的折射率和膜厚。在其行进方向(透射)改变的相位因子为 $e^{-i\delta}$,负向行进波(反射)的相位因子变为 $e^{i\delta}$。η 为导纳,对在光入射面内振动的 s 波,导纳 $\eta_1=n\cos\theta$。可见,该矩阵包含了光在薄膜中传输的相位与导纳所服从的关系。

2）光在多层膜的界面体系的传播性质

薄膜电池是由多层薄膜构成的。电池可看成是一个多层薄膜的光学体系，用多层薄膜的光学理论去计算该系统的光学行为，仅计入在所有界面处的反射和透射以及各层内的吸收。

对多层薄膜的光学系统，如上所述，可先借助方程（2.244）描述双层中的单界面薄膜的光学矩阵，然后再通过逐层叠加来处理，即

$$
\begin{bmatrix} E_0 \\ H_0 \end{bmatrix} = \left\{ \prod_{j=1}^{k} \begin{bmatrix} \cos\delta_j & \dfrac{\mathrm{i}}{\eta_j}\sin\delta_j \\ \mathrm{i}\eta_j\sin\delta_j & \cos\delta_j \end{bmatrix} \right\} \begin{bmatrix} E_{k+1} \\ H_{k+1} \end{bmatrix} \tag{2.245}
$$

其中，J 为层的编号，k 为总层数。多膜系的特征矩阵则可简化为

$$
\begin{bmatrix} B \\ C \end{bmatrix} = \left\{ \prod_{j=1}^{k} \begin{bmatrix} \cos\delta_j & \dfrac{\mathrm{i}}{\eta_1}\sin\delta_j \\ \mathrm{i}\eta_j\sin\delta_j & \cos\delta_j \end{bmatrix} \right\} \begin{bmatrix} 1 \\ \eta_{k+1} \end{bmatrix} \tag{2.246}
$$

同理，各膜层厚度引入的光传输的相位移 δ_j 由下式决定

$$
\delta_j = \frac{2\pi}{\lambda} N_j d_j \cos\theta_j \tag{2.247a}
$$

θ_j 为在 j 层的折射角，N_j 为 j 层复折射率，其导纳 η_j 由下式给出

$$
\eta_j = N_j / \cos\theta_j \quad \text{（p-偏振波）} \tag{2.247b}
$$

$$
\eta_j = N_j \cos\theta_j \quad \text{（s-偏振波）} \tag{2.247c}
$$

显然，多层膜和基片的组合导纳为 $Y = C/B$。

由此可得，能量反射率为

$$
R = \left(\frac{\eta_0 B - C}{\eta_0 B + C} \right) \left(\frac{\eta_0 B - C}{\eta_0 B + C} \right)^* \tag{2.248a}
$$

能量透射率为

$$
T = \frac{4\eta_0 \eta_{k+1}}{(\eta_0 B + C)(\eta_0 B + C)^*} \tag{2.248b}
$$

反射相位变化为

$$
\phi = \arctan\left(\frac{\mathrm{i}\eta_0 (CB^* - BC^*)}{\eta_0^2 BB^* - CC^*} \right) \tag{2.248c}
$$

式中，η_0 是入射介质的导纳。在具体计算时，可采用应用软件自行计算，也可用 Mathlab 自己编程予以计算。

2. 绒面光学薄膜系统

1）绒面的陷光行为

光垂直入射电池时，进入到电池中的光能最大。如何实现进入的光能尽量被

电池吸收,概括来说,是要减少反射和透射的损失。如式(2.243b)所述,具有高折射率的硅($n=3.5$)与空气相交的界面处,其反射率可高达 31%。若在两者之间插入一层折射率 $n=\sqrt{n_{air}\cdot n_{Si}}\approx1.87$ 的材料,可以达到减反射的效果。SnO_2 类的透明导电膜(TCO)的折射率可在 $1.8\sim2$,满足此要求。此时上界面的反射率就将降到 8%,甚至 4% 以下。当采用粗糙界面(或称绒面)结构的 TCO(如图 2.62(a)所示),则入射到绒面上的光(光强记作 I),将受到常规镜面的反射和折射,以及由绒面导致漫散射的反射和折射。图中用实线表示镜面光的反射和透射,记作 R_s、T_s(下标 s 从 specular 而来)。用点线表示的漫射式(diffusion)反射、透过的光,记作 R_d、T_d。漫射光形成原因在于,绒面结构上分布着规则或不规则的斜面,不同方向的斜面,导致其反射或折射会向着不同方向散开而呈散射光。可见一束入射到不规则绒面的光 I,将分成上述 R_s、T_s、R_d、T_d 四部分。

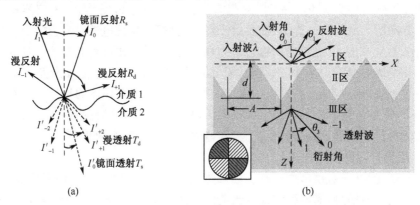

图 2.62　不规则(a)和规则(b)绒面上光的透射、反射和散射情况[65]

绒面结构可以减少反射的原因是,当光由光密介质入射到与光疏介质的绒面交界面上时,将向不同方向散射,又会被反射到不规则分布的其他面上而受到再次反射,改变光行进方向而再进入介质内,犹如增加吸收,减小反射。图 2.62(b)所示为规则光栅式的表面减反结构,其左下角示出该减反结构的顶视图。美国 Specturelab 公司,采用图 2.62(b)所示的陷光结构,于 2007 年制备出效率为 40.7% 的Ⅲ-Ⅴ族聚光电池[65]。光陷阱的概念,是增加光在传输过程中的散射作用,把那些进入膜内的光子,最终都“被闭锁”(trapped)在电池内部,可多次吸收以产生更多的光生载流子,达到最有效光能利用的目的。对晶态电池,构建带织构的粗糙表面;对从透明衬底入射的硅基薄膜电池,采用表面粗糙的绒面结构材料是非常必要的。

如果背面也附加了高反射的绒面电极,能使因光程不足以全部吸收、本来要透过的光,通过高反射率的背电极再反射回来。反射回的光重新进入电池内部,也可以再次吸收。当这部分反射回的光,又返回到达前电极时,对那些高折射率的光伏材料(如硅),这部分反射回来的光,若以大于临界角 θ_c^* 的角度再入射到上电极界面,就会发生全反射(注:临界角 θ_c 由相邻两材料折射率之比决定。如 $ZnO_2:F$ 的透明导电膜为衬底与硅基薄膜相邻界面的临界角 θ_c 约为 $31°$;硅基薄膜与空气相邻的临界角 θ_c 约为 $16.8°$)。这样那些光又被反射回到 Si 膜内部。如此反复,终将把光完全锁定在有源层内,进一步减少了反射损失。而被限制在电池内部的光,多次通过电池,多次被电池吸收,达到充分利用的目的。

已知,能吸收光子流密度(光子流定义是指单位时间内、单位立体角所含体积内所吸收到的流过单位能量间隔内的光子数目)的理论极值由以下方程表示[61]

$$dj_\gamma(\hbar\omega) = \frac{\alpha(\hbar\omega)\,d\Omega}{4\pi^3\hbar^3(C_0/n)^2} \frac{(\hbar\omega)^2}{\exp(\hbar\omega/kT)-1} d\hbar\omega \tag{2.249}$$

式(2.249)显示,相对真空而言,具有高折射率的介质,其内光子流密度或称能有效吸收的光子数将增大 n^2 倍。另外,对带有绒面效应的电池结构,它不仅能接受来自入射方向的 π 立体角的光子,而且由于散射的增强,将使电池对来自前、后电极,以及由绒面全方位 4π 立体角内散射来的光子,都能进行再反射和吸收。计入的立体角由 π 变成对全方位角 4π 的吸收,积分的结果将再增 4 倍。因此绒面半导体薄膜的有效吸收,相对真空而言,将增强 $4n^2$ 倍。其中,n 为半导体的折射率。对硅基薄膜,$n_{Si} \approx 3.5$,$4n^2$ 约 50 倍。以上结果说明,具有绒面结构的低折射率材料与高折射率光伏材料的界面,可能得到相当大的增强光利用的陷光效果[61]。

2) 粗糙界面的光学描述

为实现光学模拟,模型中必然会涉及光的直射、散射以及光的相干传播问题。对于不规则绒面模型,需要确切知道粗糙面的两个参数:①光在各个粗糙面受散射的光强大小;②这个光是怎样在不同方向上散射的。对于第①点,可用"标量散射理论"(scalar scattering theory)[66],定义一个漫射光强与总的(包括漫射与直射之和)光强之比称为绒度(haze,H)的参量来近似描述。绒度 H 可由漫反射决定也可由漫透射决定,即 $H_{refl} = \dfrac{R_{RLdif}}{R_0}$ 和 $H_{trans} = \dfrac{T_{LRdif}}{T_0}$。它是由测试而得。鉴于绒度是波长的函数,通常提供材料的绒度数据指的是 550nm 处的反射绒度值。图 2.63 给出 Asahi 的 U 型 TCO 玻璃(称 Asahi U)用水解法获得 HHT40 型 TCO 膜(称 HHT40)绒度 H 的实测曲线的示例[67]。

对于光是如何散射到各个方向的问题,则引用"角分布函数"(angular distribution function,ADF)来表征。由于散射作用,入射光被散射到各个不同方向上的散射光的光强是按椭球分布的,因此 ADF 定义为不同散射方向围成的椭球的短轴半径(b)与长轴的半径(a)之比(b/a)[67],常用符号 ▱ 来表示。比值越大,散射角的分布越宽,即散射光的分布越发散。因此绒度(H)和角分布函数(ADF)是表征粗糙界面处散射状态的特征参量。

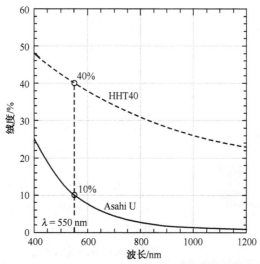

图 2.63　Asahi 和水解制备 TCO 膜光学系统测得绒度的光谱分布[67]

　　当前对绒面的处理分成两类情况,一类是把那些不规则分布看成是孤立的颗粒,另一类是把颗粒看成是非常致密膜上的起伏,那些不规则起伏结构的扰动引入的散射,可以近乎看成是连续的不可分离的散射中心来处理。也就是说,此时各中心的作用与它的毗邻以及来自于总体的散射相关。这称为“微区无规散射”(micro-inregularity scattering)[67]。目前对绒面的模型以第二种看法居多。

2.4.4　模拟计算示例

　　示例一　在非晶硅/微晶硅叠层电池中,表面的绒面特征参数对顶、底电池性能的影响

　　高效光伏器件要构建合适的陷光结构和叠层电池结构,以加大光的利用。要求模拟计算能够指导如何进行材料选择、结构尺寸选择、绒面形貌选择等。对晶体电池,陷光结构可以采用光刻、构建规则的陷光图形来完成(如图 2.62(b)左下插图所示的整齐光栅)。对于薄膜电池,要求低成本,不允许采用光刻技术。什么样的陷光结构是合适的? 利用光学模拟应该是一条良好途径[68]。以下将以绒面对调节电池特性作用的模拟结果予以介绍。

　　1) 绒面参数的作用

　　J. Krc 和 Zeman 等就叠层电池中绒面 TCO 的影响进行了较为全面的模拟[68]。所用模拟计算的电池结构如图 2.64 所示,其各层尺寸分别为:玻璃/TCO (1μm)/p^+ a-Si (20nm)/i a-Si(150nm)/n^+ μc-Si (20nm)/ ZnO(中间层 50nm)/ p^+ μc-Si (20nm)/I μc-Si (2μm)/n^+ μc-Si (20nm)/ ZnO(100nm)/Ag。其中用了两种 TCO,分别为 Asahi 公司出品绒度为 10% 的 U-type SnO：F 用和水解法制备绒度为 40% 的掺铝氧化锌 ZnO：Al(称 AZO)。按 Asahi-U 和 HHT40 的绒

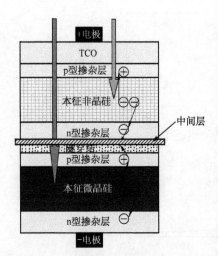

图 2.64　模拟计算用叠层电池结构

度,并且两种 TCO 均按 Asahi-U 的角分布函数(ADF)或 HHT40 的按各向同性的角分布(称 Lamb 角分布)计算了厚度分别为 2μm 和 150nm 的顶、底电池的量子效率的光谱响应曲线,结果如图 2.65 所示。图中实线和折线分别给出 ADF 相同但绒度不同的 Asahi-U 和 HHT40 的 TCO 对 QE 的影响。

(1) ADF 相同、不同绒度的影响。由图 2.65可以看到:①高绒度有利消除由散射带来的干涉现象。②绒度 TCO 虽可改善顶电池的长波响应,但如图 2.66 所示,高绒度的 HHT40 比 Asahi-U 更可改善顶电池在整个光谱响应区的光散射效果,且可补偿短波区的些微下降,如是短路电流比 Asahi-U 的提高更多。③高绒度对底电池使整条曲线向长波方向移动,具有将太阳光在顶、底电池内进行合理分配的效果。相比只有 $H = 10\%$ 的 Asahi-U 的 TCO,其顶、底电流比为 8.85 : 10.41,而绒度高的 HHT40 使该比值变成 9.77:10.88,高绒度不仅提高短路电流,同时使电流匹配亦得到改善。纵观图 2.63 的绒度光谱分布,这正是 HHT40 膜长波和短波均有高绒度,故对全波长范围的光闭锁效应均有贡献的结果。

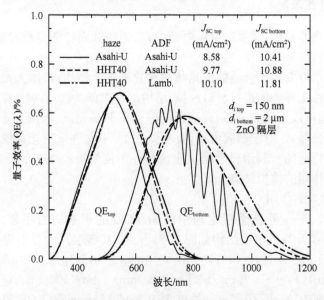

图 2.65　不同绒度和角分布函数对顶、底电池量子效率 QE 的影响[67]

（2）绒度相同、不同角分布函数的影响。对比图 2.65 中的折线与点划线可知：对绒度均取 HHT40 的 40%（波长位于 550nm）的 TCO，其 ADF 分别取 Asahi-U 和郎伯（各向同性散射）的计算结果显示，采用 Asahi-U 的 ADF 时，高绒度对底电池长波响应的改善效果被其各向异性的散射作用"抵消"掉了；而 ADF 取郎伯效应（见点划线），则各向同性散射的高绒度才真正使底电池长波响应的改善得以呈现，使其整条线向长波的移动，也能分配给顶电池更多能量，故而顶、底电池短路电流都有较大提升，分别为 10.10mA/cm² 和 11.81mA/cm²，但两者之比仍有 1mA/cm² 以上的差距。这说明该叠层电池所给出的厚度是顶电池限制，因此仅靠 TCO 调节是难于匹配的。该模拟显示了角分布函数的重要性。

图 2.66 给出相同高绒度的 HHT40，其顶、底电池短路电流随角分布函数的变化。图中横坐标用椭球短/长轴之比（b/a）来描述角分布函数，其比值越大表明椭球越趋于"圆化"，亦即短/长轴之比越接近于 1，则椭球趋近于"圆"，也就是说散射的各向异性随该比值的增大而减小，直至各向同性。结果显示，由于 HHT40 的高绒度有利于长、短波响应的提高，更对底电池的改善有利。但是散射各向异性越大（b/a 越小），其对短路电流的改善反而不明显（参见曲线在小 b/a 处的数据）；散射性趋于各向同性者对改善短路电流更为明显，该结果与图 2.65 所示结果是相同的。但同时可明确获知，努力提高绒度 H 力图获得对顶、底电池的改善作用终是有限的，它还与叠层电池要求顶电池的稳定性而力图减薄顶电池厚度的匹配有关。如图 2.63 绒度的光谱分布所示，HHT40 的短波绒度更好，但由于顶电池厚度的限制，故而短波响应的改善程度会趋于饱和。高绒度和高 b/a 比，都会增加顶、底电池的短路电流，但对底电池的改善更甚。这就是说，在以底电池限制的叠层电池用 TCO 绒度改善顶、底电池的匹配的调制效果更好。

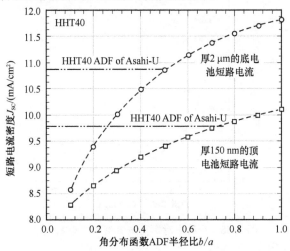

图 2.66　角分布函数 ADF 半径比 b/a 对顶、底电池短路电流的影响[68]

2) 中间层折射率的影响

图 2.64 示出叠层电池的几何结构,在电池模拟过程中,当将微晶硅底电池的厚度增到 $3\mu m$,将趋于顶电池限制。若选用厚度为 50nm 的中间层,将可减薄底层厚度至 $2\mu m$(参见图 2.65 数据)。图 2.67 示出不同中间层和 n、p 硅基薄膜材料折射率的光谱分布。借此数据模拟计算了不同折射率中间层对短路电流的影响,其结果由图 2.68 所示。由图可以得知:

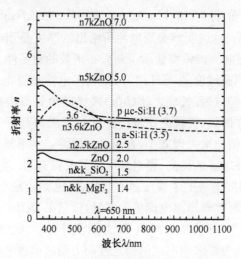

图 2.67　不同中间层材料及 n、p 硅基薄膜折射率的光谱分布[67,69]

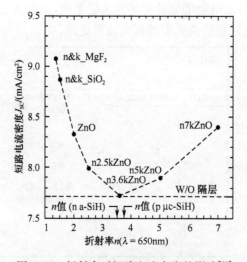

图 2.68　折射率对短路电流密度的影响[69]

（1）以硅折射率为界，折射率落入硅 n 值附近的中间层材料，不会对叠层电池短路电流有改善作用。

（2）选用过低折射率材料（如折射率为 1.4 的氟化镁 MgF_2），可改善顶电池的量子效率，但将降低底电池的量子效率。

（3）选用过高于硅基薄膜材料折射率的中间层（如 $n_{int}=7$）则对顶、底电池改善甚微[69]。

（4）只有在顶电池电流限制下，可通过中间层来匹配顶、底电池的电流。

（5）最终提高匹配的短路电流，还需综合光学和电学的优化。

3）硅基薄膜极限效率模拟结果示例：小长井教授在 2011 年发表于 JJAP 上的文章中，给出当选取底电池为微晶硅（其带隙为 1.1eV），调变顶、底电池的带隙所可能获得的三结叠层电池效率[70]

图 2.69 显示顶电池带隙取 2eV、中间电池带隙取 1.45eV 时，该三结电池最高可获 21.4% 的效率。这为调整叠层电池材料及其工艺、以获较高效率，提供了优化选择的思路。

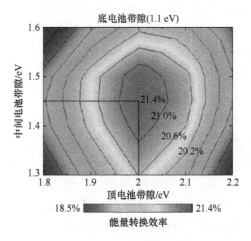

图 2.69　三结叠层电池转换效率模拟计算

（设底电池带隙固定为 1.1eV）[70]

示例二　异质结电池数值模拟分析[71]

本节介绍对 R. Stangl 等开发的异质结太阳电池数值模拟软件 AFORS-HET（automat for simulation of hetero-structures）（2.2 版本）[72] 的应用示例。这里以纳米晶硅/晶体硅异质结太阳电池为例，示范给出材料参数或结构是如何影响太阳电池的特性的。

用于模拟计算的纳米晶硅/晶体硅异质结（heterojunction with intrinsic thin-layer，HIT）太阳电池结构如图 2.70 所示。

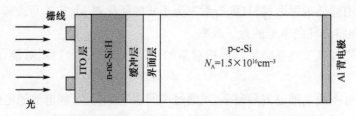

图 2.70　模拟计算单面 HIT 结构太阳能电池结构示意图[71]

其衬底为 $300\mu m$ 厚的 p 型 CZ 晶体硅，掺杂浓度为 $1.5\times10^{16}\,cm^{-3}$，缓冲层 （buffer layer）厚度为 5nm，n-nc-Si：H 厚度为 10nm，ITO 层厚度为 80nm。为讨论界面缺陷态的影响，在晶体硅和缓冲层间引入 3nm 厚的界面层，考虑 ITO 层对光的吸收，不考虑陷光结构和背场，且假定前后电极与外电路接触为理想欧姆接触。关于缺陷态的设定，对于单晶硅电池，通常假定其带隙缺陷态是单缺陷能级为主，即在某个能量位置存在一个缺陷能级。对于异质结太阳电池，不仅有体的缺陷态，而且界面缺陷态的分布也直接影响其性能。因此在模拟计算过程中需要对界面缺陷态的分布进行合理的定义以保证计算的准确性。对于纳米晶硅则假定其带隙缺陷态是由连续的缺陷能级组成，即在带隙能量范围内缺陷态是连续分布的。对于 a-Si：H 假定带隙内缺陷态密度分布除了有梯度分布的带尾态外，还有满足高斯分布的深能级缺陷态，总的缺陷态密度是各个能量位置缺陷态密度之和。用于模拟计算的 p 型晶体硅、n 型纳米晶硅、本征缓冲层以及界面层的材料参数见表 2.3。对于 J-V 测试模拟计算，光照条件为 AM1.5，$100mW/cm^2$，对于 QE 测试模拟计算，采用波长在 $300\sim1100nm$ 范围内的单色光。表 2.3 示出计算所需的材料参数。以下给出用 AFORS-HET 软件、依据表 2.3 给出的材料参数，计算的单面结构纳米晶硅/晶体硅太阳能电池性能受掺杂及界面缺陷态的影响。

（1）n 型纳米晶硅掺杂浓度对光伏特性的影响

图 2.71 给出具有不同掺杂浓度的 n 型纳米硅与 p 型单晶硅构成异质结太阳能电池的性能参数的计算结果。可以看出随着掺杂浓度从 $10^{15}\,cm^{-3}$ 增加到 $10^{17}\,cm^{-3}$，开路电压从 328.9mV 增加到 647.7mV。这是由于 n 型掺杂浓度的提高，使费米能级移向导带边，内建势场增加，从而提高开路电压。而当掺杂浓度从 $10^{17}\,cm^{-3}$ 继续增加时，开路电压几乎不变。该原因取决于纳米硅带尾态对费米能级的钳制作用，待费米能级接近于尾态之后，则难于随掺杂而继续抬高，故而开路电压几乎不变。

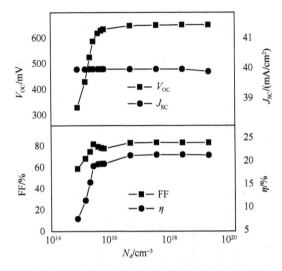

图 2.71 模拟计算不同掺杂浓度对异质结电池性能参数的影响[71]

表 2.3 模拟计算中各层参数

参数	p-c-Si	界面层	缓冲层	n-nc-Si∶H
厚度/nm	300000	3	5	10
电子亲和势/eV	4.05	4.05	3.8~4.05	3.8~4.05
能隙宽度/eV	1.12	1.12	1.12~1.72	1.12~1.72
导带态密度 N_C/cm^{-3}	2.8×10^{19}	2.8×10^{19}	1×10^{20}	1×10^{20}
价带态密度 N_V/cm^{-3}	1.04×10^{19}	1.04×10^{19}	1×10^{20}	1×10^{20}
电子迁移率/[cm^2/(V·s)]	1040	1040	5	25~100
空穴迁移率/[cm^2/(V·s)]	412	412	1	5~20
掺杂浓度/cm^{-3}	$N_A=1.5\times10^{16}$	$N_A=1.5\times10^{16}$	—	$N_D=1\times10^{19}$
电子热速率/(cm/s)	10^7	10^7	10^7	10^7
空穴热速率/(cm/s)	10^7	10^7	10^7	10^7
带尾态密度/(cm^{-3}·eV^{-1})	—	—	$10^{19}\sim10^{22}$	—
Urbach 尾宽/eV	—	—	0.094/0.047	—
带尾电子俘获截面 /cm^{-2}	—	—	1×10^{-17}	—
带尾空穴俘获截面/cm^{-2}	—	—	7×10^{-16}	—
带隙态密度/(cm^{-3}·eV^{-1})	1×10^{12}	$10^{12}\sim10^{19}$	$10^{16}\sim10^{19}$	$10^{16}\sim10^{20}$
带隙电子俘获截面 /cm^{-2}	1×10^{-15}	1×10^{-15}	1×10^{-15}	1×10^{-15}
带隙空穴俘获截面 /cm^{-2}	1×10^{-14}	1×10^{-14}	1×10^{-14}	1×10^{-14}

（2）缺陷态密度的影响

图 2.72 和图 2.73 分别示出模拟计算所得界面缺陷态密度和缓冲层的缺陷态密度对异质结电池性能的影响。

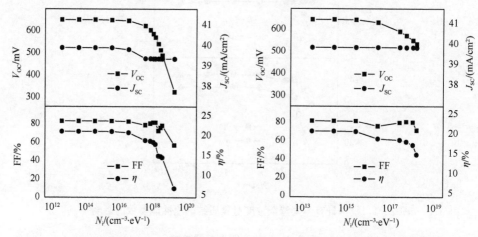

图 2.72　模拟计算界面缺陷态密度对异质结电池性能的影响[71]　　图 2.73　模拟计算不同缓冲层缺陷态密度对异质结电池性能参数的影响[71]

计算缺陷态密度对光伏特性的影响时，设纳米晶硅的发射极，其带隙为 1.4eV。缓冲层为外延硅，带隙设为 1.12eV。其他参数仍如表 2.3 所示。此处讨论两种缺陷态的影响：界面层的缺陷态和缓冲层的缺陷态密度对太阳电池性能参数的影响。其结果如图 2.72 所示。其中单晶硅的缺陷态是以带隙中的某单一能级的缺陷态为主。而缓冲层紧邻纳米硅薄膜，因而对于缓冲层缺陷态认为是纳米晶硅和外延硅内由连续分布的缺陷能级组成。

全面讨论可知，电池的短路电流除受吸收层内光生载流子的影响外，也与光生载流子的复合状况以及内建场对光生载流子的分离能力有关。由结果可知，不论是何处存在的缺陷态，对电池产生的影响基本上是相当的。

由于单晶硅材料的优越性能，如图 2.72 可知，界面态密度对太阳能电池性能参数的影响相对较小，只在当其高于 10^{18} cm^{-3} 之后才显现出来。而缓冲层靠近纳米硅薄膜，随缓冲层界面处缺陷态密度达到 10^{16} cm^{-3} · eV^{-1} 其影响就开始显现（图 2.73）。待到 6×10^{18} cm^{-3} · eV^{-1} 该电池的开路电压从 650.8mV 降到 539.8mV，填充因子变差，转换效率降低。开路电压降低是缺陷态复合使反向饱和电流增加之故。

采用如图 2.74 所示的双面结构的非晶硅/晶体硅异质结太阳电池可进一步改善电池性能，Eiji Maruyama 等制备的双面结构非晶硅/晶体硅 HIT 太阳电池开路电压可以达到 718mV[73]，他们制备的太阳能电池转换效率已经达到 22.3%。所谓双面的结构,是在晶体硅背面生长一缓冲层和掺杂层,替代常用的 Al 背场,实验证明采用了双面结构以后有效地改善了载流子在晶体硅背面的复合速率,继而改善太阳电池的开路电压[74]。模拟计算的单面结构和双面结构的纳米晶硅/晶体硅异质结太阳电池的性能,见表 2.4,可以看出当采用了纳米晶硅背场的双面结构以后,太阳电池的开路电压提高了 36mV,短路电流也增加了 2mA/cm²,计算的转换效率从 21.6% 增加到 24.2%。其开路电压的增加主要是由于 p⁺ 层的存在有效地提高了内建势场之故。短路电流的提高是由于采用了背场结构以后,背面处载流子的复合减少,也有效地改善了太阳能电池的长波响应(图 2.75)。在 1000nm时,单面结构太阳能电池量子效率仅为 0.64,而双面结构太阳能电池的量子效率可以达到 0.93。

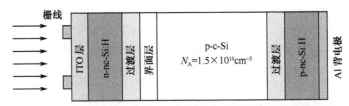

图 2.74　模拟计算双面 HIT 结构太阳能电池结构示意图[74]

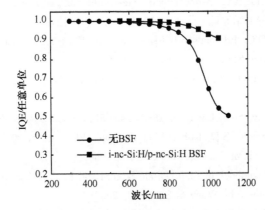

图 2.75　模拟计算单面结构和双面结构太阳能电池量子效率比较[71]

表 2.4　模拟计算单面结构和双面结构纳米晶硅/晶体硅太阳电池性能比较[71]

BSF 结构	V_{OC}/mV	J_{SC}/(mA/cm²)	FF/%	η/%
无	650.8	40.01	83.01	21.61
i-nc-Si:H/p+-nc-Si:H	686.7	42.02	83.88	24.2

参 考 文 献

[1] 黄昆,韩汝琦. 固体体物理学. 北京:科学出版社,1988

［2］Sze S M. 半导体器件物理与工艺. 王阳元，嵇光大，卢文豪，等译，北京：科学出版社，1992

［3］刘恩科，朱秉升，罗晋生. 半导体物理学. 北京：国防工业出版社，2007

［4］叶良修 半导体物理学. 北京：高等教育出版社，2007

［5］Johnson E R, Cgristian S M. Some properties of Germanium-Silicon Alloys. Phys. Rev. , 1954, 95:560

［6］Wei S, Zunger A. Appl. Phys. Lett. ,1998, 72: 2011-2013

［7］沈学础. 半导体光学性质. 北京：科学出版社，1992

［8］Pankove T I. Optical Properties of Semiconductors. Englewood Cliffs: Prentice Hall, 1971

［9］Landsberg P T. Recombination in Semiconductors. New York: Cambridge, University Press, 1991

［10］Kressel K. In semiconductors and semimetals. Edited by Willardson R K, Beer A C. New York: Academic Press, 1981

［11］Pierret R. in Modular Series on Solid State Devices, Volume VI: Advanced Semiconductor Fundamentals. Pierret R, Neudeck G (Eds), Addison-Wesley, Reading, MA, 1987

［12］Antonio Luque, Steven Hegedus. Handbook of Photovoltaic Science and Engineering, 2nd. John Wiley & Sons Ltd, 2011

［13］虞丽生. 半导体异质结物理. 北京：科学出版社 2006

［14］Sharma B L, Pirohit R K. Semiconductor Heterojunctions. London Pergamon,1974

［15］江建平，孙成城. 异质结原理与器件. 北京，电子工业出版社，2010

［16］King R R, Law D C, Edmondson K M, et al. 22nd EU PVSEC, 2007, 11

［17］Anderson R J. Solid State Electronics,1962,5:341

［18］Gobell G W, Allen F G. Semiconductor and Semimetals. N. Y: Academic Press, 1966, 2: 275

［19］Zener C. Proc. Roy. Soc. (London)A1943, 145: 523; Esaki L Phys. Rev. 1957, 109: 603

［20］Jandieri K, Baranovskii S D, Rubel O, et al. Appl. Phys. Lett, 2008, 92: 243504

［21］http://commons. wikimedia. org/wiki/User:Ncouniot

［22］Jeffery L. Gray Handbook of Photovoltaic Science and Engineering edited by Antonio Luque,Steven Hegedus John Wiley & Sons Ltd, 2002

［23］Green M. Solar Cells: Operating Principles, Technology, and System Applications. Englewood Cliffs: Prentice Hall, 1982

［24］Michelle McCann, Bernd Raabe, Wolfgang Jooss, et al. 4th WCPEC, 2006

［25］Jenny Nelson. Physics of Solar Cells. Imperial College Press, 2003

［26］Shockley W, Queisser H J, Appl J. Phys. , 1961, 32: 510

［27］Zhao J, Wang A, Green M A, et al. Appl. Phys. Lett. ,1998, 73: 1991

［28］Mathers C. J. Appl. Phys, 1977, 48: 3181-3182

［29］Gray J, Schwartz R. Proc. 18th IEEE Photovoltaic Specialist Conf. , 1985, 568-572

［30］Green M. Solar Cells: Operating Principles, Technology, and System Applications. Englewood Cliffs. Prentice Hall, 1982

［31］Swanson R M. Proc. 18th IEEE Meeting, 2005,889

［32］http://www. soitec. com/en/news/press-release/world-record-solar-cell-1373/

［33］Zhao J, Wang A, Green M, et al, Appl. Phys. Lett. , 1998, 73:1991

［34］Prince M B. Silicon Solar Energy Cinverters. J. of Appl. Phys. ,1955, 26(5): 534-540

［35］Shockley W, Queisser H. Detailed Balance Limit of Efficiency of p-n Junction Solar Cells. J. of Appl. Phys. ,1961,32(3): 510-519

［36］Loferski J J. Theoretical considerations govverning the choice of the optimum semiconductor for photovoltaic solar energy conversion. J. of Appl. Phys. , 1956, 27(7):777

［37］http:// www. cynopsys. com/ products/tcad/taurus_medici_ds. html

［38］http://www. silvaco. com/ products/device_simulation/atlas. html

［39］http:// www. crosslight. com/Product_Overview/prod_overv. html♯APSYS

［40］Clugston D A, Basore P A. PC1D version 5: 32-bit solar cell modeling on personal computers. in Photovoltaic Specialists Conference. Conference Record of the Twenty-Sixth IEEE, 1997

［41］Basore P A, Cabanas-Holmen K. PC2D: a circular-reference spreadsheet solar cell device simulator. Photovoltaics, IEEE Journal of, 2011, 1: 72-77

［42］Degrave S, Burgelman M, Nollet P. Modelling of polycrystalline thin film solar cells: new features in SCAPS version 2. 3. in Photovoltaic Energy Conversion. Proceedings of 3rd World Conference on, 2003

［43］Hack M, Shur M. Physics of amorphous silicon alloy p-i-n solar cells. J. Appl. Phys. , 1985, 58:997-1020

［44］McElheny P J , Arch J, Liu H, et al. Range of the surface-photovoltage diffusion length measurment : a computer simulation. J. Appl. Phys. , 1988, 64(3): 1254-1265

［45］刘一鸣. 南开大学博士研究生毕业论文,2012

［46］Zeman M, Willemen J A, Vosteen L L A, et al. Computer modeling of current matching in a-Si/:H/a-Si:H tandem solar cells on texture substrates. Solar Energy Materials and Solar Cells, 1997, 46:81-99

［47］Froitzheim A, Stangl R, Elmer L, et al. AFORS-HET: A Computer-Program for the Simulation of Heterojunction _ Solar Cells to be Distri buted for Public Use. 3rd World Conference on Photovolfaic Energv Conversion, 1P-D3-34 post 279-282, May 11-18. (2003) Osokn. Jopon; http://www. hmi. de/bereiche/SE/SE1 projects/aSicSi/AFORS-HET index_ en. html;P. A. Basore. Pilot production of thin-film crystalline silicon on glass modules. , Proc. IEEE-29, New Orleans, USA, 2002, 3: 49-52

［48］Mott N F, Davis E A. Electronic processes in non-crystalline materials. 2nd Edition. The international Series of Monographs on Physics, Edited by. Marshall W, Wilkinson D H. Oxford: Clarendon Press, 1979

［49］Shockley W, Read W T. Statistic of the recombinations of holes and electronics. Phys. Rev. , 1952, 87: 835-842

［50］Fonash S, Zhu H. Coputer simulation for solar cell application: Understanding and design.

in: Amorphous and Microcrystalline Silicon Technology-1998, edited by SchroppR, Branz H, Wagner S, etal. Materials Research Society Symp. Proc. , 1998, 507

[51] Hou J Y, Arch J K, Fonash S J, et al. An examination of the "tunnerljuctions" in triple junction a-Si:H based solar cells: modeling and effects on performance. Proc. 22nd IEEE PV Specialists Conference, Las Vegas, 1991,1260-1264

[52] Willemen J A, Zeman M, Metselaar J W. Computer modeling of amorphous silicon tandem cells. Conference Record of the Twenty Fourth IEEE Photovoltaic Specialists Conference - 1994, 1994 IEEE First World Conference on, 1994, 1, 599-602

[53] Sawada T, Tarui H, Terada N, et al. Thoretical analysisnof textured thin-film solar cells and a guideline to achieving higher efficiency, proc. 23rd IEEE PV Specialists Conference, Louisville, KY, May,1993

[54] Fantoni A, Vieira M, Cruz J, et al, A two-dimentional numberical simulation of a non-uniformity illuminated amorphous silicon solar cell. J. Physics D: Appl. Phys. , 1996, 29: 3154-3159

[55] Zemmer J, Stirbig H, Wagner H. Investigation of the electronic transport in PIN solar cells based on microcrystalline silicon by 2D numerical modeling. in: Amorphous and Microcrystalline Silicon Technology-1998, edited by Schropp R, Branz H, Wagner S, et al. Materials Research Society Symp. Proc. , 1998, 507

[56] Li G J, Hou G F, Han X Y, et al. The Study of a new n/p tunnel recombination junction and its application in a-Si:H/μc-Si:H tandem solar cells. Chinese Physics B, 2009, 18(4): 1674-1678

[57] Hurkx G A M, Klaassen D B M, Knuvers M P G. A new recombination model for device simulation including tunneling. Electron Devices, IEEE Transactions on, 1992, 39: 331-338

[58] Hou J Y, Arch J K, Fonash S J, et al. An examination of the 'tunnel junctions' in triple junction a-Si:H based solar cells: modeling and effects on performance. in Photovoltaic Specialists Conference, 1991, 2:1260-1264

[59] Kurata M. Numerical analysis for semiconductor devices. Lexington Books, Lexington, MA, 1982

[60] Wenham S R, Green M A. Silicon Solar Cells. Progress in photovoltaics: Research and Applications,1996, 4:3-33

[61] Peter Wurfel. Physics of Solar Cells: from Principle to New Concepts. Wiley-VCH Verge GmbH &Co. KGaA, 2005, 142-144

[62] Zhao Y, Chen P, Zhang X, et al. Controllable light utilization in silicon-based thin film solar cells. 2008 Asia Optical Fiber Communication and Optoelectronic Exposition and Conference, AOE 2008 , art. No. 5348661

[63] Haug F J, Söderström K, Naqavi A, et al. J. Appl. Physics, 2011, 109: 084516

[64] Hairen Tan, Rudi Sanrbergen, Smet A H M, et al. Plasmonic Light Trapping in Thin-

Film Silicon Solar Cells with Improved Self-Assembled Silver Nano-particles. Nano-Letter, 2012, 12: 4070-4076

[65] King R R. Multihunction cells Record breaker. Narure photonics, technology focus, May 2008, 284

[66] Zeman M van Swaaij R A C M M, Metselaar J W, et al. Optical modeling of a-Si:H solar cells with rough interface: effect of back contact and interface roughness. J. of Appl. Phys. , 2000, 88: 6436-6443

[67] Krc J, Brecl K, Smole F, et al. The effect of enhanced light trapping in tandem micromouph silicon solar cells. Solar Energy Materals & Solar cells, 2006, 90:3339-3344

[68] Krc J, Zeman M, Smole F, et al. , J. Appl. Phys. , 2002, 92/2:749

[69] krc J, Smole F, Topic M. J. of Non-Cryst. Solids, 2006, 352:1892-1895

[70] Konagai M. Present Status and Future Prospects of Silicon Thin-Film Solar Cells. Jap. JJAP, 2011, 50: 030001

[71] 张群芳, 博士论文, 2006

[72] Stangl R, Kriegel M, et al. IEEE WCPEC-4, Hawaii, USA, 2006

[73] Maruyama E, Terakawa A, et al. IEEE, WCPEC-4, Hawaii, USA, 2006

[74] Wang T H, Iwaniczko E, et al. IEEE, WCPEC-4, Hawaii, USA, 2006

第3章 晶体硅太阳电池

施正荣

3.1 晶体硅太阳电池技术的发展

3.1.1 简介

尽管硅太阳电池的历史可以追溯到 20 世纪 60 年代硅双极性器件刚开发的时期,但直到 80 年代末、90 年代初,太阳电池技术才得到高速发展。现阶段无论是电池理论的研究还是实验室研制的电池性能的研究,都取得了很大的进展,电池性能已经提高到以往难以想象的水平。目前实验室单晶硅和多晶硅电池的光电转换效率已经分别达到 24.7% 和 20.5%,远远高于过去认为 20% 的极限值。

硅太阳电池的设计和对硅材料的要求都不同于其他的硅电子器件。为了获得高转换效率,不仅要求表面有理想的钝化,同时也要求体材料特性均匀、高质量。这是因为较长波段的光必须穿过几百微米的硅层后才被完全吸收,而由这些波长的光所产生的载流子必须要有较长的寿命才能被电池收集。

本章主要回顾硅太阳电池发展的历史,讨论现代电池设计的特点以及概括未来可能实现的电池性能改进的方向。

3.1.2 早期的硅太阳电池

最早的晶体硅电池起源于硅在点接触整流器中应用的研究。早在 1874 年金属接点和各种晶体接触的整流特性就为人所知了[1]。在无线电发展的早期,这种晶体整流器普遍用作无线电接收器的探测元件[2]。但是,随着热电子管的普及,除了在超高频领域,晶体整流器已经被替代。实践证明,最恰当的方法是钨接点与硅表面的接触。该发现对提高硅的纯度和对硅特性的进一步研究起到了推动作用。

贝尔实验室的 Russell Ohl 在研究纯硅材料的融熔再结晶时,意外发现在很多商用高纯硅衬底上生长出的多晶硅锭显示了清晰的势垒。这种“生长结”是重结晶过程中杂质分凝的产物。Ohl 还发现,当样品受光照或加热时,结的一端会产生负电势,而另一端必须在加负偏压时,才能降低电阻使电流通过“势垒”,这个现象导致了 pn 结的诞生。加负压的这一端材料被称为“n 型”硅,相反的一端则称为“p型”硅。这一初步实验很明确地显示了施主杂质和受主杂质在 pn 结特性中各自的掺杂效果。

　　1941 年,首个基于这种"生长结"的光伏器件被报道[3]。图 3.1(a)示出了从再结晶材料中截取的电池的几何结构,结与光照表面是平行的,电极分布在器件顶部外围和整个背表面。虽未见当时该电池能量转换效率的数据报道,但有数据分析显示其光电转换效率应该远低于 1%。很明显,这种电池很难制备,因为它缺乏对结区定位的控制。

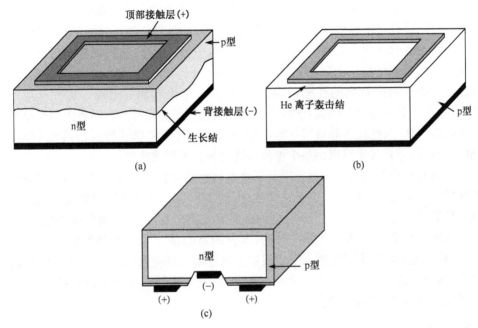

图 3.1　1941 年生长结的方法制备的硅太阳能电池(a)、氦离子注入形成"注入结"的太阳能电池(b)和扩散结太阳电池的结构(c)

　　Kingsbury 等在 1952 年提出了一种能够更好地控制结形成的方法。这种电池是使用纯硅原料生长的晶体硅制备而得[4],从而有效阻止了"生长结"的随机形成。如图 3.1(b)所示,1952 年用氦离子轰击硅表面形成注入结,电极设计则和前一种电池类似。这种器件展示了良好的光谱响应特性,但仍然没有光电转换效率的相关报道,据估计大约仅在 1%。

　　在贝尔实验室,这些早期的成就很快被硅技术的快速发展所取代。晶体生长技术的进步带来了单晶硅制造技术的产生,同时,高温扩散掺杂工艺也被开发出来。在此基础上,1954 年,第一块现代意义上的单晶硅太阳电池问世了,它的发明者是贝尔实验室的 Pearson、Fuller 和 Chapin[5]。这一电池采用锂扩散的成结技术,获得的转换效率约 4.5%[6]。不久,他们又用硼扩散替代锂扩散,使效率提高到 6%[5,6]。图 3.1(c)所示的正是第一个于 1954 年发表的电池结构的示意图。它在单晶硅片上通过扩散掺杂形成 pn 结,并在背面配有双电极结构。这种电池的出现开创了光伏发电的新纪元。18个月后,电池结构的改进又把效率提高至 10％[7]。

图 3.1(c)中所示的是一种称之为包绕型结,该结构的优点:①顶层没有电极遮挡;②因为正负电极都在电池的背面上,电极容易连接。但它也有缺点,就是电阻比较高。这是由于这种早期的电池,是制作在整块硅片上,其包绕型结构使得电流需沿着硅片表层的扩散层传输很长一段距离,才能被背面的电极收集。在20世纪 70 年代,这种设计概念再次被夏普公司用于制造商业电池,但此时每片电池的单晶硅片直径仅为 2～3cm[8],只有早期电池的一半。近来,这种电池结构有可能应用于更大面积的硅片上,一种被称之为"polka-pot"的太阳电池的设计,将硅片腐蚀出一排排通向背面的孔洞,这就大大缩短了电流收集的通路。这种电池结构[9],除了以上已经提过的优点外,还能提高用性能较差的硅片所制备太阳电池的转换效率。如带状硅、多晶硅等材料,只要少数载流子的扩散长度能达到硅片厚度的一半,这种方式几乎可以使整个电池的光生载流子都被收集。

太阳电池性能的进一步提升得益于将电极制备在硅片的上表面之上,并最终发展成栅线电极的新概念。由于这项改进,到 1960 年,地面应用的太阳电池的光电转换效率已经达到 14％[10],n 型电池在地表太阳光及温度为 18℃时,测量得到 15％的转化效率[11]。几乎在同一时间,研究的重心从 n 型衬底开始转向 p 型衬底,这是因为人们对太阳电池在宇宙飞船上的应用前景越来越感兴趣,而 p 型衬底具有更好的抗辐射特性。到 20 世纪 60 年代初,电池的设计已经趋向成熟,随后十年逐步进入相对的稳定时期[12]。

3.1.3　传统的空间电池

空间电池的设计如图 3.2(a)所示[11,12],主要特点包括,用 10Ω·cm p 型硅衬底来得到最大的抗辐射能力,使用约 40Ω/□的方块电阻,0.5μm 结深的磷扩散。尽管已知扩散的结越浅,蓝光响应越好,但此处仍采用了深结结构,主要是为了防止在上电极金属化过程中引起 pn 结漏电[12]。

后来又添加了钯的中间层,这一改进在之后的十年中被证明对于空间电池在其升空前的环境中提高防潮性有很大帮助[13]。对于 2cm×2cm 的空间应用标准电池,通常会在电池的一侧设计一条 1mm 宽的主栅线,与它垂直的是副栅线,一般总共有六条,这些都是通过金属掩模蒸发形成,以降低电阻、增强电流的收集能力。随后,在电池的上表面镀一层二氧化硅(SiO$_2$),作为减反膜,有利于减小电池表面的反射率。但是 SiO$_2$ 薄膜对 0.5μm 以下波长的光吸收性很强[14]。

这种电池设计作为标准空间电池保持了十多年之久,直到现在还用于某些特定的空间任务。它的光电转换效率在太空辐射环境中为 10％～11％,在地面测试条件下会相对提高 10％～20％。

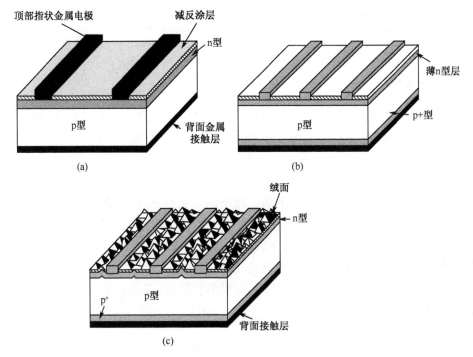

图 3.2 在 20 世纪 60 年代初期典型的硅太阳电池结构设计(a)、
浅结"紫"电池(b)和化学制绒后零反射的"黑体"电池(c)

20 世纪 70 年代初,背面铝处理技术的优势变得明显起来[15-16],特别是对于更薄的电池。由于铝背场的吸杂作用,空间电池的效率相应地提高到了 12.4%[17]。

3.1.4 背面场

Cummerow 首次把 Shockley 的扩散理论应用到光电能量转换器之中[17]。他论述了少数载流子的反射边界条件并强调指出了减薄电池的重要性。Wolf[18] 后论述了内电场对电池电流收集能力的影响,以及可由梯度掺杂产生内电场等概念。正如在以上提到的,20 世纪 70 年代初,背面铝处理的优势逐渐被发掘,它的作用主要体现在提高开路电压、短路电流密度以及转换效率,而这一切应该归功于铝的吸杂作用[13,15-16]。

更详细的研究工作表明,背面电极的高掺杂区的存在带来了这些有利的影响[19]。起初假定这种作用是因为多数载流子从背面掺杂区进入到电池体内,从而增加了体内的有效掺杂浓度,降低了电池体内暗态的反向饱和电流,从而提高了开路电压[19]。随后发现正确的解释应该是减少了背表面处的有效复合速率。虽然背面场(back surface field,BSF)对提高电池开路电压的物理解释前后时期有所不同,即便如此,BSF 的提法已经被众人所公认[20]。

在 10Ω·cm p 型硅衬底上,采用背面场技术可以把效率提高 5%～10%,使其达到此前 n 型衬底所能得到的性能水平[11]。

3.1.5　紫电池

正如前文所说,传统的空间电池对 0.5μm 以下波长的响应相对较差,原因是扩散的结较深和 SiO₂ 减反膜也吸收该波长以下的光。在 20 世纪 70 年代早期,采用了浅结(0.25μm)和高方块电阻结,同时重新设计整个电池来适应这种变化,如图 3.2(b)所示的,这种结构的变化使得电池性能取得了显著的提高。

图 3.3 是在恒定扩散温度和不同扩散时间的条件下,测得磷电活性沿结的深度分布的实际结果[21]。图中曲线显示,在接近结的表面处有一段平坦的部分,它表示在所选定的扩散温度下,结内含磷的浓度已经超过了磷在硅中的固溶度。在此区域里相对于光伏效应的有效性而言,磷的电活性非常差。图 3.3 中这个平坦的区域被称为"死层"。紫电池就是采用很浅的扩散结,甚至比图 3.3 中最浅的扩散结还要浅,以避免"死层"的形成[22]。

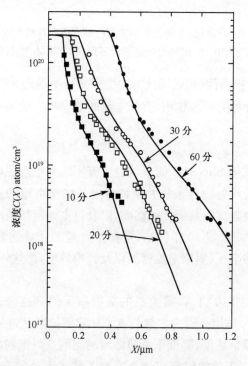

图 3.3　在扩散温度为 1000℃,随不同扩散时间,
实测硅表面磷被活化的深度分布

　　为了与浅扩散层带来的使薄层电阻增加的弊端相抵,必须改用密集型的栅线电极。其结果使电池的电阻将比传统电池的电阻更低。随后对减反膜也作了相应的改善,如选用 TiO_2 以及之后的 Ta_2O_5,都比 SiO_2 吸收更少,透明度更好。同时也为电池在作成电池组件时和其表面需要覆盖的玻璃间提供了更好的光学匹配性。调整膜的厚度,使其对短波响应优于传统的膜,所以最后电池的外表呈现特有的紫色。随后又发展了采用更高折射率的新减反膜材料,以及使用双层减反膜的技术。

　　最后一项设计上的变化是采用较低电阻率($2\Omega\cdot cm$)的衬底材料。这种改进,使电池在蓝光波段的抗辐射性相当好,而其余波段的抗辐射性至少也不比传统的电池差,这样整体的电压输出相比原来就有了提升。开路电压的提高(改变了衬底电阻率)、电流输出的提高(清除了死层,更好的减反膜,更少的表面电极遮挡)和填充因子的提高(开路电压的提高,电池串联电阻的减小)都有助于电性能极大的提升,与传统设计的空间电池电性能相比它要提高 30%。在空间辐射的条件下,转换效率达 13.5%。基于 n 型衬底的早期电池的进展则没有如此显著,地面测量紫电池效率 16%,而传统 n 型衬底电池则为 14%~15%。

3.1.6 "黑体电池"

　　在"紫电池"取得优异的电性能后不久,电池正表面制绒的技术使电性能实现了又一次大幅的提升[23]。早期的做法是用机械方法,在电池的受光面(称为上表面)形成类金字塔形的结构,可以降低表面的反射率[24]。而所谓的"黑体电池"是基于类似的概念,借用单晶硅晶面的各向异性特性,通过对不同晶向的选择性腐蚀,在(100)晶向的硅衬底上将(111)面露出来,而显露出来的(111)面交界便在电池表面随机形成不同尺寸的等边类金字塔形,如图 3.4(a)所示。

　　该技术对提高电池的电性能有两个显著的优势。第一,如图 3.4(b)所示,光照射到金字塔倾斜的表面时,光是向下方反射的,从而至少可增加一次光被电池吸收的机会。第二个优势如图中所示,光沿着不同倾斜的角度进入电池。大部分的入射光会在第一次到达金字塔表面时就被折入电池,这些光会以一定的角度折射,大大延长了光在电池内传播的路径长度,增加的光吸收部分大约是表面未制绒电池所能吸收光的 1.35 倍。等效于电池对光的吸收系数或者体内的扩散长度增加了相同的幅度。制绒工艺的另一个特点是可以更多地捕获入射光。对于地面用的电池来说,这是一个优势,因为它提高了电池的长波响应。但是,对于空间电池来说,却是一个弊端。因为电池背电极处对低能量光子吸收增加,所以缺乏有效的散热措施,致使电池要在一个较高温度的空间环境下工作,这样会极大地抵消掉之前得到的增益,同时在装配过程中也有可能对金字塔的塔尖造成磨损。由于之前在电性能方面体现出的优势并不能得到保证,这也就意味着表面绒面技术并不能在空间领域得到广泛的应用。

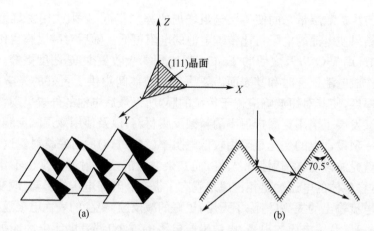

图 3.4　当(100)晶面的硅片经过选择性腐蚀以后,显露出来的(111)晶面所形成的
金字塔示意图(a)和反射光和折射光的光路示意图(b)

　　起初通常是选用联氨、氢氧化物作为制绒用的选择性腐蚀剂,后来更多使用的是较为温和的 KOH 和 NaOH 溶液。这些腐蚀剂的选择性对温度和浓度都很敏感[25]。目前一般使用的溶液是加热到 90℃左右的 NaOH/异丙醇(质量比为 2%)的混合溶液。

　　和空间电池相比,"紫电池"和"黑体电池"在电性能方面的优势如图 3.5(a)、图 3.5(b)所示。和早期使用的 10Ω·cm 的衬底相比,使用低阻衬底(2Ω·cm)在开路电压方面的优势更为明显。使用高阻衬底和背面场也可以实现相同的改进。这两种新电池的优势主要体现在短路电流密度的增加上。短路电流密度的增加则是源于以下改善:"死层"的去除;反射损失的减少和"黑体电池"使得光倾斜折入电池。这些改善对电池的光谱响应的影响如图 3.5(b)所示。"黑体电池"和"紫电池"在 0.6μm 波长处的光谱响应比较接近。与传统的电池相比,这两种电池的优势在于不存在表面死层。在短波范围内,这种优势更为明显。且"黑体电池"的优势比"紫电池"更显著,这是因为"黑体电池"表面反射损失更小,在长波范围内,"黑体电池"的优势是由于表面金字塔绒面导致光倾斜折入电池表面,从而增加光在电池内部的有效吸收长度。

　　"黑体电池"的性能如图 3.5(a)所示,在大气质量 AM0 的空间环境下转换效率为 15.5%[23,26]。在地面标准测试条件下(AM1.5,100mW/cm,25℃)转换效率大约为 17.2%。这些都体现了表面制绒技术的优势,在更重大技术革新出现之前,制绒技术和"紫电池"相结合几乎代表了一个时代技术的先进程度,而新的技术革新最后都体现在表面钝化和电极区钝化所带来的开路电压的提高。

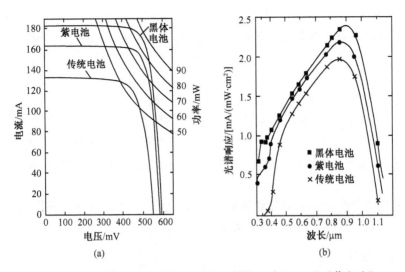

图 3.5　"黑体电池(卫星用的无减反系统的电池/CNR)"、"紫电池"
和常规电池的电流-电压输出特性(a)和光电响应(b)[23]

3.1.7　表面钝化

　　表面钝化,对裸露于太阳光照下的单晶硅太阳电池的表面,其重要性是不言而喻的。采用热氧化工艺,可以很方便地得到所需的表面钝化效果。热氧化工艺作为硅器件相关工艺中的重要组成部分,其在当今微电子学领域内的地位举足轻重。不幸的是,二氧化硅过低的折射率,难于同时满足高效电池有效减反与表面钝化的双重作用的要求。事实上,如果电池正表面二氧化硅的厚度大于 20nm,再加上随后沉积的任意厚度的附加薄层,都会削弱减反膜的减反效果[27]。为此,以热氧化对电池表面进行钝化时,氧化层必须很薄。大约在 1978 年,两个很有说服力的实验结果证明了薄的氧化物对表面钝化是很有效的。其中之一源于将金属-绝缘体-半导体(MIS)隧道二极管应用于能量转换方面的研究成果[28]。根据这种思想,先在未扩散的硅衬底的上表面生长一层薄的氧化层,直接在这层氧化层上沉积栅状金属电极,然后在衬底两面都沉积含高密度固定电荷的减反膜[28]。因为这样生成的氧化层非常薄(<2nm),所以在电极和衬底直接可以形成隧道效应。使用高质量的低阻衬底来降低体内复合,采用如上工艺制成的电池的开路电压则主要取决于薄的氧化层和硅表面之间的复合[28]。这种结构电池的主要优势就体现在其开路电压上,这也是第一次在硅太阳电池上得到了 650mV 的开路电压的电池结构。该电池由于薄氧化层所提供的表面钝化而具有很好的蓝光响应。类似结构的电池已经实现了产业化[29]。

　　美国圣地亚哥国家实验室开发的诸多的研究结果,进一步表明了表面钝化的明显的优势[30]。这些电池都具备 p^+-n-n^+ 结构,选用 $300\mu m$ 厚,$10\Omega \cdot cm$ 的 n 型衬底。通过磷的重扩散得到了背面的 n^+ 区域。通过这个区域的吸杂作用使得体内的少子寿命提高到毫秒量级。而电池的正面则采用硼的浅扩散工艺得到薄层电阻为 $200\Omega/\square$ 的浅结(约 $0.25\mu m$),采用等离子沉积的 SiN 作为减反膜。如果没有氧化层的钝化作用,电池在地面标准条件下的效率为 $15\%\sim16\%$,而如果有在 $800℃$ 下干氧生长 $5nm$ 厚的钝化层,短路电流密度和开路电压都有显著提高,电池的效率达到 16.8%[30]。尽管比"黑体电池"得到的转换效率要低,但是考虑到正电极未作优化,遮光面积达到 10%,以及使用单层减反膜等因素,这仍然是相当不错的结果。

所有后来的高效硅太阳电池都采用热氧化生长的氧化硅作为表面钝化层,从而取得了开路电压和短波响应方面增益的最大化。

1. 电极区域钝化

一般电极和半导体表面相接触的区域都是高复合区。如果电极处的电子运动完全畅通,则可以实现电池最优的电性能。有三种工艺已得到验证,可以提高电极区域的钝化效果。

最早的一种做法是通过在电极区形成一个重掺杂的区域将少数载流子和电极区域隔离开来而达到钝化的效果。具体的钝化机理可以参考 3.1.4 节关于如何通过"背面场"效应来实现背电极钝化,从而实现电性能上的显著提高。目前,绝大多数的高效电池都采用了这种设计,即通过重掺杂将电极区域局域化。

第二种做法是尽可能地缩小电极区域来降低电极的影响[31,32]。这一改进已经通过在低阻的硅衬底上提高了开路电压而得以验证。目前绝大多数的高效电池采用了减小电极区域的做法[32]。

第三种做法是采用一种电极接触模式,使其本征的电极区复合较小。如图 3.6 所示的 MINP 电池(金属-绝缘体-np 结),一种类似于 MIS 结构的接触模式,首次在太阳电池结构的设计研究中获得成功[34]。这层薄的氧化层位于金属电极的下面,可以有效降低其复合速率。在多晶硅[35]和半绝缘的多晶硅(SIPOS)[36]处的电极钝化同样也得到了验证。这也说明界面处的薄氧化层在这些工艺设计中起到了非常重要的作用[36,37]。

2. 顶部表面钝化太阳电池

20 世纪 70 年代中叶,"紫电池"和"黑体电池"实现光电转换性能的水平,在十多年内未曾受到任何挑战。综合前述章节所提到的氧化和电极钝化技术,以及接下来有关的顶部表面钝化技术,使太阳电池第一次超越了之前所确立的"水准"。此处所称"顶部"是指直接接受太阳光照射的表面,以下同。

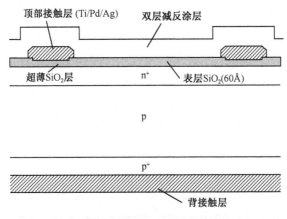

图 3.6 金属-绝缘体-np 结(MINP)太阳电池

基于早期 MIS 太阳电池而研制出的 MINP 结构的电池,晶体硅基电池第一次实现了 18% 的转换效率[28],这将在 3.7 节中予以简要介绍。在图 3.6 所示的 MINP 太阳电池结构中,已经涉及了顶部上电极区域的钝化以及表面钝化问题。顶部上电极区的钝化是通过电极下面减薄了的氧化物薄层实现的,而表面钝化的氧化层未经减薄,比电极区的稍微厚一些。尽管厚度的差异导致工艺过程更加复杂,但为了实现电性能的最优化这一步是非常必要的。顶电极是通过多次沉积的 Ti/Pd/Ag 多层金属,采用 Ti 是其具有较低的功函数。它在硅的下表面形成一个静电感应电荷聚集层,从而降低接触电极处的复合。这种电池是在(100)晶向的低阻(0.2Ω·cm)抛光硅衬底上实现的,通过 Al/Si 合金工艺制得背电极,同时在背电极区域形成重掺杂区域。在抛光面上的钝化,比在绒面或者研磨后的表面更容易实现。为了尽可能地降低反射损失,双层减反膜由沉积在顶部氧化薄层上的厚度都约为 1/4 波长的 ZnS 和 MgF₂ 组成。这个波长一般选在太阳光谱中光子数最大值附近。

如图 3.7 所示的 PESC(passivated emitter solar cell,钝化发射极电池)的电池结构,又将电池的转换效率提高了一步。PESC 和 MINP 电池的结构比较相似,除了 PESC 的电极是直接在氧化薄层上的细槽中制成。这也是通过缩小电极区面积来增强电极区钝化的效果。

以上两类电池的工艺过程包括上表面的浅扩散、热氧化钝化层的生成和电极区域的腐蚀。对于 MINP 电池来说,有隧穿效应的氧化薄层是在沉积金属电极之前,在电极区域生长的,随后采用设计好的掩模版来制成电池的顶电极(或称上电极)。PESC 电池的工艺流程稍许简化,采用光刻胶掩模来定位上表面金属电极。两种电池都采用镀银的工艺来增加金属电极的导电能力以提高电流性能。工艺过程还包括制备 Al 背电极的烧结步骤,以降低背电极电阻,并通过对入射到电池背表面处的入射光的漫反射,增强电池对长波光的吸收,且具有一定体吸杂的功能。

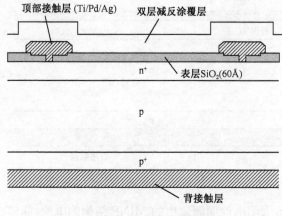

图 3.7 PESC 示意图

对于 MINP 和 PESC 电池,一种简便的电极设计是电极由一组间距 0.8mm 的平行细栅组成。两种电池的栅线总的截面积为 $150\mu m^2$,其中 PESC 电池的细栅宽度为 $20\mu m$,而 MINP 电池的细栅宽度为 $30\mu m$,但厚度可比 PESC 的要薄。更详细的特征说明请参照其他相关文献[38]。此处的关键在于,在这些电池中,第一次在硅衬底上实现了真实的陷光结构,并证实了"边缘结隔离"对于产生非理想状态下暗电流成分的影响。

1985 年,将表面制绒和 PESC 方法优势相结合,使硅太阳电池的转换效率首次在非聚光状态下达到了 20％以上[39,40]。这个具有里程碑意义的"微槽"PESC 电池的结构如图 3.8 所示。

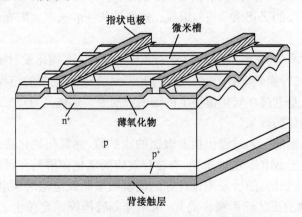

图 3.8 第一个超过 20％转换效率的"微槽"PESC 电池结构

该电池所采用的"微槽"技术,可获得比通常金字塔形织构化技术更优的效果。微槽技术是采用光刻工艺实现的,在氧化层表面形成所设计的图形,用光刻胶保护那些不需要腐蚀的部分,而未被保护的区域的氧化层被腐蚀去除,并通过选择性腐蚀剂在裸露的硅表面制成微槽。此项技术可以和光刻工艺很好地结合,同时与常规金字塔形制绒相比,微槽技术可以更好地和光刻工艺匹配。且由于在交叉部分的扩散深度约是表面其余部分扩散深度的 $\sqrt{3}$ 倍的影响,该技术有助于降低由串联电阻导致的损失。

和常规 PESC 电池相比,"微槽"PESC 电池的优势主要体现在电流输出上,与采用类似的工艺在抛光的硅衬底制成的电池相比,电流提高大约 5%。尽管由于表面积增大和裸露的不尽理想的(111)晶向表面的负面影响,表面钝化的效果还是降低了表面的总复合。综合提高电压,降低电阻损失使 FF 上升,电性能和标准PESC 电池相比仍有接近 10% 的提高。

PESC 电池工艺过程中的关键点包括:表面氧化层的钝化效果、氧化层上电极的设计、上表面扩散需要较高的方块电阻、表面织构化或双层膜形成的减反系统。

PESC 已被证明是非常稳定和可重复的电池结构。在报道 20% 的转换效率的一年内,已经有两组人员报道了采用同样的结构得到了接近这一数值的太阳电池,还有许多实验室也在再重复类似结构的电池[41-44]。

3. 双面钝化电池

使电池性能取得更重要突破的是上下表面及电极区钝化的电池。图 3.9 为背

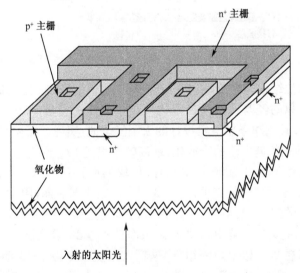

图 3.9　转换化效率达 22% 的背面接触太阳电池结构示意图[45]

面接触太阳电池的结构,它树立起另一个里程碑。因为所有的接触都在电池背面,这种设计对表面钝化的质量以及后续工艺过程中能继续保持高的少子寿命,提出了严格的要求。为了达到设计目标,在很大程度上得益于借鉴了微电子加工技术。目前,美国 SunPower 公司已成功地实现了这一电池技术的规模商业化生产。

尽管开发的初衷是为了在聚光电池方面的应用[45],但通过对受光面的磷扩散工艺的优化,该器件也可适用于在一个太阳下工作。采用这种方法首次突破了硅太阳电池 22% 以上的转换效率[46]。

图 3.10 示出的 PERL 电池,结合了早先 PESC 的结构,双面钝化以及在电池制造过程中采用了氯化物,以进一步提高硅衬底材料的少子寿命和表面钝化效果[47]。20 世纪 80 年代末,该结构的硅太阳电池效率达到 23%[48]。PERL 电池和常规背面点接触电池拥有许多共性,包括几乎覆盖氧化硅的钝化层和局部重扩散小区域接触。不管怎样,PERL 电池结构是更具活力的设计,这降低了对表面钝化质量和体少子寿命的要求[49]。

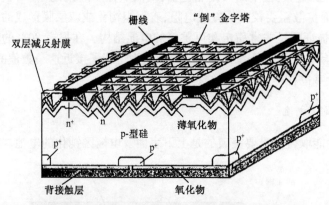

图 3.10　在 20 世纪 90 年代早期报道的 24% 转化效率的 PERL 太阳电池

以上两种电池结构均需要好几道光刻步骤,这难于降低产业化成本,但在太阳能赛车设计上积累的经验还是为产业化奠定了一定的基础。1993 年,SunPower 公司制作了 7000 片简单条状电极设计的太阳能电池,实现了面积为 18cm、转换效率在 20% 以上的晶体硅电池的产业化,最高效率可达 21.5%[50]。与此同时,新南威尔士大学也制作了超过 1000 片电池片,单块的面积达 46cm²,比此前扩大 2.6 倍,转换效率均大于 21%,最高可达 21.6%[51]。在生产后期,用 16 片电池片封装成 30cm×30cm 的组件,效率仍能达到 20.8%,这是第一块采用非聚光技术得到的效率超过 20% 的组件。背电极电池曾用作日本本田"梦之队"(Honda Dream)车队所需的效率在 20% 以上矩阵组件,这辆太阳能车赢得 1993 年世界太阳能挑战杯桂冠,这项比赛要求太阳能车跑完从澳大利亚的达尔文到阿德莱德之间 3000km 的路程。后来组件的转换效率又进一步提升到 21.6%[52]。

此后,PERL 电池又取得很大进展,效率在 24% 以上。主要的改善包括:在更薄的氧化物钝化层上使用双层减反膜以提高短路电流密度[27];利用对上层氧化和局部点接触的退火过程以增加开路电压;改善背表面的钝化和降低金属化接触电阻以增加填充因子。

转换效率 24.7% 的 PERL 电池输出特性如图 3.11 所示[27]。该电池所展示出的短路电流密度为 41mA/cm², 开路电压为 710mV 和填充因子为 83%。在 20 世纪 90 年代后期,PERL 电池创下了高达 24.7% 的世界纪录[53], 并持续保持了该纪录长达十年之久。据新南威尔士大学 2008 年年度报告显示,对太阳光谱的重新修正使得这一保持世界纪录的电池的转换效率达到 25%, 创造了新的世界纪录。经过进一步提高电池的参数,可望在无需过多改变电池结构的前提下,获得超过 25% 的转换效率。值得关注的是金属电极的遮光问题。至今仍有许多有助于改善遮光问题的建议不断提出,如引导光从上表面金属电极反射到电池的有效区域的设计思路等[54-57]。

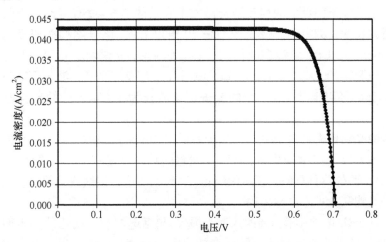

图 3.11　效率 24.7%PERL 电池的输出特性[27]

3.1.8　PERL 电池设计

1. 光学特征

为了实现最大限度地提高电池转化效率,正如在前几章中一再强调的,应该尽可能多地让有用波长的光折入电池并被吸收。如图 3.10 所示的 PERL 电池,该设计融合了许多重要的光学特征以便达到满意的效果,其中上表面的倒金字塔结构起了很重要的作用。该结构使大多数入射光在达到金字塔的一个壁面时,多数光在第一个入射点即能进入电池内部。部分的反射光又能再次向下反射,确保其至少有两次机会进入电池中。一些靠近金字塔底部的入射光则有三次进入电池的机会。金字塔覆盖着一层厚度适宜的(1/4 波长)氧化层作为减反膜,在将来更多的设计中,氧化层可以更薄以便适用于双层减反膜结构[27]。

光进入电池后,在朝着电池背面行进的过程中大部分能被吸收,残存的未被吸收的长波段的入射光在达到背面时会被反射回来,这是由于背面氧化层上蒸镀了一层铝之后,能形成一个有效的反射系统,这个系统的反射效果取决于光的入射角度和氧化膜的厚度。一般正常角度的入射光反射率在 95% 以上,但在硅/氧化硅界面存在一个 24.7° 的临界角度(全反射角),当入射光角度接近 24.7° 时反射在90% 以下,而一旦入射角度超过这一数值,就接近 100% 的反射[58]。

电池体内的入射光从背面被再一次反射回上表面。部分光在碰到表面金字塔反方向的斜面时,又被重新反射回电池中,而大部分光从电池逃逸。光在碰到金字塔的其他面时的反射全部为内反射。这也致使反射到上表面的一半的光被再反射回电池背电极。在经过第一次双回路之后所逃逸的光的量可通过精确的几何计算得出,也可以通过打破一些几何平衡来降低光逃逸的数量,如使用倾斜倒金字塔。

倒金字塔和背面反射的相互结合形成了有效的陷光结构,可增加吸收光在电池里传播的长度。测得的有效光程增长 40 倍以上[58],陷光结构能明显地改善电池的红外响应。PERL 电池在波长 $1.02\mu m$ 处测得的光谱响应值(A/W)比先前的硅太阳电池测得的 0.75A/W 还要高。测得在单色卤灯光同一波长下能量的转换效率值高于 45% 以上[59],进一步的改进可使波长为 $1.06\mu m$ 处的转换效率达到50% 以上。

其他的光学损失是由于电池顶端金属栅线的反射或吸收所致。尽可能地缩小栅线的宽度可以使光学损失降到最少,理想的情况下是得到尽可能大的纵横比(高/宽比)。此外,可以通过光学手段让入射光远离这些栅线或确保那些从栅线反射后的光又能完全进入电池体内[54,57]。

目前,PERL 电池中有 5% 的入射光损失,包括电池非金属化的上表面处的反射,金属栅线的吸收或反射等。同样在效率方面会损失 1%～2%,因为实际的陷光结构同理想状态相比还是有一定差距,同时也不是 100% 光都能从背面反射回来。通过进一步改善电池的光学特性,有可能使得转换效率在原基础上稍提高一些。

2. 电特性

1) 体复合

如第 2 章介绍所知,要获得高效的电池,电池的复合电流一定要尽可能小,光生载流子在被收集之前的复合是一种浪费。降低复合,对增加电流输出和提高开路电压,均有很大的益处。在电池内光照产生的非平衡载流子的增加及其被内电势的抽取,都将使得 pn 结耗尽层内部电势发生变化,随即亦会加快内部的复合。

在整个电池内部,少数载流子的净产生率和偏压效应导致的复合是要达到平衡的。由式(2.211)可知,电池的开路电压比短路电流更能表明电池内部的复合情况。

如图 3.10 所示,PERL 电池表面的扩散情况显然不均匀,可将电池分成电极区与无电极的表面区。尽可能选择高质量的材料以降低体内的复合,材料的质量通常可用少子寿命的大小来判断。一般而言,衬底掺杂浓度越低,少子寿命越高。复合速率的变化量受掺杂补偿的影响,即掺杂浓度越高,确定电压下少数载流子浓度越低。复合速率由掺杂浓度和载流子寿命所决定。对于理想的硅材料,低掺杂浓度无疑可使复合速率变小。对于实际的材料,还会有一些其他的决定因素,如最佳的掺杂浓度取决于电池的微观设计。显然体区域越薄,体复合越小。此处需要在电池的机械强度减少和对光的吸收能力之间进行折中。上述陷光结构与最优化厚度的有效结合有可能获得最低复合速率。

2) 表面复合

通过生长一层高质量的热氧化层可以将表面非接触区域的复合速率降到最低。生长低界面态密度的氧化层的条件可参考微电子领域相关文献。此处所指界面态通常是指上述区域的界面缺陷。一般微电子领域还有对氧化层其他性能方面的要求[60],如氧化物的高击穿强度等,对于光伏领域来说不是那么重要。为此,我们更为关注的是表面掺杂类型和界面氧化物的掺杂程度对复合速率的影响。

目前一致认为,对高质量的氧化层,界面态对电子的俘获截面要比对空穴的俘获截面大。这是一个基本的物理特性[61]。界面态对电子和空穴俘获截面如此明显的非对称性,意味着界面态的复合状态可能由于静电效应呈现出对电子有吸引力而对空穴不具有吸引力,就像未被占据的带正电的缺陷态,显示出“类施主”的特征。

图 3.12 给出俘获概率与界面态俘获截面以及相对应载流子浓度关系的示意图。该图说明,表面复合因界面态对电子和空穴的俘获截面的不同而呈现出不对称性。图中箭头的粗细代表俘获截面,箭头的数量代表载流子浓度。整个表面复合速率由箭头的最弱权重的关联性决定。不管对电子、空穴俘获截面非对称性的物理根源如何,差异的存在总之会导致在 n 型和 p 型表面呈现出不同的复合特性。在 n 型表面,表面的空穴浓度很低,因此对空穴的俘获概率成为限速过程,决定了表面的复合速率,如图 3.12(a)所示,由于低的空穴浓度和小的空穴俘获截面等综合因素的影响,复合的速率将会很小,空穴俘获是限速过程。

p 型表面的复合情况较为复杂。此处空穴的浓度较大,电子的浓度很小。在低电压时,如图 3.12(b)所示,电子的俘获是限速过程。而当电池电压输出增加时,电子浓度会随之增加。在这些电压下由于电子具有大的俘获截面,与 n 型材料相比,p 型材料的复合过程的变化较为明显。当电池的电压形成之后,低的空穴俘获截面又将逐渐变成限速过程。相对而言,因为表面的空穴浓度不会迅速增加,而电池体内的电子有效表面复合速率在随着电池电压增加时迅速减少,最终复合速率在任何给定的大电压下与 n 型材料相似[58]。

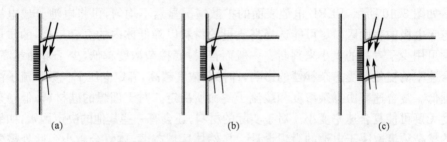

图 3.12　俘获概率与界面态的俘获截面以及相对应载流子浓度关系的示意图[57]
(a)低电压下的 n 型硅,空穴俘获是限速过程;(b)低电压下的 p 型硅,电子俘获是限速过程;
(c)n 型硅和 p 型硅在高的电压下,空穴俘获是限速过程

这种效应由 Eades 等进行了分析[62],他们假设电池表面是"平带"(0 势场)的条件。由于氧化层内的净的正电荷或由于 p 型硅与覆盖在氧化层的表面金属电极(如铝和钛)的功函数的失配而造成了 p 型表面耗尽的趋势,从而在低电压的情况下,这一效应比"平带"预测的更为明显。

对于 PERL 电池,这一效应对于电池背面的非接触区域尤为重要。随着电压从短路状态逐渐上升到开路状态,这些区域的有效复合速率从 104cm/s 的数量级降低到低于 30cm/s。对 PERL 电池的暗态 I-V 特性分析,可以得出复合速率随电压变化的特性[63,64]。对于非接触区域的 p 型硅表面,实验测量确认了表面复速率随注入浓度增加而逐渐降低。俘获截面的非对称性对电池设计的整体影响还有待进一步研究[61]。

3) 电极处内的复合

在电池表面和电极金属接触的区域存在很高的复合。在 3.1.7 节里讲述了降低这种复合的两种途径。一是尽可能地降低电极接触面积,例如,对于 PERL 电池正面金属电极与表面氧化层接触宽度仅为 $3\mu m$,在背面金属电接触面积仅为 $10\mu m \times 10\mu m$,电极孔与孔之间距离一般为 $250\mu m$,这样的接触方式只占正面面积的 0.4% 或更少,占背面面积的 0.2%。第二种是在金属接触区域进行重掺杂,这样可以有效抑制这些接触区域的少数载流子的浓度,从而降低表面复合率。这和 3.1.4 节中讲述到的"背面场效应"起到同样的作用。

此外,还存在着与现有电池设计上并不常用的其他一些降低电极接触区域复合的技术方案。一种是基于金属-绝缘体-半导体接触的隧道效应[28]。其他一些也是和通过隧道传输过程有关,这些都是基于半导体-绝缘体与多晶硅(SIPOS)接触的应用上[39]或者是掺杂的多晶硅或非晶硅与硅基体的接触上[35]。

3.1.9　总结

本节概括了晶体硅太阳电池技术的发展并归纳在表 3.1 中。近年来,世界上主要的太阳能光伏研究组织报道了多种高效太阳能电池结构,归纳起来,它们都是以本节描述的基本概念和原理作基础的,是本节所描述内容的延伸。

表 3.1　当前国际相关研究组报道的高效太阳电池结构一览表

月/年	效率/%	电池结构	单位	参考文献
3/1941	<1	melt grown junction(熔融生长结)	贝尔实验室	[3]
3/1952	~1	He bombardment(氦轰击)	贝尔实验室	[4]
~12/1953	~4.5	Li diffused wraparound(锂全表面扩散)	贝尔实验室	[6]
1/1954	~6	B diffused wraparound(硼全表面扩散)	贝尔实验室	[5]
11/1954	~8	B diffused wraparound(硼全表面扩散)	贝尔实验室	[7]
5/1955	~11	B diffused wraparound(硼全表面扩散)	Hoffman Elec.	[7]
~12/1957	12.50	0.5×2 cm B diffused(0.5 cm×2 cm 硼扩散)	Hoffman Elec.	[63]
8/1959	14	grid-contact B diffused(硼扩散栅线接触)	Commercial	[63]
8/1961	14.5	B diff. AR coat,gridded(硼扩散减反栅线接触)	US ASRDL	[11]
1/1973	15.2	violet cell(紫电池)	Comsat 实验室	[22]
9/1974	17.2	textured non-reflecting(绒面非反射电池)	Comsat 实验室	[23]
9/1983	18.0	MINP cell(金属绝缘层 pn 结电池)	新南威尔士大学	[49]
12/1983	18.3	PESC cell(钝化发射极电池)	新南威尔士大学	[49]
5/1985	19.0	PESC cell(钝化发射极电池)	新南威尔士大学	[49]
11/1985	20.0	microgrooved PESC(密槽钝化发射极电池)	新南威尔士大学	[49]
7/1986	20.6	microgrooved PESC(密槽钝化发射极电池)	新南威尔士大学	[49]
4/1988	20.8	microgrooved PESC(密槽钝化发射极电池)	新南威尔士大学	[49]
4/1988	22.3	rear point contact cell(背面点接触电池)	斯坦福大学	[49]
12/1989	23.0	PERL cell(钝化发射极背面点接触电池)	新南威尔士大学	[49]
2/1990	23.1	PERL cell(钝化发射极背面点接触电池)	新南威尔士大学	[49]
2/1994	23.5	PERL cell(钝化发射极背面点接触电池)	新南威尔士大学	[65]
9/1994	24.0	DlAR PERL cell PERL cell(钝化发射极背面点接触电池)	新南威尔士大学	[66]
7/1999	24.7	PERL cell(钝化发射极背面点接触电池)	新南威尔士大学	[53]

随着科学技术的不断发展,我们可以预期在不需要改变总体电池结构设计的情况下效率将要超过 25%。

3.2　高效电池的产业化

3.2.1　介绍

自从 20 世纪 90 年代初期,以日本和德国为代表的发达国家首先制定了推广太阳能电池应用的一系列商业补贴政策之后,有效地推动了晶体硅电池的商业化生产和技术进步。1994 年,日本政府出台了"阳光计划",1996 年又推出了"新阳光计划"。德国相继出台了"一万屋顶计划"、"十万屋顶计划",到 2004 年,德国政府推出了可再生能源法(EEG),并制定了二十年内太阳能发电上网的电价政策,为太阳能光伏市场的持续发展奠定了基础。随后,西班牙、意大利、法国、希腊等欧洲国家相继制定了太阳能光伏发电上网电价政策。因此,自 2004 年以来,以德国、西班牙为代表的欧洲市场成为全球的最大市场,美国、韩国和澳大利亚也相继推出了税务优惠政策及上网电价政策,以鼓励太阳能光伏发电在当地市场的推广和应用。我国政府亦于 2009 年 3 月 23 日,由财政部发布了第一个《太阳能光电建筑应用财政补助资金管理暂行办法》,为扩大太阳能发电在建筑领域的应用,提供示范性的补助资金。正是在这样大的市场推动下,晶体硅电池的大规模生产制造技术和装备得到了迅速的发展,生产规模迅速扩大。除了传统的丝网印刷技术得到了不断发展和提高,一批高效电池技术也成功地实现了产业化。下面就对这些产业化电池技术进行一一描述。

3.2.2　丝网印刷电池

1. 结构

图 3.13 显示了典型的晶体硅丝网印刷电池的结构。传统的电池生产方式包括[67]:通过腐蚀去除表面损伤层;如果原始硅表面是⟨100⟩界面,先在表面进行化学制绒;表层扩散至方块电阻 40Ω/□;把硅片叠起来在真空情况下通过等离子刻蚀去除边缘结;去除表面磷硅玻璃;通过一个带适当图形的网版进行正面金属印刷;烘干并烧结使正面形成合金;背面金属印刷;烘干并烧结形成背面金属接触;电池测试及分选。

正常使用的电阻率为 0.5～5Ω·cm 的硼掺杂太阳能级 CZ 硅片,最后生产出来的电池效率一般为 12%～14%。如果在表面加一层减反膜(一般是 TiO_2 或者是 Si_3N_4)电池效率将会提高 4%。

丝网印刷方法最大的缺点就在于印刷过程中消耗的大量金属浆料的成本问题以及最后生产出的电池片效率相对较低。根本原因在于丝网印刷所得到的栅线宽度受到限制,另外一个重要原因是顶电极(亦称正面电极)和硅的接触电阻较高。烧结后的正面栅线的高宽比将会比烧结前降低很多(大约是原先的 1/3),和纯金属

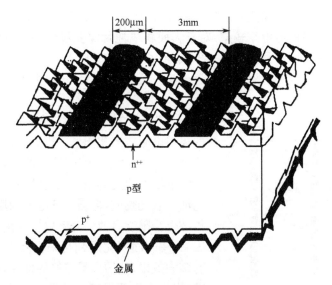

图 3.13　典型的晶体硅丝网印刷电池的结构示意图

相比,烧结后金属浆料较低的电导率亦是问题之一。

文献表明有过一些基于丝网印刷浆料的研究,但是除了银浆,其他如镍和铜的浆料都没有成功。

为了降低栅线宽度,应该开发更优化的印刷网版和新的印刷技术。尽管取得了很多好的研究结果,但是在商业化生产上还是存在很多问题。

正面电极和硅的接触电阻随着烧结环境和温度的变化影响很大。玻璃料(作为浆料中的一种添加剂)烧结前期首先在硅片表面和浆料之间形成一层氧化层,这样就导致了高的接触电阻,虽然很多时候为了降低这种电阻,在接触 n 型表面的浆料中添加磷源。在烧结后通过 HF 的浸泡可以降低接触电阻,据推测可能是 HF 去除了界面上的玻璃料的作用。不过,这个方法同样会导致电池片在潮湿环境中可靠性的降低。

背面接触电阻不是主要问题,即使在更少掺杂的材料上接触,也可以通过更大的接触面积来降低接触电阻。此外,在银浆中添加铝或是纯铝浆可以通过形成合金来提高表面上的掺杂程度。在适当的烧结条件下,铝浆可以形成重要的背面场接触。

2. 典型的电池性能

一般通过丝网印刷方法制造出来的电池,其开路电压为 $580 \sim 620 mV$。根据硅衬底电阻率的大小,短路电流密度为 $28 \sim 32 mA/cm^2$,而大面积电池片的填充因子一般为 $70\% \sim 75\%$。对于一块大面积电池,如图 3.13 所示,$10\% \sim 15\%$ 的表面积会被印刷浆料电极所覆盖,主要包括大约 $200\mu m$ 宽的金属栅线,2～3mm 的栅线间距。由于电极的导电率较差,对于大面积电池片需要设计一个收集电流的主栅线,如图 3.14 所示。虽然增加主栅线导致遮光面积的增加,但是这个设计有利于提升电池片对裂纹的容忍度。随着电池片面积的增大,同样主栅线的条数也需要增加。

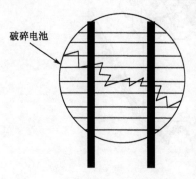

破碎电池

图 3.14　带有主栅线的电池设计,
有助于降低栅线和减少破碎率

为获得比较合理的接触电阻,表面扩散层的薄层电阻应当相当低。因为表面"死层"的影响,如典型使用的 $40\Omega/\square$ 的薄层电阻,会显著降低电池的蓝光响应。较高的薄层电阻能提高电池的蓝光响应,但会降低电池的填充因子,重扩散也会限制电池的开路电压。由于这种限制因素,用表面氧化层钝化来提高电池性能将没有多大效果,使用质量较好的硅片,如悬浮区熔硅,也不会显著提高电池性能。为此需要改进丝网印刷的技术。

自从 21 世纪初以来,基于丝网印刷技术的晶体硅太阳电池的大规模制造技术和装备得到明显的改进。这主要体现在以下几个方面:①由等离子体化学气相沉淀技术(PECVD)制作的氮化硅膜(SiN)作为电池的正表面的减反膜,既降低了电池的表面反射,同时也有效地钝化了电池的表面,降低了电池表面复合。②改进银浆配方,使得电池表面发射结的薄层电阻提高(85Ω/□左右)的情况下,也能实现较好的欧姆接触。较高的薄层电阻提高了氮化硅(SiN)的表面钝化效果,从而提高了电池对短波的响应,继而提高短路电流。③共烧技术,在电池背面分别印刷上铝浆和银铝浆并烘干,随后在电池的正表面在丝网印刷银浆栅线后,随着在电池背面印刷上铝浆和银铝浆,在浆料烘干后,再进入烧结炉,进行前后电极的共烧过程。通过对烧结炉的多个温度区域的温度设置、气体种类和气流的设置,以及承载电池片的金属传送带速度的设置和控制,以达到最佳的烧结效果。通常电池的填充因子(FF)可达 77.0%～79.5%。

用改进的丝网印刷技术生产的单晶硅太阳电池技术的典型参数 V_{OC} 为 615～630mV;J_{SC} 为 35.5 ～ 37.0mA/cm²;FF 为 77.0% ～ 79.5%;η 为 17.0%～18.5%。

改进的丝网印刷技术对多晶硅电池转换效率的提高尤为明显。这是因为由 PECVD 淀积的 SiN 薄膜含有大量的原子氢(15%)。在电极共烧的过程中,这些原子氢从 Si—H 和 N—H 键上断裂,扩散到多晶硅的体内和表面,饱和了体内晶界处和表面的悬挂键,从而实现了氢原子对多晶硅体内和表面缺陷的钝化。在电极的共烧过程中,背面铝浆和硅的合晶过程也有效地实现了对多晶硅片的吸杂作用,提高了少数载流子的扩散长度,从而提高了多晶硅电池的转换效率。典型多晶硅电池的技术参数为 V_{OC} 为 $615 \sim 625 \text{mV}$；J_{SC} 为 $33.5 \sim 35.0 \text{mA/cm}^2$；FF 为 $77.0\% \sim 79.0\%$；η 为 $16.0\% \sim 17.3\%$。

3. 进一步的改进方向

通过引进新的方法可以进一步克服丝网印刷技术的局限性。可以使用精细网版来降低栅线宽度,同时通过二次印刷来增加栅线高度,最终得到比较好的栅线高宽比。在网版制作过程中需要使用特殊性的材料,且需要对准印刷,但电池效率绝对提升 0.2% 左右,说明了这种技术的可行性。图 3.15 给出了二次印刷的示意图。另外,一种类似于喷墨打印形成金属接触的方法也被用于商业化生产尝试中。同时,还有其他改进或替代的方法正在不断被开发出来。

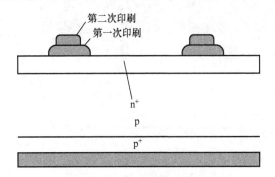

图 3.15　二次印刷的示意图

图 3.16 中所示的方法,接触区和非接触区具有不同的薄层电阻[69,70]。在单晶电池上得到的参数 V_{OC} 为 $625 \sim 635 \text{mV}$；J_{SC} 为 $36.0 \sim 37.5 \text{mA/cm}^2$；FF 为 $78.0\% \sim 79.5\%$；η 为 $18.0\% \sim 18.9\%$。另外,将金属氧化物用可导电的减反膜并与上述方法结合,可容许比较合理的金属间距。

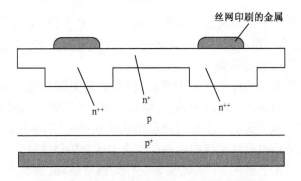

图 3.16　丝网印刷技术应用在选择性扩散结构

3.2.3　埋栅太阳电池

1. 结构

图 3.17 中所示的埋栅电池是为克服前面讨论的丝网印刷电池的缺陷而开发的。该电池最有特色的设计在于金属化是嵌入电池表面的一系列狭窄槽内。尽管初步研究时使用的是用丝网印刷将金属印刷在槽内,但使用化学镀或电镀形成金属接触得到了更好的结果[68]。

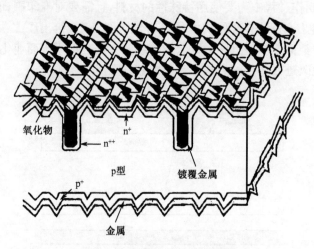

氧化物

n^{++}

n^+

p型

镀覆金属

p^+

金属

图 3.17　埋栅电池结构示意图

电池制作过程与之前讨论过的丝网印刷电池有一些类似。经去除损伤层和制绒后,在整个表面进行浅扩散和氧化。这层氧化层在电池制造工艺中起着非常重要的作用,也是使整个过程相对简单的关键。无需采用丝网印刷法中的除磷硅玻璃(PSG)的工艺。采用激光划片机、机械切割轮或其他机械或化学方法之一在电池表面形成槽。

用化学腐蚀的方法对槽进行了清洗后,进行第二次扩散,即实现在接触区域选择性的磷扩散,此次扩散浓度比第一次浓得多,然后用蒸发、溅射或丝网印刷其中一种方法将铝沉积在电池背面。

经过铝烧结和腐蚀去除槽内氧化层后,使用化学镀或电镀镍/铜/银的方法实现电池的金属化。首先沉积很薄的镍层,烧结后再沉积较厚的铜层,最后通过置换反应在表面形成很薄的银层。所有过程都是化学镀或电镀,盛放硅片的承载盒和硅片都是比较简单地浸没在镀液中或在硅片表面增加接触电极。

有一种改进的工艺是用 Si_3N_4 代替 SiO_2 作为减反膜,这层 Si_3N_4 能承受高温处理,并且能使电池的反射率更好。BP Solar 采用这种工艺已取得了极好的结果。

2. 性能分析

埋栅电池的性能显著优于丝网印刷电池,图 3.18 是由 BP Solar 提供的对两者性能的比较,使用的都是理想的基材。埋栅电池的性能比丝网印刷电池高 30% 左右。同时,BP Solar 指出,每单位面积的生产成本事实上是相同的,不超过丝网印刷电池的 4%。单位面积的功率输出的增高,相应地使每瓦的生产成本更低了。虽然投产成本更高,但较低的材料成本可以补偿这一损失。

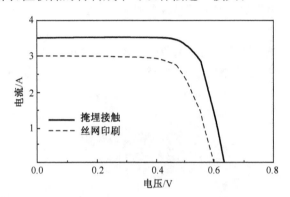

图 3.18　埋栅电池的性能与丝网印刷电池性能的比较

埋栅电池效率高的原因如下:由于金属栅线导电性更好,与槽内重扩散区的接触电阻更小,所以填充因子更高。表面顶层较高的薄层电阻,加上表面极好的氧化层钝化和由槽内重扩散提供的电极区钝化,使得埋栅电池的电压更高。已实现了接近 700mV 左右的开路电压,接近实验室电池中的最高电压。

电流高是由于表面遮光面积相对较少,对面积较大的电池,这种方法同样适用。结果是,使用埋栅结构增加了金属电极的高宽比,可实现 3∶1 的高宽比。金属化后,用激光刻槽的槽宽为 15～20μm,用机械法成槽的槽宽为 40μm。电流高的另外一个原因是,非电极接触区域近乎理想状态的表面特性,大大提高了电池的蓝光响应。

工艺处理过程中还显示出了工艺本身能产生相当大的吸杂作用。刻槽过程中产生的损伤似乎是有利的。有文献报道[58],激光应用到电池背面时,其损伤能产生相当有效的吸杂作用。类似地,位于表面顶层的激光槽也能成为有效的吸杂区域。在对刻槽区域进行重扩散的过程中,磷会优先扩散进入损伤区域并自动钝化槽内损伤层。这种吸杂效果已得到证实。同槽内浓磷扩散区一样,电池背面的铝已被证实也起着吸杂作用[69]。

3. 生产经验

20 世纪 80 年代后期和 90 年代早期,很多公司购买了埋栅电池技术的使用权,这些公司包括 BP Solar、Telefunken 和 Samsung 等。其中,Telefunken 生产的高效电池用于 1990 年参加的澳大利亚达尔文到阿德莱德的世界太阳能汽车大赛的瑞士赛车"Spirit of Biel",该车获得了当年的冠军。BP Solar 已成功采用埋栅电池技术进行了大规模商业化电池的生产,其埋栅电池技术生产的电池的转换效率在 17.5%～18%,相应的"Saturn"组件的功率(72 片 125mm×125mm 电池)可达 180W 左右。

最近,BP solar 整合埋栅电池技术和激光烧结接触技术(laser-fired contact,LFC),在高质量硅片上制作出的电池效率为 20.1%[70]。其结构示意图如图 3.19 所示。

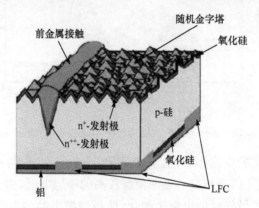

图 3.19　整合埋栅电池技术和激光烧结接触技术后的电池结构图

3.2.4　IBC 电池

1. 简述

美国 SunPower 公司于 20 世纪 80 年代后期一直从事高效背面点接触电池的生产开发和应用,后来发展成为 IBC 电池(指状交叉背面点接触电池)。该电池的设计原理是基于其公司的创始人 Swason 博士早期在斯坦福大学的高效聚光电池的研究成果。20 世纪末到 21 世纪初,SunPower 公司借助于丝网印刷电池技术和装备的不断更新的成果,对其 IBC 电池的制造工艺实行了进一步的简化,从而使其大规模生产成为可能。公司于 2003 年在菲律宾建立工厂,到 2007 年底,其年产能已达到 200MW,大规模生产的平均电池转换效率达到 21%以上,在生产初期,公司主要采用 n 型区熔(FZ)单晶硅作为主要原材料,最近已逐步采用 n 型 CZ 单晶硅材料。

2. 技术

1）电池设计

SunPower 的 IBC 电池设计由图 3.20 所描述,有相互交叉的 n 和 p 扩散层以及在电池背面的收集光生电流的栅线[71]。

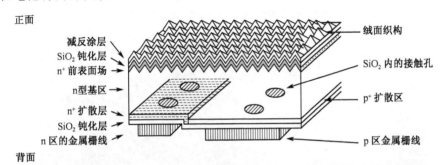

正面

减反涂层
SiO_2 钝化层
n^+ 前表面场
n 型基区
n^+ 扩散层
SiO_2 钝化层
n 区的金属栅线
背面

绒面织构
SiO_2 内的接触孔
p^+ 扩散区
p 区金属栅线

图 3.20　SunPower 公司的 A-300 型号太阳能电池的结构示意图(未精确刻度)

达到高效率的关键设计点包括:局部性的背面接触,这样可以有效控制接触处的复合损失;前表面无栅线,可以最大程度地吸收光辐射;另外,钝化和背面金属化,可以提供背表面的反射作用以及比较低的串联电阻。

2）硅材料

因为少数载流子必须扩散整个硅片厚度才能达到背面结区,所以这种电池设计就需要格外高的少子寿命的硅片作为基体材料。SunPower 使用了太阳能级的区熔硅材料,该材料主要由丹麦的 Topsil Semiconductor Materials A/S 公司制造。近年来,SunPower 逐渐由 n 型 CZ 单晶硅片取代区熔单晶硅片。据报道,n型 CZ 单晶硅片具有接近区熔单晶的少子寿命。

3）电池生产过程

之前,SunPower 的 IBC 电池是采用经典的包括光刻在内的半导体生产技术制造的。使用这样的制程,SunPower 生产的电池在一个太阳光下转换效率可达到 23%,但是受到成本影响,这种电池仅仅应用于很小的领域,如太阳能飞机和太阳能汽车。

为了降低制造成本,SunPower 在制造背面接触太阳能电池中,开发了低成本的丝网印刷技术来替代光刻技术。SunPower 也有其他一些低成本太阳电池生产设备可以满足大批量生产的要求,如扩散炉、湿法刻蚀和清洗机。

3. 控制生产

1）产品外观

在 2002 年末 SunPower 开始了在美国得克萨斯州的 RoundRock 的赛普拉斯

半导体公司生产线上构建一条年生产量为 1MW 的试制线(SunPower 现在属于赛普拉斯半导体公司)。在 2003 年 SunPower 开始在这条试制线上生产太阳电池。这个工厂生产的是 125mm 没有制绒的半圆形太阳电池。最近,其生产的电池外观如图 3.21 所示,分别为电池的正(右)和反面(左)的照片。注意,在其正表面没有栅线存在。除了在 3.1.7 节中提到的没有栅线的正面可以减少光的损失,继而提高电池效率外,美观的外貌结构还可以应用于一些新的领域。

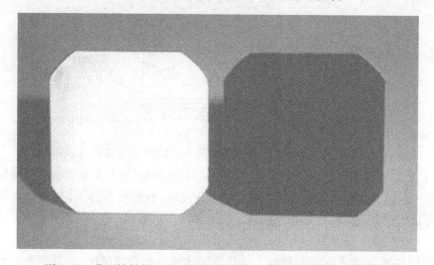

图 3.21　背面接触的 149cm² 太阳电池的正面(右)和反面(左)的照片

2) 电池效率

表 3.2 示出 SunPower 生产的一片最高效率电池的测试结果。它完全是在菲律宾生产线上使用了低成本的技术(没有使用光刻)制造出来的。该测试结果是美国国家可再生能源实验室(NREL)测试出来的。

表 3.2　NREL 给出的 SunPower 低成本 IBC 电池的测试参数[72]

面积/cm²	V_{OC}/mV	J_{SC}/(mA/cm²)	FF/%	Eff/%
155.1	721	39.67	82.9	24.2

3) 光谱响应

电池的高电流(大约 40mA/cm²)可以通过它的光谱响应(相对外量子效率,见图 3.22)予以证明。有几个原因使得他们的太阳电池比传统的电池有更为宽泛的光谱响应:短波段的响应被加强是由于在前面掺杂比较少,这样可以避免传统电池高掺杂产生的死层影响;长波段的响应被加强是由于点接触外的背面都有 SiO₂,使背面有了极好的钝化效果;长波段响应被加强还在于极好的光学设计,它可以使电池的光学厚度相当于本身实际厚度的 6 倍,宽泛的光谱响应提升了每瓦传输的能量。

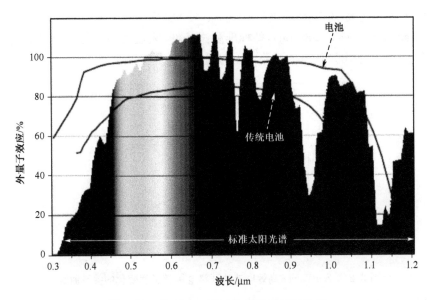

图 3.22　SunPower IBC 电池的外量子效率

4）损失机理

图 3.23 显示了通过实验结果描述在最大功率点电池内部各种光子损失和复合损失所占比例。按该图所示结果可知，电池的光学厚度相当于电池实际厚度的6 倍。好的设计模型和对实际物理过程精细的描述，是为了明白电池内所发生的主要损失机理。这些知识可有效应用到优化电池生产工艺和结构设计上。

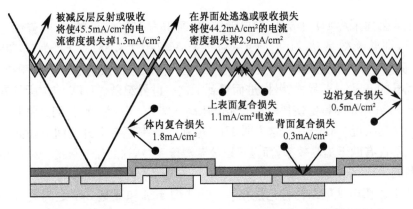

图 3.23　在最大功率点光子损失和载流子复合损失所占比例的示意图

5）温度系数

开路电压和光伏材料能隙宽度之比，是一个预测太阳能电池温度系数的主要参数。这些电池高的开路电压（约 667mV），将产生约为 −0.38%/℃ 温度系数。

这比传统太阳电池的温度系数(-0.45%/℃)要低 16％,高的开压电池可以在 STC(Standard Test Condition),即标准测试条件、额定功率条件下提供更高的能量。图 3.24 显示出该类电池开路电压与温度的关系。

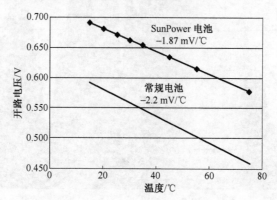

图 3.24　SunPower 高效电池的开路电压随温度变化的关系曲线

6) 稳定性

用 SunPower 生产线生产的 IBC 电池组成的组件已经通过了 IEC61215 和 IEEE1262 的质量认证,包括湿热、湿冻、冷热循环、热斑耐久和紫外预处理等试验。另外,SunPower 公司的 n 型 PV-FZ/CZ 电池并没有出现 p 型 CZ 硅电池中出现过的早期光致诱导衰减现象(LID)。

3.2.5　HIT 电池

三洋公司采用 HIT(异质结)电池结构,面积为 100.4cm^2 的电池,曾创造过世界纪录,即转换效率达 21.8％(V_{OC} 为 718mV,I_{SC} 为 3.852A,FF 为 79.0％,经 AIST 测定)[73]。通过优化硅片表面清洗工艺和高质量低损伤的 a-Si 沉积技术,实现了优异的 c-Si/a-Si 界面特性,进而得到了这一世界纪录。HIT 结构所具有的优异的 c-Si/a-Si 界面特性使得电池开路电压高达 710mV。最近,他们又将开路电压纪录提高到接近 730mV[74],这表明 HIT 电池的效率还有上升空间。如此高的开路电压不仅有助于提高效率,而且可以改善温度系数,这对于实际的户外应用是极为有利的。

HIT 太阳电池的结构特色是在 p^+ 或 n^+ 型 a-Si 和 n 型 c-Si 之间夹有一层极薄的本征 a-Si 层[75]。这一结构基于三洋在制备高质量 a-Si 薄膜和 a-Si 电池时采用的低等离子体/热损伤沉积技术。这种简单而又新颖的结构吸引了越来越多的关注,原因如下:

(1) 这一结构可以采用高质量的本征 a-Si 薄膜实现对 c-Si 表面缺陷出色的钝化效果,进而可以得到高效率,尤其是高开路电压。

(2) HIT 电池的低温(小于 200℃)工艺和对称结构可以抑制制备过程中的热应力和机械应力对硅片的影响,因而可以采用更薄的硅片。

(3) HIT 电池的温度系数优于传统 c-Si,因此可以在高温下实现更高的功率输出。

1. HIT 电池结构

图 3.25 给出了目前正在量产的标准的 HIT 电池的结构示意图。带有绒面的太阳能级 CZ 硅片夹在作为受光面的 p/i a-Si 和作为背表面电场(BSF)的 i/na-Si之间,形成"三明治"结构。透明导电膜(TCO)和金属电极在 p 和 n 两层掺杂层上形成。所有的工艺都在 200℃以下完成。顶层的 TCO 还起着减反层的作用,其厚度需要满足减反层的要求。减反层上的指状电极间距为 2mm,这比传统的 p/n 结扩散电池的指状电极间距窄,目的是为了弥补 TCO 较差的方块电阻。背面电极也作成指状,目的是为了获得对称的 HIT 电池,以此减小器件的热应力和机械应力。这使得 HIT 电池可以满足不同的应用需求,如双面组件[76]。这种对称结构和低温工艺有利于电池厚度的减薄。

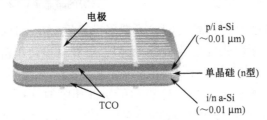

图 3.25　HIT 电池结构示意图

2. HIT 电池结构的效果

图 3.26 给出了通过碘酒化学钝化和采用 a-Si 沉积的 HIT 结构钝化后用μ-PCD[77]法测得的少子寿命的比较。通常认为碘酒钝化的效果比热氧化钝化的效果好[78]。如图所示,HIT 结构钝化的少子寿命高于碘酒化学钝化。这使得我们可以确认 HIT 结构对 c-Si 表面的钝化效果要优于热氧化钝化。

图 3.27 给出了 HIT 电池和 p 型 a-Si/n 型 c-Si 异质结电池的暗态 I-V 曲线[79]。采用 HIT 结构,反向电流密度减小了 2 个数量级,并且在低压区域的正向电流明显增大。这一结果表明,由于 HIT 结构对 c-Si 实施了出色的表面钝化,由此得到了低的载流子复合速率和更好的 pn 结性能。

3. 高效 HIT 电池

1)高质量 a-Si 薄膜

为了在 HIT 结构中获得优异的钝化效果,高质量的 a-Si 膜必不可少。

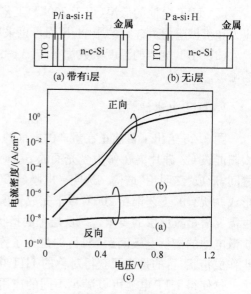

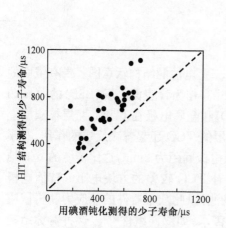

图 3.26　HIT 结构和碘酒钝化
得到的少子寿命比较

图 3.27　HIT 电池(a)和 pn 异质结电池
(b)的暗态 I-V 曲线比较(c)

　　图 3.28 给出了各种沉积温度(T_s)下缺陷态密度(N_d)和沉积速率(R_d)的关系[80,81]。可以通过调整 SiH_4 气体流量、沉积气压和沉积功率密度控制 a-Si 薄膜的沉积速率。图中给出了每一个 T_s 下的最优 R_d。结果表明可以通过调整 T_s 和 R_d 来控制 a-Si 薄膜的性能。图 3.29 表明了 a-Si 薄膜的 N_d 与光学带隙的关系，其中光学带隙可以通过$(ahv)^{1/3}$ 与 hv 的关系得出[82]。考虑到不同的符号代表不同的 T_s,图 3.29 的结果表明,N_d 主要取决于光学带隙而非诸如 T_s 等的沉积条件。而且,存在一个优化的光学带隙范围可以获得低的 N_d。低 N_d 的高质量 a-Si 薄膜有助于获得高效率的 HIT 太阳电池。

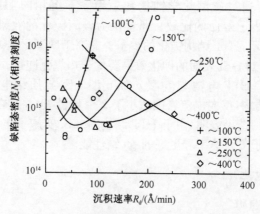

图 3.28　a-Si 薄膜缺陷态密度(N_d)和沉积速率(R_d)的关系

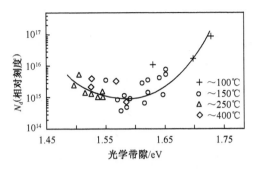

图 3.29　a-Si 薄膜缺陷态密度(N_d)和
光学带隙(E_{opt})的函数关系

2) 低损伤工艺

在 a-Si 沉积过程中对界面性能的控制也是非常重要的。即使使用相同质量的 a-Si 薄膜,也可能由于以下两个因素而得到不同性能的电池。一个因素就是 c-Si的表面清洗,另一个则是在 a-Si 沉积过程中引起的等离子体损伤和热损伤。由于 HIT 电池是在低温工艺下制备,需要确保放入化学气相沉积反应室的 c-Si 尽可能洁净。然而,昂贵的 RCA 清洗工艺并不适于大规模的太阳电池生产。三洋在制造工厂里建立了一套初步的、仅采用必不可少的关键清洗工艺步骤,并仍在不断改进以降低生产成本。图 3.30 给出了用 μ-PCD(微波光电导衰退)法测得的少子寿命和电池 V_{OC} 的关系。在实验中,他们采用取自硅锭相同位置的硅片以避免体寿命的不同造成的影响。通过改变沉积条件,在洁净的硅片表面沉积 a-Si 薄膜。随后测量少子寿命,制备 TCO 和电极以完成电池的制备。图 3.30 内同时给出了以前在 a-Si 沉积时因引入高等离子体/热损伤而导致 V_{OC} 被限制在 680mV 以下的相应数据,以作比较。通过采用低等离子体/热损伤的 a-Si 沉积工艺,V_{OC} 大幅提高并超过 700mV。这一结果表明,提高 a-Si 薄膜的质量和减小等离子体/热损伤都是获得高质量 HIT 电池的必要条件。

3) 效率进展

图 3.31 给出了具有 100cm 实用面积的 HIT 电池效率的年度进展趋势。1990年,三洋开始对 HIT 电池进行基础研究,当时电池的面积不大于 1cm²。到 1994年,在 1cm² 的面积上得到 20% 的效率。此后,他们开发适于大规模生产的 HIT 电池技术。1997 年,生产出了第一批效率为 17.3% 的 HIT 组件。从那以后,为了获得更高的实验室效率和量产组件效率,他们做出了许多努力,开发并采用了许多适于量产的新技术。2003 年 4 月,他们成功地把效率提高到 19.5%,并制造出200W 的 HIT 组件。这对于量产的太阳电池来说是一个很高的突破。2005 年,他们在实验室水平上成功地在 100.3cm² 的硅片面积上获得了效率高达 21.5%(经AIST 测定)的电池。

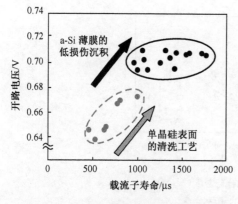

图 3.30　HIT 电池开路电压和沉积 a-Si
之后 HIT 结构少子寿命的关系

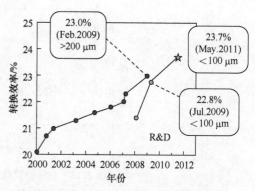

图 3.31　HIT 电池效率的年度进展趋势

为了获得更高的效率,他们开发了新的导电浆料,还开发了新的印刷技术以获得大的高宽比(大于 0.5)。采用这些技术,可以同时获得高 FF 和高 I_{SC}。

4) 获得高效率的方法

为了获得更高的 HIT 电池效率,需要同时改善 V_{OC},I_{SC} 和 FF。

为了获得更高的 V_{OC},减小 a-Si 和 c-Si 界面的表面复合速率对于尽可能地抑制反向饱和电流是非常重要的。通过以下几种主要方法可获得更高的 V_{OC}:

(1) 在 a-Si 沉积之前清洁 c-Si 表面。

(2) 沉积高质量的本征 a-Si 层。

(3) 在 a-Si,TCO 和电极沉积过程中减小对 c-Si 表面的等离子体/热损伤。

(4) 优化 c-Si/a-Si 界面的能带弯曲。

图 3.32 给出了 HIT 太阳电池在不同 V_{OC} 下的暗态 I-V 曲线。从实验的角度讲,控制 a-Si 的沉积条件可以改变势垒高度。在图 3.32 所示的暗态 I-V 曲线中,扩散电流区域向高压移动,与此同时,反向漏电流随着 V_{OC} 的增大而减小。

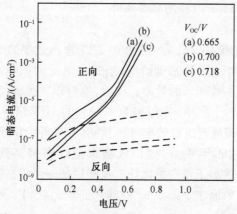

图 3.32　HIT 电池在不同 V_{OC} 下的暗态 I-V 曲线

为了获得更大的 I_{SC}，需要克服由 a-Si 和 TCO 的光吸收导致 HIT 结构的光学损失。图 3.33 给出了 HIT 电池与 PERL 电池典型的内量子效率 IQE 比较。该图表明无论是短波区域还是长波区域都有 I_{SC} 增大的空间。光学损失主要取决于 a-Si 的光学吸收和 TCO 的自由载流子吸收。通过以下几种重要方法可获得更高的 I_{SC}：

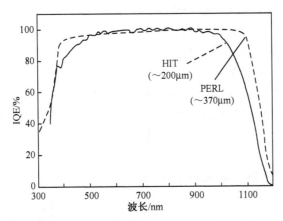

图 3.33　HIT 电池与 PERL 电池内量子效率的比较

（1）使用优化的绒面增强对入射光的捕获。

（2）采用高质量宽带隙合金如 a-SiC 以减小 a-Si 的光吸收。

（3）开发具有高载流子迁移率的高质量 TCO。

（4）优化 HIT 电池的背表面电场（BSF）。

（5）制备良好的栅线电极。

图 3.34 给出了 HIT 电池有无背面场（BSF）情况下内量子效率的比较。如图所示，HIT 背面电场有助于改善对长波长光子的吸收，进而有助于提高 I_{SC}。至于

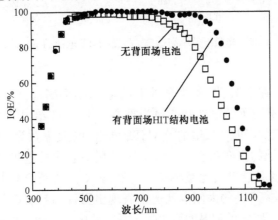

图 3.34　有无背面场的 HIT 电池内量子效率的比较

a-Si 薄膜的钝化能力,文献[83]已经报道了背面 a-Si 和 c-Si 界面的表面复合速率估计小于 100cm/s。

为了获得更高的 FF,减小漏电和串联电阻尤为重要。通过以下几种重要方法可获得更高的 FF：

(1) 开发低电阻高质量的栅电极材料。

(2) 开发具有大的高宽比的栅电极。

(3) 开发高导电性的 p 型窗口层。

(4) 减小 TCO 的串联电阻。

根据这些原则,已经获得了高达 0.815 的 FF。通过综合运用以上优化方法,最近已在 100.7cm^2 的面积上得到了效率高达 23.7% 的太阳电池(V_{OC} 为 0.745V,I_{SC} 为 3.966A,FF 为 80.9%,经 AIST 测定)[81]。具体 I-V 曲线参见图 3.35。

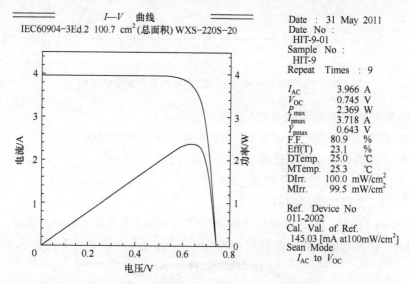

图 3.35　光照下效率高达 23.7% 的 HIT 电池的 I-V 曲线

5) 温度特性

太阳电池通常在室温下的标准条件下优化。然而,考虑到光伏组件的实际应用环境是在室外,高温下的电池性能更为重要。图 3.36 给出了 25℃下电池效率和温度的关系。正如以前所报道的[76],HIT 电池的温度系数为 $-0.33\%/℃$,低于传统 pn 结扩散电池的温度系数 $-0.45\%/℃$。随着技术的进步,当开路电压升高到 710mV 时,温度系数也因此减小到 $-0.25\%/℃$。从经验上讲,具有良好表面钝化或者说具有较高 V_{OC} 的太阳电池通常表现出更好的温度系数。图 3.37 给出了各种 HIT 电池开路电压和温度系数的关系。从中可以清楚地看出,电池 V_{OC} 和温度系数之间很好的关联性。据此通过使用更高 V_{OC} 的电池就可以在实际应用中获得更多的电能。为了理解 a-Si/c-Si 异质结电池对降低温度系数的影响,需要进行更多的基础性研究。尽管以上这些用于进行对比的是实验室电池的制备工艺,但对改善量产的电池的温度系数同样有效。

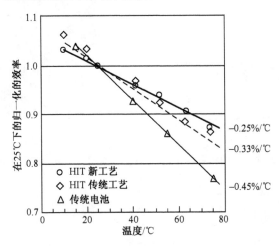

图 3.36　电池效率和温度的关系

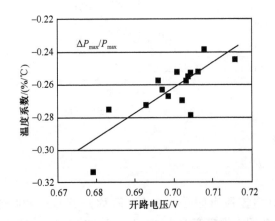

图 3.37　HIT 电池开路电压和温度系数的关系

图 3.38(a)、图 3.38(b)分别示出双面组件应用安装示例图和 200W 型号为 HIP-200DNCE1 双面组件的照片。

6) HIT 电池的生产

如前所述,由于高效率和良好的温度系数,HIT 电池受到日本消费者的广泛好评。三洋公司以建立在日本本土的 HIT 电池生产线作为新技术的研发基地,并很快地应用到了生产线上。已经在日本、匈牙利和墨西哥建立了 HIT 组件的生产厂,以实现对日本、欧洲和北美市场的快速供货。图 3.39 示出三洋 HIT 电池的产能增长趋势,说明该类电池良好的产能优势。

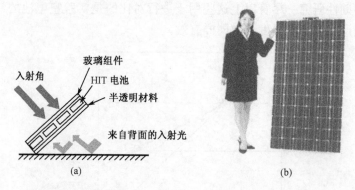

图 3.38　双面组件安装的示意图(a)和 200W 双面组件 HIP-200DNCE1 的照片(b)

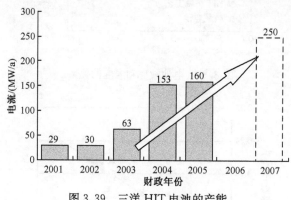

图 3.39　三洋 HIT 电池的产能

3.2.6　Pluto 电池

1. 简介

　　我国的尚德电力控股有限公司(以下简称尚德)于 2008 年成功地实现了
PERL 和 PESC 电池的大规模商业生产。PERL 和 PESC 电池均为澳大利亚新南
威尔士大学设计的高效电池结构,前者实现并保持世界单晶硅电池 25％ 转换效率
纪录,后者是 20 世纪 80 年代初首次实现 20％ 转换效率的电池结构。尚德的这一
技术突破将对世界光伏行业以及尽快实现 1 元/度电的成本目标产生巨大的影响。
尚德发明的一种称之为"Pluto 冥王星"的电池,所运用的 Pluto 技术是尚德开发的
专利技术,能使单晶和多晶光伏电池取得较高转换效率,比传统的丝网印刷技术增
加功率输出约 12％。Pluto 技术能满足太阳能行业对太阳能产品的所有关键性要
求,即不使用较高级别的硅材料就可以获得高转换效率、高稳定性和高功率输出。
客户可以在不增加投资成本的前提下,提高空间利用率和减少系统元部件成本,从

而使该技术适合商业化规模生产和屋顶应用。Pluto 电池大大简化了实验室高效电池的制造工艺,避免采用光刻掩模、真空镀膜、Ti/Pd/Ag 金属化、长时间的高温氧化、双层减反膜和光刻表面制绒技术等。大部分工艺都能在现有的基于丝网印刷技术生产线上实现。Pluto 电池单位面积的制造成本跟丝网印刷电池相似,效率提升后平均每瓦成本比丝网印刷电池的成本低 10%～15%。

2. Pluto 单晶硅电池

尽管 PERL 电池创造并保持着世界纪录,但是复杂和昂贵的制造工艺、对制造设备的特殊要求以及昂贵的材料需求,阻碍其产业化的发展。为此以下的工序和材料,必须去除或者予以简化,以便采用工业化生产方式取代:

(1) 单晶区熔 FZ 硅片;

(2) 热蒸发形成的双层减反膜;

(3) 光刻法形成的倒金字塔绒面;

(4) 长时间的高温热氧化;

(5) 多次使用光刻掩模技术在介质层表面实现各种图案,包括金属电极图案 Ti/Pd/Ag 金属化;

(6) 长时间的高温气体管式炉扩散;

(7) 2cm×2cm 小面积。

尚德经过多年的研发,将上述产业化的障碍一一解决,并成功地采用商业化生产工艺和生产材料,实现了 PERL 电池高转换效率的特性。诚然,在产业化过程中,PERL 电池转换效率亦会受到一定的损失。其中最大的损失是由 CZ 硅片替代 FZ 硅片带来的损失,以及由 4cm² 的面积扩大到商业化电池面积带来的损失,而 Pluto 电池工艺简化与发展带来的效益相比,所造成的损失是微不足道的。

1) Pluto 电池的研究

表 3.3 列出了典型的 FZ 和 CZ 硅片的 2cm×2cm 的 PERL 电池的电性能参数。以下就工业化生产的 Pluto 电池与实验室的 PERL 和 PERC 结构电池相比,对所可能引入效率损失的问题进行讨论。

表 3.3　典型的 FZ 和 CZ 硅片的 2cm×2cm 的 PERL 电池的电性能参数

	典型的 PERL 电池(FZ)	典型的 PERL 电池(CZ)	典型的 PESC 电池(CZ)（Al 合金背电极）
$J_{SC}/(mA/cm^2)$	42.2	39.5	38.1
V_{OC}/mV	706	665	640
FF/%	82.8	81.8	81.9
Eff/%	24.7	21.5	20.0

(1) 标准的 p 型太阳能级 CZ 硅片取代 FZ 硅片。区熔(FZ)单晶硅的质量虽

高,但是价格也非常昂贵,采用太阳能级 CZ 硅片取代 FZ 硅片是造成电池转换效率下降的主要因素。它将使开路电压下降 41mV(6%)至 665mV,短路电流密度下降 2.7mA/cm²(6.4%)至 39.5mA/cm²,相应的电池转换效率下降为 13%。这一损失主要是因为 CZ 硅片的少数载流子寿命较低。

(2) 单层 SiN 减反膜取代双层减反膜。当单层 SiN 减反膜应用于具有"金字塔"绒面时,其减反效果与双层减反膜相差无几。由双层减反膜简化为单层减反膜所造成的电池损失仅为 1%。

(3) 取消光刻法倒"金字塔"绒面。图 3.40 显示了在 Pluto 电池中采用由 NaOH 溶液各向异性化学腐蚀所形成的随机正"金字塔"绒面结构,随机正"金字塔"绒面不存在光刻法绒面相邻"金字塔"处的小平面区域。但是随机正"金字塔"绒面在 SiN 膜表面钝化后,其表面有效复合速率高于倒"金字塔"绒面的表面复合速率。这一表面复合速率的差异在 FZ 硅片上会造成几毫伏的开路电压的差异。但在 CZ 硅片上,造成的开路电压(665mV)的差异几乎可忽略不计。

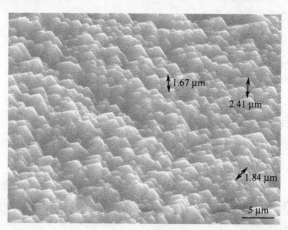

图 3.40 NaOH 溶液各向异性腐蚀所形成的随机正"金字塔"绒面结构

(4) 取消热氧化和光刻工艺。Pluto 电池采用了一种新的专利,在 SiN 表面形成选择性扩散图案,从而避免采用高温氧化和光刻的复杂工艺。新的方法所形成的选择性图案的尺寸与 PERL 电池相似,即金属栅线宽 20~25μm,高 10~12μm(图 3.41)。该工艺是 Pluto 电池技术的很重要的一个方面。因为它使得栅线之间的间距减小到 0.9mm 宽,跟 PERL 电池的一样,而不会增加电池表面的金属遮光面积。因此 Pluto 电池具有与 PERL 电池类似的短波光谱响应(图 3.42)。因此取消热氧化和光刻工艺,没有对 Pluto 电池的转换效率带来很明显的影响。

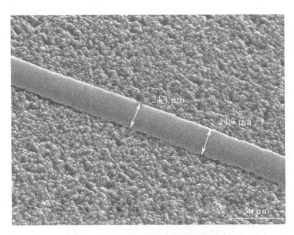

图 3.41　SiN 表面金属栅线图案

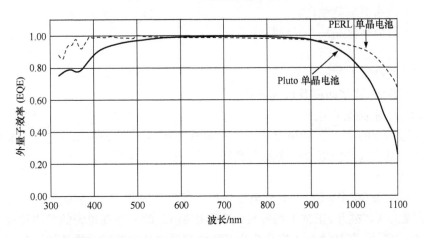

图 3.42　PERL 电池和 Pluto 电池光谱响应曲线的比较

（5）取代热蒸发 Ti/Pd/Ag 电极金属化。相对于复杂而昂贵的热蒸发 Ti/Pd/Ag 多层金属电极工艺，Pluto 电池采用了简单、低成本和高产出的自对准金属化工艺。在大规模生产中，当这一技术应用于 SiN 膜及选择性图案时，金属栅线的宽高比和导电特性跟由光刻工艺所形成的 Ti/Pd/Ag 的金属栅线的特性几乎一致。这一产业化工艺的实现几乎没有造成任何转换效率的损失。

（6）取代长时间高温气体管式扩散。在 Pluto 电池生产工艺中，传统的长时间高温气体管式扩散工艺已成功地由高产出、低成本、链式（in-line）扩散炉所取代。这转化在 FZ 硅片上造成了较小的 V_{OC} 损失，在 CZ 硅片所造成的 V_{OC} 损失也可忽略不计。

（7）电池面积由 2cm×2cm 增加到 12.5cm×12.5cm 甚至是 15.6cm×15.6cm。在 Pluto 电池的生产过程中，由于面积的增加所造成的转换效率的损失大约在 5%，其中 2%是由于表面金属遮掩（主栅线）而导致的短路电流损失，另外 3.4%是由于串联电阻的增加而造成的填充因子的损失。Pluto 电池在 Suns-V_{OC} 的测试条件下的准填充因子（R_s＝0）几乎跟 PERL 电池的填充因子一致（约 84%）。

跟实验室的小面积 FZ 硅片 PERL 电池相比，综合以上所有的因素所造成的大面积 CZ 硅片 Pluto 电池的转换效率损失大约为 17.3%，这相当于电池的转换效率从 25%下降到 20.5%。

2）Pluto 电池的大规模生产

上述高效电池产业化技术的系列研究，加快了产业化的进程，从而实现了在现有尚德丝网印刷电池线上高效 Pluto 电池的大规模生产的技术转换，第一代简化的 Pluto 电池采用了背面丝网印刷铝及烧结工艺，其工艺流程如下：

（1）表面制绒与清洗；

（2）链式（in-line）扩散；

（3）边缘湿法刻蚀；

（4）表面钝化/表面减反膜；

（5）选择性图案形成；

（6）选择性扩散；

（7）背面 Al 浆印刷及形成 BSF；

（8）自对准金属化。

中国尚德的第一条 30MW 电池高效电池生产线于 2009 年正式投产，这为该公司提高电池的产能以及未来的发展打下了坚实的技术基础。

3）结果

在第一条 30MW Pluto 高效电池生产线试生产初期，采用标准的 1～3Ω·cm 的太阳能级 CZ 硅片，正常平均转换效率可达到 19.0%，最高单天的平均转换效率（30000 片电池）为 19.2%。迄今为止，Pluto 单晶电池生产线的最高转换效率已达 19.3%，这一结果已得到德国 Fraunhofer 太阳能研究所的确认。表 3.4 比较了各种条件下 Pluto 单晶电池实验室和生产线的性能参数的比较。图 3.43 给出了由 Fraunhofer 太阳能研究所测试的 Pluto 电池的 I-V 曲线。

表 3.4　Pluto 单晶电池实验室和生产线的性能参数的比较

	实验室最佳 Pluto 单晶电池	委托 Fraunhofer 测量（产业化）	Pluto 单晶电池 产业化平均值
$J_{SC}/(mA/cm^2)$	40.9	37.5	38.2
V_{OC}/mV	665.0	638.0	631.0
FF/%	74.4	78.8	78.9
Eff/%	20.3[85]	19.3	19.0

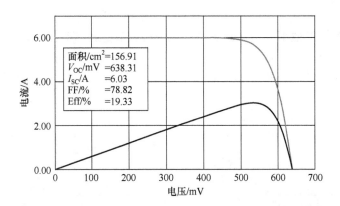

图 3.43 德国 Fraunhofer 太阳能研究所测得的 Pluto 产业化单晶电池的 I-V 曲线

3. Pluto 多晶硅电池

光伏产业的发展趋势是采用越来越多的低成本、低质量的多晶硅片。然而,我们所熟知的选择性扩散和双面钝化的高效电池技术对于多晶硅片不匹配也不经济。相比之下,Pluto 电池技术对于提高低成本、低质量的多晶硅片的转换效率尤为实用。迄今为止,还没有任何一种高效电池技术(如 HIT 和 IBC)能同时在单晶硅片和多晶硅片上实现高的转换效率。

Pluto 多晶硅电池是基于 20 世纪 80 年代澳大利亚新南威尔士大学设计的 PESC 电池技术的产业化技术。PESC 是世界上第一个实现 20% 转换效率的电池结构。

高效多晶硅太阳能电池制造工艺应注意的事项:

(1) 避免采用长时间的高温处理工艺,因为大部分多晶硅片,如铸造多晶硅和带状硅(如 EFG 和 String Ribbon)在长时间的高温处理过程中都会质量衰减;

(2) 采用低成本的工艺和材料;

(3) 良好的晶界钝化、较好的前表面钝化;

(4) 实现细窄的金属栅线(20~25μm),减小金属栅线之间的距离,在提高发射结的扩散方块电阻的情况下,可以保持较低的串联电阻和金属遮光面积;

(5) 金属栅线下面选择性重扩散,以降低金属电极接触电阻和电极区复合而造成的饱和暗电流;

(6) 采用传统的丝网印刷和烧结工艺在多晶电池的背面印刷 Al 浆和形成 BSF。

Pluto 多晶硅电池的制造工艺与单晶硅电池的制造工艺相似,由于多晶硅片不具备一致的(100)晶向,因此,多晶硅表面的绒面是各向同性湿法腐蚀形成的。尚德的第一条 30MW 的 Pluto 电池线同样适用于多晶硅 Pluto 电池的生产。

在 Pluto 大面积(15.6cm×15.6cm)多晶硅电池的生产过程中,单体电池和批次电池的最高转换效率分别达到 17.8%和 17.3%,这比传统丝网印刷多晶硅电池的转换效率高出 10%～13%。重要的是,Pluto 多晶硅电池的单位面积的制造成本低于丝网印刷的多晶硅电池。图 3.44 列出了 Pluto 多晶硅电池的 QE 和 RF 曲线。

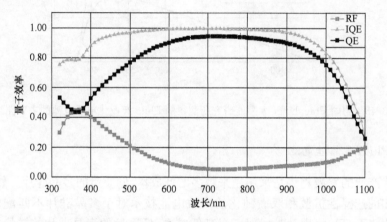

图 3.44　Pluto 多晶硅电池的 QE 和 RF 曲线

1)转换效率提高的分析

金属栅线局部区域的选择性重扩散和较窄的金属/硅接触面积,使得电池的饱和暗电流比丝网印刷的电池降低了一半,从而导致电池的 V_{OC} 提高 3%,从 614mV 到 632mV。狭窄的金属栅线减少了电池表面的遮光面积,提高了 3%的短路电流。电池发射结的浅结扩散以及较好的表面钝化,使得电池在短波的光谱响应明显优于普通多晶电池,进一步增加了 3%左右的短路电流(图 3.43、图 3.44)。Pluto 电池的填充因子(FF)也有 3%左右的提高,从 77%到 79%,综合以上因素,Pluto 多晶电池量产的平均转换效率比丝网印刷电池高 7%～13%。后者量产的转换效率在 16.0%,而 Pluto 多晶电池的平均转换效率高于 17.2%,结果已在德国 Fraunhofer 太阳能研究所得到了确认。对于 EFG 和 String Ribbon 多晶带状硅片,批次的平均转换效率也分别达到 16.2%和 16.5%。尽管目前多晶硅太阳电池的世界最高纪录是 20.5%,但那些数据是基于单个电池的性能参数,对多晶硅太阳能电池产业化技术开发的参考价值不大,因为多晶硅材料的质量变化较大,即使是在同一片多晶硅片上,不同区域的质量差异也很大。Pluto 技术却适用于多晶硅片上,目前实验室的多晶转换效率为 19.0%,而大规模生产的大面积(15.6cm×15.6cm)电池的转换效率高达 17.77%(图 3.45)。表 3.5 示出 Pluto 多晶硅电池实验室和产业化性能参数的比较,结果表明该技术有进一步发展的潜力。

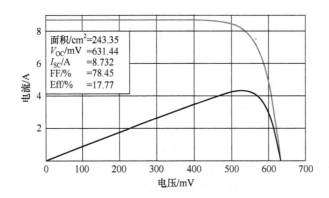

图 3.45　德国 Fraunhofer 太阳能研究所测得的多晶硅 Pluto 电池的 I-V 特性曲线

表 3.5　Pluto 多晶硅电池实验室和产业化性能参数的比较

	实验室最好电池性能*	产业化 Pluto 电池批次性能参数(平均值)	产业化 Pluto 电池最佳性能参数**
电池面积/cm²	156.25	243.34	243.34
J_{SC}/(mA/cm²)	38.3	35.1	35.9
V_{OC}/mV	646.6	634.0	631.4
FF/%	76.0	77.8	78.4
Eff/%	19.0	17.3	17.8

＊国家太阳能光伏产品质量监督检验中心测试。

＊＊德国 Fraunhofer 太阳能研究所测试。

2) Pluto 组件

在生产 Pluto 电池的同时,尚德开发了 Pluto 电池的组件生产技术,表 3.6 列出了由 72 片 125mm×125mm 多晶硅电池生产的 Pluto 多晶组件的典型参数,其组件输出功率在 190～195W,这是世界上大规模生产输出功率最高的多晶硅组件之一。

表 3.6　典型的 Pluto 多晶硅及其组件的特性参数

	I_{SC}/A	V_{OC}/V	FF/%	Eff/%	功率/W
Pluto 多晶硅组件	5.47	45.4V	76.7	16.9	191
Pluto 多晶硅单片电池	5.48	0.633V	77.6	17.2	

注:组件效率以有效面积计算。

参 考 文 献

[1] Braun F. On conductance in met al sulphides. Ann. Phys. Lpz. ,1874,153:556

[2] Torrey H C,Whitmer C A. Crystal Rectifiers. NewYork;McGraw-Hill,1948;5-11

[3] Ohl R S. Light sensitive electric device. US Patent,2443542,filed 27 May 1941

[4] Kingsbury E F,Ohl R S. Photoelectric properties of ionically bombard silicon. Bell Syst. Tech. J. ,1952,31;8092

[5] Chapin D M,Fuller C S,Pearson G L. A new silicon p-n junction photo cell for converting solar radiation into electrical power. J. Appl. Phys. ,1954,8;676

[6] Pearson G L. PV founders award luncheon. Conf. Record,18th IEEE Photovoltaic Specialists Conf. ,Las Vegas, NewYork, IEEE,1985

[7] Bell Labs. Record. November,1954;436;Bell Labs,Record,May,1955;166

[8] Sharp Solar Battery S-224,Sharp Corporation,Osaka,Japan

[9] Hall R N,Soltys T J. Polka-dot solar cell. Conference record,14th IEEE Photovoltaic Specialists Conference,San Diego,1980;550

[10] Wolf M. Limitations and possibilities for improvement of photovoltaic solar energyconverters. Proceedings of the IRE,1960,48;1246-1263

[11] Mandelkorn J,McAfee C,Kesperis J, et al. Fabrication and characteristics of phosphorus-diffused silicon solar cells. Journal of the Electrochemical Society,1962,109(4);313-318

[12] Smith K D,Gummel H K,Bode J D,et al. The solar cells and their mounting. Bell Sys. Tech. J. ,1963,41;1765-1816

[13] Gereth R,Fischer H,Link E,et al. Contribution to the solar cell technology. Energy Conversion,1972,12;103-107

[14] Philip H R. Journal of the Physics and Chemistry of Solids,1971,342;1935

[15] Iles P A. Increased output from silicon solar cells. Conference Record,8th IEEE Photovoltaic Specialists Conference,Seattle,1970;345-352

[16] Gereth R,Fischer H,Link E,et al. Silicon solar technology of the seventies. Conf. Record, 8th IEEE Photovoltaic Specialists Conf. ,Seattle,1970;353

[17] Cummerow R L. Use of p-n junctions for converting solar energy to electrical energy. Phys. Rev. ,1954,95;561

[18] Wolf M. Drift fields in photovoltaic solar energy conversion. Proceedings of the IEEE, 1963,551;593-674

[19] Mandelkorn J,Lamneck J H. A new electric field effect in silicon solar cells. J. Appl. Phys. ,1973, 44;4785

[20] Godlewski M P,Baraona C R,Brand horst H W. Low-high junction theory applied to solar cells. 10th IEEE Photovoltaic Specialists Conf. ,PaloAlto,1973;40-49

[21] Tsai J C C. Shallow phosphorus diffusion profiles in silicon. Proceedings of the IEEE, 1969, 57;1499-1506

[22] Lindmayer J, Allison J. The violet cell;an improved silicon solar cell. COMSAT Tech. Rev. ,1973,3;1-22

[23] Haynos J, Allison J, Arndt R, et al. The comsat non-reflective silicon solar cell;a second

generation improved cell. Int. Conference on Photovoltaic Power Generation, Hamburg, September,1974:487

[24] Rudenberg H G,Dale B. Radiant energy transducer. US Patent 3,150,999,filed 17 February,1961

[25] King D,Buck M E. Experimental optimization of an anisotropic etching process for random texturization of silicon solar cells. Conf. Record,22nd IEEE Photovoltaic Specialists Conf. , Las Vegas,1991:303-308

[26] Rittner E S,Arndt R A. Comparison of silicon solar cell efficiency for space and terrestrial use. J. Appl. Phys. ,1976,47:2999-3002

[27] Zhao J,Green M A. Optimized antireflection coatings for high efficiency silicon solar cells. IEEE Trans. Electron Devices,1991,38:1925-1934

[28] Godfrey R B,Green M A. 655mV open circuit voltage,17. 6% efficient silicon MIS solar cells. Appl. Phys. Lett. ,1979,34:790-793

[29] Hezel R,Hoffmann W,Jaeger K. Recent advances in silicon inversion layer solar cells and their transfer to industrial pilot production. 10th European Photovoltaic Solar Energy Conf. ,Lisbon,April,1991:511-514

[30] Fossum J G,Burgess E L. High efficiency $p^+ nn^+$ back-surface-field silicon solar cells. Appl. Phys. Lett. ,1978,33:238-240

[31] Green M A. Enhancement of schottky solar efficiency above its semiempirical limit. Appl. Phys. Lett. ,1975,28:268-287

[32] Lindmayer J,Allison J F. Dotted contact fine geometry solar cell. U. S. Patent 3,982, 964,Sept. 1976

[33] Arndt R A,Meulenberg A,Allison J F. Advances in high output voltage silicon solar cells. Conf. Record,15th IEEE Photovoltaic Specialists Conf. ,Orlando,1981:92-96

[34] Green M A,Blakers A W,Shi J,et al. High-efficiency silicon solar cells. IEEE Trans. on Electron Devices,1984,ED-31:671-678

[35] Lindholm F A, Neugroschel A,Arienze M,et al. Heavily doped polysilicon-contact solar cells. Electron Device Letters,1985,EDL-6:363-365

[36] Yablonovitch E,Gmitter T,Swanson R M,et al. A 7209 MV open circuit voltage,SiO_x:c-Si:SiO_x double heterostructure solar cell. Appl. Phys. Lett. ,1985,47:1211-1213

[37] van Halen P,Pulfrey D L. High-grain bipolar transistors with poly slilicon tunnel junction emitter contacts. IEEE Trans. On Electron Devices,1985,ED-32:1307

[38] Green M A,Blakers A W,Osterwald C R. Characterization of High-efficiency silicon solar cells. J. Appl. Phys. ,1985,58:4402-4408

[39] Thompson R D,Tu K N. Low temperature gettering of Cu,Ag,and Au across a wafer of Si by Al. Appl. Phys. Lett. ,1982,41:440-442

[40] Blakers A W,Green M A. 20% efficiency silicon solar cells. Appl. Phy. Lett. ,1986,48: 215-217

[41] Saitoh T,Uematsu T,Kida T,et al. Design and fabrication of 20% efficiency,medium-resistivity silicon solar cells. Conf. Record,19th IEEE Photovoltaic Specialists Conf. ,New Orleans,1987:1518-1519

[42] Callaghan W T. Evening presentation on jet propulsion lab. Photovoltaic activities,Seventh E. C. Photovoltaic Solar Energy Conf. ,Sevilla,Oct. ,1986

[43] Khemthong S,Cabaniss S,Zhao J,et al. Low cost silicon solar cells with high efficiency at high concentrations. Conf. Record,22nd IEEE Photovoltaic Specialists Conf. ,LasVegas,1991:268-272

[44] Fukui K,Fukawa Y,Takahashi H,et al. Large area high efficiency single crystalline silicon solar cell. Tech. Digest,Int. PVSEC-7 Nagoya,Japan,1993:87-88

[45] Sinton R A,Kwark Y,Gan J Y,et al. 27. 5% Si concentrator solar cells. Electron Device Letters,1986,EDL-7:567

[46] King R R,Sinton R A,Swanson R M. Front and back surface fields for point-contact solar cells. Conf. Record,20th IEEE Photovoltaic Specialists Conf. ,Las Vegas,September,1988:538-544

[47] Blakers A W,Wang A,Milne A M,et al. 22. 6%efficient silicon solar cells. Proceedings,4th International Photovoltaic Science and Engineering Conference. Sydney,February,1989:801-806

[48] Zhao J,Wang A,Green M A. 24%efficient PERL structure silicon solar cells. 21st IEEE Photovoltaic Specialists Conf. ,Orlando,May,1990:333-335

[49] Green M A. Recent advances in silicon solar cell performance. Proc. 10th European Communities Photovoltaic Solar Energy Conf. ,Lisbon. Dordrecht:Kluwer Academic Publishers,1991:250-253

[50] Verlinden P J,Swanson R M,Crane R A. 7000 high efficiency cells for a dream. Progress in Photovoltaics,1994,2:143-152

[51] Zhao J,Wang A,Taouk M,et al. 20%efficient photovoltaic module. Electron Device Letters,1993,EDL-14:539-541

[52] Green M A. World solar challenge 1993: the trans-Australian solar carrace. Progress in Photovoltaics,1994,2:73-79

[53] Zhao J, Wang A, Green M A. 24. 5% efficiency silicon PERT cells on MCZ substrates and 24. 7% efficiency PERL cells on FZ substrates. Progress in Photovoltaics, 1999, 7: 471-474

[54] Green M A,Zhao J,Blakers A W,et al. 25%efficient low-resistivity silicon concentrator solar cells. IEEE Electron Device Letters,1986,EDL-7:583-585

[55] Blakers A W,Kosel P B,Willison M R,etal. Fabrication of thick narrow electrodeson concentrators olar cells. J. Vac. Sci. Tech. ,1982,20:13-15

[56] Iles P A. A survey of grid technology. Conf. Record,16th IEEE Photovoltaic Specialists Conf. ,San Diego,1982:340

［57］Cuevas A,Sinton R A,Swanson R M. Point and planar-junction p-i-n silicon solar cells for concentration applications,fabrication,performance and stability. Conf. Record,21st IEEE Photovoltaic Specialists Conf. ,Kissimimee,May,1990:327-332

［58］Green M A. Silicon Soalr Cells:Advanced Principles & Practice. Dordrecht:Kluwer Academic,March 1995

［59］Green M A,Zhao J,Wang A,et al. 45% efficient silicon photovoltaic cell under monochromatic light. IEEE Electron Device Letters,1992,13:317-318

［60］Balk P. The Si-SiO₂ System. Elsevier,Amstrdam,1998

［61］Aberle A,Glunz S,Warta W. Impact of illumination level and oxide parameters of shockley-read-hall recombination at the Si-SiO₂ interface. J. Appl. Phys. ,1992,71:4422

［62］Eades W,Swanson R. Calculation of the surface generation and recombination velocities at the Si-SiO₂ interface. J. Appl. Phys. ,1985,58:4267

［63］Green M A,Wenham S R,Zhao J,et al. One-sun silicon solar cell research. Final Report, Sandia Contract 66-5863,1992

［64］Yablonovittch E,Swanson R M,Eades W D,et al. Electron-hole recombination at the Si-SiO₂ interface. Appl. Phys. Lett. ,1986,48:245

［65］Zhao J,Wang A,Green M A. 23. 5%efficient silicon solar cells. Progress in Photovoltaics, 1994,2:227-230

［66］Green M A,Emery K,Bucher K,et al. Solar cell efficiency tables(Version5). Progress in Photovoltaics,1995,3:51-55

［67］Green M A,Wenham S R. Silicon cells:single junction,one sun,terrestrial,single-& multi-crystalline. In:Partain L. Solar Cells and Their Applications. NewYork:Wiley,1995

［68］Wenham S R. Buried-contact silicon solar cells. Progress in Photovoltaics,1993,1:3-10

［69］Sopori G L,Jastrzebski L,Tan T Y,et al. Gettering effects in poly crystalline silicon. Conf. Proceedings,12th European Photovoltaic Solar Energy Conference,Amsterdam,April,1994:1003-1006

［70］Nigel Mason,et al, 20. 1% efficiency large area cell on 140um micro thin silicon wafer. Proc. 21st European PVSEC,Dresden 2006

［71］McIntosh K R, Cudzinovic M J, Smith D D, et al. The choice of silicon wafer for the production of low-cost rear-contact solar cells. Proceedings of 3rd World Conference, 2003, (1):971-974

［72］Cousins PJ, Smith DD, Luan HC, et al. Gen Ⅲ: improved performance at lower cost. 35th IEEE PVSC, Honolulu, HI, June 2010

［73］Maruyama M, Terakawa A, Taguchi M,et al. Sanyo's challenges to the development of high-efficiency HIT solar cells and the expansion of HIT business. Proceeding of the IEEE,2006:1455-1460

［74］Tsunomura Y, Yoshimine Y, Tagnchi M,et al. Twenty-two percent efficiency HIT solar cell. Sol. Energy Mater. &Sol. Cells. ,2008,37:1-4

[75] Taguchi M, et al. Improvement of the conversion efficiency of poly crystalline silicon thin film solar cell. Proc. 5th PVSEC, 1990: 689-692

[76] Taguchi M, Kawamoto K, Tsuge S, et al. HIT^{HM} Cells-high efficiency crystalline si cells with novel structure. Prog. Photovolt: Res. Appl, 2000: 503-513

[77] Deb S, Nag B R. Measurement of lifetime of carrier in semiconductors through microwave reflection. J. Appl. Phys. , 1962, 33: 1604

[78] Kurita K, Shingyouji T. Low surface recombination velocity on silicon wafer surface due to iodine-ethanol treatment. Jpn. J. Appl. Phys. , 1999, 38: 5710-5714

[79] Tanaka M, Taguchi M, Matsuyama T, et al. Development of new a-Si/c-Si heterojunction solar cells: ACJ-HIT(artificially constructed junctionheterojunction with Intrinsic thin-layer). Jpn. J. Appl. Phys. , 1992, 31: 3518-3522

[80] Sasaki M, et al. Characterization of the defect density and band tail of an a-Si: Hi-layer for solar cells by improved CPM measurements. Sol. Energy Mater. &.Sol. Cell. , 1994, 34, 541-547

[81] Hishikawa Y, Isomura M, Okamoto S, et al. Effects of the i-layer properties and impurity on the performance of a-Si solar cells. Sol. Energy Mater. &.Sol. Cells. , 1994, 34: 303-312

[82] Hishikawa Y, Nakamura N, Tsuda S, et al. Interference-free determination of the optical absorption coefficient and the optical gap of amorphous silicon thin film. Jpn. J. Appl. Phys. , 1991, 30: 1008-1014

[83] Sawada T, Terada N, Tsuge S, et al. High efficiency a-Si/c-Si hetero junction solar cells. Proc. 1st WCPEC, 1994: 1219-1226

[84] Kinoshita T, Fujishima D, Yano A. et al. The approaches for high efficiency HIT^{TM} solar cell with very thin (<100μm) silicon wafer over 23%. 26th European Photovoltaic Solar Energy Conference and Exhibition. 2011: 871-874

[85] Wang Z J, Han P Y, Lu H Y, et al. Advanced PERC and PERL production cells with 20. 3% record efficiency for standard commercial p-type silicon wafers. Progress in Photovoltaics: Research and Applications. , 2012, 20(3): 260-268

第 4 章　高效Ⅲ-Ⅴ族化合物太阳电池

向贤碧　廖显伯

　　周期表中Ⅲ族元素与Ⅴ族元素形成的化合物简称为Ⅲ-Ⅴ族化合物。Ⅲ-Ⅴ族化合物是继锗(Ge)和硅(Si)材料以后发展起来的半导体材料。由于Ⅲ族元素与Ⅴ族元素有许多种可能的组合,因而Ⅲ-Ⅴ族化合物材料的种类繁多。其中最主要的是砷化镓(GaAs)及其相关化合物,称为 GaAs 基系Ⅲ-Ⅴ族化合物,其次是以磷化铟(InP)和相关化合物组成的 InP 基系Ⅲ-Ⅴ族化合物。但近年来在高效叠层电池的研制中,人们普遍采用 3 元和 4 元的Ⅲ-Ⅴ族化合物作为各个子电池材料,如 GaInP,AlGaInP,InGaAs,GaInNAs 等材料,这就把 GaAs 和 InP 两个基系的材料结合在一起了。

　　以 GaAs 为代表的Ⅲ-Ⅴ族化合物材料有许多优点,例如它们大多具有直接带隙的能带结构,光吸收系数大,还具有良好的抗辐射性能和较小的温度系数,因而 GaAs 材料特别适合于制备高效率、空间用太阳电池。尽管 GaAs 太阳电池及其他Ⅲ-Ⅴ族化合物太阳电池具有上述诸多优点,但由于其材料价格昂贵,制备技术复杂,导致太阳电池的成本远高于 Si 太阳电池,因而至今为止,除了空间应用之外,GaAs 太阳电池的地面应用很少。

　　近十年来,Ⅲ-Ⅴ族化合物太阳电池研究和开发主要集中在提高多结叠层电池的效率和降低其成本上,并取得了重要进展。据报道,空间用 InGaP/GaAs/In-GaAs/InGaAs 四结叠层电池的效率已达到 34.24%(AM0,1 倍太阳光强)[1],地面用 GaInP/GaAs/GaInNAs 三结叠层聚光太阳电池的效率已达到 43.5%(AM1.5D,400~600 倍太阳光强)[2]。随着叠层聚光电池效率的提高,以及聚光技术的改进,聚光Ⅲ-Ⅴ族化合物太阳电池系统的成本大大降低,因而其地面应用已成为现实可能。以下本章将介绍Ⅲ-Ⅴ族化合物太阳电池的特点、制备技术、发展历史,以及研究和应用现状。

4.1　Ⅲ-Ⅴ族化合物材料及太阳电池的特点

　　Ⅲ-Ⅴ族化合物半导体材料中最具代表性的是 GaAs 材料。GaAs 材料的研究始于 20 世纪 50 年代。60 年代初,发现 GaAs 具有独特的发光特性,并研制出了 GaAs 红外激光器。60 年代末,国外开始了 GaAs 太阳电池的研究。由于 GaAs

材料具有许多优良的性质,GaAs 太阳电池的效率提高很快,迅速超过了其他各种材料制备的太阳电池的效率。几十年来,随着光电子技术产业的迅速发展,GaAs 材料和器件的研究已日趋成熟。本小节将介绍 GaAs 材料的性质和 GaAs 太阳电池的特点。

GaAs 是一种典型的Ⅲ-Ⅴ族化合物半导体材料。GaAs 的晶格结构与硅相似,属于闪锌矿晶体结构;与硅不同的是,Ga 原子和 As 原子交替地占位。与 Si 材料相比较,GaAs 材料具有以下优点:

(1) GaAs 具有直接带隙能带结构,其带隙宽度 $E_g = 1.42\text{eV}(300\text{K})$,处于太阳电池材料所要求的最佳带隙宽度范围。目前 GaAs 太阳电池,无论是单结电池还是多结叠层电池所获得的转换效率都是至今所有种类太阳电池中最高的(表 4.1)[3,4]。这是 M. Green 等在 2012 年 7 月收集发布的各类太阳电池和组件的最高效率,测量是在 AM1.5G 光谱(1000W/m²)和 25℃温度下进行的。

表 4.1　各类太阳电池效率的世界纪录(2012)[3,4]

类别	效率/%	面积/cm²	V_{OC}/V	J_{SC}/(mA/cm²)	FF/%	测试中心(日期)	备注
硅							
Si(单晶)	25.0±0.5	4.00	0.706	42.7	82.8	Sandia (3/99)	UNSW PERL
Si(多晶)	20.4±0.5	1.002	0.664	38.0	80.9	NREL (5/04)	FhG-ISE
Si(薄膜转移)	19.1±0.4	3.983	0.650	37.8	77.6	FhG-ISE(2/11)	ISFH(43μm)
Si(薄膜小组件)	10.5±0.3	94.0	0.492	29.7	72.1	FhG-ISE(8/07)	CSG Solar(1—2μm 玻璃衬底 20 电池)
Ⅲ-Ⅴ电池							
GaAs(薄膜)	28.8±0.9	0.9927	1.122	29.68	86.5	NREL(5/12)	Alta Device
GaAs(多晶)	18.4±0.5	4.011	0.994	23.2	79.7	NREL(11/95)	RTI,Ge 衬底
InP(单晶)	22.1±0.7	4.02	0.878	29.5	85.4	NREL(4/90)	Spire,外延
硫系薄膜							
CIGS(电池)	19.6±0.6	0.996	0.713	34.8	79.2	NREL(4/90)	NREL,玻璃衬底
CIGS(小组件)	17.4±0.5	15.993	0.6815	33.84	75.5	FhG-ISE(10/11)	Solibro(4 个电池串联)
CdTe(电池)	17.3±0.5	1.066	0.842	28.99	75.6	NREL(7/11)	First Solar,玻璃衬底
非晶硅/多晶硅							
Si(非晶硅)	10.1±0.3	1.036	0.886	16.75	67.0	NREL(7/09)	Oerlikon Solar Lab Neuchatel
Si(纳米晶)	10.1±0.2	1.199	0.539	24.4	76.6	JQA(12/97)	Kaneka(2μm 玻璃衬底)

续表

类别	效率/%	面积/cm²	V_{OC}/V	J_{SC}/(mA/cm²)	FF/%	测试中心（日期）	备注
光化学							
染料敏化	11.0±0.3	1.007	0.714	21.93	70.3	AIST(9/11)	Sharp
染料敏化小组件	9.9±0.4	17.11	0.719	19.4	71.4	AIST(8/10)	Sony(8 个电池并联)
有机电池							
有机薄膜	10.0±0.3	1.021	0.899	16.75	66.1	AIST(10/11)	Mitsubishi Chemical
有机薄膜(小组件)	5.2±0.2	294.5	0.689	11.73	64.2	AIST(3/12)	Sumitomo(15 个电池串联)
多结电池							
InGaP/GaAs/InGaAs	37.5±1.3	1.046	3.015	14.56	85.5	AIST(2/12)	Sharp
a-Si/nc-Si/nc-Si(薄膜)	12.4±0.7	1.050	1.936	8.96	71.5	NREL(3/11)	United Solar
a-Si/nc-Si(薄膜)	12.3±0.3%	0.962	1.365	12.93	69.4	AIST(7/11)	Kaneka
a-Si/nc-Si(小组件)	11.7±0.4	14.23	5.462	2.99	71.3	AIST(9/04)	Kaneka

（2）由于 GaAs 材料具有直接带隙结构，因而它的光吸收系数大。GaAs 的光吸收系数，在光子能量超过其带隙宽度后，剧升到 $10^4 \, cm^{-1}$ 以上，如图 4.1 所示。经计算，当光子能量大于其 E_g 的太阳光进入 GaAs 后，仅经过 $1 \mu m$ 左右的厚度，其光强因本征吸收激发光生电子-空穴对便衰减到原值的 $1/e$ 左右，这里 e 为自然

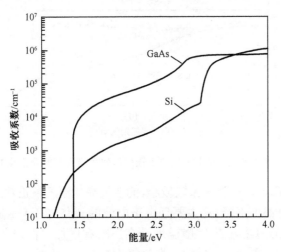

图 4.1　Si 和 GaAs 材料的光吸收系数随光子能量的变化

对数的底；经过 $3\mu m$ 以后，95% 以上的这一光谱段的阳光已被 GaAs 吸收。所以，GaAs 太阳电池的有源区厚度多选取在 $3\mu m$ 左右。这一点与具有间接带隙的 Si 材料不同。Si 的光吸收系数在光子能量大于其带隙宽度（$E_g=1.12eV$）后是缓慢上升的，在太阳光谱很强的可见光区域，它的吸收系数都比 GaAs 的小一个数量级以上。因此，Si 材料需要厚达数十甚至上百微米才能充分吸收太阳光，而 GaAs 太阳电池的有源层厚度只有 $3\sim5\mu m$。

（3）GaAs 基系太阳电池具有较强的抗高能粒子辐照性能。辐照实验结果表明，经过 1MeV 高能电子辐照，即使其剂量达到 $1\times10^{15}cm^{-2}$ 之后，GaAs 基系太阳电池的能量转换效率仍能保持原值的 75% 以上，而先进的高效空间 Si 太阳电池在经受同样辐照的条件下，其转换效率只能保持其原值的 66%。对于高能质子辐照的情形，两者的差异尤为明显。以低地球轨道的商业卫星为例，对于初期效率（beginning of life，BOL 效率）分别为 18% 和 13.8% 的 GaAs 电池和 Si 电池，两者的 BOL 效率之比为 1.3。然而经低地球轨道运行的质子辐照后，其终期效率（end of life，EOL 效率）将分别下降为 14.9% 和 10.0%，此时 GaAs 电池的 EOL 效率为 Si 电池的 1.5 倍。图 4.2 示出了各类太阳电池在 1MeV 电子辐照后效率衰退与辐照剂量的关系曲线[5]。大多数Ⅲ-Ⅴ族化合物太阳电池的抗高能粒子辐照性能都好于 Si 太阳电池，抗辐照性能最好的是 InP 太阳电池。

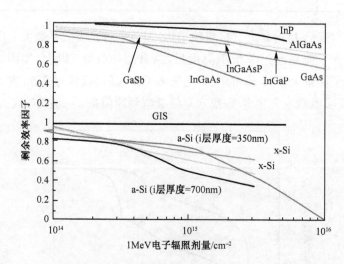

图 4.2 各类太阳电池在 1MeV 电子辐照后效率衰退与辐照剂量的关系[5]

（4）GaAs 太阳电池的温度系数较小，能在较高的温度下正常工作。太阳电池的效率随温度的升高而下降，这主要是由于电池的开路电压 V_{OC} 随温度升高而下降的缘故；而电池的短路电流 I_{SC} 随温度升高还略有增加。在较宽的温度范围内，电池效率随温度的变化近似是线性关系，GaAs 电池效率的温度系数约为

$-0.23\%/℃$，而 Si 电池效率的温度系数约为 $-0.48\%/℃$。GaAs 电池效率随温度的升高降低比较缓慢，因而可以工作在更高的温度范围。例如，当温度升高到 $200℃$，GaAs 电池效率下降近 50%，而硅电池效率下降近 75%。这是因为 GaAs 的带隙较宽，要在较高的温度下才会产生明显的载流子的本征激发，因而 GaAs 材料的暗电流密度随温度的增高增长较慢，这就使与暗电流密度有关的 GaAs 太阳电池的开路压 V_{OC} 减小较慢，因而效率降低较慢。

GaAs 基系太阳电池的上述优点正好符合空间环境对太阳电池的要求：效率高、抗辐照性能好、耐高温、可靠性好。因此，GaAs 基系太阳电池在空间科学领域正逐渐取代 Si 太阳电池，成为空间能源的重要组成部分。

但是，GaAs 基系太阳电池也有其固有的缺点，主要有以下几方面：①GaAs 材料的密度较大（$5.32g/cm^3$），为 Si 材料密度（$2.33g/cm^3$）的两倍多；②GaAs 材料的机械强度较弱，易碎；③GaAs 材料价格昂贵，约为 Si 材料价格的 10 倍。所以，GaAs 基系太阳电池的效率尽管很高，但因有这些缺点，多年来一直在地面领域得不到广泛应用。

InP 基系太阳电池的抗辐照性能比 GaAs 基系太阳电池还好，但转换效率略低，而且 InP 材料的价格比 GaAs 材料更贵。所以，长期以来对单结 InP 太阳电池的研究和应用较少。但在叠层电池的研究开展以后，InP 基系材料得到了广泛的应用。用 InGaP 三元化合物制备的电池与 GaAs 电池晶格匹配，作为两结和三结叠层电池的顶电池具有特殊的优越性。

4.2　Ⅲ-Ⅴ族化合物太阳电池的制备方法

4.2.1　液相外延技术

在Ⅲ-Ⅴ族化合物太阳电池研究初期，人们普遍采用液相外延（liquid phase epitaxy，LPE）技术来制备 GaAs 及其他相关化合物太阳电池，获得了效率高于 20% 的 GaAs 太阳电池。现以 GaAs 材料的生长为例简单介绍 LPE 技术的原理。

金属 Ga 与高纯 GaAs 多晶或单晶材料在高温下（约 $800℃$）形成饱和溶液（称为母液），然后缓慢降温，在降温过程中母液与 GaAs 单晶衬底接触；由于温度降低，母液变为过饱和溶液，多余的 GaAs 溶质在 GaAs 单晶衬底上析出，沿着衬底晶格取向外延生长出新的 GaAs 单晶层。LPE 是一种近似热平衡条件下的外延生长技术，因而生长出的外延层的晶格完整性很好；另外，由于在外延生长过程中杂质在固/液界面存在分凝效应，所以生长出的 GaAs 外延层的纯度很高。选择适当的掺杂剂，很容易在 LPE-GaAs 外延生长中实现 n 型或 p 型掺杂。n 型掺杂剂通常采用 Sn，Te，Si 等Ⅳ族或Ⅵ族元素；而 p 型掺杂剂通常采用 Zn，Mg 等Ⅱ族元素。外延层的掺杂浓度的控制通过调节掺杂剂与母液的克原子比和生长温度来实现。

外延层的厚度由生长温度和生长的降温范围决定。液相外延生长系统的结构如图4.3所示。系统由外延炉、石英反应管、石墨生长舟、氢气发生器以及真空机组组成。中国科学院半导体所曾在20世纪80年代初期利用LPE法生长出了高纯度、高完整性的GaAs外延材料。其室温和低温（77K）电子迁移率分别高达$9000cm^2/(V \cdot s)$和$195000cm^2/(V \cdot s)$，本征载流子浓度低达$1 \times 10^{13}cm^{-3}$，达到世界先进水平[6]。

　　LPE技术的优点是设备简单，价格便宜，生长工艺也相对简单、安全，毒性较小。LPE技术的缺点主要是难以实现多层复杂结构的生长。因为液相外延生长受相图和溶解度等因素的限制，有许多异质结构不能用LPE技术生长出来。比如很难在Si衬底上和Ge衬底上外延GaAs。因为Si或Ge在Ga母液中的溶解度非常大，在外延生长的高温下，Si或Ge衬底几乎完全被Ga母液溶解，因而不能实现GaAs/Si，GaAs/Ge的外延生长。即便换成Sn作母液，情况改善也不多。其次，LPE生长的外延层的厚度不能精确控制，厚度均匀性较差，小于$1\mu m$的薄外延层生长困难；另外，LPE外延片的表面形貌不够平整。由于LPE技术的上述缺点，近10年来已逐渐被MOCVD（metal organic chemical vapor deposition）技术和MBE（molecular beam epitaxy）技术所取代。但作者注意到，国外的一些研究小组仍然坚持用LPE技术研制聚光GaAs太阳电池，取得了很好的成果。相有关内容将在4.3.1节中介绍。

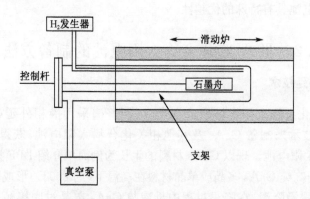

图4.3　液相外延生长系统的结构图

4.2.2　金属有机化学气相沉积技术

　　金属有机化学气相沉积（MOCVD）技术，也称金属有机气相外延（metal organic vapor phase epitaxy，MOVPE）技术，是目前研究和生产Ⅲ-Ⅴ族化合物太阳电池的主要技术手段。它的工作原理是在真空腔体中用携带气体H_2通入三甲基镓（Trimethyl Gallium，TMGa），三甲基铝（trimethyl Aluminum，TMAl），三甲基铟(trimethyl Indium,TMIn)等金属有机化合物气体和砷烷(AsH_3)、磷烷(PH_3)等氢化物,在适当的温度条件下,这些气体进行多种化学反应,生成 GaAs,GaInP,AlInP 等Ⅲ-Ⅴ族化合物,并在 GaAs 衬底或 Ge 衬底上沉积,实现外延生长。n 型掺杂剂为硅烷(SiH_4),硒化氢(H_2Se)等;p 型掺杂剂采用二乙基锌(diethyl Zinc,DEZn),四氯化碳(CCl_4)等。MOCVD 生长系统的结构示意图如图 4.4 所示[7]。

同 LPE 技术相比较,MOCVD 技术的设备和气源材料的价格昂贵,技术复杂,而且这种气相外延生长使用的各种气源,包括各种金属有机化合物以及砷烷(AsH_3),磷烷(PH_3)等氢化物都是剧毒物质,因而 MOCVD 技术具有一定的危险性。但是 MOCVD 技术在材料生长方面有一些突出的优点。比如用 MOCVD 技术生长出的外延片表面光亮,各层的厚度均匀,浓度可控,因而研制出的太阳电池效率高,成品率也高。用 MOCVD 技术容易实现异质外延生长,可生长出各种复杂的太阳电池结构,因而有潜力获得更高的太阳电池转换效率。因为在同一次MOCVD 生长过程中,只需通过气源的变换,便可以生长出不同成分的多层复杂结构,增大了电池设计的灵活性,使多结叠层电池结构的生长成为可能。而且近年来,各 MOCVD 设备生产厂家已对设备进行了改进,实现了一炉多片生长,扩大了MOCVD 设备的生产规模,因而可大大降低生产成本。

MOCVD 技术一般采用低压(约 0.1bar,$1bar=10^5Pa$)生长模式,生长系统要求有严格的气密性,以防止这些剧毒气体泄漏,同时避免系统被漏进的氧和水汽等沾污。MOCVD 的生长参数包括:气体压力、气体流速、V/Ⅲ气体比率、生长温度以及 GaAs 或 Ge 衬底的晶体取向等。

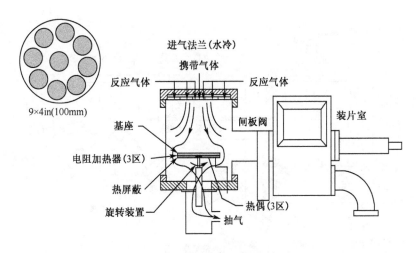

图 4.4　立式 MOCVD 设备示意图(1in=2.54cm)

4.2.3　分子束外延技术

分子束外延(moleculer beam epitaxy,MBE)技术是另一种先进的Ⅲ-Ⅴ族化合物材料生长技术。它已经有三十几年的发展历史。MBE技术的工作原理与真空蒸发镀膜技术的原理是相似的,只是MBE技术要求的真空度比真空蒸发镀膜技术要高得多,但其蒸发的速率则慢得多。MBE技术的工作原理是,在一个超高真空的腔体中($<10^{-10}$ Torr,1Torr$=1.33322\times10^2$Pa),用适当的温度分别加热各个源材料,如Ga和As,使其中的分子蒸发出来,这些蒸发出来的分子在它们的平均自由程的范围内到达GaAs或Ge衬底并进行沉积,生长出GaAs外延层。MBE技术的特点是:①生长温度低,生长速度慢,可以生长出极薄的单晶层,甚至可以实现单原子层生长;②MBE技术很容易在异质衬底上生长外延层,实现异质结构的生长;③MBE技术可严格控制外延层的层厚、组分和掺杂浓度;④MBE生长出的外延片的表面形貌好,平整光洁。

MBE技术在量子阱激光器材料、超晶格材料、二维电子气等领域获得了巨大成功,但在太阳电池研究领域它的应用比MOCVD技术要少得多;MBE制备的太阳电池的效率也不如MOCVD制备的太阳电池的效率高,这可能与MBE的生长机制是非平衡过程有关。另外,MBE的设备复杂,价格昂贵,而且生长速率太慢,不易产业化,也影响了它在太阳电池研究领域的发展。但近两年来,随着量子阱、量子点太阳电池研究的升温,MBE技术在太阳电池研究领域的应用已越来越多。图4.5给出了用于Ⅲ-Ⅴ族材料生长的MBE设备的示意图[7]。

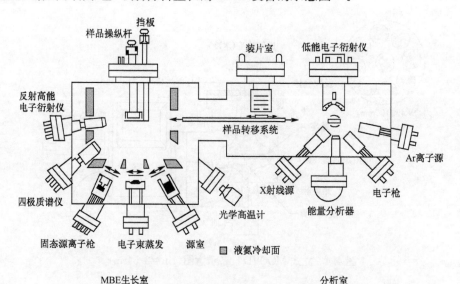

图4.5　用于Ⅲ-Ⅴ族材料生长的MBE设备的示意图[7]

4.3　Ⅲ-Ⅴ族单结太阳电池

GaAs 太阳电池是众多Ⅲ-Ⅴ族太阳电池中研究得最深入、应用最广泛的一种太阳电池,是Ⅲ-Ⅴ族太阳电池的典型代表。本节以 GaAs 太阳电池为主来介绍Ⅲ-Ⅴ族单结太阳电池。

4.3.1　GaAs/GaAs 同质外延单结太阳电池

GaAs 太阳电池的研究始于 20 世纪 60 年代。尽管从 GaAs 材料的优良性质预见到 GaAs 太阳电池可获得高的转换效率,但初期的研究并不顺利。人们用研究 Si 太阳电池的方法来研究 GaAs 太阳电池未获得成功。这是因为 GaAs 体单晶材料的质量远比 Si 体单晶材料的质量差。GaAs 是二元化合物,它的问题比单质 Si 材料的问题复杂得多,因而 GaAs 体单晶材料无论是纯度还是完整性都远不如 Si 体单晶材料好。用简单的扩散技术制成的 GaAs-p/n 结性能很差,不能满足器件的要求。与其他的 GaAs 光电子器件一样,GaAs 太阳电池必须采用外延材料来制作。在研究初期,人们普遍采用液相外延技术来研制 GaAs 太阳电池。衬底采用 GaAs 单晶片,生长出的电池为 GaAs/GaAs 同质外延太阳电池。前面已经介绍过,LPE 技术的设备简单,价格便宜,生长工艺也相对简单、安全,毒性较小,是生长 GaAs 太阳电池材料的简便易行的技术。

用 LPE 技术研制 GaAs 太阳电池时遇到的的主要问题是 GaAs 材料的表面复合速率高。因为 GaAs 是直接带隙材料,对短波长光子的吸收系数高达 10^5cm^{-1} 以上,高能量光子基本上被数百埃厚的表面层吸收,在表面层附近产生了大量的光生载流子,但许多光生载流子被表面复合中心复合掉了,不能被收集成为太阳电池的光生电流。因而,高的表面复合速率大大降低了 GaAs 太阳电池的短路电流 I_{sc}。加之,GaAs 没有像 SiO_2/Si 那样好的表面钝化层,不能用简单的钝化技术来降低 GaAs 表面复合速率。因而,在 GaAs 太阳电池研究的初期,电池效率长时间未能超过 10%。直到 1973 年,Hovel 等提出在 GaAs 表面生长一薄层 $Al_xGa_{1-x}As$ 窗口层后,这一困难才得以克服[8]。当 $x=0.8$ 时,$Al_xGa_{1-x}As$ 是间接带隙材料,$E_g \approx 2.1\text{eV}$,对光的吸收很弱,大部分光将透过 $Al_xGa_{1-x}As$ 层进入到 GaAs 层中,$Al_xGa_{1-x}As$ 层起到了窗口层的作用。由于 $Al_xGa_{1-x}As/GaAs$ 界面晶格失配小,界面态的密度低,对光生载流子的复合较少;而且 $Al_xGa_{1-x}As$ 与 GaAs 的能带带阶主要发生在导带边,即 $\Delta E_c \gg \Delta E_v$,如果 $Al_xGa_{1-x}As$ 为 p 型层,那么 ΔE_c 可以构成少子(电子)的扩散势垒,从而减小了光生电子的反向扩散,降低了表面复合。同时 ΔE_v 不高,基本上不会防碍光生空穴向 p 边的输运和收集。采用 $Al_xGa_{1-x}As/GaAs$ 异质界面结构使 LPE-GaAs 电池的效率迅速提高,最高效率超过了 20％。1994 年俄罗斯约飞技术物理所(Ioffe Physical-Technical Institute)的 V. M. Andreev 等报道,他们用 LPE 技术研制的 GaAs 太阳电池,在 AM0 光谱,100 倍的聚光条件下,效率高达 24.6％[9]。而 1995 年西班牙 Cuidad 大学的 Estibaliz Ortiz 等研制的 LPE-GaAs 太阳电池,在 AM1.5 光谱,600 倍聚光条件下,效率高达 25.8％[10]。图 4.6 示出了 Estibaliz Ortiz 等研制的 LPE-Al$_x$Ga$_{1-x}$As/GaAs 异质结构太阳电池的结构图。

　　LPE-GaAs 太阳电池在空间能源领域得到了很好的应用。一个典型的例子,是苏联于 1986 年发射的和平号轨道空间站,上面装备了 10kW 的 Al$_x$Ga$_{1-x}$As/GaAs 异质界面太阳电池,单位面积比功率达到 180W/m²。这些 GaAs 太阳电池便是用 LPE 技术生产的。据 1994 年 IEEE 光伏会上报道,这些 GaAs 太阳电池阵列在空间运行 8 年后输出功率总衰退不超过 15％[11]。

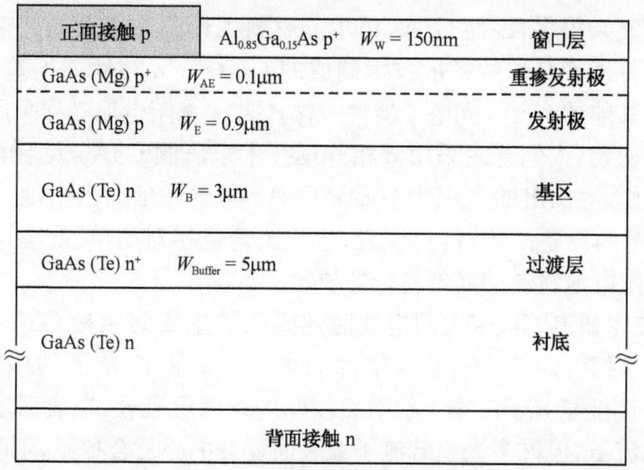

正面接触 p	Al$_{0.85}$Ga$_{0.15}$As p$^+$	W_W = 150nm	窗口层
GaAs (Mg) p$^+$	W_{AE} = 0.1μm		重掺发射极
GaAs (Mg) p	W_E = 0.9μm		发射极
GaAs (Te) n	W_B = 3μm		基区
GaAs (Te) n$^+$	W_{Buffer} = 5μm		过渡层
GaAs (Te) n			衬底
背面接触 n			

图 4.6　西班牙 Cuidad 大学研制的高效 LPE-Al$_x$Ga$_{1-x}$As/GaAs
异质结构太阳电池的结构图[10]

　　1990 年以后,MOCVD 技术逐渐被应用到 GaAs 太阳电池的研究和生产中。MOCVD 技术生长的外延片表面平整,各层的厚度和浓度均匀并可准确控制。因而用 MOCVD 技术制备的 GaAs 太阳电池的性能明显改进,AM0 效率已超过 25％。据 2011 年 37 届 IEEE PVSC 会议报道,单结 GaAs 太阳电池的转换效率已达 27.6(AM1.5G),本章的 4.7.1 节将详细介绍这一最新成果。

　　国内几家研究单位,从 20 世纪 80 年代开始用 LPE 技术研制同质外延 GaAs/GaAs 单结太阳电池,取得了很好的成果。作者所在的中国科学院半导体研究所,在国家自然科学基金和国家高技术研究发展计划的支持下,发展了两步外延法和多片 LPE 技术,多片外延的规模达到了每炉生长 20 片 GaAs 外延片。1993 年用

此技术研制的 p^+/n 型 $Al_xGa_{1-x}As$/GaAs 异质界面太阳电池的效率达到 19.34%（4.4cm²，AM0，28℃）。1999 年该所研制的 MOCVD 高效 GaAs 太阳电池，经北京市太阳能研究所和航天部 514 所联合测试标定，效率达到 21.95%（AM0，4cm²）[12]。图 4.7 给出了该电池的光照 I-V 曲线。GaAs 太阳电池的器件工艺主要包括：光刻、蒸发、合金、退火、选择腐蚀等。器件工艺的优化对电池效率的提高十分重要，与 n 型 GaAs 衬底接触的背面电极材料是 AuGeNi/Au，与 p^+-GaAs 接触的正面电极材料是 Cr/Au，Ti/Au，或 Ti/Pa/Ag。

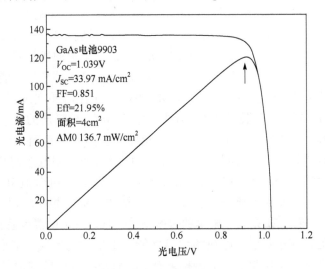

图 4.7　中国科学院半导体研究所研制的高效 MOCVD-GaAs
太阳电池的光 I-V 曲线[12]

4.3.2　GaAs/Ge 异质外延单结太阳电池

用 LPE 技术和 MOCVD 技术在 GaAs 衬底上生长的 GaAs/GaAs 同质外延太阳电池获得了大于 20% 的高效率，为 GaAs 太阳电池的空间应用打下了很好的基础。但如前面所述，由于 GaAs 材料存在密度大、机械强度差、价格贵等缺点，又使 GaAs 太阳电池的空间应用受到限制。人们想寻找一种廉价材料来替代 GaAs 衬底，形成 GaAs 异质结太阳电池，以克服上述缺点。由于 Si 材料具有密度小、机械强度强、价格便宜等许多优点，人们自然首先想到用 Si 衬底来代替 GaAs 衬底，试图生长出 GaAs/Si 异质外延太阳电池。在本章 4.2.1 节已经介绍过，用 LPE 技术不可能生长出 GaAs/Si 异质外延，采用先进的 MBE 技术和 MOCVD 技术，可以在 Si 衬底生长出 GaAs 外延层，但由于 GaAs 与 Si 两者的晶格常数相差太大（4%），热膨胀系数相差两倍，也很难生长出晶格完整性好的 GaAs 外延层；而且，即便在 Si 衬底上生长出了 GaAs 外延层，但当生长出的 GaAs 外延层的厚度大于

$4\mu m$ 时,便会出现龟裂。T. Soga 等用多次循环热退火方法对 MOCVD 生长出的 GaAs/Si 外延片进行处理,使外延片的质量得到很大改进,但位错密度仍然很高 ($>10^5 \, cm^{-2}$),因而制备出的 GaAs/Si 太阳电池的效率受到限制[13]。由于上述困难不易克服,20 世纪 90 年代中期以后,GaAs/Si 异质外延的研究报道逐渐减少。近年来,随着多结叠层电池研究的进展,对 Si 衬底上生长 GaAs 外延层的研究课题表现出新的兴趣。

由于在 Si 上生长 GaAs 存在诸多困难,注意力转向了 Ge 衬底。Ge 的晶格常数(5.646Å)与 GaAs 的晶格常数(5.653Å)相近;热膨胀系数两者也比较接近;所以容易在 Ge 衬底上实现 GaAs 单晶外延生长。Ge 衬底不仅比 GaAs 衬底便宜,而且机械牢度是 GaAs 的两倍,不易破碎,从而提高了电池的成品率。

在本章 4.2.1 节和 4.2.2 节中已经论述过,采用 LPE 技术不可能实现 GaAs/Ge 异质结构的生长,而用 MOCVD 技术和 MBE 技术则容易实现 GaAs/Ge 异质结构的生长。用 MOCVD 技术在 Ge 衬底上生长 GaAs 外延层的技术关键是避免在 GaAs/Ge 界面形成寄生的 p/n 结,而将此界面变为有源界面。因为这一寄生的 Ge-p/n 结的极性可能与 GaAs-p/n 结的极性相反,使太阳电池的开路电压 V_{OC} 下降;即使寄生的 Ge-p/n 结的极性与 GaAs-p/n 结的极性相同,但由于 Ge-p/n 结的 I-V 特性很差,其光生电流小,同 GaAs-p/n 结的电流不相匹配,将导致太阳电池的填充因子下降,结果是太阳电池的效率下降。同时,Ge 的温度系数较大,寄生的 Ge-p/n 结的存在也降低了电池的耐温性能。寄生结的形成可能同 Ga 原子在 Ge 中扩散较快,在 Ge 中形成了 p 型掺杂有关。解决这一问题的途径是采用两步生长法,首先在 600~630℃下慢速(0.2μm/h)在 Ge 衬底上生长一薄层(1000Å) GaAs 层,然后在 680℃或 730℃下快速(4μm/h)生长较厚(3.2μm)的 GaAs 基区。Ge 衬底的晶体取向也会影响外延层的表面形貌,以(001)面偏向[110]方向 6°为佳[14]。如在 Ge 衬底与 GaAs 外延层之间插入一薄层 $Al_{0.16}Ga_{0.84}As$ 过渡层 (50nm),可以进一步改善异质界面的晶格匹配,从而提高 GaAs/Ge 电池的 V_{OC} 和转换效率[15]。

近年来,大型 MBE 设备也加入到研制 GaAs/Ge 电池的行列,对 GaAs/Ge 界面上反向畴(anti-phase domain, APD)、螺旋位错以及非控制界面扩散等关键因素进行了研究[15]。结果表明,为了消除界面缺陷,关键的工艺步骤是首先在 Ge 衬底上外延生长一薄层 Ge(厚度~100nm),以形成平整的、化学上清洁的 Ge 表面。如果没有这一外延 Ge 层,直接让 GaAs 在 Ge 衬底表面成核,由于表面状态不清洁和失去控制,将导致很高的位错密度。而且,外延 Ge 层必须在 640℃退火大约 20min,加之采用(001)衬底沿[110]方向偏 6°角,将会形成双台阶 Ge 表面,大大抑制了反向畴的形成。如果退火处理不充分,就会有反向畴出现。而在继后的 GaAs 生长过程中,无论先生长 Ga 面还是先生长 As 面都可以获得无缺陷的界面。

然而,由于 Ga 面在 Ge 上的生长不是自终止的,而 As 面在 Ge 上的生长超过 350℃是自终止的,所以,如果先生长 Ga 面,其淀积的速率需要校正,以确保生长一个完整的 Ga 单层。

据报道,在亚毫米的多晶锗衬底上也已研制出大面积、高效率的多晶 GaAs 太阳电池,其效率达到 20%(AM1.5,4cm²),其结构如图 4.8 所示。在 p⁺-GaAs 发射区与 n-GaAs 基区之间插入一层未掺杂的 GaAs 过渡层,可以阻止 p⁺ 区与在 n 区晶粒间界上形成的 n⁺ 子区之间载流子的隧道穿透,减小了暗电流,从而改善了电池的性能。多晶 GaAs/Ge 电池的研制成功,为进一步在玻璃或 Mo 衬底上研制 GaAs 电池打下了基础[17],这将为廉价 GaAs 多晶太阳电池的发展开辟一条新路。

MOCVD-GaAs/Ge 电池在空间任务中已获得日益广泛的应用。第一个例子是德国的 TEMPO 数字通信卫星,采用 80000 片 GaAs/Ge 电池(43mm×43mm/片)组成三块太阳电池阵列,电池效率为 18.3%[18]。第二个例子是美国的两次火星探测发射。"火星地表探测者"(MGS)两翼共有四块太阳电池阵列,其中,两块用 GaAs/Ge 电池组成,两块用高效 Si 电池组成。每块太阳电池阵列面积为 (1.85×1.7)m²,GaAs/Ge 电池效率为 18.8%,Si 电池效率为 15%[19]。"火星探路者"1996 年在火星上登陆,它的供电系统由三块 GaAs/Ge 电池阵列与可充电银/锌电池组成。电池的工作时间超过了预期工作寿命(30 天)。由于火星灰尘在电池表面的积累,电池效率每天下降 0.28%[20]。

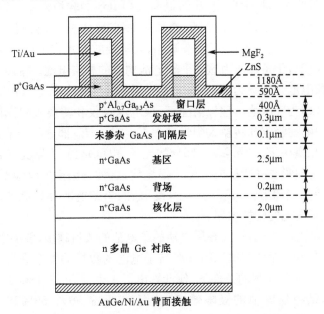

图 4.8　多晶 Ge 衬底上生长的 p⁺/n-GaAs 太阳电池结构图[17]

4.4　Ⅲ-Ⅴ族高效多结叠层太阳电池

4.4.1　GaAs基系叠层太阳电池工作原理

用单一材料成分制备的单结太阳电池效率的提高受到限制,这是因为太阳光谱的能量范围很宽,分布在 0.3~10eV 的范围,而材料的禁带宽度是一个固定值 E_g,太阳光谱中能量小于 E_g 的光子不能被太阳电池吸收;能量远大于 E_g 的光子虽被太阳电池吸收,激发出高能光生载流子,但这些高能光生载流子会很快弛豫到能带边,将能量大于 E_g 的部分传递给晶格,变成热能浪费掉。在 AM1.5G 光谱下,由单一材料最佳带隙限制的太阳能电池极限效率为 43.7%,考虑到电池表面的热辐射和光吸收之间的细致平衡,此类电池极限效率为 32.8%(Shockley-Queisser 极限效率)[21]。解决这一问题的途径是寻找能充分吸收太阳光谱的太阳电池结构,其中最有效的方法便是采用叠层电池。

叠层电池的原理是用具有不同带隙 E_g 的材料作成多个子太阳电池,然后把它们按 E_g 的大小从宽至窄顺序摞叠起来,组成一个串接式多结太阳电池。其中第 i 个子电池只吸收和转换太阳光谱中与其带隙宽度 E_{gi} 相匹配的波段的光子。也就是说,每个子电池吸收和转换太阳光谱中不同波段的光,而叠层电池对太阳光谱的吸收和转换等于各个子电池的吸收和转换的总和。因此,叠层电池比单结电池能更充分地吸收和转换太阳光,从而提高太阳电池的转换效率。以三结叠层电池为例来说明叠层电池的工作原理,选取 3 种半导体材料,它们的带隙分别为 E_{g1},E_{g2} 和 E_{g3},其中 $E_{g1} > E_{g2} > E_{g3}$,按顺序、以串接的方式将这三种材料分别连续制备出 3 个子电池,于是形成由这 3 个子电池构成的叠层电池。带隙 E_{g1} 子电池在最上面(称为顶电池),带隙为 E_{g2} 的子电池在中间(称为中电池),带隙为 E_{g3} 的子电池在最下面(称为底电池);理想情况下,顶电池吸收和转换太阳光谱中 $h\nu \geqslant E_{g1}$ 部分的光子,中电池吸收和转换太阳光谱中 $E_{g1} \geqslant h\nu \geqslant E_{g2}$ 部分的光子,而底电池吸收和转换太阳光谱中 $E_{g2} \geqslant h\nu \geqslant E_{g3}$ 部分的光子;也就是说,太阳光谱被分成 3 段,分别被 3 个子电池吸收并转换成电能。很显然,这种三结叠层电池对太阳光的吸收和转换比任何一个带隙为 E_{g1},或 E_{g2},或 E_{g3} 的单结电池有效得多,因而它可大幅度地提高太阳电池的转换效率。

根据叠层电池的原理,构成叠层电池的子电池的数目越多,叠层电池可望达到的效率越高。Henry 对叠层电池的效率与子电池的数目的关系进行了理论计算,在地面光谱,1 个太阳光强的条件下,他计算出了 1 个、2 个、3 个和 36 个子电池组成的单结和多结叠层电池的极限效率,分别为 37%、50%、56% 和 72%[22]。从Henry 的计算结果看出,两结叠层电池比单结电池的极限效率要高很多。而当子电池的数目继续增加时,效率提高的幅度变缓。另外,从实验的角度考虑,制备 4

结以上的叠层电池是十分困难的,各子电池材料的选择和生长工艺都将变得非常复杂。

　　叠层电池按输出方式可分为两端器件、三端器件和四端器件。以两结叠层电池为例来说明这几种结构的区别。两端器件是指叠层电池只有上、下两个输出端,即只有上电极和下电极,与单结电池的输出方式相同,如图 4.9(a)所示。三端器件的意思是除了上、下两个电极外,在两个子电池之间还有一个中间电极,如图 4.9(b)所示。中间电极既是顶电池的下电极,也是底电池的上电极。顶电池通过上电极和中电极向外输出电能,而底电池通过中电极和底电极向外输出电能。四端器件的意思是顶电池和底电池各有自己的上、下两个电极,分别向外输出电能,互不影响,如图 4.9(c)所示。两端器件中的两个子电池在光学和电学意义上都是串联的,而三端器件和四端器件中的两个子电池在光学意义上是串联的,而在电学意义上是相互独立的。三端器件和四端器件中的两个子电池的极性不要求一致,可以不同(如顶电池为 p/n 结构,而底电池可以为 p/n 结构,也可以是 n/p 结构)。此外,三端器件和四端器件对两个子电池的电流和电压没有限制。计算叠层电池的效率时,先分别计算两个子电池的效率,然后把两个效率相加,便得到了叠层电池的总效率。

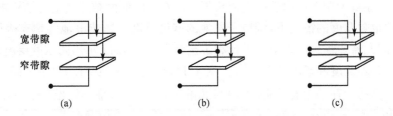

　　　　　　　　　　宽带隙　　　　　　　　　　窄带隙

　　　　　　　(a)　　　　　　　　　(b)　　　　　　　　　(c)

图 4.9　两端(a)、三端(b)、四端(c)器件叠层电池原理图

　　两端叠层电池器件中的两个子电池属于串联连接,对其有许多限制。首先要求两个子电池的极性相同,即都是 p/n 结构或都是 n/p 结构;同时,叠层电池构成了串联电路,其电压 $V(I)$ 是各子电池的电压 $V_i(I)$ 之和,而叠层电池的电流 I 必须满足电流连续性原理,即流经各子电池的电流相等

$$V(I)=V_1(I)+V_2(I) \tag{4.1}$$

其中

$$I=I_1=I_2 \tag{4.2}$$

显然,叠层电池的开路电压 $V_{OC}(I=0)$ 应为各子电池的开路电压 V_{OCi} 之和,即 $V_{OC}=V_{OC1}+V_{OC2}$,如果我们不考虑连接上下电池的隧道结的损失。然而,叠层电池的短路电流 I_{SC} 将受到子电池中短路电流 I_{SCi} 最小者的限制,因为一般说来,各子电池的短路电流 I_{SCi} 不尽相同。然而,叠层电池的 I_{SC},严格地讲,并不等于 I_{SCi} 中的最小者。因

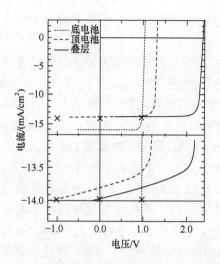

图 4.10　两端两结叠层电池在光照下的 I-V 特性曲线,下图为在 $V=0$ 附近的局部放大图[3]

为,在叠层电池短路($V=0$)的条件下,有 $V_1+V_2=0$,$V_1=-V_2$,即在短路电流最小的子电池上会施加有由其他子电池在光照下所产生的负偏压,因此叠层电池的 I_{SC} 应当略大于最小的 I_{SCi}。图 4.10 示出了顶电池限制的两结叠层电池在光照下的 I-V 特性曲线[3]。该图的下半部分为电流的局部放大图,以显示叠层电池的 J_{SC}(14.0mA/cm²)是怎样受到电流密度较小的顶电池 J_{SC}(13.8mA/cm²)的限制,而两者并不相等。两者相差的大小不仅与两子电池短路电流的差值有关,而且取决于起限制作用的子电池的 I-V 曲线在 $V=0$ 附近的倾斜程度,即取决于其等效分流电阻的大小。

为了获得两端(单片)高效叠层电池,需要合理设计各子电池的带隙宽度和厚度,使它们在最大功率点附近的电流相等。而在实际的两结叠层电池结构中,在选定子电池带隙宽度的情况下,调节子电池的基区厚度会影响电池的填充因子和开路电压,因此需要综合考虑电池设计和工艺参数。图 4.11 示出两结叠层电池效率与子电池带隙宽度和厚度的关系[3]。图 4.11(a)是针对 AM1.5 光谱和顶电池无限厚度计算的。在顶电池带隙(E_{gt})与底电池带隙(E_{gb})最佳匹配($E_{gt}=1.75eV$,

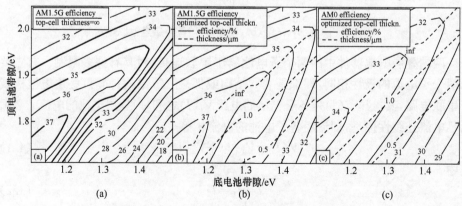

图 4.11　两结叠层电池效率与子电池带隙宽度和厚度的关系[3]
图中实线表示电池效率,虚线为顶电池厚度(μm)
(a)针对 AM1.5 和顶电池厚度无限计算的;(b)为 AM1.5 和最佳顶电池厚度计算的结果;
(c)针对 AM0 和最佳顶电池厚度计算的

$E_{gb}=1.13eV$)条件下,叠层电池效率近 38%。而在 $E_{gt}=1.85eV$(GaInP 带隙),
$E_{gb}=1.42eV$(GaAs 带隙)时,叠层电池效率下降为 30%。而图 4.11(b)显示在相
似子带隙条件下,具有满足电流匹配的最佳顶电池厚度叠层电池的计算效率为
35%。图 4.11(c)是针对 AM0 光谱和顶电池最佳厚度计算的。

同时,高效叠层电池最好由晶格完美的外延薄膜材料构成,不同带隙宽度的子
电池材料之间应当是晶格匹配的,这就限制了子电池材料的可选范围。在获得最
佳电流匹配的同时又能获得最佳晶格匹配的机会是很小的,往往需要容忍一定程
度的晶格失配,并将晶格失配的影响控制在一缓变层内,这是外延工艺面临的
课题。

两端叠层电池器件,虽然存在上述的一些限制,使它的制备工艺过程比较复
杂,但因为它能大幅度地提高效率,而且组成电池组件的工艺过程简单,因而受到
广泛重视,近十年来成为Ⅲ-Ⅴ族太阳电池研究和应用的主流。三端和四端的叠层
电池器件,虽然对子电池的限制较少,也能获得高效率,但因器件工艺复杂,而且在
实际应用中需要复杂的外电路,通过各种串、并联实现电压和电流的匹配,因此实
用价值较差。近年来对这类叠层电池器件的研究报道已不多。本章将重点介绍单
片多结叠层电池的研究历史和发展现状。

4.4.2　GaAs 基系两结和三结叠层太阳电池

1. AlGaAs/GaAs 两结叠层电池

在前面 4.3.1 节中已经介绍过,在 GaAs 单结太阳电池的研究过程中,应用
AlGaAs 作为 GaAs 太阳电池的窗口层材料,对 GaAs 单结太阳电池效率的提高起
到了重要作用。因而人们在开始研究叠层电池时,自然首先想到应用 $Al_xGa_{1-x}As$
作为与 GaAs 太阳电池相匹配的顶电池材料,因而 AlGaAs/GaAs 系列结构是最
早进行研究的叠层电池结构。

1988 年,B. Chung 等用 MOCVD 技术生长了 AlGaAs/GaAs 双结叠层电
池,其 AM0 和 AM1.5 效率分别达到 22.30% 和 23.9%,电池面积为
0.5cm²[23]。他们遇到的困难首先是如何生长高质量的 AlGaAs 层,其次是如
何实现上下电池之间的电学串联连接。他们未能实现隧道结连接,而是采用
了复杂的电极制作工艺。正是由于这些困难的存在,以后长期没有人在这个
方向取得新的进展。

日本 NTT 电子通讯实验室的 Chikara Amano 等采用 MBE 技术研制隧道结连
接的 $Al_{0.4}Ga_{0.6}As$/GaAs 叠层电池,获得了成功。1987 年他们研制的 $Al_{0.4}Ga_{0.6}As$/
GaAs 叠层电池的效率达到了 20.2%。此后的十几年,有关这类结构的叠层电池
的报道很少。直到 2001 年,日本日立公司先进研究中心的 Ken Takahashi 等报

道,他们采用 MOCVD 技术对 $Al_{0.36}Ga_{0.64}As/GaAs$ 叠层电池进行了多年的研究,并取得了显著成果。他们采用 pp^-n^-n 结构的 $Al_{0.36}Ga_{0.64}As$ 顶电池和 $n^+-Al_{0.15}Ga_{0.85}As/p^+-GaAs$ 隧道结连接顶电池和 ppn^-n 结构的 GaAs 底电池,研制出了效率高达 27.6%(AM1.5,25℃,0.25cm²)的 $Al_{0.36}Ga_{0.64}As/GaAs$ 叠层电池[24]。

2005 年 Ken Takahashi 等又报道了新的研究结果[25],他们在 $Al_xGa_{1-x}As$ 顶电池的生长过程中采用 Se 代替 Si 作为 n 型掺杂剂,提高了 $Al_xGa_{1-x}As$ 层的少子寿命,因而提高了 $Al_xGa_{1-x}As$ 顶电池的短路电流密度 J_{SC};此外,他们又采用 GaAs 隧道结连接顶电池和底电池,只是用 C 代替 Zn 作为 p 型掺杂剂,减少了隧道结内部 p 型杂质的扩散,提高了隧道结的峰值电流密度,因而减小了隧道结的电学损失。经过这些改进,Ken Takahashi 等研制的 $Al_{0.36}Ga_{0.64}As/GaAs$ 叠层电池的效率提高到 28.85%(AM1.5,25℃,0.25cm²),其电池结构如图 4.12 所示,这是迄今为止 AlGaAs/GaAs 叠层电池的最高效率。但是 Ken Takahashi 等承认,与 InGaP/GaAs 叠层电池结构相比较,AlGaAs/GaAs 的界面复合速率要高许多,这导致 AlGaAs/GaAs 叠层电池的短路电流密度 J_{SC} 比 InGaP/GaAs 叠层电池的 J_{SC} 小。

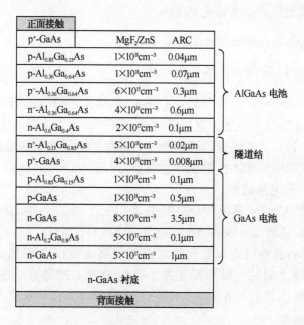

图 4.12　AM1.5G 效率 28.85%的 $Al_{0.36}Ga_{0.64}As/GaAs$
叠层电池结构[25]

2. GaInP/GaAs 两结叠层电池

美国国家可再生能源实验室(NREL)的 J. Olson 等在 20 世纪 80 年代末提出了一种新的叠层电池结构,$Ga_{1-x}In_xP$/GaAs 叠层电池结构。

$Ga_{0.5}In_{0.5}P$ 是另一种宽带隙的与 GaAs 材料晶格匹配的材料。J. Olson 等比较了 $Ga_{0.5}In_{0.5}P$/GaAs 与另外两个晶格匹配系统 $Al_{0.4}Ga_{0.6}As$/GaAs 和 $Al_{0.5}In_{0.5}P$/GaAs 的界面质量[26],根据光致发光衰减时间常数推算,$Ga_{0.5}In_{0.5}P$/GaAs 界面的复合速率最低,约为 1.5cm/s;而 $Al_{0.4}Ga_{0.6}As$/GaAs 和 $Al_{0.5}In_{0.5}P$/GaAs 的界面复合速率(上限)分别为 210cm/s 和 900cm/s。显然,$Ga_{0.5}In_{0.5}P$/GaAs 界面质量最好。J. Olson 指出,这可能是由于 GaInP/GaAs 界面比较清洁,而 AlGaAs/GaAs 界面可能受到与氧有关的深能级的沾污的结果。同时,J. Olson 等还对 $Ga_{0.5}In_{0.5}P$ 的带隙宽度与生长温度和生长速率之间的关系进行了细致的研究[27],指出在同样组分条件下,$Ga_{0.5}In_{0.5}P$ 的 E_g 可以在 1.82~1.89eV 变化,取决于结构的有序程度。在这些工作的基础之上,他们研制出了创纪录的 GaInP/GaAs 叠层电池。

1990 年,J. Olson 等报道,他们在 p 型 GaAs 衬底上生长出了小面积 (0.25cm²)的高效 $Ga_{0.5}In_{0.5}P$/GaAs 双结叠层电池,其 AM1.5 效率达 27.3%[28]。器件用 MOCVD 技术生长,上下电池之间实现了高电导的 GaAs 隧道结连接。MOCVD 设备是他们自己组装的,Ⅲ族源采用三甲基铟、三甲基镓、三甲基铝;Ⅴ族源采用磷烷和砷烷;掺杂剂是二乙基锌和硒化氢。衬底托为包 SiC 的石墨托,垂直向上,采用高频感应加热,反应温度大约 700℃。生长磷化物时 Ⅴ/Ⅲ=30,生长速率 80~100nm/min;而生长 GaAs 隧道结时,生长速率为 40nm/min。上下电池的基区均为 p 型,掺 Zn,浓度为 $1×10^{17}$~$4×10^{17}$ cm^{-3}。发射区和窗口层为 n 型,掺 Se,浓度约 10^{18} cm^{-3}。而隧道结掺杂浓度近 10^{19} cm^{-3}。上下电极接触均为镀 Au,栅线面积大约占全面积 5%。抗反射层为 MgF_2/ZnS,层厚分别为 120nm 和 60nm。

1994 年,J. Olson 等报道了他们对 $Ga_{0.5}In_{0.5}P$/GaAs 双结叠层电池的进一步改进的结果[29]。同样面积(0.25cm²)的 $Ga_{0.5}In_{0.5}P$/GaAs 双结叠层电池,其 AM1.5 和 AM0 效率分别达到 29.5% 和 25.7%,前者比后者约大 1.15 倍。一般说来,太阳电池的 AM1.5 光谱效率高于 AM0 光谱效率,两者相差 3~4 个百分点。值得注意的是,考虑到 AM0 含有更多的紫外成分,AM0 效率最佳的电池结构与 AM1.5 效率最佳的电池结构的区别,仅仅是将上电池基区的厚度从 0.6μm 减小到 0.5μm。电池的结构和 AM1.5G 条件下的 I-V 特性如图 4.13(a)和图 4.13(b)所示。

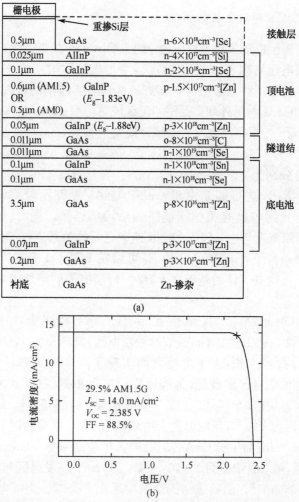

图 4.13 效率为 29.5% 的 InGaP/GaAs 叠层电池的结构(a)和光照 I-V 曲线(b)[29]

1997 年日本能源公司的 T. Takamoto 等报道了更好的结果[30]。他们在 p+-GaAs 衬底上研制了大面积(4cm²)InGaP/GaAs 双结叠层电池,其 AM1.5 效率达到 30.28%。他们所采用的电池结构和 I-V 特性曲线如图 4.14(a)和图 4.14(b)所示。同 Olson 等的电池结构相比较,主要的改进之点是用 InGaP 隧道结取代 GaAs 隧道结,其结果是提高了开路电压和短路电流,其叠层电池的 AM1.5G 效率达到 30.28%(AM1.5G,100mW/cm²,25.3℃,4cm²),其中 $V_{OC} = 2.48V$, $I_{SC} = 56.88mA$ 和 FF=85.6%。

K. Bertness 等在研究提高 GaInP/GaAs 叠层太阳电池效率的同时,还对 GaInP/GaAs 叠层太阳电池的抗辐照性能进行了研究。他们发现,GaInP/GaAs 叠层太阳电池具有很好的抗辐照性能,适合于用作空间能源。K. Bertness 等的实

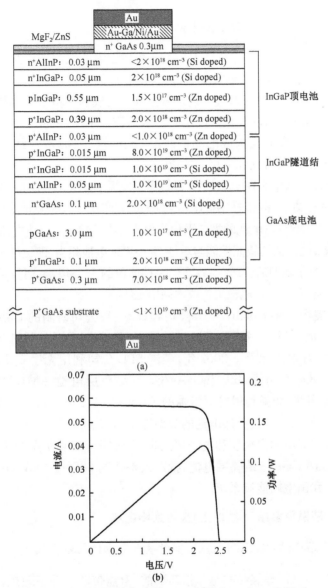

图 4.14　AM1.5G 效率达到 30.28% 的 $In_{0.49}Ga_{0.51}P/GaAs$
叠层电池结构(a)和光照 I-V 曲线(b)[30]

验结果表明,效率为 25.7%(AM0)的高效 GaInP/GaAs 叠层太阳,在经过能量为 1MeV,剂量为 $10^{15}\,cm^{-2}$ 的电子辐照后,太阳电池仍然具有很高的效率,$\eta = 19.6\%$ (AM0)[31]。这个效率值高于 Si 太阳电池未经辐照的初始效率。

3. GaInP/GaAs/Ge 三结叠层电池

J. Olson 和他的同事们在 GaInP/GaAs 叠层太阳电池领域所获得的重大成果吸引了空间科学部门和产业界的注意力,这些成果很快被产业化。在产业化的过程中,GaAs 衬底被 Ge 衬底取代。前面谈过,Ge 衬底的晶格常数和热膨胀系数与 GaAs 相近。而且 Ge 衬底机械强度也高许多,因而 Ge 衬底的厚度可以大大减薄。从此以后,以 Ge 为底电池构成的晶格匹配 GaInP/GaAs/Ge 三结叠层电池成为Ⅲ-Ⅴ族太阳电池领域研究和应用的主流。

美国能源部光伏中心在 1995 年 9 月提出了发展 GaInP/GaAs/Ge 太阳电池的产业计划[32]。该计划的要点是,到 1997 年底试生产出 16,000cm² 的 $Ga_{0.5}In_{0.5}P$/GaAs/Ge 叠层电池组件;电池的批产平均效率为 24%(AM0),单块电池面积 16cm²,电池厚度 140m;电池的抗辐照性能与单结 GaAs/Ge 电池相当,即经过 1MeV 剂量为 $1×10^{15}$ cm⁻² 的电子辐照后,其转换效率仍保持原值的 75% 以上;而叠层电池的生产成本不能比单结 GaAs/Ge 电池生产成本高出 15%。

1998 年,美国 Spectrolab(SPL)公司和日本 JE 公司研制的 GaInP/InGaAs/Ge 三结叠层电池 AM1.5 效率达到 31.5%。在 GaAs 中引入 1% 的 In 后,使其晶格与 Ge 衬底更好地匹配[33]。2002 年,美国 SPL 公司利用无序 GaInP 提高了顶电池带隙到 1.89eV,将 GaInP/InGaAs/Ge 三结叠层电池 AM1.5 效率提高到 32%[34]。计算表明,如果利用更宽带隙的 AlInGaP(1.95eV)作为顶电池,可望将 AlInGaP/InGaAs/Ge 三结叠层电池的效率提高到 33%[35]。

国内上海空间电源研究所和电子部天津 18 所等几家单位从 2000 年以后开始研制 GaInP/GaAs/Ge 三结叠层电池,批产效率达到 28%(AM0,2cm×4cm)[36],已广泛应用于我国空间能源系统。

4.4.3　GaAs 基系更多结(4 结以上)叠层太阳电池

1. GaInP/GaInAs/GaInNAs/Ge 四结叠层电池的初步尝试

GaInP/GaAs/Ge 叠层结构是晶格匹配的,但能带匹配并不理想,它们的带隙分别约为 1.86eV/1.42eV/0.67eV;很显然,第二结 GaAs 的带隙 1.42eV 与第三结 Ge 的带隙 0.67eV 相差太大,导致 Ge 底电池吸收的光子数几乎是 GaAs 中电池的两倍。为了与 AM0 光谱更好匹配,它们之间还缺少一个带隙为 0.95~1.05eV 过渡的中间结。也就是说,如果能形成 1.8eV/1.4eV/1eV/0.67eV 的四结叠层电池结构,能带匹配将会理想得多。如图 4.15 所示,其 AM0 理论效率将超过 40%(一个太阳光强)[37]。

近十多年来,各国的科学家为了寻找这种带隙约为 1eV,晶格常数与 GaAs 和 Ge

相近的 Ⅲ-Ⅴ 族材料,进行了许多研究工作。J. Olson 等提出采用 $Ga_{1-x}In_xN_{1-y}As_y$ 四元系材料来研制第三结子电池,因为这是化合物半导体材料中,唯一的一种可以通过调节 x 和 y 的值($Ga_{0.93}In_{0.07}N_{0.023}As_{0.977}$),既能得到约 1eV 的带隙,又与 GaAs 晶格匹配的材料。在光电子领域,$Ga_{1-x}In_xN_{1-y}As_y$ 材料已研究得很多,通过 x 值和 y 值的调整,$Ga_{1-x}In_xN_{1-y}As_y$ 材料可以发射出不同波段的光,因而 $Ga_{1-x}In_xN_{1-y}As_y$ 已成为重要的 LED 和激光器光电子器件材料。但是,带隙为 1eV 的窄带隙 $Ga_{1-x}In_xN_yAs_{1-y}$ 材料的材料质量差,与 N 相关的本征缺陷多,少子扩散长度小,载流子迁移率低。虽然经过多年的努力,研制出的 1eV 的 GaInNAs 太阳电池的量子效率和短路电流 I_{sc} 仍然太小,不能与 GaInP/GaInAs/GaInNAs/Ge 四结叠层电池中的其他三结的电流相匹配,限制了四结叠层电池的短路电流 I_{sc}。这一情形在 2011 年有了改变,我们将在 4.3.5 节中介绍。

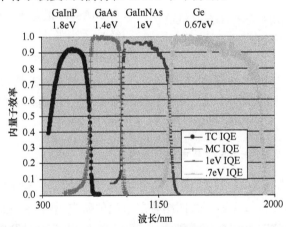

图 4.15　预期的 GaInP/GaAs/GaInNAs/Ge 四结叠层电池的内量子效率[37]

2. GaInP/GaAs/GaInAs/GaInAs 四结叠层电池

如果放宽晶格匹配的严格限制,而组成能带隙较为匹配的 GaInP/GaAs/GaInAs/GaInAs(1.9eV/1.4eV/1.0eV/0.7eV)四结叠层电池,是否可能取得成功?2011 年美国 Emcore 公司在这方面取得了重要进展。他们采用反向应变多结(inverted metamophic multijunction, IMM)外延生长技术,成功研制了空间用 GaInP/GaAs/GaInAs/GaInAs(1.9eV/1.4eV/1.0eV/0.7eV)四结叠层电池,其 AM0 效率达到 34.24%($2\times2cm^2$)[1]。他们的 IMM 工艺步骤是,在 GaAs 衬底上首先外延生长晶格匹配的 GaInP(1.9eV)电池和 GaAs(1.4eV)电池,然后经组分缓变层过渡,生长晶格失配的 $Ga_{1-x}In_xAs$(约 1.0eV)第三结电池,又经过组分梯度层过度,生长含更多 In 组分的、晶格失配更大的窄带隙 $Ga_{1-x}In_xAs$(约 0.7eV)第四结电池。将电池背表面蒸镀金电极后粘接到支撑衬底片上,腐蚀剥离 GaAs

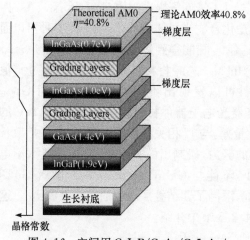

图 4.16　空间用 GaInP/GaAs/GaInAs/
GaInAs 四结叠层电池结构[1]

衬底,蒸镀正面栅电极和减反射层,以完成电池的工艺制作。电池的结构如图 4.16 所示。他们认为,IMM外延工艺的关键是控制好两个组分梯度层的质量。阴极荧光测量结果显示,优化的组分梯度层表面的位错线密度小于 $5\times10^6\,\mathrm{cm}^{-2}$,而且分布均匀。

对于空间应用,抗辐照性能必须加以考虑。GaInAs 子电池的抗辐照性能不如 GaInP 和 GaAs 子电池,而且 InAs 含量越高,辐照衰退越大。经过适当的 EOL 电流匹配设计,这种四结叠层电池的抗辐照性能有所改善,经过 1−MeV 电子辐照、剂量达到 $1\times10^{15}\,\mathrm{e/cm^2}$ 后,这种电池的 EOL 效率仍能保持 BOL 效率的 82% 以上。他们展望,如果进一步研发五结和六结叠层电池结构,电池的 AM0 效率将可望达到 35.8% 和 37.8%。

3. 晶格匹配五结和六结叠层电池的研究

为了避免寻找晶格与 GaAs 匹配的带隙为 1eV 的第三结材料的困难,德国Fraunhofer ISE 的 A. Bett 等绕过四结叠层电池的研究,直接在三结电池的基础去研制晶格匹配的五结、六结叠层电池[38]。图 4.17 给出了欧洲发展晶格匹配的三结、五结、六结叠层电池的路线图。三结叠层电池的结构为 GaInP/GaInAs/Ge。五结叠层电池的结构是在 GaInP 子电池的上面增加一结 AlGaInP 顶电池,在GaInAs子电池的上面增加一结 AlGaInAs 子电池,形成 AlGaInP/GaInP/AlGaIn-As/GaInAs/Ge 五结叠层电池结构。而六结叠层电池的结构是在 GaInAs 结和

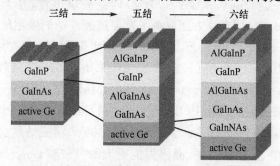

图 4.17　欧洲发展晶格匹配的三结、五结、六结叠层电池的路线图[38]

Ge 结之间增加一个带隙为 0.9~1eV 的 GaInNAs 第五结,形成 AlGaInP/GaInP/AlGaInAs/GaInAs/GaInNAs/Ge 六结叠层电池结构。

五结叠层电池的实验研究已获得了进展。开路电压 V_{OC} 已达到 5.2V,其测量的外量子效率曲线示于图 4.18。从图中可看出,前面四结的 QE 曲线互相之间有较大的重叠,这是因为五结叠层电池中每一个子电池的厚度很薄,不能完全吸收相应波段的光子;而 Ge 底电池的 QE 曲线很宽,表明 Ge 电池中的光生电流很大。

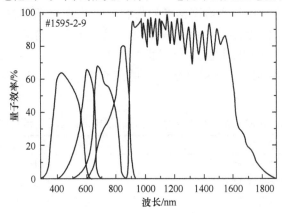

图 4.18　一个典型的 AlGaInP/GaInP/AlGaInAs/GaInAs/Ge
五结叠层电池外量子效率曲线[38]

作者指出,未来六结叠层电池的开路电压 V_{OC} 将会更高,而短路电流密度 J_{sc} 将会更小,使得材料质量欠佳的 GaInNAs 子电池的 J_{sc} 也能满足要求。这样一来, E_g 约 1eV 的 GaInNAs 有可能成功地用作六结叠层电池的第五结电池。

4. 应变晶格六结叠层电池的研究

新近(2012 年)Emcore 公司在反向应变(IMM)生长 GaInP/GaAs/GaInAs/GaInAs 四结叠层电池的基础上,进一步开展了六结叠层电池的研究,其结构如图 4.19 所示[39]。其中,前三结为宽带隙子电池 InGaAlP

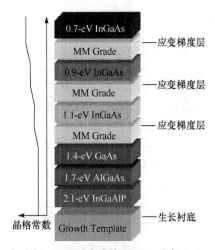

图 4.19　反向应变(IMM)生长六
结叠层电池结构[39]

(2.1eV)/AlGaAs(1.7eV)/GaAs(1.4eV),与 GaAs 衬底是晶格匹配的;而后三结为窄带隙子电池 InGaAs(1.1eV)/InGaAs(0.9eV)/InGaAs(0.7eV),为晶格失配

结构,子电池之间需要有应变(metamorphic,MM)梯度层(组分缓变层)过渡。

光照 I-V 特性测量结果表明,这样生长的六结叠层电池在 AM0 光谱、一个太阳光强下效率为 33.7%(4cm^2)。其中 V_{OC}=5.15V,FF=87.85%,同计算预期参数值(5.2V,87.2%)相近,只有 J_{SC}=10.07mA/cm^2 明显低于预期值(11.3mA/cm^2)。各个子电池的积分 J_{SC} 可以由电池的外量子效率(QE)测量导出,结果见表 4.2。可以看出,各子电池的短路电流密度并不相等,分布在 10.34~12.09mA/cm^2,而叠层电池的 J_{SC} 将受到子电池中最小电流密度的限制。作者指出,只要进一步改善子电池之间的电流匹配,在保持已经获得的总短路电流密度不变的前提下,将子电池的电流密度均匀分配,六结叠层电池的 J_{SC} 就可提高 7.4%,达到 11.1mA/cm^2。届时,六结叠层电池在 AM0 光谱、一个太阳光强下的效率将可望达到 37.12%,与预期值 37.8%相近。

表 4.2　反向应变生长六结叠层电池各子电池的积分电流密度[39]

IMM6 结子电池 ID	AM0 积分 J_{SC}(mA/cm^2)
TS213-0502 J1	11.3
TS213-0502 J2	10.82
TS213-0502 J3	10.34
TS213-0502 J4	11.49
TS213-0502 J5	10.58
TS213-0502 J6	12.09
平均值	11.10

5. 直接键合晶格失配五结叠层电池的研究

根据美国光谱实验室在 2013 年 IEEE PVSC-39 上最新报道,他们用直接键合研制了五结叠层电池,AM0 效率为 35.1%(20cm^2),AM1.5 效率为 37.8%(1cm^2),10 倍聚光下效率 41%。模拟计算表明,在 500 倍光强下,效率可能达到 47%。其顶部三结电池(2.2eV/1.7eV/1.4eV)反向生长在晶格匹配 GaAs 衬底上,底部两结电池(1.05eV/0.73eV)正常生长在晶格匹配 InP 衬底上。两者直接键合后,将 GaAs 衬底片剥离掉,以完成五结叠层电池后工艺。

4.4.4　GaAs/GaSb 机械叠层太阳电池

GaAs/GaSb 机械叠层电池是另一类四端器件叠层电池。它是由美国的 L. Fraas 首先提出的。这种电池是由 GaAs 电池和 GaSb 电池用机械的方法相叠合而成。GaAs 顶电池和 GaSb 底电池在光学上是串联的,而在电学上是相互独立的,用外电路的串并联实现子电池的电压匹配。这类机械叠层电池是四端器件,如图 4.9(c)所示。它们对于子电池的极性不要求相同,也不要求子电池材料的晶格常数匹配。叠层电池的效率简单地等于 GaAs 顶电池的效率和 GaSb 底电池的效率之和,因而容易获得高效率。GaAs 顶电池是用 MOCVD 技术生长的,而 GaSb 底电池是用扩散方法制备的。1990 年,L. Fraas 报道,他们研制的 GaAs/GaSb 机械叠层电池的效率已达到 31%(AM0,100 倍太阳光强)[40],这是当时太阳电池效率的世界纪录。后来,俄罗斯约飞(Ioffe)技术物理所和德国夫琅禾费太阳能系统研究所(ISE)等单位的研究小组也进行了 GaAs/GaSb,GaAs/Si 等机械叠层电池的研究,也获得了很高的效率。最近,L. Fraas 等报道了他们在这一领域的新的研究结果。他们把单体结构的 GaInP/GaAs 两结叠层电池与 GaSb 电池组成三结机械叠层电池,获得了 34%(AM0,15 倍太阳光强)的高效率[41]。图 4.20 给出 InGaP/GaAs/GaSb 机械叠层电池的原理和器件结构,图中 GaSb 底电池之间串联连接,InGaP/GaAs 叠层顶电池并联连接,以便两组电池的电压相近,可以进行并联输出。

但是这类机械叠层电池的器件工艺复杂,顶电池的下电极需作成梳状电极,而且必须与底电池的上电极的图形相同,并严格对准,才能让未被顶电池吸收的红外光透过顶电池,进入底电池。在实际应用时,需通过复杂的电路进行串并联,实现电压匹配。由于机械叠层电池存在上述的缺点,它们不太适宜于空间应用,也许将来可应用于地面聚光电池领域。

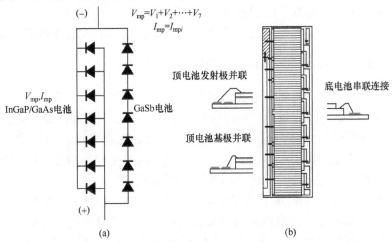

图 4.20　InGaP/GaAs/GaSb 机械叠层电池的原理(a)和器件结构(b)[40]

4.5　Ⅲ-Ⅴ族聚光太阳电池

4.5.1　聚光太阳电池的特点

聚光太阳电池系统主要由聚光光学系统、小面积($<1cm^2$)太阳电池单元、散热装置和跟踪装置组成。它应用相对便宜的光学系统,如菲涅耳透镜或抛物面聚

光镜,将入射阳光聚焦到太阳电池表面上,成百上千倍地提高照射到电池表面的太阳光强,相应增加太阳电池的功率输出,从而可大大节省太阳电池的用量。聚光光伏系统是在 20 世纪 70 年代与地面应用光伏系统差不多同时发展起来的。在当时太阳电池的价格是非常昂贵的,聚光太阳电池被认为是降低太阳电池系统成本的重要途径。以后随着光伏工艺技术的进步,电池效率的提高和产业规模的扩大,太阳电池的成本已大幅度降低,如晶体硅电池组件的价格现今已降为 $1/Wp 或更低,聚光电池降低成本的优势就不那么突出了。而且聚光系统只能对直射阳光进行有效聚光,需要对太阳的移动进行动态跟踪,这又增加了聚光光伏系统的制造和运行成本,所以现在人们对聚光电池的兴趣已不像当初那么大了[41]。

热力学分析表明,聚光电池还能提高太阳电池的转换效率,在高倍聚光下多结叠层电池的极限效率可达 85.0%。因为在理想情况下,在一定光强范围,电池的短路电流与光强成正比,而开路电压随光强呈对数式增长。然而,实际的太阳电池器件具有一定的等效串联电阻和焦耳热效应,对可容许的最大聚光倍数存在着一定的限制。超过这一聚光限度,太阳电池的输出功率将不再增加,而且会过度发热,导致电池效率下降。

近几年Ⅲ-Ⅴ族多结叠层聚光电池的研究取得了重要进展,在数百倍太阳光强下三结叠层聚光电池的效率已超过 40%,最高达到 43.5%,为聚光光伏系统的发展带来了新的希望。一些低倍数的结构简单的聚光光伏系统,也受到了重视。

4.5.2　晶格匹配 GaInP/GaInAs/Ge 三结叠层聚光电池

近几年来,Ⅲ-Ⅴ族聚光多结叠层太阳电池的研究取得了可喜的进展。2007年,美国 Spectrolab 公司报道,他们研制的晶格匹配的三结叠层 $Ga_{0.5}In_{0.5}P/Ga_{0.98}In_{0.02}As/Ge$(1.86eV/1.39eV/0.67eV)聚光电池效率达到 40.1%(135 倍 AM1.5D 太阳光强,13.5W/cm², 25℃)。他们认为,这主要得益于 MOCVD 设备和有机源质量的改进,以及外延生长工艺条件的优化[37]。

2009 年 9 月,Spectrolab 公司又报道了新进展,他们研制的晶格匹配 GaInP/GaInAs/Ge 三结叠层聚光电池(0.3174cm²),由于减小了栅极挡光面积,在 364 倍 AM1.5D 光强下效率为 41.6%[42]。图 4.21 示出在 NREL 测量的这种三结叠层电池的光照 I-V 特性曲线和光伏参数。

4.5.3　晶格应变 GaInP/GaInAs/Ge 三结叠层聚光电池

在研制高质量 $Ga_{1-x}In_xN_yAs_{1-y}$ 太阳电池材料努力未果的情况下,改善 GaInP/GaInAs/Ge 三结叠层电池能带匹配的另一条途径,是调整、优化各子电池的带宽。这样一来,将会带来一些晶格失配,这就需要发展晶格失配外延技术。一种做法是保持 Ge 底电池不变,适当增加上、中电池的电流密度。这就要适当增加

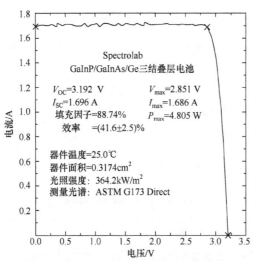

图 4.21　Spectrolab 公司(2009 年)研制的晶格匹配三结叠层电池的光照 I-V
特性曲线和光伏参数(在 364 倍 AM1.5D 光强下效率 41.6%)[42]

上、中子电池材料 GaInP/InGaAs 中 In 的含量,降低其带隙宽度。为此,Spectro-lab 公司 2007 年发展了一种晶格应变(lattice metamorphic,LMM)外延技术,在 Ge 衬底上制备出 $Ga_{0.44}In_{0.56}P/Ga_{0.92}In_{0.08}As/Ge$(1.80eV/1.29eV/0.67eV)三结叠层电池。其中 $Ga_{0.44}In_{0.56}P/Ga_{0.92}In_{0.08}As$ 子电池材料之间是晶格匹配的,但与 Ge 不匹配,其晶格常数比 Ge 大 0.5%。他们在 Ge 与 $Ga_{0.92}In_{0.08}As$ 之间用组分缓变层使晶格应变得到弛豫,将失配位错控制在缓变层内。这样构成的三结叠层电池聚光效率达 40.7%(240 倍 AM1.5D,24.0W/cm²,25℃)[43]。

2009 年初,德国 Fraunhofer 太阳能研究所也在 Ge 衬底上制备了晶格应变 $Ga_{0.35}In_{0.65}P/Ga_{0.83}In_{0.17}As/Ge$(1.67eV/1.18eV/0.67eV)三结叠层电池,在 454 倍 AM1.5D 光强下效率达到 41.1%[44]。电池的结构如图 4.22 所示。在 $Ga_{0.35}In_{0.65}P$ 上电池与 $Ga_{0.83}In_{0.17}As$ 中电池之间是晶格匹配的,而 Ge 和 $Ga_{0.83}In_{0.17}As$ 之间晶格失配度达 1.2%,需要生长一缓变层使晶格常数从 Ge 的 5.658Å 缓变到$Ga_{0.83}In_{0.17}As$的 5.723Å,并在缓变层上生长一高 In 组分 $Ga_{0.77}In_{0.23}As$ 薄层,使其上生长的外延层

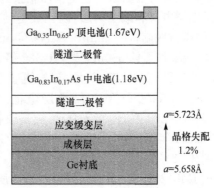

图 4.22　Fraunhofer 太阳能研究所研制的晶格失配三结叠层电池结构示意图[44]

晶格得到完全充分的弛豫,以免残留的结构应力在电池有源层中形成位错。

4.5.4　晶格应变 GaInP/GaAs/GaInAs 三结叠层聚光电池

在保持三结叠层结构的前提下,改善 GaInP/GaAs/Ge 叠层电池能带匹配的另一种做法,是保持上、中子电池材料 GaInP/GaAs 不变,而采用带隙较宽的 InGaAs(约 1eV)取代 Ge(约 0.67eV)构成底电池,这样可以增加叠层电池的开路电压,虽不会增加电池的电流。图 4.23 比较了 GaInP/GaAs/Ge(0.67eV)和 GaInP/GaAs/GaInAs(1eV)三结叠层电池量子效率曲线。

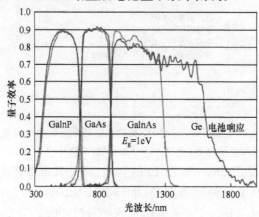

图 4.23　GaInP/GaAs/Ge(0.67eV)和 GaInP/GaAs/GaInAs(1eV)三结叠层电池光谱响应

为此,美国 NREL 发展了一种反向应变多结(IMM)生长工艺,如图 4.24 所示。在 GaAs 衬底上首先外延生长晶格匹配的 GaInP(1.9eV)上电池和 GaAs(1.4eV)中电池,然后经组分缓变层过渡,生长晶格失配的 GaInAs(1.0eV)底电池。将电池背表面蒸镀金电极后粘接到支撑衬底片上,腐蚀剥离 GaAs 衬底后,蒸镀正面栅电极和减反射层,以完成电池的工艺制作。测量结果表明,这样反向生长、剥离衬底制备的 GaInP/GaAs/GaInAs 电池,其 V_{OC} 比之传统的 GaInP/GaAs/Ge 电池增加了约 300mV[45],在 326 倍太阳光强下效率为 40.8%[46]。

类似地,2009 年 10 月,日本夏普公司采用反向外延生长工艺,研制出高效 GaInP/GaAs/GaInAs 三结叠层电池,在 1 个太阳光强下,AM1.5G 效率达到 35.8%(1cm²)[47];他们认为,关键是改善组分缓变层和晶格失配 GaInAs 层的质量。2011 年,他们又将反向外延生长 GaInP/GaAs/GaInAs 三结叠层电池效率提高到 37.5%(AM1.5G,1.046cm²)[48]。2012 年 4 月,夏普公司宣布,通过进一步改进 IMM 外延工艺和器件栅极设计,所研制的高效 GaInP/GaAs/GaInAs 三结叠层聚光电池,经德国 Fraunhofel 太阳能所测量认证,在 306 倍太阳光强下 AM1.5D 转换效率达到世界最高水平 43.5%(0.167cm²)[49]。

为制备高效聚光三结叠层电池,美国 Spire 公司发展了一种新的在 n-GaAs 衬底上双面外延生长 GaInP/GaAs/GaInAs 电池技术。无需将 GaAs 衬底剥离,只需在生长 GaInAs 电池后将 GaAs 衬底表面反转,以生长 GaAs/GaInP 电池。他们在 2011

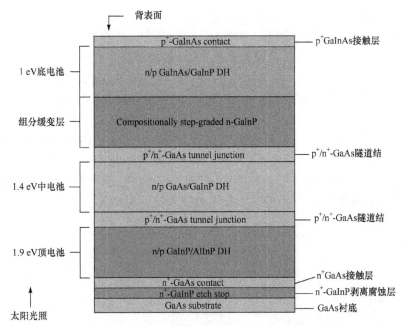

图 4.24　反向外延生长 GaInP/GaAs/GaInAs 叠层电池结构剖面示意图(double heterojunction,DH,双异质结构)[45,46]

年 IEEE PVSC-36 会议上报道,双面外延生长的 $Ga_{0.51}In_{0.49}P/GaAs/Ga_{0.65}In_{0.35}As$ 三结叠层电池聚光效率达到 $42.3\%(0.9756cm^2,$ 光强 $406.4kW/m^2)^{[50]}$。

4.5.5　GaInP/GaAs/GaInNAs(Sb)三结叠层聚光电池

早在 1998 年,美国 NREL 的 Friedman 等提出,$Ga_{0.93}In_{0.07}N_{0.023}As_{0.977}$ 电池采用 p-i-n 结构可以增加耗尽区的宽度,利用场助收集可以提高电池的量子效率[51]。2005 年,他们又利用 MBE 技术取代 MOCVD 技术沉积 1eV 的 GaInNAs,显著降低了反应室背景杂质(如 C,H 等)对材料的沾污,从而降低了本征层的载流子浓度,显著提高了电池的量子效率。但 1eV 电池的短路电流仍不能满足三结叠层电池的要求[52]。在这些先驱工作的基础上,2011 年 Solar Junction 公司对 1eV 的 GaInNAs 材料和晶格匹配 GaInP/GaAs/GaInNAs(Sb)三结叠层电池的研究终于取得了突破性进展。该公司报道,他们在 GaAs 衬底上生长的 GaInP/GaAs/GaInNAs(Sb) 三结叠层电池,经 NREL 和 Fraunhofer 太阳能所测量认证(图 4.25),在 1000 倍(AM1.5D)太阳光强下电池效率超过 43%,在 400～600 倍太阳光强下电池峰值效率为 $43.5\%^{[2,53]}$。这是迄今为止所认证的各类太阳电池的最高效率。报道指出,此三结叠层太阳电池已可重复地生产,该公司已生产了数千炉此种电池产品。电池采用典型的 5.5mm×5.5mm 几何尺寸和双边接触母线。电池效率的提升主要得益于 V_{OC} 的提高,源于 GaInNAs 的带隙(1eV)比 Ge (0.67eV)宽的缘故,这有利于在高光强下减少焦耳损耗。

可以想象,Solar Junction 公司在成功制备 GaInP/GaAs/GaInNAs(Sb) 三结叠层电池方面,克服了许多困难。但制备工艺细节至今还鲜有报道。例如,在制备 GaInP/GaAs/GaInNAs(Sb) 三结电池过程中,是否 MBE 和 MOCVD 技术都要采用;适量掺 Sb 在 GaInNAs 材料中起何作用;材料生长后的退火工艺步骤等。

低 N 和低 In 含量的 GaInNAs 材料具有独特的优点,其带隙宽度和晶格常数可以独自进行调节。它的带隙宽度在 0.8~1.4eV 范围可通过在 GaAs 中少量加入 N 和 In 来调节。其晶格常数仍能保持与 GaAs、Ge、GaAlAs、GaInP 和 AlGaInP 相匹配,如图 4.26 所示[53]。这些材料覆盖了从近红外到近紫外的宽广太阳光谱范围,从而可以构建晶格匹配的多结(4~6 结)叠层太阳电池,使其每个子电池都具有最佳带隙宽度,可望将太阳电池效率提升到 50%。

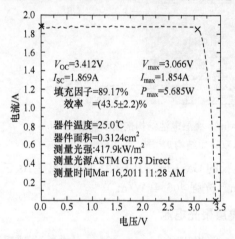

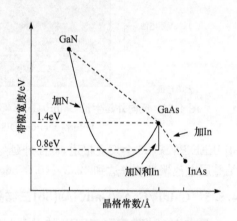

图 4.25　NREL 测量的 Solar Junction 公司 GaInP/GaAs/GaInNAs(Sb) 三结叠层电池的光照 I-V 特性和光伏参数(在 418 倍 AM1.5D 光强下效率为 43.5%)[53]

图 4.26　GaInNAs 带隙宽度与晶格常数的关系,在晶格常数保持与 GaAs 匹配的条件下,其带隙宽度(竖线)可在 0.8~1.4eV 调节[53]

表 4.3 给出 M. Green 等在 2012 年 7 月收集发布的各类聚光电池和组件的最高效率[4],测量是在 AM1.5D 光谱(ASTMG-173-03)和 25℃ 温度下进行的。其中,美国 Solar Junction 公司研制的 GaInP/GaAs/GaInNAs 三结叠层电池聚光效率最高,在 418 倍光强下效率达到 43.5%,与该公司上面报道的一致。

表 4.3　各类聚光电池和组件的最高效率(2012)[4]

电池分类	效率/%	面积/cm²	光强(suns)	测试中心(日期)	备注
单结电池					
GaAs	29.1±1.3	0.0505	117	FhG-ISE(3/10)	Fraunhofer ISE
Si	27.6±1.0	1.00	92	FhG-ISE(11/04)	Amonix 背接触
多结电池					

续表

电池分类	效率/%	面积/cm²	光强(suns)	测试中心(日期)	备注
GaInP/GaAs/GaInNAs(两端)	43.5±2.6	0.3124	418	NREL(3/11)	Solar Junction
GaInP/GaInAs/Ge(两端)	41.6±2.5	0.3174	364	NREL(8/09)	Spectrolab 晶格匹配
小组件					
GaInP/GaAs GaInAsP/GaInAs	38.5±1.9	0.202	20	NREL(8/08)	DuPont et al,分光谱
GaInP/GaAs/Ge	27.0±1.5	34	10	NREL(5/00)	ENTECH
组件					
Si	20.5±0.8	1875	79	Sandia(4/89)ⁱ	Sandia/UNSW/ENTECH12 个电池
三结	33.5±0.5	10,674.8		NREL(5/12)	Amonix
Si(大面积)	21.7±0.7	20.0	11	Sandia(9/90)	UNSW 激光刻槽

4.5.6　Ⅲ-Ⅴ族太阳电池聚光系统

Ⅲ-Ⅴ族化合物叠层太阳电池比 Si 太阳电池效率高、耐高温,因而更适合用作聚光太阳电池。随着聚光度的增加,系统的成本降低,Ⅲ-Ⅴ族叠层聚光太阳电池的成本预计将会降至 0.3 美元/瓦[41]。这使降低Ⅲ-Ⅴ族太阳电池系统的发电成本,实现大规模地面应用成为可能。

俄罗斯约飞技术物理所和德国夫琅禾费太阳能系统研究所(ISE)在Ⅲ-Ⅴ族聚光太阳电池的研究和应用方面做了许多工作,取得了很好的成果。他们不仅提高了Ⅲ-Ⅴ族聚光太阳电池的效率,还研制出了多种聚光系统,包括菲涅耳透镜点聚光式太阳电池系统、线聚光式太阳电池系统等。近年来,美国 NREL 的科学家也开展了聚光Ⅲ-Ⅴ族叠层太阳电池的研究,取得了可喜的进展。

最近几年,不少太阳电池生产的大公司,如日本 Sharp 公司,也开展了Ⅲ-Ⅴ族聚光太阳电池系统的开发和生产。这些大公司的加入,无疑将加快Ⅲ-Ⅴ族聚光太阳电池系统研制和应用的步伐。图 4.27 示出了一个抛物面镜聚光太阳电池系统[54],图 4.28 示出了一个菲涅耳透镜聚光太阳电池系统[54],图 4.29 示出了线聚焦式太阳电池系统[41]。

图 4.27　抛物面镜式聚光太阳电池系统[54]

图 4.28　菲涅耳透镜式聚光太阳电池系统[54]

图 4.29　线聚光式太阳电池系统[41]

4.6　Ⅲ-Ⅴ族太阳电池的空间应用

前面介绍的 GaAs 基系太阳电池的优点,正好符合空间环境对太阳电池的要求:高效率、抗辐照性能好、耐高温、可靠性好。因此,GaAs 基系太阳电池在空间科学领域正逐渐取代 Si 太阳电池,成为空间能源的重要组成部分。图 4.30 示出两款美国 Spectrolab 公司生产的 GaInP/GaAs/Ge 三结叠层太阳电池照片,其 AM0 效率达 30%[55]。

作为空间能源,主要考虑的品质因素有:太阳电池的比重量、比功率、温度系数、抗辐照容限和每瓦价格等,表 4.4 比较了目前空间用Ⅲ-Ⅴ族三结叠层太阳电池与高效单晶硅太阳电池的性能[55]。可以看出 GaAs 基系三结叠层太阳电池在转换效率、温度系数和辐照容限等方面都远优于高效单晶硅电池。只是高效单结硅太阳电池的比面积重量要远低于Ⅲ-Ⅴ族三结叠层电池,这得益于高效 Si 电池厚度已减薄到 $75\mu m$,而且 Si 材料的密度($2.33g/cm^3$)远小于Ⅲ-Ⅴ族三结电池的 Ge 衬底的密度($5.35g/cm^3$)。

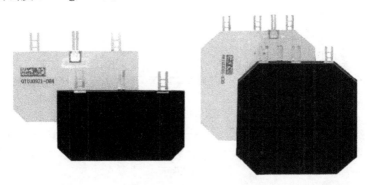

图 4.30　美国 Spectrolab 公司生产的 GaAs 基系三结叠层电池照片[55]

表 4.4　空间用高效单晶硅太阳电池与Ⅲ-Ⅴ族三结叠层太阳电池性能比较[55]

参数	高效 Si 电池	Ⅲ-Ⅴ族三结电池
AM0 效率/%	16.6	29.9
工作电压/V	0.53	2.29
比面积重量/(mg/cm²)	13～50	80～100
温度系数/(%/C)	−0.35	−0.19
电池厚度/μm	76	140—175
辐照容限(1MeV,1×10^{15} cm^{-2})	0.66～0.77	0.84
吸收系数	0.75	0.92
归一化成本	1.0	1.22

空间太阳电池离开了地球大气层的保护会受到高能粒子的轰击,使晶格原子发生位移和离化,造成辐照损伤,电池性能随时间退化。表 4.4 中的辐照容限就是电池经过一定等效剂量(1×10^{15} cm^{-2})的 1MeV 电子辐照后电池的终期效率(EOL)与初始效率(BOL)的比值。电池的辐照损伤主要是由来自太阳风的高能质子和高能电子引起的,其次一小部分来源于宇宙射线。由于地球磁场的作用,这些高能粒子在地球周围空间形成了一定强辐射带分布,太阳电池受辐照的强度随卫星运行轨道的高度和倾角而变化。图 4.31 给出 5 种空间太阳电池在不同高度

轨道(倾角 60°)运行 10 年后电池的 EOL 比功率[55],其中在 5000km 高度范围太阳电池的 EOL 比功率出现极小值,是由于 Van Allen 强辐射带引起的。可以看出,GaAs 单结和双结电池的 EOL 效率比硅电池高得多。InP 电池的 EOL 效率也不错,而且随高度变化不那么大。

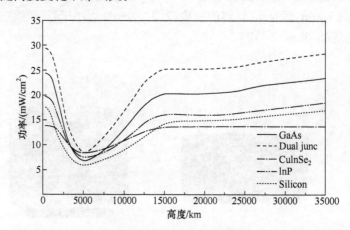

图 4.31　在不同轨道高度运行 10 年后太阳电池 EOL 比功率(包括 GaAs 单结和双结电池,InP 电池,CuInSe₂ 电池和高效单晶 Si 电池)[55]

太阳电池 EOL 效率的差别对空间电源系统的设计有重要影响,特别是对于大功率的地球同步轨道卫星,所要求的硅电池阵列的面积往往超过 100m²,而同样功率的 GaAs 基系三结叠层电池的面积只有约 59m²。电池面积的这种差别将对卫星电源的设计如电源装载、展开和姿态控制提出不同的要求。空间太阳电池的性能随时间的退化不全是由于辐照引起的,还有其他一些因素如紫外线的照射、表面沾污和小陨石的袭击等。

图 4.32　哈勃望远镜照片,其电源曾用柔性转出型太阳电池阵列[55]

空间电源在航天器上的安装方式有:固定机身型、固定平面型、柔性平面折叠型、柔性转出型、聚光型等。固定机身型空间电源一般功率为数百瓦,如火星探险者号、旅行者号、流浪者号电源都采用高效多结Ⅲ-Ⅴ族电池,安装在火星车上。哈勃望远镜曾采用柔性转出型太阳电池阵列,如图 4.32 所示。在轨道工作 8 年以后性能退化,发现主栅线剥离,铰链销滑出,于是用更可靠的固定平面型电池阵列取代。

依航天器的任务不同,空间电源可能面对更加严酷的环境。如一般地球低轨道卫星的工作温度在阳光面为 55℃,背阴面为−80℃;而内行星或近日航天器要经受强辐射、强光照和耐受 450℃以上高温;研究太阳的航天器需要静电屏蔽,以消除静电对太阳电池方阵的影响;而近木星航天器要耐受−125℃的低温,外行星探测器需经受更低温和低光强。

现在的 GaAs 基系三结叠层电池,可以达到比功率 100~300W/kg,而有些空间任务要求比功率达 1000W/kg 以上,这就要求发展薄膜型 GaAs 基系电池。

4.7　Ⅲ-Ⅴ族化合物太阳电池的研究热点

近几年来国际上在Ⅲ-Ⅴ族太阳电池领域的研究非常活跃,研究范围广泛,进展迅速。当前Ⅲ-Ⅴ族化合物太阳电池的研究热点大致包括以下几个方面:①高效聚光多结叠层Ⅲ-Ⅴ族太阳电池;②超薄型(薄膜型)Ⅲ-Ⅴ族太阳电池;③量子阱、量子点太阳电池;④热光伏(TPV)太阳电池;⑤分光谱叠层太阳电池等。其中高效聚光多结叠层Ⅲ-Ⅴ族太阳电池已在本章前面论述过了,本节着重介绍其余部分内容。

4.7.1　薄膜型Ⅲ-Ⅴ族太阳电池

以 GaAs 太阳电池为代表的Ⅲ-Ⅴ族太阳电池有一个共同的缺点,即材料密度大、质量大。因而它们的效率尽管很高,但功率重量比(specific power)在 100~300W/kg 的范围,比生长在柔性衬底上的 a-Si,CdTe,CuInSe 等薄膜太阳电池的功率重量比要低许多。为了克服这一缺点,从 20 世纪 80 年代开始科学家们开始研制薄膜型(超薄型)GaAs 太阳电池。采用的技术多为剥离技术(lift-off)。这一技术的特点是,在太阳电池制备完成后,把它的正面粘贴到玻璃或塑料膜上,然后采用选择腐蚀方法把 GaAs 衬底剥离掉。这样一来便获得了柔性薄膜型(超薄型)GaAs 太阳电池。剥离下来的 GaAs 衬底可重复使用。

2005 年 10 月在上海举办的 PVSEC-15 会议上,Sharp 公司展出了他们研制的效率高达 28.5%(AM1.5)的柔性薄膜型(超薄型)GaInP/GaAs 两结叠层电池,其功率重量比为 2631W/kg。而且,这种超薄型太阳电池的抗辐照性能也很好[56]。

前面已介绍,美国 NREL 的 M. Wanlass 等在 2006 年第四届 WCPEC 会上报道,他们在 GaAs 衬底上用反向应变多结(IMM)外延生长和剥离技术研制出了 GaInP/GaAs/GaInAs 三结叠层电池(图 4.24),在 10.1 倍 AM1.5D 太阳光强下,该电池获得了 37.9%的高效率[45]。继后,J. Geisz 等的研究又将这种三结叠层聚光电池的效率提高到 40%以上[46]。值得注意,这样利用反向外延生长和衬底剥离技术制备的高效叠层电池可以是超薄型的,因为电池的有源层厚度只有几个微米。只要适当选择支撑衬底片,所构成的电池不仅重量轻,而且可以是柔性的。GaAs

衬底也可以在外延工艺中多次反复使用,这就大大降低了电池器件的成本。这种超薄型高效叠层电池在空间科学和技术,以及其他一些特殊场合必将有广阔的应用前景。

2011 年美国 Alta Devices 公司报道,他们应用反向外延生长和衬底剥离技术研制的 GaAs 单结薄膜电池 AM1.5G 效率达到 27.6%[57],这是迄今为止所有各类单结电池效率的最高纪录。GaAs 单结薄膜电池的制造工艺与上面介绍的 IMM 超薄型高效叠层电池相似,只是单结电池的外延工艺简单得多。图 4.33 描述了 GaAs 单结薄膜电池的工艺过程。首先在可重复使用的 GaAs 衬底上 MOCVD 生长 AlAs 剥离层和反向器件外延结构(图 4.33(a)),在外延层上淀积金属电极后粘贴到一块柔性衬底上(图 4.33(b)),经 AlAs 层腐蚀剥离 GaAs 衬底(图 4.33(c)),最后淀积前电极和减反射层完成器件工艺制造(图 4.33(d))。

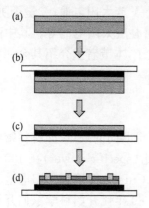

图 4.33　GaAs 单结薄膜电池器件工艺过程[57]

这种 GaAs 单结薄膜电池效率的改善,主要是由于降低了器件的暗电流,提高了电池的开路电压。作者认为实现这一点是因为减少了光子损失和载流子的非辐射复合,从而增强了光子再循环利用。这将导致器件中载流子密度的增加和准费米能级更大的分裂,从而增加电池的 V_{OC}。实现有效光子再循环利用的必要条件是:①外延生长层具有高质量,以保证光生载流子的非辐射复合相关的寿命远大于辐射复合寿命;②背接触具有高反射率。此外,剥离 GaAs 衬底后,高反射的背电极金属将接近电池基区,这不仅有利于光生载流子的收集,也有助于光子的反射。作者预期,通过优化窗口层和减反射层,可进一步改善电池的短波响应(<500nm);通过优化 GaAs 吸收层的厚度和背接触,可进一步改善电池的长波响应(>800nm);通过降低电池的串联电阻,可进一步提高电池的填充因子,可望使电池效率超过 28%。最近有报道称,Alta Devices 公司已将这种 GaAs 单结薄膜电池效率进一步提高到 28.8%[58]。

4.7.2　Ⅲ-Ⅴ族量子阱、量子点太阳电池

如上节所述,Ⅲ-Ⅴ族多结叠层电池的发展取得了巨大成功,大大提高了太阳电池的效率。但由于多结叠层电池的结构复杂,各子结材料之间要求晶格常数匹配和热膨胀系数匹配,因而对各个子电池材料的选择和连接各个子电池的隧道结材料的选择都十分严格,MOCVD 外延生长工艺也十分复杂。人们企图寻找其他的途径来提高太阳电池的效率,目的是希望能采用相对较为简单的工艺实现高效

率。在众多的技术路线中,量子阱、量子点结构太阳电池比较新颖,已有了较好的进展。

1. Ⅲ-Ⅴ族量子阱太阳电池

1990 年,K. Barnham 等首先提出在 p-i-n 型太阳电池的本征层中植入多量子阱(multi-quantum well,MQW)或超晶格低维结构,可以提高太阳电池的能量转换效率[59]。含多量子阱的 p-i (MQW)-n 型太阳电池的能带结构如图 4.34 所示。电池的基质材料和垒层材料具有较宽的带隙 E_b;阱层材料具有较窄的有效带隙 E_a,E_a 值的大小由

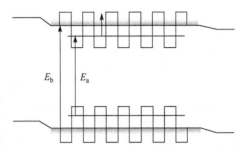

图 4.34　p-i-n 型多量子阱超晶格结构示意图[58]

阱层量子限制能级的基态决定。所以,p-i(MQW)-n 型电池的吸收带隙可以通过阱层材料的选择和量子阱宽度(垒宽 L_b,阱宽 L_z)来剪裁,以扩展对太阳光谱长波长范围的吸收,从而提高光电流。

量子阱电池结构的光电流密度 J 仍可用电流叠加原理来描述

$$J = J_d - J_{SC} \tag{4.3}$$

其中,暗电流密度 J_d 为标准的 Shockley 二极管电流电压方程

$$J_d = A\exp\left(\frac{-E_b}{\gamma kT}\right)\left[\exp\left(\frac{eV}{nkT}\right) - 1\right] \tag{4.4}$$

这里,E_b 为垒层带隙,控制着暗饱和电流密度的大小;γ 和 n 为理想因子,A 为比例常数,依赖于器件的结构。而短路电流密度为

$$J_{SC} = QqN(E_a) \tag{4.5}$$

其中,Q 为量子效率;$N(E_a)$ 为单位时间、单位面积上入射的能量大于阱层带隙 E_a 的光子数目。所以,开路电压 V_{OC} 可表示为

$$qV_{OC} = n\left[\frac{E_b}{\gamma} - kT\ln\left(\frac{A}{J_{SC}}\right)\right] \tag{4.6}$$

可以看出,p-i(MQW)-n 太阳电池的 J_{SC} 主要取决于阱层的有效吸收带隙 E_a,而 V_{OC} 不仅决定于基质材料的带隙 E_b,还与 A/J_{SC} 之比值有关。所以,一般来讲,p-i(MQW)-n 太阳电池的 V_{OC} 将小于不含 MQW 基质材料电池的开路电压。

多量子阱电池的实验研究,主要集中在晶格匹配的 AlGaAs/GaAs 和 InP/InGaAs 系统,以及晶格不匹配的应变超晶格 GaAs/InGaAs 和 InP/InAsP 系统。

多量子阱太阳电池的效率目前还不够高。日本丰田工大 M. J. Yang 和 M. Yamaguchi 用 MBE 技术研制了应变超晶格 GaAs/InGaAsp-i(MQW)-n 太阳

电池,效率达到 18%(AM1.5,1 个太阳常数),而在 4 倍光强下,效率上升到 22%[60]。强光下 MQW 太阳电池效率的增加是由于复合中心得到填充,导致少子寿命增长。图 4.35 示出了 M. J. Yang 等研制的 GaAs/InGaAs 多量子阱太阳电池的结构图。

图 4.35　日本丰田工大 M. j. Yang 等研制的 GaAs/InGaAs MQW 太阳电池结构[60]

英国伦敦帝国理工大学(Emperial College London)的 T. Bushnell 等对 GaAs/InGaAs 多量子阱太阳电池进行了多年的研究,制备方法采用 MBE 和 MOCVD。他们采用 GaAsP/InGaAs 应变超晶格系统来减轻 GaAs 和 In-GaAs 之间的晶格失配应力,改进了 GaAs/InGaAs 多量子阱太阳电池的性能,获得了 21.9%(AM1.5)的效率[61]。他们还研究了 GaAsP/InGaAs 应变超晶格量子阱数目对电池性能的影响,见表 4.5。可以看出,当量子阱数目从 1 增加到 50 时,V_{oc} 和 FF 略有降低,而 J_{sc} 显著增加,导致电池的 AM0 效率从 18.4% 增加到 19.4%。

从总体来看,量子阱太阳电池还处于探索试验阶段。量子阱太阳电池的优点是扩展了长波响应,能在很薄的有源层(~0.6μm)中获得较高的短路电流密度;另外,它可以形成应变结构,因而扩充了晶格匹配的容限选择;但是器件的暗电流密度较大,降低了电池的开路电压。量子阱太阳电池性能的提高有赖于结构设计与工艺冗余度的进一步优化。

表 4.5　GaAsP/InGaAs 应变超晶格量子阱数目与电池性能的关系[61]

样品号	量子阱数	V_{ac}/V	J_{ac}/(A/m²)	V_{ap}/V	J_{ap}/(A/m²)	FF/%	ηABCD/%
Qt163IU	1	0.963	302	0.88	283	85.8	18.4
Qt1629	10	0.976	305	0.86	290	84.8	18.4
Qt1597	20	0.952	314	0.84	299	83.3	18.5
Qt1630	35	0.959	325	0.82	309	81.4	18.7
Qt1628	50	0.958	333	0.84	312	82.1	19.4

2. Ⅲ-Ⅴ族量子点太阳电池

2001 年,V. Aroutiounian 等首先提出了 InAs/GaAs 量子点太阳电池的概

念[62]。随后,国外的许多科学家也开始了Ⅲ-Ⅴ族量子点太阳电池的研究,近两年来量子点太阳电池已成为下一代Ⅲ-Ⅴ族太阳电池的研究热点。

　　Ⅲ-Ⅴ族量子点太阳电池的原理与Ⅲ-Ⅴ族量子阱太阳电池的原理是相似的。量子阱太阳电池是在 p-i-n 型太阳电池的 i 层(本征层)中植入多量子阱结构,而量子点太阳电池是在 p-i-n 型太阳电池的 i 层植入多个量子点层,形成基质材料/量子点材料的周期结构。由于量子点的量子尺寸限制效应,可通过改变量子点的尺寸和密度对量子点材料层的带隙进行调整,有效带隙 E_{eff} 由量子限制效应的量子化能级的基态决定。量子点太阳电池的结构图和能带图示于图 4.36。由于相邻量子点层的量子点之间存在很强的耦合,光生电子和空穴可通过共振隧穿效应穿过垒层,这就提高了光生载流子的收集效率,也就是提高了太阳电池的内量子效率 QE,因而提高了太阳电池的短路电流密度 J_{sc}。另外,量子点太阳电池的开路电压 V_{oc} 有所降低,但不明显;因而量子点太阳电池的理论效率比普通 p-i-n 型太阳电池的效率要高。理论计算表明[59],InAs/GaAs 量子点太阳电池的效率可高达 25%,而没有量子点层的 p-i-n 型 InAs/GaAs 太阳电池的效率只有 19%。

　　量子点太阳电池的实验研究目前主要进行的是材料制备和有关材料性能的研究,太阳电池器件结果报道较少。

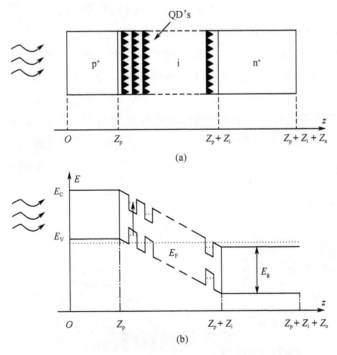

图 4.36　p^+-i(QDs)-n^+ 型量子点太阳电池的结构图(a)和能带图(b)[62]

4.7.3　热光伏电池

热光伏(thermal photovoltaic,TPV)电池是太阳电池在红外条件下的一种特殊应用类型。在无电的边远地区,白天人们采用太阳电池来发电,而在没有太阳光的夜间,人们可用 TPV,利用燃气、燃煤等取暖炉发出的红外线来发电,为人们提供电能。也可把 TPV 安置在锅炉或发动机的周围,利用锅炉或发动机散发出的热能来发电,可算废物利用绿色环保,因此属于第三代电池的范畴。

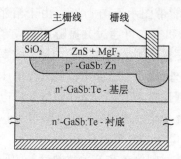

图 4.37　俄罗斯约飞技术物理所研
制的 GaSb-TPV 电池的结构图[63]

TPV 由 Ge 或 GaSb 等窄禁带半导体材料构成,电池结构与单结Ⅲ-Ⅴ族电池类似。制备方法可采用扩散技术,也可采用液相外延技术。图4.37 示出了俄罗斯约飞技术物理所研制的一个 GaSb-TPV 电池的结构图[63]。该电池是用液相外延技术和扩散技术相结合制备的,其中的 n-GaSb 层是用液相外延技术制备的,而 p$^+$-GaSb 层是用 Zn 扩散技术制备的。但因为 GaSb 的带隙太窄($E_g=0.726\mathrm{eV}$,300K),普通的扩散技术容易造成边缘短路,所以必须采用选择扩散方法,顶部的 SiO$_2$ 便是部分用来在选择扩散中作掩模的。

俄罗斯约飞技术物理所近年来又发展了一种太阳能发电和热光伏发电的混合系统,称为 STPV 系统[63]。这种 STPV 系统的原理是,白天采用高倍聚光系统加热钨丝,使钨丝发光并照射到 TPV 电池上,TPV 电池吸收钨丝发光并把它转换为电能;夜间 TPV 电池被移动到锅炉旁,吸收锅炉发射出的热能(红外线)来发电。图 4.38 示出了 STPV 系统的原理图。入射的阳光经菲涅耳透镜和二次透镜聚光

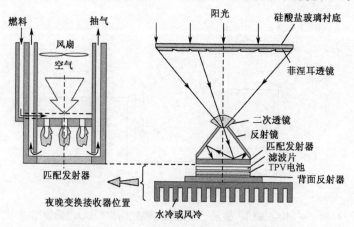

图 4.38　太阳光与燃料混合型 STPV 系统示意图[63]

后将钨丝加热发光,经过滤波后照射到热光伏电池上发电。钨丝侧面有反光镜,而电池背面有增反器,以增强光的利用和吸收。电池背面有散热系统,以保持电池不过热。该图左面为夜晚备用照明系统,以维持 TPV 系统的发电。该 GaSb-TPV电池的效率已达到 19%(钨丝温度 2000K)。

4.7.4　分光谱太阳电池的研究

2008 年,美国 Delaware 大学的 A. Barnett 等报道他们的分光谱太阳电池已获得 42.3% 的高效率[64]。分光谱太阳电池的原理于图 4.39 所示。入射的太阳光经聚光镜聚光后,投射到一个双色半反镜上,波长较短的光被半反镜反射,入射到一个带隙较宽的两结叠层电池(如 GaInP/GaAs)上;而波长较长的光透过半反镜,入射到一个带隙较窄的两结叠层电池(如 Si/GeSi)上;这两个电池分别吸收太阳光谱中不同波段的光,产生电能。他们的两个叠层电池都是 3 端器件,计算叠层电池的效率时,只是简单的将顶电池的效率和底电池的效率相加。3 端器件的原理已在 3.2 节中作过介绍,这里不再重复。文章的作者把 4 个子电池的效率相加,便得到了分光谱太阳电池的总效率为 42.3%。还需说明一点,他们在计算效率时,未计入聚光镜和半反镜的光学损失,如果计入光学损失,分光谱太阳电池的转换效率应为 36.2%。

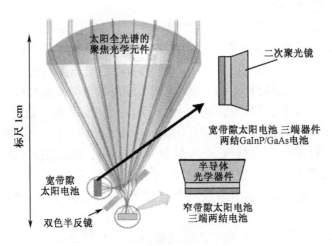

图 4.39　分光谱太阳电池原理图[64]

4.7.5　其他类型新概念太阳电池

最近两三年来,有关第三代太阳电池的报道很多。根据 M. Green 的分类,半导体晶片太阳电池为第一代太阳电池,薄膜太阳电池为第二代太阳电池,而高效、薄膜新概念太阳电池称为第三代太阳电池。新概念太阳电池包括以下几种类型：①量子阱、量子点太阳电池；②多带隙太阳电池；③热载流子太阳电池；④碰撞离化太阳电池；⑤上转换、下转换材料太阳电池等。

有关新概念太阳电池将在第 9 章中作较全面的介绍，量子阱、量子点太阳电池的原理和研究现状已在 4.7.2 节中作了简述，此处仅对 Ⅲ-Ⅴ 和 Ⅱ-Ⅵ 族化合物半导体中间带太阳电池作一些介绍。

前面谈到，对于单带隙材料，能量低于带隙的光子不能被吸收，不能将电子从价带激发到导带以产生光生载流子，这是造成电池效率不高的主要原因之一。如果在带隙中引入另一个中间带，原来不能被吸收的低能光子就有可能被价带电子吸收而跃迁到这个中间带，然后再吸收另一个低能光子从中间带跃迁到导带，实现多光子吸收，从而提高电池的效率。

计算表明，带隙为 1.95eV 的材料中，引入一个很窄的中间带后，如果中间带的费米能级距导带边的距离为 0.71eV，可得到聚光电池的极限效率为 63.2%[65]。这一效率高于两结叠层电池（带宽分别为 1.54eV 和 0.8eV）的聚光极限效率 54.5%。可能作为中间带引入的材料包括某些稀土材料、过渡金属材料、Ⅲ-Ⅴ-Ⅵb 材料等。例如，能带理论计算表明，将过渡金属 Ti 掺入 GaP 中形成 $Ti_xGa_{1-x}P$ 合金（$x = 0.25 \sim 0.3125$）[66]，或者将 Ti 掺入 $CuGaS_2$ 中形成 $Cu_4TiGa_3S_8$ 合金[67]，都有可能产生中间带结构。

近几年来，美国劳伦斯伯克利国家实验室的 K. M. Yu 等在这一领域进行了深入的理论研究，取得了显著进展[68]。他们提出，在某些 Ⅲ-Ⅴ 族和 Ⅱ-Ⅵ 族半导体材料中掺入少量负电性很不相同的元素如 O 或 N 等，可以形成高度失配合金（highly mismatched alloys, HMAs）材料。由于 O 或 N 引入的局域态与基质材料中电子的扩展态相互作用的结果，会导致导带分裂出一个子带，形成中间带隙。他们采用离子注入氮（N）原子到 GaInAs 材料中，注入氧（O）原子到 MnZnTe 材料中，再利用脉冲激光熔化和快速退火，制备出了新材料 GaInAsN 和 MnZnTeO。在这两种新材料中，导带发生了分裂，即变成了两个子导带。图 4.40 示出对 $Zn_{0.88}Mn_{0.12}O_xTe_{1-x}$ 材料在 $x = 0.01$ 时计算出的能带图，其中形成两个直接带隙，其带隙宽度分别为 ~1.77eV 和 2.7eV。

由于中间带隙的形成，太阳电池的光吸收将向长波方向扩展，因而短路电流 J_{SC} 将会显著提高。虽然太阳电池的开路电压 V_{OC} 会有所降低，但他们预计，这种中间带隙材料太阳电池可获得比多结叠层电池更高的效率，预计效率可高达 50%以上。而且这种中间带隙材料太阳电池是单结太阳电池，没有晶格匹配问题，因而它应该比多结叠层电池的工艺简单，价格便宜。

中间带隙材料太阳电池的研究目前还处于理论研究和材料研究阶段，还未见有太阳电池的实验结果报道。作者认为，采用离子注入技术在获得高掺杂的同时，也产生了大量的晶格缺陷,而晶格缺陷多为陷阱或复合中心,它们势必会俘获和复合掉许多光生载流子,因而降低光生电流,这就抵消了由于长波吸收的扩展而带来的短路电流增加的优点。另外,中间带隙的形成将会使太阳电池的开路电压 V_{OC} 降低多少,也是一个不容忽视的重要问题。

总的来说,对包括中间带隙电池在内的新概念电池的研究,还有许多理论和实验问题需要解决,应该是一个较为长期的、极具魅力令人向往的研究课题。

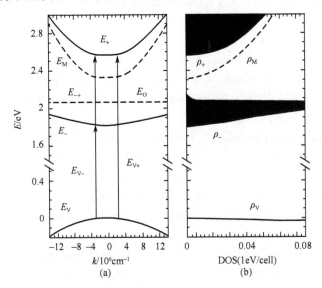

图 4.40　对 $Zn_{0.88}Mn_{0.12}O_xTe_{1-x}$ 在 $x=0.01$ 时计算出的能带图(a)和态密度图(b)(在图(a)中还标明了 3 种可能的跃迁途径)[68]

参 考 文 献

[1] Patel P, Aiken D, Boca A, et al. Experimental results from performance improment and radiation hardening of inverted metamorphic multi-junction sorlar cells. Proc. 37th IEEE PVSC, Seattle, Washington, 2011

[2] Wiemer M, Sabnis V, Yuen H. Proc. of SPIE, 2011, 8108: 810804

[3] Friedman D J, Olson J M, Kurtz S. High-efficiency Ⅲ - Ⅴ Multijunction Solar Cells in Luque A, Hegedus S, Handbook of Photovoltaics Engineering. Chichester: John Wiley and Sons, 2011

[4] Green M A, Emery K, Hisikawa Y, et al. Solar Cell Efficiency Tables (Version 40). Prog. Photovolt: Res. Appl., 2012, 20:606-614

[5] Yamaguchi M. Radiation-resistant solar cells for space use. Solar Energy Materials & Solar Cells, 2001, 68: 31-53

[6] Lin L Y, Fang Z Q, Zhou B J, et al. Study of High Purity LPE-GaAs Materials. Journal of Crystal Growth, 1981, 35: 535

[7] Ferguson I T, Thompson A G, et al. Hetero-Structures for High Performance Devices. Amsterdam: Academic Press, 2000

[8] Hovel H J, Woodall J M. $Ga_{1-x}Al_xAs$-GaAs P-P-N heterojunction solar cells. Journal of the Electrochemical Society, Solid State Science and Technology, 1973, 120(9): 1246-1252

[9] Andreev V M, Khvostikov V P, Rumyantsev V D, et al. Monolithic Two-Junction AlGaAs/GaAs Solar Cells. Proceedings of 26th IEEE-PVSC, 1997, Anaheim CA, USA

[10] Ortiz E, Algora C. A High-efficiency LPE GaAs Solar Cell at Concentrations Ranging from 2000 to 4000 Suns. Prog. Photovolt: Res. Appl. 2003, 11:155-163

[11] Kagan M, Nadorov V, Rjevsky V. An Analysis of Eight-year Operation of GaAs Solar Array at Space Station "MIR". Proceedings of First WCPEC,1994, Hawaii

[12] Xiang X B, Du W H, Chang X L, et al. The study on high efficient $Al_xGa_{1-x}As$/GaAs solar cells. Solar Energy Materials & Solar Cells ,2001,68: 97-103

[13] Soga T, Yang M, Kato T, et al. Dislocation reduction of GaAs and AlGaAs on Si substrate for high efficiency solar cells. Material Science Forum, 1995, 196-201: 1779-1784

[14] Chen J C, Ristow M L, Cubbage J I, et al. High-efficiency GaAs solar cells grown on Passive-Ge substrates BY atmospheric pressure OMVPE. Proceedings of 22nd IEEE PVSC , 1991,133-136

[15] Takahashi K, Yamada S, Unno T, et al. Characteristics of GaAs solar cells on Ge substrate with a preliminary grown thin layer of AlGaAs. Solar Energy Materials and Solar Cells, 1998, 50: 169-176

[16] Ringel J A, Sieg R M, Ting S M, et al. Anti-phase Domain-Free GaAs on Ge Substrates Grown by Molecular Beam Epitaxy for Space Solar cell Application. Proceedings of 26th IEEE-PVSC,1997, Anaheim CA, USA

[17] Venkatasubramaian R, O'Quinm B C, Silvola E. 20%(AM1.5) Efficiency GaAs Solar Cells on Sub-mm Grain-Size Poly-Ge and Its Transition to Low-Cost Substrates. Proceedings of 26th IEEE-PVSC, 1997, Anaheim CA, USA

[18] Schultze W D. Design and Manufacturing Expience with GaAs/Ge Solar Cells as Gained with the TEMPO Solar Generator Program. Proceedings of 25th IEEE PVSC, May 13-17, 1996, Washington D. C. USA

[19] Stella P M, Ross R G, Smith B S, et al. Mars Global Surveyor(MGS) High Temperature Survival Solar Array. Proceedings of 25th IEEE PVSC, May 13-17, 1996, Washington D. C. USA

[20] Landis G A, Jenkins P P. Dust on Mars: Materials Adherence Experiment Results From Mars Pathfinder. Proceedings of 26th IEEE-PVSC, 1997, Anaheim CA, USA

[21] Shockley W, Queisser H. J. Appl. Phys. , 1961, 32: 510

[22] Henry C H. Limiting efficiencies of ideal single and multiple energy gap terrestrial solar

cells. J. Appl. Phys. , 1980, 51: 4494

[23] Chung B C, Virshup G F, Werthen J G. High efficiency one sun(22.3% at AM0; 23.9% at AM1.5) monolithic two-junction cascade solar cell grown by MOVPE. Appl. Phys. Lett. ,1988, 52:1889-1891

[24] Takahashi K, Yamada S, Unno T. High-efficiency AlGaAs/GaAs Tandem Solar Cells. U.D.C. 621.383.51 ; 523.9—7 ; [546.681'62'19 ; 546.681'19]

[25] Takahashi K, Yamada S, Minagawa Y,et al. Characteristics of $Al_{0.36}Ga_{0.64}As$/GaAs tandem solar cells with pp-n-n structural AlGaAs solar cells. Solar Energy Materials & Solar Cells, 2001, 66: 517-524

[26] Olson J M, Ahrenkiel R K, Dunlavy D J, et al. Ultralow recombination velocity at $Ga_{0.5}In_{0.5}P$/GaAs heterointerfaces. Appl. Phys. Lett. , 1989, 55:1208-1210

[27] Kurtz S R, Olson J M, Kibller A. Effect of growth rate on the band gap of $Ga_{0.5}In_{0.5}P$. Appl. Phys. Lett. , 1990,57:1922-1924

[28] Olson J M, Kurtz S R, Kibbler A E, et al. A 27.3% efficient $Ga_{0.5}In_{0.5}P$/GaAs tandem solar cell. Appl. Phys. Lett. , 1990, 56: 623-625

[29] Bertness K A, Kurtz S R, Friedman D J, et al. 29.5%-efficient GaInP/GaAs tandem solar cells. Appl. Phys. Lett. , 1994, 65: 989-991

[30] Takamoto T, Ikeda E, Kurita H,et al. Over 30% efficient InGaP/GaAs tandem solar cells. Appl. Phys. Lett. , 1997, 70:381-383

[31] Bertness K A, Kurtz S R, Friedman D J, et al. High-Efficiency GaInP/GaAs Tandem Solar cells for Space and Terrestrial Application. Proceeding of First WCPEC, 1994, Hawaii

[32] Keener D N, Marvin D C, Brinker D J, et al. Progress toward technology transition of GaInP/GaAs/Ge multijunction solar cells. Proceedings of 26th IEEE PVSC, 1997, Anaheim CA, USA

[33] Cavicchi B T, Karam N H, Haddad M, et al. Multilayer semiconductor structure with hosphide-passivated germanium substrate, US Patent: 6,380,601, 2002

[34] King R R, Fetzer C M, Colter P C, et al. High-efficiency space and terrestrial multijunction solar cells through bandgap control in cell structures. Proceeding of the 29th PVSC, 2002. New Orleans

[35] Takamoto T, Agui T, Kaneiwa M, et al, Investigation on AlInGaP solar cells for current matched multijunction cells. Proceeding of the 3rd World Conference on Photovoltaic Conversion, May 11-18, 2003, Osaka

[36] Tu J L, Zhang Z W, Wang L X, et al,28.28% of GaInP/InGaAs/Ge triple-junction tandem cells. Proceedings of 31st IEEE PVSC, 2005. LAKE BUENA VISTA, FL

[37] Kurtz S R, Myers D, Olson J M. Projected performance of three-and four-junction devices using GaAs and GaInP. Proc. 26th PVSC, 1997, Anaheim, CA

[38] Dimroth F, Baur C, Bett A W, et al. 3-6 Junction photovoltaic cells for space and terrestrial concentraror applications, WCPEV-4, 2006, Hiwaii

［39］Patel P, Aiken D, Chumney D, et al. Initial results of the monolithically grown six-junction inverted metamorphic multijunction solar cells. Proc. of 38th IEEE PVSC, 2012, Austin, Texas

［40］Fraas L M, Avery J E, Huang H X, et al. Toward 40% and higher solar cells in a new cassegrainian PV module. Proceedings of 31st IEEE PVSC, 2005. LAKE BUENA VISTA, FL

［41］Sala G, Anton I. Photovoltaic Concentrators in Luque A, Hegedus S, Handbook of Photovoltaics Engineering, John Wiley and Sons, Chichester, England, 2011

［42］King R R, Boca A, Hong W W, et al. 24th European Photovoltaic Solar Energy Conference, 2009, Hamburg, Germany

［43］King R R, Law D C, Edmondson K M, et al. Appl. Phys. Lett., 2007, 90: 183516

［44］Guter W, Schöne J, Philipps S P, et al. Appl. Phys. Lett., 2009, 94: 223504

［45］Wanlass M, Ahrenkiel P, Albin D, et al. Monolithic ultra-thin GaInP/GaAs/GaInAs tandem solar cells. Proc. IEEE PVSC, 2006, 729

［46］Geisz J F, Friedman D J, Ward J S, et al. Appl. Phys. Lett., 2008, 93: 123505

［47］Takamoto1 T, Aguil T, Yoshida A, et al. World's highest efficiency triple-junction solar cells fabricated by inverted layers transfer process. Proc. 35th IEEE PVSC, 2010, Hiwaii

［48］Yoshida A, Agui T, Katsuya N, et al. Development of InGaP/GaAs/InGaAs inverted triple junction solar cells for concentrator application. 21st International Photovoltaic Science and Engineering Conference (PVSEC-21), Fukuoka, Japan, 2011

［49］http://sharp-world.com/corporate/news/120531. html, Sharp develops concentra-tor solar cell with world's highest conversion efficiency of 43.5%

［50］Chiu1 P, Wojtczuk1 S, Harris C, et al. 42.3% efficient InGaP/GaAs/InGaAs concentrators using bifacial epigrowth. Proc. 36rd IEEE PVSC, Seattle, Washington, 2011

［51］Friedman D J, Geisz J F, Kurtz S R, et al. 1-eV solar cells with GaInNAs active layer. J. Cryst. Growth, 1998, 195: 409-415

［52］Friedman D J, Ptak A J, Kurtz S R, GaInNAs Junctions for Next-Generation Concentrators: Progress and Prospects, International Conference on Solar Concentrators for the Generation of Electricity or Hydrogen, 2005, Scottsdale, Arizona

［53］John H. Commercialization of New Lattice-Matched Multi-Junction Solar Cells Based on Dilute Nitrides, Subcontract Report, NREL/SR-5200-54721, April 2012

［54］Andreev V M. 中国科学院半导体所学术讨论会，北京，2005

［55］Bailey S, Raffaelle R. Space Solar Cells and Arrays in Luque A, Hegedus S, Handbook of Photovoltaics Engineering, John Wiley and Sons, Chichester, England, 2011

［56］Takamoto T, Kodama T, Yamaguchi H, et al. Paper-thin InGaP/GaAs solar cells. WCPEV-4, 2006, Hiwaii

［57］Kayes B M, Nie H, Twist R, et al. 27.6% conversion efficiency, a new record for single junction solar cells under 1 sun illumination. Proc. 36rd IEEE PVSC, Seattle, Washington, 2011

[58] http://www. greentechmedia. com/articles/read/stealthy-altadevices-next-gen-pv-challeng-ing-the-status-quo/

[59] Barnham K W, Duggen G. A new approach to high-efficiency multi-band-gap solar cells. J. Appl. Phys. , 1990, 67: 3490-3493

[60] Yang M J, Yamaguchi M. Properties of GaAs/InGaAs quantum well solar cells under low concentration operation. Solar Energy Materials & Solar Cells, 2000, 60: 19-26

[61] Bushnell D B, Tibbits T N D, Barnham K W J, et al. Effect of well number on the performance of quantum-well solar cells. J. Appl. Phys. , 2005, 97: 124908

[62] Aroutiounian V, Petrosyan S, Khachatryan A, et al. Quantum dot solar cells. J. Appl. Phys. , 2001, 89(4): 2268

[63] Andreev V M. 中国科学院半导体所学术讨论会, 北京, 2005

[64] Barnett A, Wang X T, Waite N, et al. Initial test bed for very high efficiency solar cells. Proceedings of 33rd IEEE PVSC, 2008. San Diego, CA

[65] Luque A, Marti A. Increasing the efficiency of ideal solar cells by photon induced transitions at intermediate levels. Phys. Rev. Lett. , 1997, 78(26): 5014

[66] Palacios P, Fernández J J, Sánchez K, et al. First-principles investigation of isolated band formation in half-metallic $Ti_x Ga_{1-x}P(x=0.3125-0.25)$. Phys. Rev. B, 2006, 73: 085206

[67] Wahnón P, Palacios P, Sánchez K, et al. AB-Initio modeling of intermidiate band materials based on metal-doped Chalcopyrite compounds, WCPEV-4, 2006, Hiwaii

[68] Yu K M, Walukiewicz W, Wu J, et al. Diluted Ⅱ-Ⅵ oxide semiconductors with multiple band gaps. Phys. Rev. Lett. , 2003, 91(24): 246403

第5章 硅基薄膜太阳电池

阎宝杰 廖显伯

5.1 引 言

光子、电子和声子都是能量的载体。太阳电池作为光电能量转换器件,主要研究光子和电子之间的相互作用,以及声子对过程的参与。这种相互作用一般主要发生在太阳电池材料表面数微米的范围内,这就为制造薄膜太阳电池提供了物理基础。

由于太阳光具有弥散性,为了获得数百瓦的电功率,往往需要数平方米的太阳电池器件。为了降低成本,有必要发展大面积薄膜(微米量级)太阳电池。

大面积薄膜太阳电池半导体材料,一般是在低温下沉积在廉价的异质衬底上的,如玻璃、不锈钢带、塑料薄膜等都是常用的薄膜太阳电池衬底材料。薄膜太阳电池固有的优势是用料省、工艺温度低、工艺过程相对简单,从而成本低。但是,这样制备的薄膜材料具有多晶、微晶、纳米晶,或非晶态结构,其载流子具有较低的迁移率和少子寿命。所以,这种薄膜材料是不适合用以制备高速度、高密度的微电子器件的。而对于大面积太阳电池,由于它对光电转换的速度没有高的要求,器件结构又相对简单,仅由一个或数个"巨型"pn 结构成,薄膜材料是可以胜任的。经过多年的努力,已经在几种薄膜太阳电池上取得了较大的进展,这主要包括硅基薄膜电池、铜铟镓硒薄膜电池、碲化镉薄膜电池和染料敏化电池。

本章介绍硅基薄膜太阳电池,包括非晶硅、微晶硅[1](或称纳米硅)薄膜太阳电池。我们首先简介硅基薄膜材料的结构和基本物理性质,硅基薄膜材料制备方法和沉积动力学,然后介绍硅基薄膜太阳电池的结构和工作原理,以及硅基薄膜太阳电池的制备技术和产业化。

在过去十多年的时间里,硅基薄膜太阳电池的研究和开发主要集中在提高非晶硅、微晶硅和非晶锗硅合金的质量。氢稀释是提高材料质量的重要技术,高氢稀释等离子体沉积的非晶硅具有少量的纳米晶结构或叫中程有序。这种材料缺陷态密度低,稳定性好。与此同时,以非晶硅和微晶硅电池组成的多结薄膜硅电池将成

---

① 关于纳米硅和微晶硅的称谓,目前国际上尚存在着一种心照不宣的分歧,两种名称实际指的是同一种结构的硅基薄膜材料,有关说明请参见本章第5.2.7节的描述。

为新一代硅基薄膜太阳电池产品。因此本章将重点放在氢稀释的作用、微晶硅的特性和微晶硅电池的优化。太阳电池的转换效率不仅依赖于半导体材料的性能，而且依赖于器件的设计和结构。特别是对入射光的合理利用。因此在新版中增加了部分陷光和光管理的内容。限于作者的水平和篇幅，本章不能覆盖硅基薄膜太阳电池的全部领域。

5.2 硅基薄膜物理基础及其材料特性

5.2.1 硅基薄膜材料的研究历史和发展现状

硅基薄膜材料是硅与其他元素构成合金的各种晶态（如纳米晶、微晶、多晶）和非晶态薄膜的统称。硅基薄膜材料作为一种极具潜力的光电能量转换材料的研究历史，可追溯到 20 世纪 60 年代末，英国标准通讯实验室用辉光放电法制取了氢化非晶硅（a-Si：H）薄膜，发现有一定的掺杂效应。1975 年，W. E. Spear 等在 a-Si：H 材料中实现了替位式掺杂，做出了 pn 结。发现氢有饱和硅悬键的作用，a-Si：H 材料具有较低的缺陷态密度（$\sim 10^{16}$ cm^{-3}）和优越的光敏性能[1]。1976 年，美国 RCA 的 D. E. Carlson 等研制出了 p-i-n 结构非晶硅太阳电池，光电能量转换效率达到 2.4%[2]，在国际上掀起了研究非晶硅材料和器件的热潮。1980 年 D. E. Carlson 将非晶硅电池效率提高到 8%，具有产业化标志意义。随后日本三洋公司的 Y. Kuwano，推动了非晶硅电池在消费产品领域的批量生产。而在此之前用蒸发或溅射技术制备的不含氢的非晶硅薄膜，其缺陷态密度高达 $\sim 10^{19}$ cm^{-3}，没有什么器件应用价值。

在理论研究方面，1958 年，P. W. Anderson 发表了开创性的论文《扩散在一定的无规网络中消失》，首先提出在无序体系中电子态定域化概念[3]。其后，在 Anderson 定域化理论基础上，N. F. Mott 在非晶态材料能带中引入了迁移率边和定域化带尾态概念[4]。1977 年，P. W. Anderson 和 N. F. Mott 一道因对非晶态理论方面的贡献而获得诺贝尔物理学奖。与此同时，N. F. Mott 和 M. H. Cohen，H. Fritzsche，S. R. Ovshinsky 等提出了非晶态半导体的 Mott-CFO 能带模型[5,6]，为非晶硅基薄膜材料和器件研究打下良好的理论基础。

1977 年，D. L. Staebler 和 C. R. Wronski 观察到 a-Si：H 薄膜经长时间光照后其光电导率和暗电导率下降，而经过 150℃ 以上温度退火后又可以恢复[7]。他们指出产生这种可逆光致变化效应（后来称为 Staebler-Wronski 效应，简称 S－W 效应）的原因可能是光照在 a-Si：H 带隙中引起了亚稳缺陷态。此后，研究光致变化效应的微观机理及其抑制途径一直是非晶硅领域的焦点课题。

经过多年的努力，在改进非晶硅基薄膜材料和太阳电池器件性能，以及产业化技术方面取得了重大的进展。例如，发现在等离子增强化学气相淀积（PECVD） a-Si：H材料过程中,用氢气稀释硅烷可以显著改善 a-Si：H 材料的稳定性[8]。这种氢稀释技术已广泛应用于改善 a-Si：H 材料和太阳电池的微结构和稳定性,大量氢稀释甚至可以促进氢化纳米硅(nc-Si：H)和氢化微晶硅(μc-Si：H)的形成,并发现 p-i-n 型或 n-i-p 型 a-Si：H 电池最佳本征层可以在增加氢稀释以临近非晶到微晶相变阈的模式下获得[9]。

另一项重要进展是发现非晶硅基材料的带隙宽度可以通过形成合金进行调节。例如,发现非晶硅碳(a-SiC：H)合金薄膜具有较宽的带隙,用作 p-i-n 型 a-Si：H 电池的 p 型窗口层可以显著提高电池的开路电压和短路电流[10]。而非晶硅锗(a-SiGe：H)合金薄膜具有较窄的带隙,可用以与 a-Si：H 材料构成叠层电池,以显著扩展电池的长波吸收光谱范围[11]。

在此基础上,发展了 a-Si：H/a-SiGe：H 两结叠层电池和 a-Si：H/a-SiGe：H/a-SiGe：H 三结电池,不仅显著改善了电池的长波吸收,还降低了各子电池的本征层厚度,从而提高了电池的光照稳定性,使 a-Si：H/a-SiGe：H/a-SiGe：H 三结叠层电池小面积初始效率达到 14.6%,光照后稳定效率达到 13.0%[12]。

近几年的重要进展是发现利用甚高频(VHF)电源激发等离子体,在较高气压和较大功率激发下,可以高速沉积(约 3nm/s)高质量的窄带隙微晶硅膜,用以取代 a-SiGe：H 合金膜,与 a-Si：H 和 a-SiGe：H 构成 a-Si：H/μc-Si：H 两结叠层电池和 a-Si：H/a-SiGe：H/μc-Si：H 或 a-Si：H/μc-Si：H/μc-Si：H 三结叠层电池,其小面积电池效率达到了 16.3%[13],而大面积(4140.5cm^2)电池效率达到 13.4%[14]。

此外,在非晶硅固相晶化以制备微晶硅或多晶硅薄膜材料和电池器件方面也取得了重要进展[15]。另外,利用外延生长技术,如热丝气相沉积法,沉积单晶和多晶硅材料也取得了很大的进展。利用此类晶体硅薄膜材料有望进一步提高电池的效率。

目前,全世界有数十所大学、国家实验室和公司从事硅基薄膜太阳电池的研究,其产业化技术正日趋成熟。然而近几年来由于晶体硅太阳电池价格的大幅度下跌,硅薄膜太阳电池的生产受到了较大的冲击,一些企业已经倒闭或处于停产和半停产的状态。要想使硅薄膜太阳电池仍然具有竞争力,提高其转换效率和降低成本是两个亟待解决的课题。

5.2.2　非晶硅基薄膜材料的结构和电子态

1. 非晶硅基薄膜材料的结构

晶体硅中硅原子的键合为 sp^3 共价键,原子排列为正四面体结构,具有严格的晶格周期性和长程序(LRO)。而非晶硅中原子的键合也为共价键,原子的排列基本上保持 sp^3 键结构,只是键长和键角略有变化,这使非晶硅中原子的排列在保持短程序(SRO)的情况下,丧失了严格的周期性和长程序。

　　晶体硅的 X 射线衍射谱和电子衍射谱呈现明亮的点状(单晶)或环状(多晶)。而非晶硅的 X 射线衍射谱和电子衍射谱呈现两圈模糊的晕环,表明非晶硅中短程序的保持范围大体在最近邻和次近邻原子之间。

　　图 5.1 给出非晶硅的三维原子结构模型,每个硅原子与其他 4 个硅原子成键,其结构特征由 5 个几何结构参数及一个环状结构"参数"决定。这 5 个几何结构参数分别是:最近邻原子间距(Si-Si$_1$),即键长 r_1,键角 θ,次近邻原子间距(Si-Si$_2$)r_2,第 3 近邻原子间距(Si-Si$_3$)r_3 和二面角 φ。这里 φ 是指由 Si-Si$_1$ 键和 Si$_1$-Si$_2$ 键构成的晶面与 Si$_1$-Si$_2$ 键和 Si$_2$-Si$_3$ 键构成的晶面之间的夹角,所以称为二面角。为清晰起见,图示的 φ 选取了另一组参考原子。关于环状结构"参数",图中示出一个五环结构。在晶体硅中硅原子是呈六环结构排列,只有在非晶硅中才有五环或七环结构生成。

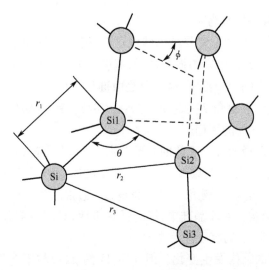

图 5.1　非晶硅的三维原子结构模型和相关参数[16]

　　晶体硅和非晶硅的结构特征可以用其原子排列的径向分布函数 $g(r)$ 来说明。图 5.2 示出由 X 射线衍射谱(XRD)得到的非晶硅与晶体硅原子排列的径向分布函数[17-18]。分子动力学模拟计算表明,晶体硅的径向分布函数具有一系列的峰值,相应于一系列的原子配位壳层,显示出晶体硅中所存在的短程序和长程序。而非晶硅的径向分布函数只显示出第一个和第二个峰值,表明非晶硅中只存在最近邻和次近邻的短程序。

　　图中非晶硅 $g(r)$ 第一峰的位置、强度和宽度与晶体硅都很相近。此峰位相应于 Si 原子与最近邻 Si$_1$ 原子的间距 $r_1 = 2.34\text{Å} \pm \Delta r_1$。与晶体硅比较,非晶硅键长 r_1 的相对偏差 $\Delta r_1/r_1$ 在 2%～3% 以内。由此峰的积分面积得到最近邻硅原子数

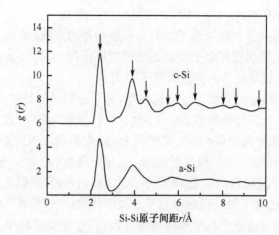

图 5.2　晶体硅与非晶硅原子排列的径向分布函数 $g(r)$[16]

或配位数,与晶体硅一样都为 4。

非晶硅 $g(r)$ 第二峰的位置与晶体硅也相近,相应于 Si 原子与次近邻 Si_2 原子的间距 $r_2=3.82\text{Å}\pm\Delta r_2$,但峰的强度降低,宽度增加,表明非晶硅中次近邻原子间距的偏差 Δr_2 有较宽的分布范围,这主要是由键角 $\theta(\theta=109.28°\pm\Delta\theta)$ 的偏差引起的,因为 r_2 由键长 r_1 和键角 θ 决定:$r_2=2r_1\sin(\theta/2)$,其中 $\Delta\theta/\theta<10\%$。这一结果表明,同 r_1 比较,r_2 表征的短程序已有所降低。

非晶硅与晶体硅径向分布函数的主要差别在于,非晶硅 $g(r)$ 的第三峰已不复存在,表明非晶硅中 Si 原子与第 3 近邻 Si_3 原子的间距 r_3 已不再有序。从图 5.1 可以看出,r_3 取决于键长 r_1、键角 θ 和二面角 φ。通常晶体硅中 $\varphi=60°$,其内能最低,形成类金刚石结构。而非晶硅中,模型计算表明,只需一部分 $\varphi=0°$(类纤锌矿结构特征),就会导致 r_3 的有序性消失[18]。

氢化使非晶硅的结构发生变化。但 a-Si:H 的 $g(r)$ 与不含氢的 a-Si 相似,只是随着 H 含量的增加,a-Si:H 的密度和表观配位数降低,其网络结构得到弛豫。从拉曼散射谱的结果推知,a-Si:H 的键角偏差 $\Delta\theta$ 下降,表明 H 的键入导致短程序的改善[18-19]。

在 a-Si:H 网络中,无序结构的应变还导致多种结构缺陷和微空洞的形成。除正常 4 配位键 T_4^0 外,主要结构缺陷如图 5.3 所示,其中包括 Si—Si 弱键(WB),三配位 Si 悬键 T_3^0(D^0)及其原生共轭对缺陷——五配位 Si 浮键 T_5^0[20],以及 Si—H—Si 三中心键(TCB)等。此外还有多种结构缺陷与杂质形成的络合物。

从非晶硅的短程序到晶体硅的长程序之间,还存在着一个过渡尺寸范围,即中程序(IRO),这大体上相应于 4～20Å。上面讲过,非晶硅短程序保持为大体上到次近邻原子排列 $r_2=3.82$Å;而从热力学观点来看,纳米硅颗粒得以稳定存在的最小尺寸是 1～2nm[21]。上面讨论的二面角和环状结构应属中程序范围,中程序对于非晶硅的光电性质和相变过程有重要影响,H 的键入也有助于中程序的改善,但至今研究还很不充分。近年来发展了一种涨落电镜技术(fluctuation electron microscopy),可以对中程序加以表征[22]。

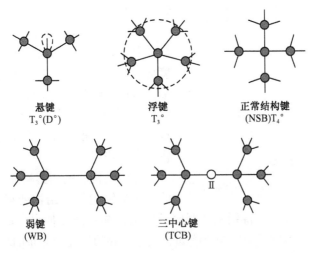

图 5.3　a-Si:H 正常网络结构和几种主要的结构缺陷[16]

2. 非晶硅基薄膜材料的电子态

大家知道,晶体硅中的电子态可以用能带来表征。每个硅原子与最近邻 4 个硅原子之间形成了 8 个 sp^3 杂化轨道,它们分为成键态和反键态两组,分别构成价带和导带。价带充满电子,导带没有电子,其间隔为禁带或带隙。无论成键态和反键态都是一种周期函数(Bloch 函数)的线性组合,所以这些电子态是共有化的态或扩展态。晶体硅中电子的价带和导带的特征可以用电子的能态密度分布函数 $N(E)$ 和电子的能量 E 与波矢 κ 的色散关系 $E=E(\kappa)$ 来描述。图 5.4 示出用第一性原理计算得到的晶体硅中电子的 $E(\kappa)$ 能带图[23]。晶体硅电子的能带结构比较复杂,图中只给出了沿[100]和[111]方向的计算结果。其中横坐标为波矢 κ 轴,原点为 Γ 点,而 X 点和 L 点分别为沿[100]和[111]方向布里渊区的边界。图中下半部分为价带的能带结构,上半部分为导带的能带结构,其间阴影部分为带隙,带隙宽度约 1.10eV。可以看出,晶体硅为间接带隙材料,价带顶与导带底的 κ 值不相吻合,价带顶位于 $\kappa=0$ 处,为四重简并;而导带底沿[100]方向,靠近布里渊区边界,距中心 Γ 点的距离约为 Γ 点到 X 点距离的 0.82,导带底或导带谷为六重简并。晶体硅的第一直接带隙($\Gamma_{25'}-\Gamma_{2'}$)宽度约 3eV。

由于非晶硅的原子排列基本上保持了 sp^3 键结构和短程序,非晶硅中的电子

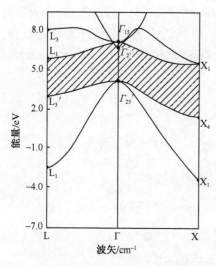

图 5.4　晶体硅中电子的 $E(\kappa)$ 能带图[23]

态保持了晶体硅能带结构的基本特征,同样具有价带和导带,其间隔为禁带。无序结构对非晶硅电子态的影响主要表现在以下几方面:首先,非晶硅中原子排列的周期性和长程序的丧失,使电子波失 κ 不再是一个描述电子态的好量子数,E 与 κ 的色散关系不确定,所以只能用电子的能态密度分布函数 $N(E)$ 来描述非晶硅能带的特征。因此,非晶硅是间接带隙还是直接带隙材料的问题也就无从谈起。关于这一点,我们在后面介绍非晶硅的光学性质时将要进一步讨论。

点(如范霍夫奇点)消失,特别是使明锐的能带边向带隙延伸出定域化的带尾态。而且,在带隙中部形成了由结构缺陷如悬键等引起的呈连续分布的缺陷态。

　　图 5.5 给出非晶硅的 Mott-CFO 能带模型[6],简单标明了能带边和带隙的电子态密度随能量的分布。在能带扩展态与定域化带尾态之间存在一条明显的分界线,即导带迁移率边 E_C 和价带迁移率边 E_V。而在带隙中部存在由于悬键等缺陷造成的定域态密度分布 E_x 和 E_y,他们分别相当于硅悬键的双占据态(类受主态)和单占据态(类施主态)。这里假定悬键获得第二个电子时比获得第一个电子需要更多的能量,即相关能是正的(~0.4eV),这一点已为许多实验所证实。但在 a-Si:H 中,一些局部网络的结构弛豫也可能导致负相关能的出现[24]。

　　在 a-Si:H 中氢的键入引起的能带结构变化主要使带隙态密度降低和

无序结构的另一影响是使价带和导带的一些尖锐的特征结构变得模糊,一些奇

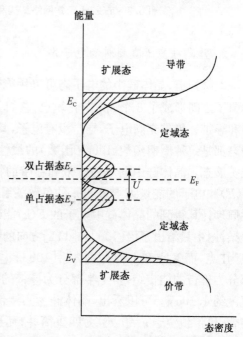

图 5.5　非晶硅 Mott-CFO 能带模型[6]

使价带顶下移,从而使其带隙加宽,因为 Si—H 键的键合能要大于 Si—Si 键。这

些 Si—H$_x$（$x=1,2$）键在价带中形成了一些特征结构，已为紫外光电子发射谱（UPS）观测所证实。而同时导带底的上移要小得多。实验上发现，a-Si:H 薄膜的光学带隙 E_g（eV）与其氢含量 C_H 之间存在近似线性比例关系[25]：$E_g=1.48+0.019C_H$。

　　近年来，a-Si:H 无序结构的理论计算表明，高度应变键（特别是拉伸应变键）不仅是定域化带尾态的起源，而且也是带隙态密度的重要来源。氢的键入，如果在一定的浓度范围内（～10at%，at% 表示原子分数），则可以缓和应变键结构，降低其带隙态密度[26]。

5.2.3　非晶硅基薄膜材料的电学特性

　　用辉光放电分解硅烷（SiH$_4$）或乙硅烷（Si$_2$H$_6$）制备的 a-Si:H 的光电性质密切依赖于沉积参量。具有器件质量（device quality）本征 a-Si:H 薄膜中，一般含有 8～12at% 的氢（注：此处 at% 表示原子分数），光学带隙宽度 E_g 为 1.7～1.8eV。导带尾和价带尾的斜率分别约为 25meV 和 40meV，深带隙态密度在 $10^{15}\sim10^{16}$ cm^{-3}。在室温下，器件质量本征 a-Si:H 的暗电导率 σ_d 小于 10^{-10}（$\Omega\cdot$cm）$^{-1}$，暗电导激活能 E_a 为 0.8～0.9eV，大约相当于 E_g 的 1/2。在 AM1.5,100mW/cm^2 光照下的光电导率大于 10^{-5}（$\Omega\cdot$cm）$^{-1}$，相应的光灵敏度达到 $10^5\sim10^6$。本节先介绍本征和掺杂非晶硅基薄膜的电学特性。

1. 本征非晶硅基薄膜材料的电学特性

　　本征 a-Si:H 的直流暗电导率 σ_d 主要由电子的输运特性决定，表现出弱 n-型电导特征，这主要是因为电子的漂移迁移率（～1cm^2/（V·s））远大于空穴的漂移迁移率（～0.01cm^2/（V·s））。本征 a-Si:H 的直流暗电导率 σ_d 随温度 T 的变化关系大约可分为 4 段：迁移率边上的扩展态电导、带尾态跳跃电导、费米能级 E_F 附近的近程和变程跳跃（variable-range hopping）电导[18]，如图 5.6 所示。在室温和较高温度下，电子电导表现为由激发到迁移率边 E_C 以上的扩展态电子的输运

$$\sigma_d=\sigma_0\exp\left(-\frac{E_C-E_F}{kT}\right) \tag{5.1}$$

这里 k 为玻尔兹曼常量，σ_0 为指数前因子，$\sigma_0=q\mu_eN_c$，其中 q 为电子电荷，μ_e 为电子漂移迁移率，N_c 为导带的有效态密度，它与导带迁移率边的态密度 $N(E_C)$ 的关系近似为 $N_c=kTN(E_C)$，因为激发到导带迁移率边的扩展态电子大约只占据迁移率边以上 kT 宽度的能量范围。由于电子漂移迁移率随温度变化不大，$\ln(\sigma_d)$ 与 $1/T$ 近似呈热激活线性关系，由直线的斜率可导出激活能 $E_a=E_C-E_F$。在某些场合，由于 E_a 与 σ_0 之间存在一定的依存关系（Meyer-Nedel 定律），需要对所导出的 E_a 值进行修正。

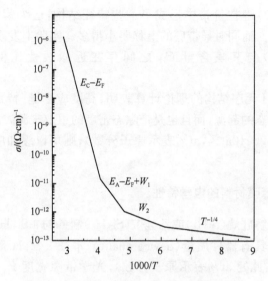

图 5.6　非晶硅直流电导率的温度依赖关系[18]

第二段为激发到带尾定域态中去的载流子的跳跃电导

$$\sigma_d = \sigma_1 \exp\left(-\frac{E_A - E_F + W_1}{kT}\right) \tag{5.2}$$

其中,E_A 是导带尾特征能量,W_1 是带尾定域态上跳跃激活能,随温度的降低而减小。但是温度关系主要由载流子激发项决定,σ_1 可能比 σ_0 小几十倍。

如果在费米能级 E_F 附近缺陷态密度(DOS)不为 0,则在 E_F 附近的载流子也将通过在这些缺陷态上的跳跃对电导有贡献

$$\sigma_d = \sigma_2 \exp\left(-\frac{W_2}{kT}\right) \tag{5.3}$$

其中,$\sigma_2 \leqslant \sigma_1$,$W_2$ 是载流子在费米能级附近缺陷态上的跳跃激活能,约为 E_F 附近缺陷态带宽的一半。

最后,当温度很低时,就会出现变程跳跃电导

$$\sigma_d = \sigma_2 \exp\left(-\frac{B}{T^{\frac{1}{4}}}\right) \tag{5.4}$$

即电子倾向于越过近邻跳到更远的格点上去,以寻求在能量上比较相近的格点,其中 $B = 1.66(a^3/kN(E_F))^{1/4}$,$a$ 为原子间距,$N(E_F)$ 为费米能级处的缺陷态密度。

对于 a-Si:H 太阳电池应用,我们主要关心在室温或更高温度下激发到迁移率边 E_C 以上和 E_V 以下的载流子的扩展态输运。带尾定域态对于这种输运的影响主要是起一定的陷阱作用,使在扩展态中漂移的载流子陷落,停留一段时间后再加以释放,因而使载流子的漂移迁移率比其扩展态迁移率低很多。常温下,电子的漂

移迁移率为 $1\sim10\,cm^2(V\cdot s)$；空穴的漂移迁移率则为 $10^{-2}\,cm^2/(V\cdot s)$ 量级[27]。同时，这种陷阱效应还使得载流子输运表现出弥散输运的特征，特别是对低迁移率的空穴，其弥散输运特征表现得更为明显。

2. n 型和 p 型非晶硅基薄膜材料的电学特性

与没有氢化的非晶硅(a-Si)相比，氢化非晶硅(a-Si:H)具有较低的带隙态密度，可以进行 n-型和 p-型掺杂以控制电导率，使室温电导率的变化达到～10 个数量级。像晶体硅一样，加入 V 族元素磷得到 n-型掺杂，加入Ⅲ族元素硼就得到 p-型掺杂。通常在辉光放电分解硅烷制备 a-Si:H 过程中，掺入 $[PH_3]/[SiH_4]=1\%$ 气体体积比的磷烷，可将 a-Si:H 费米能级的位置从带隙中部提高到接近导带尾，距导带迁移率边约 $0.2\,eV$，相应其暗电导率增大为 $\sigma_d\sim10^{-2}$ $(\Omega\cdot cm)^{-1}$。掺入 $[B_2H_6]/[SiH_4]=1\%$ 气体体积比的乙硼烷，可将费米能级的位置从带隙中部降低到接近价带尾，距价带迁移率边 $0.3\sim0.5\,eV$，相应其暗电导率 σ_d 约为 $10^{-3}(\Omega\cdot cm)^{-1}$。三甲基硼$(B(CH_3)_3)$和三氟化硼$(BF_3)$也常被用作硼掺杂源。

然而，在非晶硅中，磷和硼的替位式掺杂效率很低。因为无序结构，原子排列没有严格的拓扑结构限制，使磷或硼原子可以处于 4 配位，也可以处于 3 配位的状态。而且，3 配位状态的能量更低，化学上更有利，所以大部分磷或硼原子处于 3 配位态，它的能级位置处于硅的价带之中，起不了掺杂作用。只有小部分磷或硼原子处于 4 配位态，它的能量位置处于非晶硅带尾的一定的范围内，起浅施主或浅受主作用[28]。

而且，掺杂会在带隙中部引入缺陷态，因为伴生硅悬键缺陷的形成可降低生成 4 配位态的总能量，促进 4 配位态的生成。这样一来，大多数施主电子和受主空穴将被这些伴生悬键缺陷态所浮获，降低了自由载流子的密度。所以，n-型和 p-型 a-Si:H 层具有高的缺陷态密度，光生载流子复合速率较高，它们只能在非晶硅电池中用来建立内建电势和欧姆接触，而不能用作光吸收层，这就是为什么非晶硅太阳电池要依靠本征层(i-层)吸收阳光，采用 p-i-n 结构，而不能像晶体硅太阳电池那样采用 pn 结构。同时，p-i-n 结构还有助于光生载流子的场助收集。

此外，重掺硼所形成的杂质带与价带边相连接，使有效带隙宽度降低，p-型 a-Si:H 的光吸收增加，不利于用作太阳电池窗口层材料。

5.2.4　非晶硅基薄膜材料的光学特性

1. 非晶硅基薄膜材料的光吸收

本征非晶硅的光吸收谱可分为三个区域，即本征吸收、带尾吸收和次带吸收区,如图 5.7 所示①。

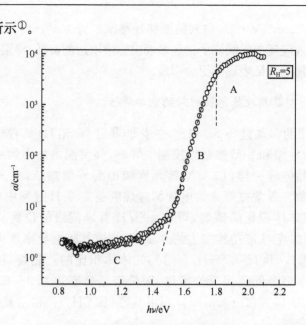

图 5.7　本征非晶硅的光吸收谱

本征吸收(A 区)是由电子吸收能量大于光学带隙的光子从价带跃迁到导带而引起的吸收。本征吸收的长波限,也称吸收边,就是光学带隙 E_g,器件质量 a-Si:H的 E_g 为 1.7～1.8eV,它比由电导激活能确定的迁移率带隙稍小些,因为迁移率边位于更高态密度的能量位置。内光电发射测量表明两者的差值约为 0.16eV[29]。

本征 a-Si:H 的光吸收系数 α,在其吸收边处为 $10^3～10^4\,cm^{-1}$,以后随光子能量增大而增加。在可见光谱范围,非晶硅的本征光吸收系数要比晶体硅的大得多(高 1～2 个数量级),所以有人称非晶硅为准直接带隙材料。因为晶体硅的本征光吸收存在严格的选择定则,除能量守恒外,还必须遵守准动量守恒,而晶体硅是间接带隙(～1.1eV)材料,本征光吸收过程必须有声子参与,直到光子能量达到晶体硅的第一直接带隙(～3eV)。而在非晶硅中由于结构无序,电子态已没有确定的波矢,电子在吸收光子从价带跃迁到导带的过程中,也就不受准动量守恒的限制;或者也可以理解为,在非晶硅中,由于电子的运动在晶格长度范围就会受到散射,按照测不准原理,其准动量的测不准量将有较大范围的延伸,从而准动量守恒限制被大大放宽。

然而,a-Si:H 的光吸收系数 α 随光子能量 $h\nu$ 的变化关系在吸收边附近遵循 Tauc 规律

———————————

①　该图取自中国科学院半导体研究所博士生郝会颖的博士论文。

$$(\alpha h\nu)^{1/2} = B(E_g - h\nu) \tag{5.5}$$

式中，B 是一个与带尾态密度相关的参数。这是一个典型的间接带隙半导体材料的本征吸收关系式，所以从这种意义上说，a-Si：H 仍然保持着间接带隙半导体材料的特征。实验上，常利用光透射谱来导出 a-Si：H 的复折射率，由式(5.5)计算出 Tauc 光学带隙 E_g。

带尾吸收(B 区)相应于电子从价带扩展态到导带尾态或从价带尾态到导带扩展态的跃迁。在这一区域，$1 < \alpha < 10^3 \mathrm{cm}^{-1}$，$\alpha$ 与 $h\nu$ 呈指数关系，$\alpha \propto \exp(h\nu/E_{t0})$，所以也称指数吸收区。这一指数关系来源于带尾态的指数分布，特征能量 E_{t0} 与带尾结构有关，它标志着带尾的宽度和结构无序的程度，E_{t0} 越大，带尾越宽，结构越无序。E_{t0} 也称为 Urbach 能量，而指数分布的带尾也称为 Urbach 带尾。这是因为 F. Urbach 在 1953 年首先发现，无序固体中电子从价带尾跃迁到导带尾的光吸收系数随光子能量呈指数变化，并指出它起源于电子带尾态密度的指数分布[30]。

次带吸收(C 区)，$\alpha < 10\mathrm{cm}^{-1}$，相应于电子从价带到带隙态或从带隙态到导带的跃迁。这部分光吸收能提供关于带隙态的信息。在 C 区，若材料的 α 在 $1\mathrm{cm}^{-1}$ 以下，则表征该材料具有很高的质量。

2. 非晶硅基薄膜材料的光电导

在光照下非晶硅的电导会显著增加，这部分增加的电导就是光电导。在室温下，a-Si：H 的暗电导率 σ_d 很小($< 10^{-10}(\Omega \cdot \mathrm{cm})^{-1}$)，而在太阳光照下(AM1.5，$100\mathrm{mW/cm}^2$)a-Si：H 的光电导率大于 $10^{-5}(\Omega \cdot \mathrm{cm})^{-1}$，相应的光电导灵敏度达 $10^5 \sim 10^6$。依赖照射光波长的不同，光生载流子可以来源于从价带到导带的激发(本征激发)，也可以来源于从隙态到扩展态(导带或价带)的激发。对于本征激发，同时产生电子和空穴对，但由于非晶硅的空穴迁移率远小于电子的迁移率，光电导主要来自电子的贡献。

非晶硅光电导的大小不仅取决于光吸收和激发情况，还与材料中复合和陷阱有关。因而可以通过对光电导的测量，确定光吸收和带隙态的情况。非晶硅薄膜的稳态光电导 σ_{ph} 可写成

$$\sigma_{ph} = q\eta\mu\tau F(1-R)(1-\exp(-\alpha d)) \tag{5.6}$$

式中，q 为电子电荷，η 为量子产额，μ 为光生载流子的迁移率，τ 为寿命，F 为入射到薄膜表面单位面积上的光子数(或光通量)，R 为薄膜表面的反射系数，α 为吸收系数。在高吸收区(本征吸收区)，$\alpha d \gg 1$，式(5.6)变为

$$\sigma_{ph}(H) = e\eta\mu\tau F(H)(1-R) \tag{5.7}$$

式中，$\sigma_{ph}(H)$ 表示 σ_{ph} 在高吸收区的值。而在低吸收区，即 $\alpha d \leqslant 0.4$ 的区域

$$\sigma_{ph} = e\eta\mu\tau F(1-R)\alpha d \tag{5.8}$$

如果 R 和 $\eta\mu\tau$ 不随入射光子能量 $h\nu$ 而变化，则在低吸收区的光电导正比于吸收系

数 α，比较式(5.7)和式(5.8)，得到

$$\alpha = \frac{\sigma_{ph}}{\sigma_{ph}(H)d}\frac{F(H)}{F} \tag{5.9}$$

我们可以在强吸收区选定一点，如光子能量为 2.0eV 处，测定 $F(2.0)$ 和 $\sigma_{ph}(2.0)$，这两个量与样品厚度 d 对光子能量 $h\nu$ 而言，都是常量，因而

$$\alpha(h\nu) \propto \frac{\sigma_{ph}(h\nu)}{F(h\nu)} \tag{5.10}$$

只要测出光电导谱 $\sigma_{ph}(h\nu)$ 和入射光通量 $F(h\nu)$，就可以得到光吸收谱 $\alpha(h\nu)$。

上面假设 $\eta\mu\tau$ 不随入射光子能量而变化，这一假设只有在小信号时，即光电导远小于暗电导时才成立，也就是说，要求光照时准费米能级不能偏离平衡费米能级太远。因为 $\mu\tau$ 乘积很依赖于复合中心的情况，而准费米能级的位置对复合中心的情况影响很大。如果小信号的条件不能满足，我们可以采用恒定光电导法(CPM)[31]，来保持准费米能级的位置不变，也就是在保持光电导 $\sigma_{ph}(h\nu)$ 恒定下，测量入射光通量 $F(h\nu)$，再按式(5.10)求出吸收系数 $\alpha(h\nu)$。这样得到的次带吸收区的光吸收谱可以给出费米能级以下带隙态的信息。带尾吸收区的光吸收谱则能提供带尾态的信息。

3. 非晶硅基薄膜材料的光致发光和激发谱

在氩离子激光(波长 488nm 和 514.5nm)或其他能量大于带隙的光子激发下，a-Si：H 膜会发射出较强的荧光。这就是 a-Si：H 膜的光致发光或光荧光(PL)。通常在低温下(77K)，在未掺杂的 a-Si：H 膜的光荧光谱中可观测到一个峰值能量在 1.3～1.4eV 的发光峰，其半高宽达 0.3eV；在掺杂的或缺陷密度高的 a-Si：H 中，还可观测到另一个发光峰，峰值能量在 0.8～0.9eV，其强度较弱，大约为前者的 1%。

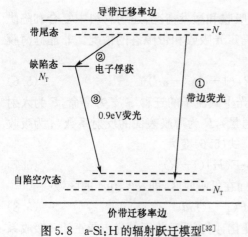

图 5.8　a-Si：H 的辐射跃迁模型[32]

非晶硅光致发光过程中存在着辐射跃迁和非辐射跃迁的竞争。a-Si：H 的辐射跃迁模型如图 5.8 所示。据报道，1.3eV 附近的发光带是带边发光，来自热弛豫到导带带尾态和价带带尾态的光生载流子之间的辐射复合；而 0.9eV 附近的发光带是由于俘获到悬键上的光生电子和弛豫到价带尾态的光生空穴之间的辐射复合[32]。在含细小晶粒(3～5nm)的纳米硅膜中，由于量子尺寸限制效应，还可观测到更

高能量的发光峰；而在缺陷态密度较高的 a-Si：H 中，可观测到两个缺陷峰，为不同缺陷中心的存在提供了证据[33]。

　　如果改变激发波长，在某一个选定的固定波长下探测光荧光强度随激发波长的变化，我们可以得到非晶硅光荧光的激发（PLE）谱。光荧光的激发谱主要反应了材料的吸收特性。值得注意，在 a-Si：H 光致发光峰与由激发谱测定的光吸收峰之间存在着 0.4～0.5eV 的能量差，即存在明显的斯托克斯（Stokes）位移。这是因为在光的吸收和发射的电子跃迁过程中分别吸收和发射了声子的缘故。此能量差的 1/2（为 0.2～0.25eV），即为复合过程引起的晶格畸变能。这一结果表明，非晶硅仍然在一定程度上保有晶体硅间接带隙材料光跃迁的特征。图 5.9 示出 a-Si：H 的辐射跃迁能带图。图中给出了上述带边发光和缺陷发光的零声子能量，分别为 1.7eV 和 1.2eV。图中的 $W_1=0.2～0.25\text{eV}$ 和 $W_2=0.1\text{eV}$，分别为与价带尾和导带尾相关的晶格缺陷畸变能[32]。

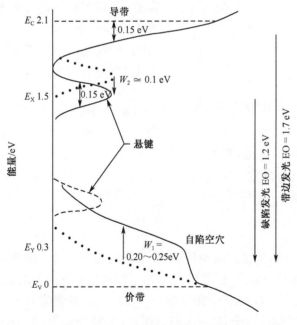

图 5.9　a-Si：H 的辐射跃迁能带图[32]

4. 非晶硅基薄膜材料的红外吸收和拉曼散射

　　氢在缓和 a-Si 网络结构的内应力，以及饱和或钝化硅悬键方面起着重要的作用。在 a-Si：H 网络结构中 Si 原子是 4 配位的，它的最近邻原子可以是 Si 原子，也可以是 H 原子，可能形成 SiH_1 键，SiH_2 键和 SiH_3 键。Si 原子与 H 原子的键合组态和键合氢的总含量，可以用红外（IR）吸收谱来测定。

红外吸收谱所揭示的固体原子局域振动模式可分成两类：一类是成键原子之间有相对位移的振动模式，包括键长有变化的伸缩模（stretching mode）和键角有变化的弯曲模（bending mode）。另一类是成键原子之间没有相对位移的转动模式，如摆动模（waging mode）、滚动模（rocking mode）和扭动模（twisting mode），这三者的区别仅在于转轴的不同[34]。

a-Si：H红外吸收谱属中红外谱范围（400～4000cm^{-1}），SiH$_1$键的伸缩模在2000cm^{-1}处，弯曲模在640cm^{-1}处；SiH$_2$和SiH$_3$伸缩模分别蓝移到2090cm^{-1}处和2140cm^{-1}处，但其弯曲模仍在640cm^{-1}处。值得注意的是(SiH)$_n$、(SiH$_2$)$_n$基团以及硅晶粒表面SiH$_1$的伸缩模吸收峰也在2100cm^{-1}附近，因而不易与前二者相区分。此外，在830cm^{-1}和920cm^{-1}之间还有SiH$_2$和SiH$_3$的摆动模和滚动模等。图5.10给出两个PECVD沉积的a-Si：H样品典型的IR吸收谱。

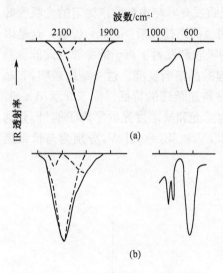

图 5.10　a-Si：H薄膜的红外透射谱[34]

其中，样品(a)是在衬底温度200℃下制备的，其Si—H键合组态基本上是SiH$_1$键，伸缩模在2000cm^{-1}处，弯曲模在640cm^{-1}处。伸缩模中含有少量来自SiH$_2$键合组态的2090cm^{-1}分量。伸缩模两组分的强度I_{2000}和I_{2090}的相对比值定义为R^*，有如下的表示

$$R^* = \frac{I_{2090}}{I_{2000} + I_{2090}} \tag{5.11}$$

R^*标志着a-Si：H中氢键的结构特征，称为结构因子。对于样品(a)，$R^* = 0.11$。通常，器件质量本征a-Si：H膜R约为0.1。样品(b)在室温下制备，其Si—H键合组态基本上是SiH$_2$键，伸缩模在2090cm^{-1}处，只含少量来自SiH$_1$键合组态的2000cm^{-1}分量，其结构因子$R^* = 0.81$。而且，在830cm^{-1}和920cm^{-1}处还有SiH$_2$的摆动模和滚动模。a-Si：H样品键合氢的总含量C_H（不包括分子态氢）可以利用640cm^{-1}弯曲模的积分强度按下式进行计算

$$C_H = A_{640} \int \frac{\alpha(\omega)}{\omega} d\omega \tag{5.12}$$

式中，α(cm^{-1})为吸收系数，ω(cm^{-1})为波数。常数A_{640}经核反应分析（NRA）校正，为$(2.1 \pm 0.2) \times 10^{19}$ cm^{-2}，积分范围涉及整个640cm^{-1}弯曲模。当a-Si：H薄膜样品厚度d小于1.5μm时，由于光的多次内反射，所导出的吸收系数α值可能偏

大,需要乘以因子 $1/(1.72-0.0011\omega d)$ 进行修正[35]。

在 a-Si:H 薄膜发生相变到微晶硅的过程中,其红外吸收谱也会发生相应的变化,我们将在后面讨论。a-Si:H 红外吸收谱,除用以研究 Si—H 键外,还可用以表征 Si 与其他杂质如 P,B,O,N 等的键合特征。

下面介绍非晶硅的拉曼(Raman)散射。拉曼散射是指光子(一般能量在可见光或近红外光谱范围)在 a-Si:H 中由于吸收或发射声子而发生的非弹性散射。通过拉曼散射谱我们可以得到有关非晶硅网格结构的信息。非晶硅的一级拉曼散射谱主要在 $100\sim600\text{cm}^{-1}$,属远红外谱区,在研究非晶硅原子振动性质方面,与红外吸收谱互为补充。

非晶硅的拉曼散射谱与晶体硅的有很大的不同。晶体硅的一级拉曼散射谱中只有横光学(TO)模是激活的,峰位在 $\sim520\text{cm}^{-1}$,半高宽 $\sim3\text{cm}^{-1}$。而非晶硅的一级拉曼谱中有多种振动模式都是激活的,其中包含有横光学(TO)模,峰位在 $\sim480\text{cm}^{-1}$;纵光学(LO)模,峰位在 $\sim410\text{cm}^{-1}$;纵声学(LA)模,峰位在 $\sim310\text{cm}^{-1}$;以及横声学(TA)模,峰位在 $\sim170\text{cm}^{-1}$。图 5.11 是 PECVD 沉积的 a-Si:H 样品典型的拉曼散射谱,制备时的衬底温度为 200℃,氢稀释 $[\text{H}_2]/[\text{SiH}_4]=10$。图中已将用高斯分解得到的 a-Si:H 的 4 个振动模式标出。

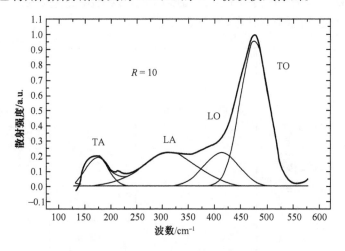

图 5.11 PECVD a-Si:H 拉曼散射谱[36]

非晶硅与晶体硅的拉曼谱之所以有这样大的差别,是因为晶体硅拉曼散射要遵从严格的选择定则,只有声子波矢 Q 近似为零的 TO 声子才能参与拉曼散射,而此声子的能量约为 64meV,所以晶体硅拉曼谱的 TO 模峰位在 $\sim520\text{cm}^{-1}$。而非晶硅由于网络的无序性,光学跃迁的动量选择定则放宽,原有的禁戒模式获得不同程度的激活,它们的峰位基本上对应于声子态密度谱的峰值,而且这些模式的峰形有明显的展宽,如图 5.11 中 TO 模的半高宽达 51.3cm^{-1}。

非晶硅拉曼散射谱的峰位、强度和峰宽受到薄膜微结构的影响。例如,拉曼谱的 TO 模是非晶硅短程序的灵敏量度。TO 模散射峰的面积对应着 Si—Si 键键角振动的态密度。利用 TO 模的半高宽(FWHM),可以计算出薄膜中硅网络的平均键角畸变 $\Delta\theta$[37],借此推知图 5.11 所示的氢稀释样品的平均键角畸变为 7.0° 左右,略小于前面介绍的一般非晶硅的键角畸变 $\Delta\theta/\theta < 10\%$。而随着氢稀释程度的增加,拉曼谱的 TO 模的峰位向高波数方向移动,半高宽减小。非晶硅拉曼谱的 TA 模是薄膜中程有序度的表征。TA 模散射峰的面积与二面角振动的态密度有关,TA 模强度的降低,表明薄膜的中程有序度提高[38]。为了便于比较,常用 TA 模和 TO 模的散射强度的比值来表征薄膜的中程有序度。在 a-Si:H 薄膜发生相变到微晶硅的过程中,其拉曼散射谱也会发生明显的变化,我们将在后面讨论。

5.2.5　非晶硅基薄膜材料的光致变化

1. 非晶硅基薄膜材料光电性质的光致退化

1977 年 D. L. Staebler 和 C. R. Wronski 发现[7],用辉光放电法制备的 a-Si:H 薄膜经光照后(光强为 200mW/cm², 波长为 0.6~0.9μm),其暗电导率和光电导率随时间而逐渐减小,并趋向于饱和,但经 150℃ 以上温度退火处理 1~3h 后,光暗电导又可恢复到原来的状态,如图 5.12 所示。

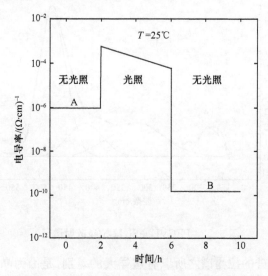

图 5.12　a-Si:H 暗电导率和光电导率的光致变化[7]

这种非晶硅光致亚稳变化后来称为光致变化效应,亦称 Staebler-Wronski 效应(简称 SWE)。SWE 是 a-Si:H 膜的一种本征的体效应,并非由杂质引起或表面能带弯曲所致。经电子自旋共振和次带吸收谱等技术测定,光照在 a-Si:H 材料中产生了亚稳悬键缺陷态,其饱和缺陷浓度约为 10^{17} cm^{-3},这些缺陷态的能量位置靠近带隙中部,主要起复合中心的作用,导致 a-Si:H 薄膜材料光电性质和太阳电池性能的退化,限制了 a-Si:H 电池可达到的最高稳定效率。

　　光照除导致 a-Si:H 的光电导和暗电导下降,亚稳悬键密度增加外,还引起 a-Si:H 物理性质的一系列变化,如费米能级向带隙中心移动、载流子寿命降低、扩散长度减小、带尾态密度增加、光致发光主峰强度下降、缺陷发光峰强度增加、光致发光的疲劳效应等。

　　2. 非晶硅基薄膜材料光致亚稳态的产生机制

　　对于光照导致 a-Si:H 亚稳悬键产生的微观机制,提出过很多模型,迄今没有一致的看法,这里介绍三个主要的模型。

　　1) Si—Si 弱键断裂模型[39]

　　在 a-Si:H 中存在着 $10^{18} \sim 10^{19}$ cm^{-3} 弱 Si—Si 键,这些弱键就是带尾态的来源。光照时产生了电子-空穴对,电子-空穴的直接无辐射复合提供的能量会使 Si—Si 弱键断裂。但是,这样产生的两个彼此相对的悬键是不稳定的,很容易重构而消失。在氢含量约为 10% 的 a-Si:H 中,会有 1/5 的弱键与氢相邻,邻近的 Si—H 键有可能同新生的悬键交换位置(转换方向)而使两个悬键分离。

　　2) 电荷转移模型(负相关能模型)[24]

　　在前面曾提到,悬键获得第二个电子比获得第一个电子需要更多的能量,这能量差就是电子的相关能。这时,图 5.5 中的 E_x 在 E_y 之上,相关能是正的。D. Adler[24] 认为,由于 a-Si:H 网络的不均匀性和无序性,有些区域可能比较松弛,当悬键捕获第二个电子时,伴随发生的晶格弛豫,会使总能量降低,E_x 降到了 E_y 之下,电子的有效相关能是负值。在这些区域,带有两个电子的悬键态比带有一个电子的悬键态能量要低,因而,稳定存在的将不是带有一个电子的中性悬键,而是带正电的空悬键态和带负电的双占据悬键态。当光照激发载流子时,这些带电的悬键可能捕获电子或空穴而转变为亚稳的中性悬键。

　　3) 氢碰撞模型[40]

　　1998 年 H. Branz 提出了一个新的模型来解释 SW 效应的微观机制。他认为,光生载流子的非辐射复合释放能量打断 Si—H 弱键,形成一个 Si 悬键和一个可运动的氢。氢在运动的过程中,不断地打断 Si—Si 弱键形成 Si—H 键和 Si 悬键,氢跳走时每个被打断的 Si—Si 键又恢复到打断之前的状态,因此运动的氢可以看成是一个运动的 Si—H 键伴随着一个运动的 Si 悬键,运动的氢最后会形成稳定的 Si—H 键。这有两种方式,一种方式是运动的氢又重新陷落在一个不动的 Si 悬键缺陷中,形成 Si—H 键,这个过程不产生亚稳变化,大部分运动的 H 都属于这种方式。第二种方式是,两个运动的 H 在运动的过程中相遇或发生碰撞,最后形成一个亚稳的复合体,用 M(Si-H)$_2$ 表示。这个过程发生的几率要远远小于前一种过程,但它却是产生 SW 效应关键的一步。综合这两种过程,光照最后的结果是产生了一个亚稳复合体 M(Si-H)$_2$ 和在氢开始激发的位置留下一个悬键。

前面 Si—Si 弱键断裂模型和电荷转移模型基本上都具有局域的性质,都只考虑了个别键构型的变化,而对硅网络结构本身有否变化尚未引起注意。而在氢碰撞(hydrogen collision)模型中,硅悬键的产生不只是孤立地由某种键构型转化而来,还伴随着 H 和结构缺陷的长程输运。

3. 非晶硅基薄膜材料光致结构变化

将 a-Si:H 光致亚稳悬键密度的产生与其他物理性质(如 $\mu\tau$ 乘积)的光致亚稳变化相联系时,发现它们之间并不存在确切的对应关系。而且,许多物理性质的光致亚稳变化幅度太大,不可能仅用所观测到的亚稳悬键密度的产生来解释。这预示着,a-Si:H 在光照下不仅产生了亚稳悬键密度的变化,而且整个无序网络结构可能都发生了光致亚稳变化。a-Si:H 作为一种无序固体材料是处于非平衡态的,在外界条件的扰动下易发生结构的亚稳变化,是其固有的特征。

上节介绍的 a-Si:H 光致亚稳悬键的产生机制表明,亚稳悬键的产生总是与光生电子-空穴对通过带尾态无辐射复合所释放的能量有关。每对光生电子-空穴通过带尾态复合所释放的能量大约为 1.3eV,这一能量将传递给周围的硅原子,可将它们加热到很高的温度。比方说,传递给周围 10 个硅原子,可将它们加热到大约 1600K。这样高的温度范围足以使它们的原子结构发生改变,偏离其退火的平衡态,并将其热量扩散到更远的网格范围。在前面提到的光照条件下,非晶硅光致变化效应所涉及的光生电子-空穴对复合事件大约可达 10^{25} cm^{-3},这么多光生电子-空穴对复合事件的总和,很可能使 a-Si:H 的整个网络结构发生光致变化。而相应所产生的亚稳悬键密度,在饱和情况下,仅大约 10^{17} cm^{-3},因此,光致亚稳悬键的产生是一个与光致结构变化相伴生的效率很低的过程[41]。

后来报道的许多 a-Si:H 光致变化实验结果,都需要凭借光致结构变化才能得到说明。例如,①核磁共振(NMR)实验发现,偶极自旋弛豫时间与较大范围(10%)的键合氢原子有关[42];②X 射线光电子谱(XPS)测量表明,光照使 Si 原子的整个 2p 峰发生了可逆的 0.1eV 的红移,而不只是产生了一个峰肩[43];③光照使 a-Si:H 的 1/f 噪声谱发生了从非高斯型向高斯型的转变,表明光照使整个、至少大部分材料结构发生了变化[44];④a-Si:H 膜中 Si—H 键拉伸振动模(2000cm^{-1})的强度,在光照后增加了 1.3%,这可能是由于光致结构变化使 Si—H 键振子强度和数目增加的缘故[45];⑤光照使各向同性和各向异性极化电吸收的比例发生了显著变化,表明发生了与非晶硅键角无序相关的长程网络应变[46];⑥观测到 a-Si:H 低频介电常量因光照而发生可逆变化[47];⑦甚至材料的几何体积也因光照而发生可逆膨胀[48]等。

这些实验结果清楚地表明,在非晶硅的光致退化过程中,不仅有亚稳悬键的产生,还有 Si—H 键和非晶硅网络结构的光致变化,而前者正是后者的后续效应[49]。

4. 非晶硅基薄膜材料光致变化的抑制途径

总体上说,非晶硅的光致亚稳变化与非晶硅的无序网络结构和氢的运动有关。因此,a-Si:H 膜稳定性的改进应当从无序网络结构的改善和降低 H 含量入手。

为此,发展了氢稀释(hydrogen dilution)技术[8]。早在 20 世纪 80 年代发现,在 PECVD 制备 a-Si:H 过程中,增加硅烷(SiH_4)或乙硅烷(Si_2H_6)的氢稀释度可以增强原子态氢与生长表面的反应,选择腐蚀掉一些能量较高的缺陷结构;或者使反应基团在生长表面的迁移率增加,从而容易找到低能量的生长位置;甚至一些原子态氢可扩散到薄膜体内,增强钝化效果。总之,其结果是改善了 a-Si:H 的网络结构,降低了缺陷密度和光致退化幅度,从而氢稀释技术在制备 a-Si:H 薄膜材料和电池器件方面得到了广泛应用。

稍后,在 20 世纪 90 年代,发展了热丝分解硅烷化学气相淀积(HW−CVD)a-Si:H薄膜的技术,可将薄膜的 H 含量降低到 1% 以下,并且可获得更有序的硅网络结构[50]。不过,这种技术至今仍处于实验研究阶段。

从热力学的观点看,无序网络结构的改善最终将导致结构的微晶化,所以应在非晶到微晶的相变区去寻求稳定优质的非晶硅薄膜[51]。非晶到微晶的相变不是突变的,不仅存在非晶相与微晶相共存的复相区,而且在微晶晶粒出现于非晶硅基质之前,非晶硅网络虽仍是长程无序的,但其短程序和中程序均逐渐有所改善。可以说,这时的材料是一种邻近非晶到微晶相变阈、而处于非晶一侧的材料,即所谓初晶态硅(protocrystalline silicon,或 proto-Si)[52]。随着网络结构的进一步改善,在其非晶网络中开始形成一些微晶晶粒,这种含晶粒的非晶硅(polymorphous silicon)[53],具有复相结构,其晶相比低于逾渗阈值(percolation threshold),非晶相的电导输运仍占支配地位。近年来,国际上关于初晶态硅与含晶粒的非晶硅在作为太阳电池本征吸收层方面孰优孰劣虽存争议,但有一点它们是共同的,即同属于相变域或结晶边缘(on the edge of crystallinity)的材料。

氢稀释虽是改善非晶硅的微结构和形成微晶硅的有效手段,但并不是唯一途径。除氢稀释外,反应室的几何结构、沉积的诸多参数,如功率密度、激发频率、沉积温度、气体压强、气体流量等都对 a-Si:H 膜的微结构和内应力有直接影响。近年来发现,在反应气体为纯硅烷的条件下,也可以通过调节其他沉积参数,制备出器件质量微晶硅膜[54]。这一发现不仅带来观念上的变革,对降低生产设备和源气体的成本也有重要作用。

5.2.6 非晶硅碳和硅锗合金薄膜材料

像晶态材料一样,a-Si:H 材料的带隙宽度,也可以通过与元素 Ge,C,O,N 等形成合金来调节。宽带隙 a-SiC:H 合金可用于异质结太阳电池的 p-型窗口层,由于其缺陷态密度较高,不适合在太阳电池中用作本征吸收层。而窄带隙的 a-SiGe:H合金可用于叠层电池结构的本征吸收层。

1. 非晶硅碳合金薄膜材料

20 世纪 80 年代初,Y. Tawada 和 Y. Hamakawa 等利用辉光放电分解 SiH_4 和 CH_4 混合气体制备了宽带隙 a-SiC:H 合金膜,并将 B_2H_6 掺杂的 p-型 a-SiC:H 合金膜用作玻璃衬底 p-i-n 型 a-Si:H 太阳电池的窗口层,显著提高了电池的开路电压、短路电流和转换效率[55]。B 掺杂易于与 Si 形成合金,使 p-型非晶硅薄膜的带隙宽度降低,而 C 的引入起到了补偿作用。a-SiC:H 合金膜的带隙宽度 E_g 随 C 含量而增加,p-型 a-SiC:H 的 E_g 也可达 2.0eV 以上(含 C 的原子分数在 15at% 以上),相应暗电导率 σ_d 约为 $5 \times 10^{-9}(\Omega \cdot cm)^{-1}$,暗电导激活能 E_a 约 0.54eV;在 AM1.5、$100mW/cm^2$ 光照下的光电导率 σ_{ph} 约为 $1 \times 10^{-6}(\Omega \cdot cm)^{-1}$。

以 B_2H_6 作为 B 掺杂源,容易在非晶硅网络中形成 B 原子团,使材料透明度降低。因此,现常用 B 的单原子化合物如氟化硼 BF_3 和三甲基硼 $B(CH_3)_3$ 等作为 p-型 a-SiC:H 的掺杂源。另外发现,p-型 a-SiC:H 层中的 C 原子会通过界面向 a-Si:H本征层扩散,导致本征层载流子寿命下降和电池性能退化,所以在 a-SiC:H/a-Si:H 异质结界面需要加入界面缓冲层以提高太阳电池的性能[56]。

内光电发射技术测量发现,a-SiC:H 层带隙的展宽主要是因为导带底的上移,因此 a-SiC:H 材料适合用作 p-i-n a-Si:H 太阳电池的 p-型窗口层,以限制光生电子的反扩散;而不适合用作电池的 n-层,因为它会阻碍光生电子流向 n-层而被收集。

为改进 p-型 a-SiC:H 的性能,对 p-型微晶硅碳膜(μc-SiC:H)进行了研究。通过对反应气体 SiH_4 和 CH_4(或 SiH_3CH_3)进行高氢稀释,利用 RF-PECVD 制成了 p-型 μc-SiC:H 膜,在 E_g 约为 2eV 的条件下,显著提高了 σ_d,达到 $10^{-3} \sim 10^{-2}$ $(\Omega \cdot cm)^{-1}$[57]。同时,对电子回旋共振(ECR)激发微波等离子体和紫外光激发 (Photo-CVD)等技术制备 μc-SiC:H 的可能性进行了探索。

2. 非晶硅锗合金薄膜材料

利用辉光放电分解 SiH_4 和 GeH_4 混合气体,可制备窄带隙的 a-SiGe:H 合金膜。这种合金膜可在两结叠层电池中用作底电池的吸收层,或三结电池中用作底电池和中间电池的吸收层。

1977 年 J. Chevallier 等首先用 RF-PECVD 制备出 a-SiGe:H 合金膜,合金膜的带隙宽度 E_g 随锗含量的增加而降低,可在 1.7eV(a-Si:H)到 1.0eV(a-Ge:H)范围调节[58]。但器件质量的 a-SiGe:H 膜,其 E_g 一般不低于 1.4eV,因为随着锗含量的增加,材料的缺陷态密度上升。在拓扑结构相同的无定型网络中,由于 Ge—Ge 键比 Si—Si 键弱,结构应变会驱使 Ge 含量高的 a-SiGe:H 产生较高的悬键密度。同时,a-SiGe:H 合金膜材料的组分和结构不均匀,也是导致缺陷态密度随 Ge 含量增加的原因[59]。

拉曼散射谱测量发现,当 a-Si$_{1-x}$Ge$_x$:H 合金膜的 Ge 含量较低,x 值小于 0.3 时($x=0.3$ 相当于 Tauc 光学带隙 $E_g=1.5eV$),合金膜仍呈现类 Si—Si 网络结构;而当 Ge 含量较高,x 值大于 0.3 时,合金膜不再是类 Si—Si 网络结构,而呈现 Si 原子和 Ge 原子相互作用形成的合金结构,导致材料性能的下降。光电导谱测量也显示,a-SiGe:H 合金膜导带尾随 Ge 含量增加而变宽,相应导致电子漂移迁移率的降低[60]。

在 PECVD 制备 a-SiGe:H 过程中,衬底温度对 a-SiGe:H 合金膜的性能有显著影响,最佳温度范围为 230~280℃[61];增加反应气体的氢稀释度也有助于材料质量的改善,在高氢稀释条件下,可以在较低温度下(180℃)制备出高质量窄带隙 a-SiGe:H 膜。

影响 a-SiGe:H 材料组分均匀性的一个因素是 SiH$_4$ 和 GeH$_4$ 在等离子体中分解速率的不同,GeH$_4$ 分解速率较快,大体为 SiH$_4$ 分解速率的 3~5 倍,这易使 Ge 含量分布不均匀。而 Si$_2$H$_6$ 的分解速率和 GeH$_4$ 的相近,所以在工艺上,常用 Si$_2$H$_6$ 和 GeH$_4$ 混合气体制备 a-SiGe:H 合金膜[62]。

应用于叠层底电池吸收层的 a-SiGe:H 合金膜,一般其 Tauc 光学带隙宽度 $E_g=1.4~1.45eV$,带尾 Urbach 能量小于 60meV。室温暗电导率 σ_d 小于 $5 \times 10^{-8}(\Omega \cdot cm)^{-1}$,暗电导激活能 E_a 约 0.7eV。在 AM1.5、100mW/cm^2 光照下的光电导率大于 $10^{-5}(\Omega \cdot cm)^{-1}$。

5.2.7　微晶硅及纳米硅薄膜材料

习惯上,氢化微晶硅(μc-Si:H)或简称微晶硅(μc-Si)是划归为非晶硅基薄膜材料一类的。这有其历史的渊源。20 世纪 80 年代初发现,在辉光放电分解硅烷制备非晶硅的过程中,适当增加硅烷的氢稀释程度和等离子体功率,可制得一种电导率高很多的薄膜,其电子衍射谱呈现一些结晶的环状特征,故称之为微晶硅。它是由晶粒尺寸在数纳米至数十纳米的硅晶粒自镶嵌于氢化非晶硅基质中构成的。

纳米尺度的晶硅(nanometer-sized crystalline silicon)或纳米硅(nanocrystalline silicon, nc-Si)一词出现在 20 世纪 80 年代中期,原指从氢等离子体化学输运沉积的多晶硅或微晶硅膜。M. Konuma 等提出,为了与金属和陶瓷领域关于纳米材料的定义相吻合,在那里纳米尺寸涵盖了 $1 \sim 100nm$ 的整个范围,他们把这种硅薄膜称为纳米硅[63]。随着纳米技术的兴起,"纳米硅"的概念使用越来越广泛。近年来,国际上有将微晶硅统称为纳米硅的趋向。事实上,在纳米硅与微晶硅之间并没有严格的区分。但是,在某些场合,氢化纳米硅(nc-Si:H)或简称纳米硅(nc-Si)是特指其硅晶粒尺寸仅为数纳米的硅基薄膜。这时,硅晶粒尺寸可以同其电子的德布罗意波长相比拟,从而可以从中观测到明显的量子尺寸限制效应和量子输运现象。

1. n 型和 p 型微晶硅及纳米硅薄膜材料

微晶硅中微晶相的原子排列具有一定的有序性、且带隙变窄,同非晶硅比较,具有较高的电导率、较高的掺杂效率、较低的电导激活能以及较低的光吸收系数,所以微晶硅最初是用作 p-i-n 型 a-Si:H 电池的 n 型和 p 型掺杂层,因为它们可以对透明导电电极和金属电极提供良好的欧姆接触;同时也被用作叠层电池隧道复合结的重掺杂层,以减少复合结的能量耗损。

值得注意的是,微晶硅的 Tauc 光学带隙宽度只是两相结构材料有效带隙宽度的近似表征,它与微晶硅的迁移率隙并不相合。前面讲过,对于非晶硅,迁移率隙的宽度一般应大于 Tauc 光学带隙宽度;但对于所谓真正的微晶硅(具有较大晶粒尺寸和晶相比)材料,其晶相比已远超过有效介质理论的逾渗阈值或形成晶相电导沟道的阈值(~ 0.3),载流子将主要在电导沟道输运。这时,载流子所感受的迁移率隙将与晶体硅的带隙(1.1eV)相近。

这一点对于 p 型微晶硅尤其重要,因为 p 层作为 a-Si:H 电池迎光面窗口层,其带隙宽度对内建电势和 p/i 界面能带边的衔接和补偿有直接影响。许多研究组的报道表明,在玻璃衬底 p-i-n 型 a-Si:H 电池中用 p-μc-Si:H 取代 p-a-SiC:H 层都没有取得预期的好效果[64]。

然而,S. Guha 等报道了一种宽带隙的高电导 p 型微晶硅层,将不锈钢衬底 n-i-p 型 a-Si:H 电池的开路电压提高到 $0.96 \sim 0.99V$[65]。但 2002 年 R. Koval 和 R. Collins 等在实时椭圆偏振谱(RTSE)技术观测非晶硅相变过程的基础上提出,这种所谓宽带隙 p 型微晶硅,由于其厚度很薄($10 \sim 20nm$),又是生长在 i-a-Si:H 层表面上的,实际上是一种非晶硅或初晶态硅(proto-Si);并称,最高 V_{oc} 的 a-Si:H 电池是用 p 型初晶态硅获得的,p 层中任何一点结晶比都是有害的[66]。

近年来,Toledo 大学研究组在扫描透射电镜技术(STEM)的基础上,研究了不同 p 层微结构对不锈钢衬底 n-i-p 型非晶硅电池开路电压的影响,结果见表 5.1[67]。表中列出了 7 种不同 p 层的 a-Si:H 太阳电池的光伏性能,它们的 i 层和 n 层生长条件都是相同的。其中包括两个不同晶相比的纳米硅 p 层(样品 A 和 B),一个初晶态硅 p 层(样品 C)和四个不同晶相比的微晶硅 p 层(样品 D,E,F 和

G)。纳米硅 p 层样品 A 和 B 的 V_{OC} 都在 1V 以上,而样品 B 的 V_{OC} 最高 (1.042V),因为样品 B 在 p 层生长之前,先用 H 等离子体对 i 层表面进行了处理,以产生多个结晶中心,使继后生长的纳米硅 p 层具有较高的晶相比。初晶态硅 p 层样品(C)的 V_{OC} 为 0.973V,与 R. Koval 等报道的最大 V_{OC} 值(0.963V)相近[66]。微晶硅 p 层样品(D,E 和 F)的 V_{OC},随着晶相比的增加从 0.745V 降低至 0.526V,而样品 G 与样品 F 的 p 层制备条件相似,只是 p 层厚度增加了一倍,V_{OC} 进一步降低到 0.369V。因此他们提出,不锈钢衬底 n-i-p 型 a-Si:H 电池最佳的 p 层微结构既不是微晶硅,也不是初晶态硅,而应当是具有一定晶相比和较高氢含量的纳米硅。这里,纳米硅是指狭义意义上的,所含晶粒尺寸为 3~5nm,其带隙宽度大于 1.9eV,暗电导激活能约 0.1eV,从而可导致较高的内建电势和开路电压。纳米量级的小晶粒尺寸是必须的,可以凭借量子尺寸限制效应获得较宽的有效带隙,而且不易在很薄的 p 层(10~20nm)中形成导电沟道。

表 5.1　不同 p 层微结构对不锈钢衬底 n-i-p 型 a-Si:H 电池性能的影响[67]

p-层	V_{oc}/V	$J_{sc}/(mA/cm^2)$	FF	Eff/%	p-层条件
A	1.022	8.371	0.727	6.22	nc-Si, on SS
B	1.042	11.540	0.734	8.87	nc-Si, on BR
C	0.973	7.33	0.702	5.01	proto-Si, on SS
D	0.745	12.188	0.658	5.98	μc-Si, on BR
E	0.676	12.914	0.648	5.65	μc-Si, on BR
F	0.526	12.580	0.644	4.26	μc-Si, on BR
G	0.369	12.610	0.632	2.94	μc-Si, on BR

是否可以在玻璃衬底 p-i-n 型 a-Si:H 电池中用 p-nc-Si:H 取代 p-a-SiC:H,还有待研究。困难在于,玻璃衬底 p-i-n 型 a-Si:H 电池的生长次序与不锈钢衬底电池相反,p 层是最先生长的,而制备宽带隙 p-nc-Si:H 层需要低温,在继后生长 i 层和 n 层的高温下,将会使低温生长的 p-nc-Si:H 层的性能发生改变。

2. 本征微晶硅及纳米硅薄膜材料

微晶硅由于具有较窄的能隙和较好的光照稳定性,原则上可用作单结硅基薄膜太阳电池的吸收层,或与非晶硅构成叠层电池作为底电池吸收层。近年来,这方面的研究已获得重要进展。

制备器件质量本征微晶硅存在许多困难。首先,在 PECVD 技术制备的微晶硅中,常含有高达 $10^{17}\,cm^{-3}$ 的类施主态密度(可能与膜中氧含量有关),导致未掺杂微晶硅具有较高的暗电导率、较低的激活能和较低的光敏度(为光电导与暗电导之比,简称光敏度)。为提高微晶硅的光敏度,应降低膜中氧含量(如提高系统的本底真空度和源气体的纯度），或进行微量硼补偿掺杂。其次，随着晶相比的增加，微晶硅愈加显示出间接带隙材料的特征，吸收系数减小，即使在有良好陷光结构的条件下，也需要增加厚度到 $1.5\sim2\mu m$ 以上才能达到所需要的短路电流。而微晶硅往往是在高氢稀释条件下制备的，一般淀积速率在 RF-PECVD 系统中远小于 1 埃/秒($Å/s$)。最后，随着晶相比的提高，晶粒之间的微空洞增加，使得微晶硅容易发生自然氧化，导致性能下降。

1994 年 J. Meier 等首先研制出微量硼补偿的 μc-Si：H 电池和 a-Si：H/μc-Si：H 叠层电池（后称为 Micromorph 叠层电池）[68]。继后，他们用在线纯化的硅烷气体，无需硼烷补偿，制备出高效 μc-Si：H 电池和 a-Si：H/μc-Si：H 叠层电池；并采用 VHF-PECVD 技术将沉积速率提高到 $1.2Å/s$[69]。采用 VHF 替代 RF 激发等离子体，可增加到达衬底表面的离子流密度，降低离子流的能量，减小高能离子对生长表面的轰击，有利于高速沉积器件质量的微晶硅[70]。

经过多年的努力，发展了一种新的高气压 VHF-PECVD 沉积模式，即用甚高频激励等离子体激发，在高气压（$\sim10Torr$）、高功率密度（$\sim1W/cm^2$）、喷淋气流和小电极间距（$\sim1cm$）下沉积微晶硅膜。在这种模式下沉积，不仅提高了微晶硅膜生长速率，而且提高了微晶硅膜的致密度和质量。源气体硅烷或乙硅烷也得到充分的分解和利用，接近耗尽模式。据报道，器件质量微晶硅膜的生长速率可达到 $30Å/s$ 以上。

微晶硅作为一种微晶粒镶嵌于非晶硅基质中的两相结构材料，其光电性质密切依赖于结构参数，它们之间的依赖关系可以用有效介质理论描述，包括其带隙宽度、光吸收系数、光电导、暗电导，以及太阳电池的光伏参数等。一般来讲，器件质量的本征微晶硅，要求具有一定的晶相比，(220)择优晶粒取向，暗电导率小于 $1.5\times10^{-7}(\Omega\cdot cm)^{-1}$，光电导率大于 $1.0\times10^{-5}(\Omega\cdot cm)^{-1}$，暗电导激活能在 $0.53\sim0.57eV$。

微晶硅两相结构的突出特点如图 5.13 所示[71]。图左面的晶相比较高，非晶相只是作为晶粒间界而存在。随着晶相比的减少（从左到右），非晶相占据优势，形成晶粒镶嵌结构。从纵向看，晶粒是呈柱状生长的，因为在低温下晶粒之间不易发生合并，这就形成柱状生长的晶粒和晶界，在某些晶界处还有微空洞存在。靠近衬底表面的区域可能存在一个微晶粒孵化层。在孵化层内主要是从非晶相向微晶相的过渡。随着膜厚增加，微晶粒长大，晶相比增大。

关于器件质量微晶硅的最佳晶相比，存在不同看法。例如，R. Schropp 等认为，器件质量本征微晶硅基本上应当是晶相结构，晶相比大于 90%，不应含有非晶相[72]。日本 Canon 公司也报道，由 TEM 照片显示，他们研制的 μc-Si：H 膜不显含非晶相，用此所制备的 a-Si：H/μc-Si：H/μc-Si：H 三结电池的短路电流密度高达 $\sim10mA/cm^2$[73]。

　　但是,也有不少研究组报道了不同的结果。例如,德国 Julich 光伏研究所报道[74],他们最高效率的微晶硅电池是在靠近非晶-微晶相变阈的微晶硅生长模式下获得的。他们的结果显示(如图 5.14),随着淀积气压增加(到 8～9Torr)或硅烷浓度增加(到 0.9%),发生了微晶生长模式向非晶生长模式的转变,而在邻近相变阈(～8Torr)下淀积的本征 μc-Si：H 获得了最高的电池效率(～8%),且其 μc-Si：H 层仍具有较高的非晶相比。

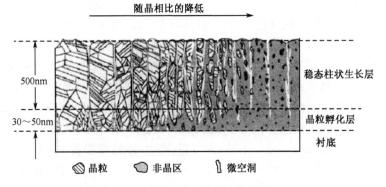

图 5.13　微晶硅的两相结构示意图[71]

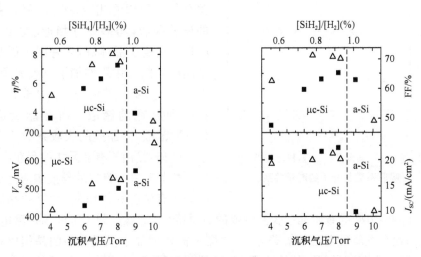

图 5.14　微晶硅电池光伏参数与本征微晶硅层淀积气压(实方块)
和硅烷浓度(空三角)的关系[74]

　　美国联合太阳能(United Solar)公司报道[75],将本征微晶硅(该公司称之为纳米硅)吸收层的晶相比控制在一定范围,可以获得较好的光伏性能。他们指出,在淀积过程中,随着膜厚增加,微晶晶粒尺寸和晶相比增大,需要将氢稀释递减,形成一个氢稀释分布,以保持微晶硅膜内具有相近的晶粒尺寸和晶相比(在 38%～

55%),这样可获得较高的稳定效率。

这里需要考虑两个问题。首先是晶粒间界的钝化。无疑,晶粒间界势垒和缺陷态密度对微晶硅和多晶硅电池的性能有很大的影响。对于采用高温CVD(>700℃)制备的多晶硅电池,为了获得高的电池效率,要求其晶粒尺寸大于 50μm,并需要进行后氢化处理,以减少和钝化晶粒间界。对于采用低温PECVD(<300℃)制备的微晶硅,晶粒尺寸一般都很小(<30nm),如果材料中能保持一定比例的非晶相,由于非晶相富含氢,晶粒间界容易得到较好的钝化,从而获得良好的光伏性能。如果微晶硅晶相比过大,晶粒间界得不到较好的钝化,微晶硅材料的性能就会变坏,甚至形成一些微空洞。这时材料在空气中存放,无需光照,性能也会自然衰退,这是由于氧或水汽分子渗透到微空洞使微晶硅发生后氧化的缘故[76]。

其次,需要考虑晶相比对微晶硅光电性质的影响。如果微晶硅的晶粒较大,达到 20nm 以上,则可不考虑量子尺寸限制效应,微晶粒的光学性质应当与晶体硅相近,即具有间接带隙,其带隙宽度大约 1.1eV。图 5.15 给出了 a-Si:H,μc-Si:H,晶体硅(c-Si)光吸收系数与光子能量的关系[71]。可以看出,μc-Si:H 具有良好的长波吸收,与晶体硅相近,在 1.0eV 附近还略高于晶体硅,这是因为微晶硅小晶粒的散射作用增加了有效光程,或者由于微晶硅薄膜的内应力使光跃迁选择定则放宽的缘故。而在能量高于 1.7eV 范围,微晶硅的吸收系数明显高于晶体硅,是由于有非晶相的存在。

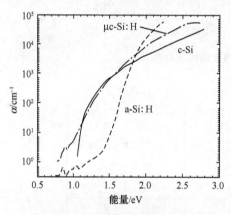

图 5.15　a-Si:H,μc-Si:H,c-Si 光吸收系数与光子的能量关系

微晶硅具有良好的长波响应完全是因为含有微晶相的缘故,如果微晶硅的晶相比降低,势必导致微晶硅长波吸收的总量降低,这就限制了电池的短路电流。因此,为提高微晶硅电池的短路电流,原则上需要增加本征吸收层的晶相比和厚度。问题在于在高晶相比的情况下,如何通过 PECVD 工艺参数的调整或者后氢化处理妥善解决晶粒间界的钝化问题。至今微晶硅电池的开路电压(500～550mV)仍远低于晶体硅电池的开路电压(650～700mV),主要原因就在于光生载流子在晶粒间界上的复合速度高,降低了微晶硅电池少子寿命。进一步改善晶粒间界的钝化,提高微晶硅电池的开路电压,是当前微晶硅电池研究中的一项迫切课题。

微晶硅材料的结构分析常用的手段包括 XRD 谱、Raman 散射谱、IR 吸收谱和各种超精细电镜技术等。器件质量 μc-Si：H 中，微晶晶粒呈柱状生长，垂直于衬底表面，在 XRD 谱中显示出峰位在 $2\theta=47.311°$ 的(220)择优取向。此外，在 XRD 中还常有(111)和(311)取向的衍射峰，其 2θ 分别为 28.451° 和 56.131°。微晶硅的晶粒尺寸 d 和内应力 η 可用 Debye-Scherrer 公式进行计算

$$\Delta\theta\cos\theta=\frac{k\lambda}{d}+\eta\sin\theta \qquad (5.13)$$

式中，λ 为 X 射线波长，常用 Cu 的 Kα 射线作为射线源，$\lambda=0.15418$nm；2θ 为衍射角，$\Delta\theta$ 为衍射峰半高宽(FWHM)。将 $\Delta\theta\cos\theta$ 对 $\sin\theta$ 作图，两者之间存在线性关系，由直线的斜率可求得内应力 η，由直线的截距可求得 $k\lambda/d$，这里 k 为常数，在 0.8~1.39。值得注意，Debye-Scherrer 公式只对球形晶粒适用，对于微晶硅柱状晶粒，依此所估计的晶粒尺寸会明显偏小。

　　应用 Raman 散射谱也可对微晶硅的结构进行分析。微晶硅的拉曼散射谱与非晶硅的拉曼散射谱(图 5.11)相似，主要不同是微晶硅具有两相结构，其 TO 模中包含了三个分量：非晶峰($480\sim490$cm^{-1})、晶相峰($510\sim520$cm^{-1})和中间峰($500\sim505$cm^{-1})，如图 5.16 所示。非晶峰与纯非晶硅的 TO 模相比较，峰宽会变窄，峰位会蓝移；晶相峰与晶体硅的 TO 模相比较，峰宽会变宽，峰位会红移；中间峰可能与晶粒间界有关，也可能来源于材料中的中程序结构。利用晶相峰的半高宽和峰位的红移，可以根据声子的量子尺寸限制效应对晶粒尺寸进行估计[77]，但这仅限于数纳米的尺寸范围，而且还需要考虑薄膜内应力的影响。同时，Raman 散射测量过程中使用的入射激光功率应当很小，以避免局部热效应带来散射峰的展宽。因此，为了得到对微晶硅晶粒尺寸的精确估计，需要应用透射电镜(TEM)或扫描电镜(SEM)技术对材料的剖面进行观测。

　　微晶硅的晶相比 f_c 定义为晶相和中间相所占有的体积与材料总体积之比，常用下式进行估算

$$f_c=\frac{I_c+I_i}{I_c+I_i+mI_a} \qquad (5.14)$$

其中，I_c，I_i 和 I_a 分别为 Raman 散射谱中晶相峰、中间峰和非晶峰的积分强度，m 为与晶粒尺寸 d_c(Å)相关的校正系数，

$$m=0.1+\exp\left(-\frac{d_c}{250}\right) \qquad (5.15)$$

　　红外吸收谱也可用于研究微晶硅的结构特征。与前面 a-Si：H 的红外吸收谱相比较，μc-Si：H 红外吸收谱的弯曲模从 640cm^{-1} 发生了红移，因为其中出现了 620cm^{-1} 分量，这来源于晶粒表面的弯曲振动模[78]；而在 μc-Si：H 的伸缩模中，除可观测到与非晶成分相关的在 2000cm^{-1} 和 2100cm^{-1} 附近的吸收峰外，在其高能端和低能端还有与微晶成分相关的新结构产生，如在 μc-Si：H 伸缩模的低能端出

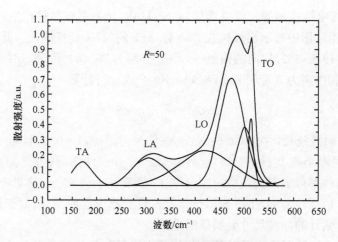

图 5.16　两相结构微晶硅的典型拉曼散射谱

现了 $1895cm^{-1}$、$1929cm^{-1}$ 和 $1950cm^{-1}$ 峰；在高能端出现了 $2120cm^{-1}$ 和 $2150cm^{-1}$ 峰；特别是在高度微晶化的薄膜中还可观测到位于 $2083cm^{-1}$，$2103cm^{-1}$ 和 $2137cm^{-1}$ 的三个小吸收峰，分别起源于微晶晶粒间界上的 Si—H_n 键，其中 n 等于 1，2，3。这些 Si—H_n 键吸收峰的存在标志着微晶晶粒间界尚未被非晶相充分钝化，将影响微晶硅薄膜的器件质量，还容易发生后氧化，在晶粒间界上形成硅的氢氧化物（O_ySiH_x），导致微晶硅电池性能变坏[79]。

5.3　非晶硅基薄膜材料制备方法和沉积动力学

5.3.1　非晶硅基薄膜材料制备方法

在过去近 30 年中人们开发研制了许多种硅基薄膜材料的制备方法。主要包括化学气相沉积法（chemical vapor deposition，CVD）和物理气相沉积法（physical vapor deposition，PVD）。成功地应用在硅基薄膜太阳电池制备过程中的沉积方法主要是各种各样的化学气相沉积法，这也是本节介绍的重点。从一般的概念上讲，化学气相沉积是在反应室中将含有硅的气体分解，然后分解出来的硅原子或含硅的基团沉积在衬底上。常用的气体有硅烷（SiH_4）和乙硅烷（Si_2H_6）。在制备 n 型掺杂材料过程中需要加入磷烷（PH_3），而 p 型掺杂材料需要加入乙硼烷（B_2H_6），三甲基硼烷（$B(CH_3)_3$），或三氟化硼（BF_3）。为了提高材料的质量，人们通常用氢气（H_2）或惰性气体（如氦气（He）和氩气（Ar）稀释硅烷。在常规半导体工艺中，最简单而常用的方法是热分解化学气相沉积法。这种方法是将反应气体加热到很高的温度（大于 1000℃），在高温下反应气体被分解而沉积在衬底表面。热分解化学气相沉积法在常规半导体工业中应用很广，主要用来制备多晶硅薄膜。

由于反应温度太高,氢原子很难与硅键合存在于薄膜中。如前面所讨论的,氢原子在非晶硅基材料中起到饱和悬挂键的作用。没有氢原子的存在,材料中缺陷态密度很高,所以热分解化学气相沉积法不适合用来制备氢化硅基薄膜材料。为了降低沉积温度,需要额外的激发源来分解气体。常用的技术有等离子体辉光放电法(glow discharge),热丝催化化学气相沉积法(hot-wire CVD)和光诱导化学气相沉积法(photo-CVD)。根据激发源的不同,等离子体辉光放电法又可分成直流(DC)、射频(RF)、甚高频(VHF)和微波等离子体辉光放电。在下面的各节中,我们将分别讨论这些制备方法。

1. 直流等离子体化学气相沉积法

从物理学的角度来讲,直流(DC)等离子体辉光放电化学气相沉积是最容易理解的,图 5.17 展示了直流等离子体辉光放电电极结构示意图,在真空室内的两个平行板电极上加上直流电压,在一定的真空度下,被电场加速的电子与气体分子碰撞使气体分子离解。在这个过程中有新的电子释放出来,当电场足够强时,电子与气体分子碰撞所产生的新电子以及从阴极、阳极和其他部位发射的二次电子数等同于所损失掉的电子,一个稳定的等离子体就形成了,其中的平均电子浓度和正离子浓度相等。由于在电子与气体分子碰撞和分解过程中有光子释放出来,所以这个过程称为等离子体辉光放电。通过测量等离子体的发光光谱可以研究等离子体的空间反应过程,这一方面的内容将在后面讨论。等离子体辉光放电是一个相当复杂的物理和化学过程,在这里我们不作详细的论述。我们只讨论一些简单的概念。

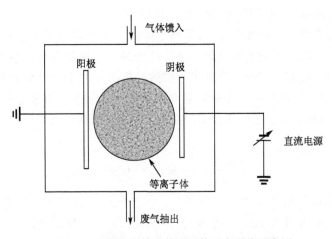

图 5.17　直流辉光放电等离子体反应系统示意图

直流等离子体辉光放电过程在文献中有比较系统的描述,在此只作简单介绍,有兴趣的读者可参阅相关文献[80]。通常情况下两电极间的距离比较小,其中一个电极接地(和反应室的壁相接),另一个电极接直流电源的负极,即阴极。维持一个稳定的等离子体需要维持电子和离子的产生率等于消失率。电子和离子的产生率取决于外加电场的强度,电子在电场的加速下获得足够的能量,电子和中性分子碰撞使中性分子分解而产生新电子和离子。所以在一定的范围内,电场越强分子的离化程度越高。电子和离子的消失过程包括电子与离子的碰撞复合、阴极和阳极以及其他表面对电子和离子的吸收等。所以在一定的条件下,维持稳定的等离子体所加的直流电压要高于一个阈值电压。影响这个阈值电压的因素有反应室的结构,特别是两电极间的距离、工艺参数(如气压、衬底温度)和气体的种类(如氢气稀释度)。其中最为重要的参数是两电极的间距(d)和气压(p)的乘积(pd),阈值电压与 pd 之间遵循巴邢(Paschen)曲线关系。

　　下面介绍几个描写等离子体的物理参数。一个重要的参数是等离子体的电子温度和离子温度。由于电子的质量比分子或离子的质量小得多,电子和离子不能达到热平衡,所以在等离子体中电子和离子具有不同的温度。对于气体来讲,温度是描写气体分子平均能量的参数,在给定温度 T,分子的平均动能 E 为

$$E = \frac{1}{2}mv^2 = \frac{3}{2}kT \tag{5.16}$$

其中,m 是气体分子质量;v 是气体分子平均速度;k 是玻尔兹曼常量。这个概念也适用于等离子体中的离子和电子。相应的温度分别为离子温度 T_i 和电子温度 T_e。由于离子可以从电场中得到能量,所以离子温度通常比环境温度高一些。同样电子也从电场中得到能量,而电子的质量比离子质量小得多,所以相应的电子温度要高许多。例如,1 电子伏(eV)相当于 11600K。

　　在稳定的等离子体辉光条件下,等离子体内部的平均电子浓度和平均正离子的浓度相等。平均电子浓度是等离子体特性的另一个重要参数。通常条件下,高浓度等离子体是高速沉积的重要方法。虽然等离子体的平均电荷为零,但是在特定的时刻,特定位置可能有局部电荷浓度的起伏。由于电子的速度比离子的速度大得多,电子的移动会引起电荷分布的振动。振荡的频率叫等离子体频率,由下列公式给出

$$\omega_e = \left(\frac{ne^2}{m_e\varepsilon_0}\right)^{1/2} = 8.98 \times 10^3 n^{1/2} \,(\text{Hz}) \tag{5.17}$$

其中,n 是平均电子浓度;e 为电子电荷;m_e 是电子质量;ε_0 是真空介电常量。对于等离子体浓度为 10^{10} cm^{-3},等离子体频率为 900MHz,远远大于常用的 13.56MHz。因此直流等离子体的许多概念可以用到射频或超高频等离子体中。

　　第三个重要的参数是等离子体电势 V_p。由于电势是一个相对数值,一般取悬浮电势 V_f 为参考。所谓的悬浮电势是指当一个金属物体被悬浮在等离子体中,在

金属表面所形成的电势。由于电子的扩散速度比正离子的扩散速度大得多,在金属物体被放入等离子体的瞬间,大量的电子会扩散到金属表面,从而使金属表面的电势低于等离子体电势。等离子体和其中悬浮金属的电势差起到排斥和阻挡更多电子扩散到金属表面,同时吸引正离子到金属表面。稳定的等离子体电势和悬浮电势的差值保证流到金属表面的电子电流和离子电流相等。这两个电势的差值为

$$V_p - V_f = \frac{kT_e}{e} \ln\left(\frac{v_e}{v_i}\right) = \frac{kT_e}{2e}\left(\frac{m_i T_e}{m_e T_i}\right) \tag{5.18}$$

其中,v_e 和 v_i 分别为电子和离子的平均速度;m_e 和 m_i 为电子和离子的质量。对于用于非晶硅沉积用的等离子体,这个差值在几伏到几十伏。与悬浮电势相对应的另一个参数是德拜长度(λ_D),来描述在等离子体中接近悬浮金属表面区正电荷层的厚度,亦即电荷对等离子体电势产生微扰的范围。德拜长度由下列公式给出

$$\lambda_D = \left(\frac{kT_e \varepsilon_0}{ne^2}\right)^{1/2} \tag{5.19}$$

为了保证等离子体的电中性,从等离子体流出带负电荷的粒子(主要是电子)数应和流出的带正电荷的粒子(主要是正离子)数相等。由于电子的扩散速度比离子的扩散速度大很多,所以等离子体电势要高于周围任何部位的电势。通常情况下,衬底接地,直流电源的负电极接到阴极上。图 5.18 所示为等离子区内两电极间电势分布示意图,其中分为三个区:阳极鞘层区(anode sheath)、等离子体区(plasma)和阴极鞘层区(cathode sheath)。由于鞘区没有辉光,所以也称暗区(dark space)。阴极鞘层区的电势差是外加电压和等离子体电势之和,大于阳极鞘层区的电势差。阳极鞘层区的电势差等于等离子体电势。阳极鞘层区和阴极鞘层区的这种电势差的不同使得更多的正离子流到阴极,而相对多的电子流到阳极。在这种条件下净电流从正电极流到负电极。这种电极设计减少正离子对衬底表面的轰击,有利于提高材料的质量。由于设备比较简单,直流(DC)等离子体辉光放电法在非晶硅太阳电池的制备中得到了一定的应用。BP-Solar 曾经在 20 世纪 90年代后期建成一个 20MW(20MW/a)的非晶硅太阳电池生产线[81]。虽然这条生产线于 2002 年关闭,关闭的原因并非是直流等离子体的技术问题。

DC 等离子体辉光放电法确实有它的技术弱点。由于要保持电流的连续性,衬底必须具有良好的导电性。绝缘衬底很难用在直流等离子体辉光系统中。射频等离子体克服这一缺点,所以在非晶硅太阳电池的生产中得到了更广泛的应用。

2. 射频等离子体化学气相沉积法

射频(RF)等离子体辉光放电用射频电源取代直流电源。由于射频信号可能从沉积系统中辐射出来,从而干扰无线电通信系统,所以国际上统一规定工业用射频等离子体辉光放电的射频频率为 13.56MHz。图 5.19 所示是射频等离子体辉

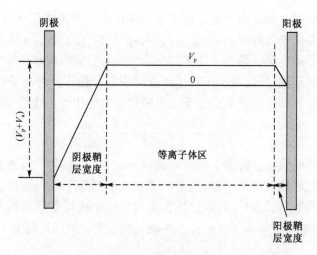

图 5.18　直流等离子体中电极间电势分布示意图

光放电反应系统示意图[82]，与直流等离子体辉光放电系统类似。常用的射频等离子体辉光放电系统包括平行板电极，射频电源通过耦合器接到其中的一个电极上，而另一电极接地。通常地电极是接在系统的反应室的壁上，所以地电极的有效面积比射频电极面积大。由于所用的射频频率比等离子体频率小得多，所以直流等离子体的许多概念在射频等离子体中也是适用的，如等离子体电子温度、电子浓度、等离子体电势和德拜长度。因此在稳定的等离子体条件下，射频等离子体，如同图 5.18 所示的那样，也可以分成三个区：等离子体辉光区、阳极鞘层区（暗区）和阴极鞘层区（暗区）。由于射频的频率比等离子体频率低得多，所以等离子体区仍然可以形成等离子体电势。除了中性的粒子外，电子和带正电的离子也可以从等离子体扩散出来，达到射频电极、地电极和其他部件的表面。由于电子的质量比带正电的离子小得多，所以电子的扩散速度比正离子大得多。在等离子体稳定的瞬间，很多的电子就到达射频电极，从而使射频电极产生负电压。这个负电压降低电子的速度，增加正离子的速度。经过短暂的瞬间，到达射频电极的正电荷和负电荷达到平衡。这时一个稳定的直流负电压就在射频电极上建立起来。这个直流负电压称为等离子体自偏压（self bais）。通常自偏压为负电压，所以射频电极也称为阴极。自偏压的幅度随射频功率的增加而增加。通常可以监测和控制自偏压的幅度来监测和控制射频的功率。另一个影响自偏压的参数是阳极和阴极的面积比。早期的理论分析给出自偏压的幅度与阴极与阳极面积比的四次方成正比，即

$$\frac{V_c}{V_a} = \left(\frac{A_a}{A_c}\right)^4 \tag{5.20}$$

其中，V_c 和 V_a 分别是阴极和阳极上电压的直流分量，A_c 和 A_a 分别是阴极和阳极的面积。这个公式是在许多假设条件下得出的，其中包括离子在通过电屏区时不

与其他离子和粒子发生碰撞,电流由空间电荷控制并且流向两电极的电流直流成分相等,符号相反,电屏区的电容正比于电极的面积,反比于电屏区的厚度,电压与电容成反比。而实际情况中,自偏压的幅度与理论计算的并不相符。首先离子在通过电屏区时会和离子及中性粒子碰撞。不过可以利用经验得出的自偏参数来监测和控制非晶硅的沉积过程。另外自偏压的大小与等离子体中的气体的种类、衬底温度、反应室压力等因素有关,任何自偏压的偏离都可能预示反应过程有问题,例如,反应室漏气、压力失控。所以监测阴极自偏压是监测和控制非晶硅太阳电池生产过程的重要手段。

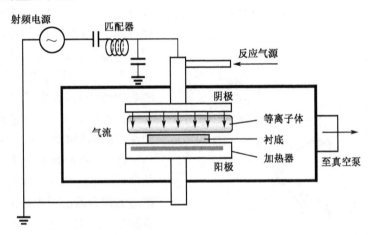

图 5.19　射频辉光放电等离子体反应系统示意图[82]

3. 甚高频等离子体化学气相沉积(VHF-PECVD)法

早在 1987 年,瑞士 Neuchatel 大学 A. V. Shah 教授的研究室首先使用甚高频(VHF)等离子体辉光放电法制备非晶硅[83−85]。随后他们利用这种高速沉积技术成功地沉积出微晶硅薄膜材料并应用于太阳电池[68,76,86,87]。甚高频等离子体辉光放电法与常规的射频等离子体辉光放电法基本原理相同。在一般小面积沉积系统中,常用的也是平行板电极结构,所不同的是激发源的频率在甚高频区。目前常用的甚高频在 40～130MHz。广泛应用的频率是 40～75MHz。甚高频等离子体辉光放电法制备非晶硅的主要优点是在相同的功率密度条件下可以提高生长速率。用通常的射频等离子体,高速沉积需要高功率密度。高功率引起以下几个副作用。首先,高功率对应于较高的等离子体电势,从而产生较强的高能离子对生长表面的轰击,使得材料中含有较高的缺陷态。其次,高功率产生高能量的电子,使等离子体中含有高浓度的 SiH_2 和 SiH 粒子和离子,导致材料中双氢硅(SiH_2)结构密度增加,从而使材料的稳定性变坏。最后,高功率还增加等离子体二次及多次反应的频率,在等离子体中产生大颗粒粒子和离子(或称多硅烷)。一方面大颗粒沉积到材料中产生微空洞,增加材料的缺陷态,降低材料的稳定性,另一方面等离子体中的大颗粒在反应室中产生大量粉尘,从而增加设备的维护和清理的时间。通常情况下用射频等离子体,高质量的非晶硅薄膜的沉积速率在 0.1nm/s 左右。为了兼顾生产效率和产品质量,非晶硅太阳电池的沉积速率一般在 0.2～0.3nm/s。

甚高频等离子体辉光放电在相同的功率密度条件下,生长速率随着激发频率的增加而增加。图 5.20 所示是早期发表的非晶硅生长速率和激发频率的关系[76]。其中不同的符号是不同研究室利用不同反应系统所得到的结果。从图中可以看出对于每个系统都有一个峰值频率。在相同的功率条件下,频率低于峰值频率时,生长速率随着频率的增加明显增加,在峰值频率时沉积速率达到最大。在更高的频率条件下,随着频率的增加,生长速率反而降低。后来的研究表明,在高于峰值频率后,甚高频功率很难耦合到等离子体中,进入等离子体中的有效功率随频率的增加而降低。人们用改进的耦合器证明生长速率可以随着频率的增加而增加。在综合考虑生长速率,材料均匀性,以及设备的复杂程度情况下,广泛被采用的频率是 40～75MHz。目前甚高频等离子体辉光放电法被广泛应用到微晶硅太阳电池的制备过程中。详细的讨论将在下文给出。

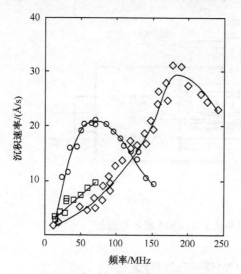

图 5.20　非晶硅生长速率和激发频率的关系[76]

从等离子体物理和化学的角度来讲,甚高频等离子体与常规的射频等离子体有哪些不同呢?为什么在同样的功率密度条件下,生长速率随着频率的增加而增加?高速率沉积预示着到达衬底表面的粒子和离子流密度高,相应的等离子体密度(等离子体中的电子浓度和正离子浓度)较高。也就是说在甚高频激发条件下,气体的离化率随频率的增加而增加。甚高频等离子体沉积非晶硅不仅沉积速率高,而且更重要的是高速沉积的材料可以保持良好的性能。最近的研究表明甚高频等离子体沉积的非晶硅太阳电池的初始效率和稳定效率跟生长速率没有明显的依赖关系[88]。如前面讨论,影响高速沉积非晶硅材料性能的一个重要因素是高能离子对生长表面的轰击。研究表明在相同的功率、压力、温度和气体流量条件下,甚高频辉光等离子体中到达衬底表面的离子能量比射频等离子体中的离子能量小得多。图 5.21 所示是用离子减速法测量的离子能量分布图[89]，其中横坐标是收集极电压，而图中的 V_s 是屏蔽网电压。图 5.21(a) 所示是甚高频(75MHz)等离子体中离子能量分布曲线；图 5.21(b) 是射频(13.56MHz)等离子体中离子能量分布曲线。实验中所用的激发功率都是 10W，所用的气体为氢气。从图中可以看出，在低压(0.1Torr)条件下甚高频(VHF)等离子体具有一个很窄的能量分布，其峰值在 22V，半宽度为 6V，并且在高能量变化非常陡；而在 1.0Torr 压力条件下，离子能量分布的峰值降低到零附近，其分布明显变宽。由于实验中参考电势是屏蔽网电压(V_s)，其值为 -40V，所以其能量分布到达负值，而实际离子能量并不是负值。相对于甚高频等离子体，在相同的激发功率条件下，射频等离子体中离子能量分布要高得多。从图 5.21(b) 可以看出，在 0.1Torr 条件下，其峰值能量为 37V，半宽度为 18V。另一重要的发现是到达衬底的正离子电流。在相同的条件下，甚高频等离子体的离子电流是射频等离子体的 5 倍。这就预示着甚高频等离子体中正离子的浓度高，即等离子体密度高。决定沉积速率的重要参数是等离子体密度，所以在相同的激发功率条件下，甚高频等离子体沉积速率比射频等离子体高。从以上实验结果，我们可以总结出以下两点结论：其一是甚高频等离子体中离子能量低；其二是离子束流浓度高。这种低能量高束流的离子对于高速沉积尤为重要。一方面低能量的离子对生长材料表面的轰击比较轻，不会造成材料中的高缺陷态浓度。另一方面大量的低能量离子可以增加离子和中性粒子在生长表面的扩散速度，从而找到低能位置。在此种条件下沉积的材料具有较高的质量。

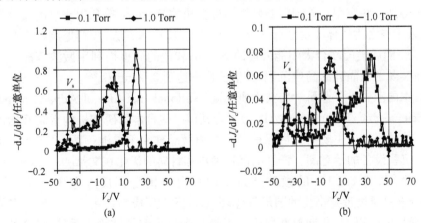

图 5.21　VHF(75MHz)等离子体中离子能量分布图(a)和
RF(13.56MHz)等离子体中离子能量分布图(b)[89]

　　决定正离子能量的主要因素是等离子体电势和衬底电势的差值(也叫 sheath voltage)。通常情况下衬底接地，所以等离子体电势是决定正离子对沉积表面轰击的重要参量。等离子电势的高低直接与阴极上电压峰-峰值(V_{PP})成正比，所以阴极上电压的峰-峰值是决定离子轰击的重要参量。早期的研究发现阴极上峰-峰值电压和激发频率有直接的关系,V_{PP}随激发频率的增加而降低。从通常的13.56MHz到70MH,V_{PP}从180V连续降低到50V[85]。

4. 微波等离子体化学气相沉积法

微波(microwave)等离子体化学气相沉积法是工业界广泛应用的一种高速沉积方法。在常规晶体硅太阳电池的生产过程中,微波等离子体被用来沉积非晶氮化硅(a-SiN：H)钝化膜。其次微波等离子体还被广泛应用于多晶金刚石薄膜的沉积。早在20世纪90年代美国能源转换器件公司(Energy Conversion Device,INC(ECD))就开始利用微波等离子体沉积非晶硅和非晶锗硅材料。特别是对于那些要求非常厚的非晶硅基材料的器件,微波等离子体是一个有效的高速沉积方法。通常的微波等离子体沉积方法是将微波通过与波导管相连的微波窗口输入到微波腔中。常用的微波窗口材料是Al_2O_3陶瓷。在一定的压力条件下,反应气体被微波能量所分解,形成等离子体。微波等离子体的特点是沉积速率非常高。S. Guha和他的同事们利用微波等离子体在10nm/s的沉积速率下制备出较高质量的非晶硅和非晶锗硅太阳电池[90]。由于微波等离子体的沉积速率过快,材料的特性始终没有射频或甚高频等离子体沉积的材料的质量好。所以到目前为止还没有用微波等离子体为主要沉积方法的硅基薄膜太阳电池生产线。近几年来,随着微晶硅作为薄膜电池的本征材料而得到广泛的研究,微波等离子体在微晶硅的制备方面得到一些应用。美国能源转换器件公司的S. Jonse等利用改进的微波等离子体,采用称之为气体喷射法(gas jet)的微波等离子体方法,成功地制备出微晶硅电池[91]。随后美国联合太阳能公司的B. Yan和他的同事们利用微波等离子体法成功地实现了微晶硅的高速沉积,其生长速率达到3~4nm/s[92]。

日本国家先进工业科学与技术研究院(National Institute of Advanced Industrial Science and Technology,AIST)联合其他一些日本的研究机构重新开始微波等离子体的研究。主要研究目标是高速沉积微晶硅太阳电池。图5.22所示是其中一个沉积设备的示意图。详细的沉积参数和材料的优化在文献[93]～[95]中有详细的介绍。2.54GHz的微波通过Al_2O_3窗口耦合到反应室中。反应气体(SiH_4+H_2)通过带有小孔的圆形气体环(G1)流入反应室。由于G1是一个较大的环,所以气体以45°角向衬底射出。另外一个喷头型气体输入系统(G2)将硅烷输入到靠近衬底的部位。G2与衬底的距离为2cm。另一个重要的技术是在衬底上加上直流偏压,通过调节直流偏压的大小来控制离子对衬底表面的轰击。经优化沉积参数,他们成功地制备出微晶硅材料,其生长速率高达6.5nm/s,并且材料中缺陷态较低(1~2×10^16 cm^-3)。

最近荷兰的ECN SOLAR ENERGY公司利用线性微波等离子体系统成功地

制备了大面积微晶硅材料。他们沉积系统的特点是衬底在线性微波等离子体下面移动,这样沉积的材料均匀度得到改善[96,97]。

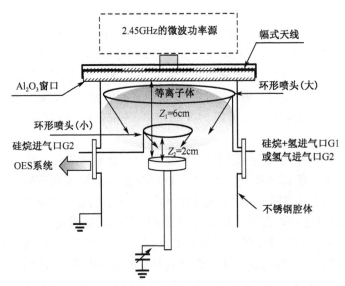

图 5.22 日本国家工业科学与技术研究院使用的微波等离子体沉积设备示意图[95]

5. 热丝化学气相沉积法

热丝化学气相沉积法(hot wire-CVD)是在真空反应室中安装加热丝。常用的加热丝是钨丝(W)和钽丝(Ta)。热丝通常被加热到 1800~2000℃,当气体分子碰到热丝时被热分解,所以这种方法也叫热丝催化法。热分解产生的粒子通过扩散而沉积到衬底表面。热丝化学气相沉积法汇集了热化学气相沉积法和等离子体热化学气相沉积法的优点。首先气体分子是热分解,不存在电场加速的高速离子对衬底表面的轰击。其次衬底的温度可以控制在较低的范围(150~400℃),从而使材料中含有足够的氢原子来饱和悬挂键。由于这两个特点,热丝化学气相沉积法在高速沉积方面有一定的优势。

早在 20 世纪 70 年代,R. Weisman 和他的同事将热丝化学气相沉积法引进到非晶硅的沉积过程中[98]。他们在真空室中将钨丝加热到 1400~1600℃,硅烷气体分子在碰撞到高温热丝后而分解,被分解的硅氢粒子扩散到衬底表面而沉积成薄膜。由于早期的沉积参数没有优化,例如,反应室的压力太低,衬底温度过高,而热丝的温度也不够高,所以当时的材料质量不是很好。

1985 年日本的 H. Matsumura 和他的同事改进了热丝化学气相沉积法的设备和沉积工艺[99,100]。他们通过降低衬底的温度使材料的质量得到了大幅度的提高。比如光暗电导比得到了大幅度的改进;硅悬挂键密度降低到 $5 \times 10^{15} \text{cm}^{-3}$。随后他们又用这种方法成功地制备了掺杂的非晶硅和非晶锗硅合金($a\text{-}SiGe:H$)。当时他们所用的反应室压力在1Torr左右。

J. Doyle和他的同事们深入地研究了热丝化学气相沉积法沉积机理[101]。他们发现从热丝上反射出来的大部分是硅原子和氢原子。由于在低气压时,粒子的扩散长度大于热丝到衬底的距离,所以硅原子是主要对成膜有贡献的粒子;而在高压力条件下,从热丝反射回来的硅原子和氢原子与周围的其他气体分子发生反应,从而使多种粒子对成膜有贡献。通过改变反应室的压力可以有效地改变材料的特性。J. Doyle和他的同事优化了压力并确定$4\sim30\text{mTorr}$是沉积非晶硅的最佳压力。

从20世纪90年代初期,美国国家再生能源实验室(NREL)就对热丝化学气相沉积法进行了系统深入地研究[50,102]。他们将热丝的温度提高到大于1900℃,并将衬底温度固定在360~380℃,他们得到了高质量的非晶硅材料,其特点是氢含量低,只有百分之一。而通常用辉光等离子体沉积的高质量非晶硅含有10%~15%的氢。在通常的等离子体辉光反应中,如果衬底温度很高,所沉积的材料中氢的含量也会很低,但伴随着高缺陷态密度和较宽的带尾态分布,原因是没有足够的氢原子来饱和悬挂键。大量的氢原子是产生光诱导亚稳缺陷态的一个根源,而NREL的热丝化学气相沉积的非晶硅不仅氢含量低,而且其他材料质量参数并没有受到影响,比如光暗电导比仍然在10^5。由于这一特性,热丝化学气相沉积法在世界范围内受到广泛的关注,并对这种材料进行了深入地研究。正像预期的一样,热丝化学气相沉积法制备的低氢含量的非晶硅确实在稳定性方面优于等离子体辉光放电法制备的非晶硅材料。

人们在研究热丝化学气相沉积法制备非晶硅的同时也开始用这种方法制备微晶硅材料。并将这些材料应用到各种器件中。其中热丝化学气相沉积法在非晶硅太阳电池和场效应薄膜晶体管有源选址液晶显示(TFT AM-LCD)两个方面有着良好的应用前景。

为了更好地优化材料的质量,人们对热丝化学气相沉积法的沉积机理进行了深入地研究,其中包括各种分子与热丝表面碰撞而分解,原子硅和原子氢与其他分子和粒子的气相反应,各种粒子在衬底表面的成膜反应。文献中对热丝化学气相沉积法的反应机理有详细的说明,有兴趣的读者可以参考A. H. Mahan的总结文章[103]。概括起来讲,SiH_3和Si_2H_4仍然是沉积高质量非晶硅的主要粒子。因为硅烷分子在高温热丝表面主要被分解成硅原子和氢原子,所以空间气相反应也是非常重要的。决定空间气相反应的参数是反应室压力和热丝与衬底间的距离。粒子间发生碰撞的概率与压力成正比,而对于特定的粒子在从热丝扩散到衬底的过程中与其他粒子发生碰撞的概率与衬底和热丝间的距离成正比。图5.23所示是红外结构参数R^*和压力P_s与热丝衬底间距L乘积的关系[104]。如前所述,红外结构参数 R^* 是红外吸收谱中 2090cm^{-1} 峰和 2000cm^{-1} 峰积分面积的比值,它代表材料中 Si—H$_2$ 和 Si—H 的比值。R^* 的大小直接决定材料中的缺陷态的密度特别是光照后稳定态时缺陷态的密度。从图中可以看出,在 P_sL 等于 10Pa·cm 时,材料的质量最佳。图 5.23 可以作为反应室设计和反应参数优化的指导。热丝对衬底的加热是选择衬底和热丝间距应考虑的因素。如果热丝和衬底的间距太小,衬底可能会被加热到很高的温度,通常 5～10cm 是最佳的热丝衬底间距。

热丝化学气相沉积法也存在一些缺点。首先加热丝可能对沉积的材料产生污染,二次粒子测量确实发现薄膜中有残留钨存在[105],其含量可能高于 10^{18} 原子/cm^3。A. H. Mahan 发现残留钨的含量与热丝的新旧有关[103],新热丝沉积的材料中钨的含量比较高,而旧热丝沉积的材料中钨的含量低。所以 A. H. Mahan 认为钨污染是由于热丝表面的氧化钨在加热后蒸发引起的。他们用一个挡板挡在衬底前,最初沉积的材料长在挡板上,在经过最初的沉积后,打开挡板,这样沉积的材料中钨的含量比较低。为了解决这一问题,也可以在新热丝安装后将热丝加热到比材料沉积时热丝温度还要高的温度,这样可以将热丝表面的氧化钨蒸发掉,从而降低非晶硅中钨的含量。经过特定处理,非晶硅中钨的含量可以降低到二次粒子谱测量极限以下的水平,这时残留钨对非晶硅的特性没有影响[106]

另一个问题是热丝的寿命。当热丝温度不是特别高时,在热丝表面容易形成金属硅化物,如 W$_5$Si$_2$。由于金属硅化物容易使热丝断裂[107],所以钨丝的寿命取决于金属硅化物的形成。一般来讲金属硅化物容易在热丝的两端形成,因为那里的温度低于热丝中间的温度。为了增加热丝的寿命,人们进行许多不同的工程设计,比如在热丝的两端安装上额外的氢气(或惰性气体)出口来降低硅烷在热丝两端的浓度,从而降低金属硅化物的形成,增加热丝的寿命。

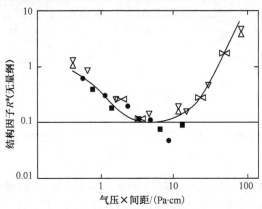

图 5.23 材料红外结构参数 R^* 和压力 P_s 与热丝衬底间距 L 乘积的关系[104]

大面积材料的均匀性也是热丝化学气相沉积法所面临的一个技术问题。这一问题可以通过合理地设计热丝的分布和气体分布来解决。图5.24所示是特殊设计的大面积热丝化学气相沉积系统的热丝分布和喷头式气体输入器示意图[108,109]。由于拥有多个长度较短的钨丝，所以在加热后钨丝的弯曲较小。并且钨丝是由弹簧连接，易于更换。这一系统设计被用到大面积沉积系统中[110]，并成功地沉积出大面积非晶硅（10cm×40cm）薄膜，其沉积速率超过0.5nm/s。

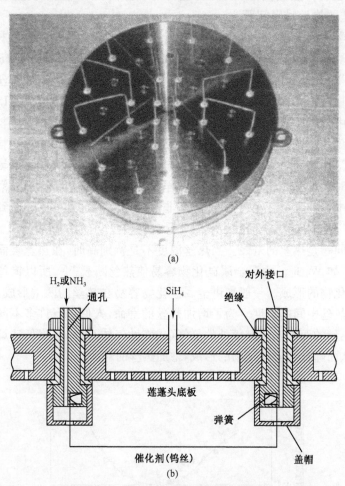

图5.24　特殊设计的大面积热丝化学气相沉积系统的热丝分布(a)
和喷头式气体输入器示意图(b)[108,109]

许多研究机构都用热丝化学气相沉积法制备非晶硅和微晶硅太阳电池，其中比较有代表性的有美国国家再生能源实验室（NREL）、德国Kaiserslautern大学和德国Juelich研究中心。与辉光等离子体制备的太阳电池相比，热丝化学气相沉积法制备的非晶硅太阳电池的效率还比较低。理论上讲热丝化学气相沉积过程中没有高能离子对沉积表面的轰击,所制备非晶硅材料中缺陷态密度应当相对低。但在实际器件制备过程中还包含许多关于器件设计和界面控制等许多技术环节。用热丝化学气相沉积法制备非晶硅基太阳电池已经有 20 多年的历史。虽然它是一种很好的薄膜沉积技术,但还没有得到广泛的应用,特别是没有在生产上得到应用。其主要原因是电池的性能还不如辉光放电等离子体制备的太阳电池好,在器件设计和界面控制方面还有许多工作要做。

值得一提的是德国的 Juelich 研究中心利用热丝化学气相沉积法改进微晶硅太阳电池的 p/i 界面特性使其电池的效率得到一定的提高[111]。在以玻璃为衬底的 p-i-n 微晶硅太阳电池的沉积过程中,为了降低本征层中最初的非晶孵化层的厚度,人们通常利用高氢稀释和高能量的等离子体来沉积本征微晶硅层。在这种条件下,高能离子会对 p 层产生负面影响。利用热丝化学气相沉积法可以有效地改进 p/i 界面的特性,从而提高电池的转换效率。

6. 光诱导化学气相沉积法

光诱导化学气相沉积法(photo-CVD)是用光子的能量来分解反应气体的分子。被分解的分子形成电子和正离子,以及各种中性粒子。这些离子和粒子扩散到衬底表面而沉积成薄膜材料。根据所用的光源的种类,光诱导化学气相沉积法可分为紫外光激励光诱导化学气相沉积法和激光激励光诱导化学气相沉积法。在目前条件下,激光激励光诱导化学气相沉积法只能用于很小面积的沉积,所以研究和应用都不广泛。相比之下,紫外光激励光诱导化学气相沉积法在过去的 20 多年里得到了深入的研究和广泛的应用。在这一领域日本东京工业大学的高桥清(K. Takahashi)和小长井诚(M. Konagai)研究室始终处于领先地位并作出了许多有意义的成果[112]。

常用的紫外光光诱导化学气相沉积法是用水银灯作为激励光源。低压水银灯有两个主要的紫外光谱线:184.9nm 和 253.7nm。能否成膜和沉积速率取决于所用气体对这两种光谱的光子的吸收系数。硅烷(SiH_4)对水银灯的两条谱线基本上没有吸收,所以直接用低压水银灯是不能分解硅烷的。乙硅烷(Si_2H_6)对 184.9nm 的光子有一定的吸收,并且可以发生以下反应

$$Si_2H_6 + h\nu(184.9nm) \longrightarrow SiH_2 + SiH_3 + H$$
$$\longrightarrow SiH_3SiH + 2H$$
$$\longrightarrow SiH_2SiH_3 + H$$

这三种反应产生的概率分别为 61%,18% 和 21%。虽然乙硅烷对波长为 184.9nm 的光子有一定的吸收,但是吸收系数太小,所以沉积速率很低,一般情况下为 0.01~0.03nm/s。这种速率对于沉积太阳电池中较薄的掺杂层(p 层和 n 层)还

可以,而对于较厚的本征层(i层)所需的沉积时间会太长。特别是考虑到生产成本时,这种方法很难在大规模生产中应用。

　　另一个方法是水银感应光诱导化学气相沉积法。其原理是在反应气体进入反应室之前先通过一个加热到一定温度的水银(Hg)槽,气体在流过水银槽时将部分水银分子带入反应室中。水银分子在水银灯的紫外线(253.7nm)照射下跃迁到激发态,处于激发态的水银分子与气体分子碰撞,将能量传给气体分子使其分解。以硅烷为例

$$Hg + h\nu(235.7nm) \longrightarrow Hg^*(6^3P_1)$$

$$Hg^* + SiH_4 \longrightarrow SiH_3 + H + Hg(6^1P_0)$$

这一过程在水银感应光诱导化学气相反应中分解出100%的SiH_3,它的寿命较长,有利于提高非晶硅的沉积速率。从表面反应动力学的角度来看,SiH_3是成膜的最佳粒子,它有利于提高材料的质量。在反应室中的SiH_3离子和粒子会发生相互碰撞而发生二次过程

$$SiH_3 + SiH_3 \longrightarrow Si_2H_6$$

　　各种气体在光诱导化学气相反应中分解的难易程度取决于该气体的消光截面(quenching cross section)。消光截面大的气体容易分解,反之不容易分解。硅烷的消光半径为$26Å^2$,而乙硅烷的消光半径为$2660Å^2$。由此看出在光诱导化学气相沉积过程中,使用乙硅烷比使用硅烷沉积速率高得多。

　　由于没有电场的存在,正离子得不到电场的加速,所以没有离子的轰击。这是光诱导化学气相沉积法的最大优点。这一特点不仅使材料中的缺陷态密度低,而且有利于界面处掺杂原子的分布。光诱导化学气相沉积法也有许多技术问题。首先紫外线要通过窗口进入反应室,薄膜在衬底上沉积的同时也会在窗口上沉积,从而降低光的透过率和薄膜的生长速率。尽管可以在窗口的内表面涂抹一层不易挥发的油脂(fumnlin)来降低在窗口上的沉积,但是要经常清洗和重新涂抹这层油脂。水银感应光诱导化学气相沉积法的另一个主要问题是水银的污染。

　　光诱导化学气相沉积法在大面积、高速沉积方面还有许多技术难点,目前该方法还没有在大规模太阳电池生产中得到应用。

7. 微晶硅薄膜材料的高速沉积

　　如前所述,微晶硅(μc-Si:H)和纳米硅(nc-Si:H)其实本质上指的是同样的材料,是指硅薄膜材料中含有一定的小晶粒。尽管其中晶粒的大小在纳米(nm)量级,早期的研究中人们还是称其为微晶硅。其中微晶是指很小晶粒的意思。后来随着纳米科学的蓬勃发展,人们开始称其为纳米硅。也有人将晶粒小的材料叫纳米硅,而将晶粒稍大的材料叫微晶硅。但目前没有统一的规定,在文献资料中微晶硅和纳米硅是混用的。在以下的章节中我们统一用微晶硅。

在太阳电池中应用的微晶硅实际上与非晶硅一样都含有一定量的氢,氢的作用是饱和悬挂键。由于悬挂键大部分位于晶粒间以及和非晶结构的界面处,所以人们也通常称氢的作用是钝化晶界。为了保持氢含量,微晶硅也必须在较低的温度下生长。通常的衬底温度在 150～400℃,优化的衬底温度在 180～250℃。最早的微晶硅是在 1968 年由 Veprek 和 Marecek 用氢等离子体化学运输的方法制备的[21,113]。他们所用的方法是用等离子体产生原子氢来刻蚀处于室温的硅,然后将硅粒子带到被加热的衬底上。由于硅的刻蚀速率随温度的升高而降低,所以处于低温的硅被刻蚀并被沉积到加热的衬底上。另外原子氢也刻蚀生长在衬底上的硅薄膜。由于原子氢刻蚀非晶硅的速率比晶体硅的速率快,所以在衬底上沉积的是微晶硅。原子氢对硅的刻蚀作用对微晶硅沉积起到了关键的作用,在后来的各种化学气相沉积中氢稀释是必不可少的。

从早期的非晶硅太阳电池的研究,人们就注意到微晶硅。早在 20 世纪 80 年代初,美国 ECD 公司用 SiF_4 来沉积非晶硅,他们发现所沉积的材料中含有微晶粒结构[114,115]。早期的微晶硅主要是用在太阳电池的掺杂层中。其中主要原因是微晶硅的掺杂效率比非晶硅高得多,通过掺杂可以将费米能级移到导带底或价带顶,从而增加电池的开路电压(V_{OC}),降低串联电阻。另一个原因是微晶硅对杂质非常敏感,特别是对氧。由于反应室中以及反应气体中的残留杂质,在没有人为掺杂的条件下,微晶硅通常显 n 型导电。

瑞士 Neuchatel 大学 A. Shah 教授的研究室首先将微晶硅用作太阳电池的光敏层中。他们用甚高频(VHF)等离子体辉光放电法,通过微量硼掺杂的方法来制备补偿型微晶硅作为太阳电池的光敏层。他们于 1994 年报道,全部由微晶硅组成的太阳电池,其转换效率为 4.6%,并显示出没有光诱导退化[86,87]。从此微晶硅作为光敏层材料得到了广泛的重视和深入的研究。目前其单结微晶硅电池的效率已经超过了 10%。用微晶硅作为底电池的多结电池的初始效率已经超过了 16%[13,116]。

微晶硅电池的本征层厚度一般要在 1～3μm。为了使微晶硅电池能在太阳电池大规模生产中得到应用,高速沉积是必不可少的。由于氢稀释是沉积微晶硅的必要条件,而氢稀释的增加将降低沉积速率,因此微晶硅的高速沉积比非晶硅更为困难。就射频(RF)等离子体而言,为了提高沉积速率,人们通常需要增加射频功率。而增加功率的副作用是增加了带电离子对生长表面的轰击。如前所述,甚高频等离子体中离子的能量比相同激发功率时射频等离子体中离子能量低,因此甚高频等离子体是高速沉积微晶硅的有效手段。除此之外,高压耗尽(high pressure depletion)型等离子体是高速沉积微晶硅的另一重要手段[117,118]。高压耗尽型等离子体是一种特指的等离子体,其沉积条件是高功率和高压力(5～10Torr)。在此种条件下生长速率随功率没有明显的增加,大部分反应气体都被离化,所以此时的等离子体叫耗尽型等离子体。其原理是在高压的情况下气体的平均自由程较低,离子和粒子间的相互碰撞导致到达沉积表面的离子能量降低,对沉积表面的轰击较轻;另外在耗尽型等离子体中硅烷的分解较为彻底,同时产生大量的原子氢。在这种条件下形成微晶硅所需的氢稀释度相对较低。为了达到耗尽型等离子体和高速沉积,高功率是必要的条件。图 5.25 所示是沉积速率和所沉积的材料中拉曼晶相比与反应室压力的关系[82]。从图中可以看出,在低压力条件下,沉积速率随压力的增加而增加,这是由于中性粒子以及带电离子和硅烷分子间的碰撞概率增加,尽而增加硅烷的分解率。沉积速率在 4Torr 时到达最大。继续增加压力,生长速率开始降低,这是由于在高压力条件下电子的温度降低,因此降低了硅烷分子的分解率。晶化率随压力的降低是由于到达沉积表面的原子氢的密度降低。原子氢在流向衬底的过程中与众多硅烷分子发生反应($H + SiH_4 \longrightarrow H_2 + SiH_3$),因此许多原子氢在达到衬底之前就损失掉了。在耗尽型等离子体中,一方面硅烷分子的密度随压力的增加而增加,使得原子氢的损失率增加;另一方面硅烷的分解率增加的同时增加了原子氢的产生率。综合两种因素,高压耗尽型等离子体是高速沉积微晶硅的另一重要手段。

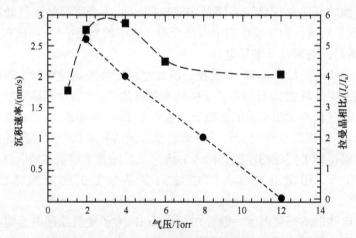

图 5.25　甚高频(VHF)等离子体硅薄膜沉积速率(■)
和晶相比(●)与沉积过程中反应室压力的关系[82]

　　将甚高频和高压耗尽型等离子体结合起来是目前高速沉积微晶硅的重要方法。图 5.26 所示是射频和甚高频激发条件下生长速率及晶化率和激发功率的关系。就射频等离子体而言,在低功率时生长速率随激发功率的增加迅速增加,而后趋于饱和,标志着此时的等离子体到达了耗尽型。在激发功率大于一定的阈值(100W)时,材料中的晶化率开始增加,这是由于等离子体中的原子氢浓度增加的结果;与此同时生长速率有所降低,这是由于原子氢的刻蚀作用。激发功率的作用在甚高频等离子体中表现的更加明显。首先在低功率条件下生长速率随功率迅速增加,而后随功率的增加明显降低,这表明到达沉积表面的氢原子随功率的增加明显增加。其次在较低的功率条件下材料中的晶化率随功率的增加迅速增加,尽而趋近饱和。由此表明耗尽型甚高频等离子体是高速沉积微晶硅的有效手段。

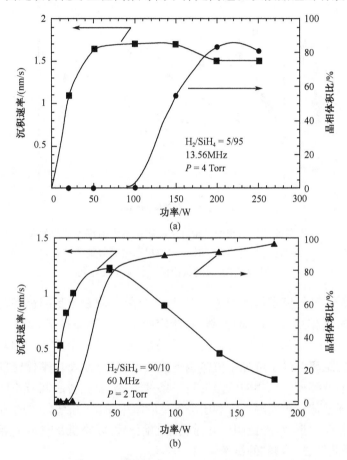

图 5.26　射频(RF)(a)和甚高频(VHF)(b)等离子体沉积的硅薄膜沉积速度
和晶相体积比与沉积过程中激发功率的关系[82]

　　即使是在耗尽型等离子体条件下,高速沉积的微晶硅中缺陷态的密度随沉积速率的增加而明显的增加,其主要原因是带电离子的轰击。为了降低带电离子的轰击,日本 AIST 研究室设计了三极等离子体系统,他们在衬底表面加入网状栅极,通过调节栅极的电压来控制到达衬底表面的离子能量,从而控制带电离子对生长表面的轰击。图 5.27 所示是三种条件下沉积的微晶硅中缺陷态密度与沉积速率的关系[82]。从图中可以看出在常规的射频等离子体沉积条件下,微晶硅材料中的缺陷态密度随沉积速率的增加而迅速增加;而在耗尽型射频等离子体条件下,缺陷态密度随生长速率的增加较缓;而在衬底前加入网状栅极控制离子的能量后,材料中的缺陷态密度随生长速率的增加明显放缓。通过以上实验,人们可以看出到达沉积表面的带电离子对沉积表面的轰击是产生缺陷态的重要因素。

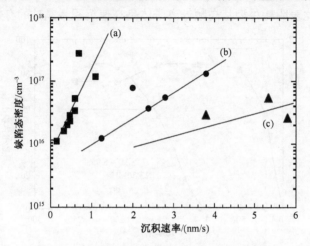

图 5.27　不同条件下沉积的纳米硅中缺陷态密度与沉积速率的关系[82]
(a)常规射频等离子体;(b)耗尽型射频等离子体;
(c)衬底前加入网状栅极控制离子的能量

在高压耗尽型等离子体沉积过程中,另一个重要的参数是阴极和衬底(阳极)间的距离。根据帕邢(Paschen)曲线,在给定的激发功率条件下,为了维持稳定的等离子体,增加压力需要降低阴极和衬底间的间距。另一个重要的因素是降低阴极和衬底间的距离等同于增加单位体积中的激发功率(激发功率体密度),从而增加反应气体的分解率。在相同的激发功率条件下,阴极和衬底间较小间距易于达到耗尽型等离子体。小间距还有利于降低反应室中粉尘的形成。粉尘是由于带电离子间相互复合而形成,降低阴极和衬底间的距离可以降低离子间的相互碰撞的概率,从而降低形成大颗粒的概率。

近年来人们利用甚高频和耗尽型等离子体相结合,在阴极和衬底间小间距的条件下,使微晶硅的沉积速率得到了显著地提高。荷兰 Utrecht 大学利用甚高频等离子体在阴极和衬底间距为 6mm 的条件下沉积出微晶米硅电池[119]。在 0.5nm/s 的沉积速率时,他们取得了转换效率为 10% 的单结微晶硅电池;在 1.0nm/s 沉积速率条件下,他们取得了转换效率为 8% 的单结微晶米硅电池。日本大阪大学在 4mm 的阴极和衬底间距条件下,取得了 8.0nm/s 的微晶硅沉积速率[120]。

高压耗尽型等离子体需要较小的阴极和衬底间距,在这种条件下很难实现大面积沉积。首先较小的间距对衬底的平整度要求较高,其次容易形成局部高浓度等离子体。为了解决这两个问题,日本 AIST 开发设计了多孔阴极。通过在阴极表面加工出不同的小孔型状结构,使每一个小孔开口处都有一个局部强等离子体区[121-123]。图 5.28 所示是多孔阴极结构示意图。图 5.29 所示是在不同压力条件下 H_α 线发光谱分布图。从图中可以看出随着压力的增加高浓度等离子体区移动到小孔中。每个小孔中的强等离子体起到稳定等离子体并使等离子体分布均匀的作用。利用多孔阴极结构,他们使微晶硅的沉积速率增加到 9.3nm/s。

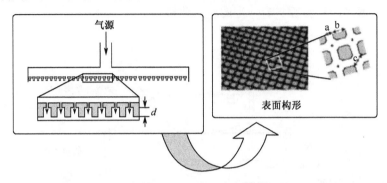

图 5.28　多孔阴极结构示意图[123]

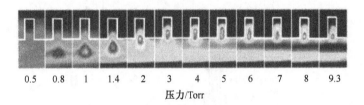

图 5.29　不同压力条件下 H_α 线发光谱分布[123]

8. 其他沉积方法

除了以上介绍的沉积方法外,还有一些其他的沉积方法。由于种种原因这些方法还没有得到广泛的应用。比较传统的沉积方法有反应溅射(reactive sputtering)[124,125],利用氢气和氩气混合气体进行直流或射频等离子体溅射,将硅靶中的材料沉积到衬底上,形成非晶硅或微晶硅。其次是电子束蒸发(e-beam evaporation)[126,127],由于电子束蒸发过程中没有氢气,所以沉积的材料要进行氢化处理来降低材料中的缺陷态密度。再有就是电子回旋共振(electron cyclotron resonance,ECR)等离子体[128,129],ECR 与微波等离子体相似,也是在低压(mTorr)条件下用微波作为激发源,所不同的是 ECR 用磁场来控制等离子体的范围。

值得一提的还有两种新的沉积技术。其一是荷兰 Eindhoven 大学开发研究的热膨胀等离子体沉积法[130,131]。图 5.30 所示是热膨胀等离子体沉积设备示意图,此系统的特点是等离子体产生区和薄膜沉积区是分离的。等离子体是通过多极弧光(cascaded arc)放电产生,高压等离子体通过喷口(nozzle)喷射到沉积室。这种沉积技术在高速沉积非晶硅和微晶硅方面取得了良好的结果。瞬态测量发现热膨胀等离子体高速沉积的非晶硅具有相对高的空穴迁移率寿命积($\mu\tau$)[132],空穴迁移率寿命积是影响非晶硅太阳电池性能的重要参数。进一步研究发现,热膨胀等离子体在高速沉积微晶硅方面也显示出明显的优势。由此可见热膨胀等离子体在高速沉积硅薄膜电池方面具有一定的应用前景。

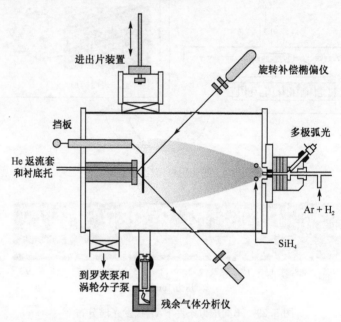

图 5.30　热膨胀等离子体沉积设备示意图[131]

其二是常压等离子体气相沉积法。最近日本大阪大学报道了改进的常压等离子体沉积系统[133,134]。利用这种方法,他们成功地实现了非晶硅和微晶硅的高速沉积以及单晶硅外延,其微晶硅的沉积速率高达 21.7nm/s。

5.3.2　硅基薄膜材料制备过程中的反应动力学

1. 硅基薄膜沉积的气相化学反应

本征非晶硅的沉积通常是用硅烷(SiH_4)或乙硅烷(Si_2H_6)。由于等离子体中存在各种离子,气相化学反应过程是一个相当复杂的过程。人们对这一过程的理解还比较有限。就硅烷分解为例,其分解过程是多种多样的。图 5.31 所示是硅烷在等离子体中分解所产生的粒子和离子,以及产生各种粒子和离子所需的能量[135]。下面列出一些可能的一级化学反应过程以及所需的能量

$$SiH_4 + e^- (8.75eV) \longrightarrow SiH_3 + H + e^-$$

$$SiH_4 + e^- (9.47eV) \longrightarrow SiH^* + H_2 + H + e^- \text{ 或 } SiH_2 + H_2 + e^-$$

$$SiH_4 + e^- (\sim 10eV) \longrightarrow SiH_x^* + (4-x)H$$

$$SiH_4 + e^- (10.33eV) \longrightarrow SiH^* + H_2 + H + e^- \text{ 或 } Si + 2H_2 + e^-$$

$$SiH_4 + e^- (10.53eV) \longrightarrow Si^* + 2H_2 + e^-$$

$$SiH_4 + e^- (>13.6eV) \longrightarrow SiH_x^+ + (4-x)H + 2e^-$$

其中,SiH_x^+ 是带正电的离子;SiH^* 和 Si^* 是处于激发态的粒子,它们通过释放光子能量回到基态

$$SiH^* \longrightarrow SiH + h\nu (414nm)$$

$$Si^* \longrightarrow Si + h\nu (288nm)$$

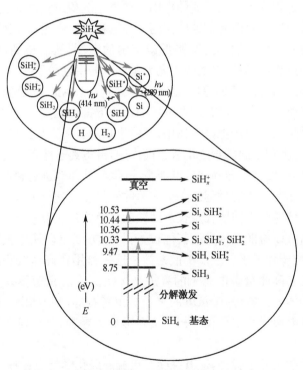

图 5.31　硅烷等离子体中分解所产生的粒子和离子,
以及产生各种粒子和离子所需的能量[135]

通过测量等离子体的发光光谱(OES)可以研究等离子体的特性。由于将硅烷分解成不同的粒子和离子需要不同的能量,而且各种粒子和离子的寿命不同,所以等离子体中各种粒子和离子的浓度不同。表 5.2 列出了在常规硅烷等离子体中各种粒子和离子的浓度。从表中可以看出等离子体中主要的成分是 SiH_3。

表 5.2　常规硅烷等离子体中各种粒子和离子的浓度[135]

基团和离子	探测方法	浓度/cm^{-3}
SiH_x^+ , H^+	质谱仪	$10^8 \sim 10^9$
Si^* , SiH^*	发光亮度测量	10^5
Si	激光诱导荧光测定术	$10^8 \sim 10^9$
SiH	激光诱导荧光测定术	$10^8 \sim 10^9$
SiH_2	内腔激光吸收	10^9
SiH_3	红外激光吸收	10^{12}

在通常情况下中性 SiH_3 粒子被认为是生长高质量非晶硅的前驱物。原子氢在非晶硅的沉积过程中也有很重要的作用。首先在沉积过程中硅表面的化学键需要氢来饱和。其次原子氢还有刻蚀的作用。在沉积过程中氢原子刻蚀那些结构松散的部分，使沉积的材料结构密集，降低微空洞的密度，从而得到高质量的材料。在沉积微晶硅的过程中，原子氢的作用尤为重要。与中性粒子相比，带电离子虽然浓度很低，但是在材料的沉积过程中也有不可忽视的作用。其负面作用是带正电的离子扩散出等离子区，进入暗区，在电场的加速下得到能量。这些具有一定能量的离子一方面对生长表面产生轰击作用，导致生长的材料有高浓度的缺陷态；另一方面，带电离子对沉积表面的轰击也有正面作用，带电离子的轰击有助于粒子在生长表面的扩散系数，使粒子容易找到低能量的区域，从而改进材料的质量。薄膜的表面生长是一个非常复杂的过程。一个简单的图像可以理解为许多中性粒子和带电离子在变成固体薄膜之前要在生长表面移动从而找到能量较低的位置。带电离子的轰击一方面可以将能量传递给其他粒子，另一方面可以使生长表面局部温度升高，从而提高粒子和离子的表面扩散系数。这一作用在高速沉积过程中尤为重要。所以适当控制高能量带电离子的轰击是优化高速沉积薄膜硅材料的重要手段。由于等离子体为正电势，带负电的离子被束缚在等离子体内。这些被束缚在等离子体内的负电离子与中性粒子相互结合形成大颗粒，又会对沉积材料的质量造成负面影响。

除了一级化学反应过程外，还有一些二级或高级化学反应过程

$$SiH_x^+ + SiH_4 \longrightarrow SiH_x + SiH_4^+$$
$$SiH_2^+ + SiH_4 \longrightarrow SiH_3^+ + SiH_3$$
$$SiH + SiH_4 \longrightarrow Si_2H_5$$
$$Si + SiH_4 \longrightarrow SiH_3 + SiH$$
$$SiH_2 + H_2 \longrightarrow SiH_4$$
$$SiH_2 + SiH_4 \longrightarrow Si_2H_6$$
$$SiH_3 + SiH_4 \longrightarrow SiH_4 + SiH_3$$

$$H+SiH_4 \longrightarrow H_2+SiH_3$$

一般认为 SiH_2 对材料的稳定性有不利的影响。SiH_2 的产生需要高能量的电子,所以高功率条件下沉积的材料一般稳定性都不好。二级或高级化学反应过程中易于产生高硅烷或大质量颗粒,高硅烷对材料的质量和稳定性也有负面的影响。高硅烷导致材料中含有 Si-H_2 和多氢集团,使材料在光照条件下容易产生缺陷态。大质量颗粒一方面导致材料中含有微空洞和高缺陷态密度,另一方面导致反应室内粉尘的累积,增加反应系统的维护费用。所以反应腔室内产生的无论是 SiH_2还是高硅烷,都对材料的质量产生负面影响。在材料的优化过程中要考虑这两方面的影响。

2. 硅基薄膜沉积过程的气相化学反应的测量

从上面的讨论可以看出气相化学反应对材料的特性有着非常重要的影响,所以气相反应的测量对等离子体的理解和材料的优化是非常重要的。常用的方法有等离子体发光光谱(OES)、等离子体吸收光谱、激光散射、尾气质谱分析等。图5.32 所示是装有不同等离子体分析系统的反应装置示意图[135],其中有等离子体发光光谱测量仪、质量分析仪和电压电流测试仪。对于测量等离子体的发光光谱,通常是在反应室的壁上安装光学窗口,用光纤将等离子体发出的光输入到光谱仪中进行分析。不同的气相反应条件下,各种发光谱线的强度不同。如前所述,硅烷等离子体中 $SiH^* \longrightarrow SiH+h\nu$(414nm)和 $Si^* \longrightarrow Si+h\nu$(288nm)。由于产生$SiH^*$ 和 Si^* 所需的能量不同,所以通过测量 Si 和 SiH 发光谱线的相对强度可以得到等离子体中电子能量分布的信息[117,136]。等离子体发光光谱近年来被广泛应用在微晶硅的优化过程中。图 5.33 所示是制备微晶硅所用的纯硅烷(图 5.33(a))和氢稀释硅烷(图 5.33(b))等离子体发光光谱[136,137]。

质量分析仪是另外一个研究等离子体特性的有效手段。通常测量等离子体中质量电荷比为 90 和质量电荷比为 30 的相对比值,人们可以研究等离子体中高硅烷相对应的粒子(higher silane related reactive species, HSRS)浓度[135]。由于高硅烷对材料的质量和稳定性有负面的影响,因此有效的测量和控制高硅烷的浓度对提高材料的质量是至关重要的。测量等离子体特性的方法还有很多,在此不作详细介绍。

3. 硅基薄膜沉积的表面化学反应

表面化学反应是非晶硅沉积过程中的一个重要部分。从等离子体中出来的中性粒子和带电离子到达生长表面后,部分与表面的化学键结合形成固体材料,部分从表面返回到气体中。图 5.34 所示是非晶硅沉积表面反应示意图[138-140],其中包括多种可能的表面反应过程。在生长过程中,硅材料表面的硅原子大部分被氢原

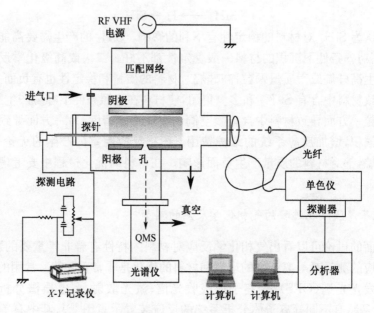

图 5.32　装有不同等离子体分析系统的反应装置示意图[135]

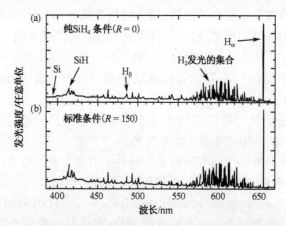

图 5.33　纯硅烷(a)和氢稀释硅烷(b)等离子体发光光谱[136]

子所饱和,而部分表面硅原子形成悬挂键。到达表面的中性粒子(以 SiH_3 为例)和带电的离子在生长表面作扩散运动。它们可以与表面悬挂键成键,另外它们可以除掉表面的氢原子而与表面的硅成键。影响表面反应的主要因素是衬底的温度。为了增加粒子的表面扩散系数,衬底的温度需要升高。而过高的衬底温度会使生长表面氢的覆盖度降低,同时薄膜中的氢也会扩散出来。所以过高的衬底温度下生长的非晶硅中氢含量相对较低,因此存在过高的缺陷态。相反在低温下,虽然非晶硅中含有足够高的氢含量,但是由于粒子的表面扩散系数太低,材料中的无序度太高,并且缺陷态也会升高。所以优化衬底温度是优化非晶硅材料质量的一个重要环节。一般情况下,根据其他沉积参数,非晶硅的衬底温度在 150～350℃。在低速沉积过程,优化的衬底温度可以相对低一些。例如,在小于 0.1nm/s 沉积速度下,衬底温度可以小于 200℃。在高速沉积条件下,到达沉积表面的粒子需要更快的表面扩散速度,因此优化的衬底温度相对较高。例如,在大于 1.0nm/s 沉积速度下,衬底温度需要 300℃左右。另外,生长表面氢覆盖率与反应室中氢稀释度有关。高氢稀释度条件下,生长表面氢覆盖率相对较高,所以衬底温度可以相对较低。

　　非晶硅中的氢含量与衬底温度有直接的关系,在一定的条件下,氢含量随着衬底温度的增加而减少。由于氢含量直接影响非晶硅的禁带宽度,所以通过优化衬底温度可以调整材料的禁带宽度。衬底温度对于非晶锗硅合金材料的影响更为明显。由于 GeH_3 比 SiH_3 重,在生长表面的扩散系数小,所以非晶锗硅材料的沉积温度通常要比非晶硅要高。另外,Ge—H 的键能比 Si—H 的键能低,所以非晶锗硅中缺陷态密度比较高。降低非晶锗硅合金材料中缺陷态密度是提高非晶硅基多结太阳电池效率的重要环节。

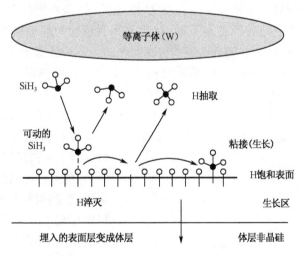

图 5.34　非晶硅沉积表面反应示意图[138]

5.3.3　硅基薄膜材料的优化

　　硅基薄膜材料的质量和特性依赖于制备条件,所以沉积条件的优化是提高硅基薄膜太阳电池效率的主要手段。然而各种气相沉积过程中包含许多参数,如反应室气体压力、辉光功率、衬底温度和气体流量等。这些参数相互影响,而且每个反应系统的结构都不一样,在特定的条件下从特定系统中得到的一组优化参数不一定适用于其他系统,所以硅基薄膜制备条件的优化经过了近30年的研究后仍然还有许多改进的地方。在此我们只是总结一下对于每一个参数优化的基本指导思想。

1. 非晶硅基薄膜沉积参数的优化

(1) 首先讨论衬底温度。如上所述,在辉光等离子体或其他的沉积方法中衬底温度是决定非晶硅薄膜质量的重要参数。衬底温度的高低可从两方面来考虑。一方面升高衬底温度有助于增加到达衬底表面的粒子和离子在生长表面的扩散系数,使粒子和离子在生长表面可以扩散足够的距离,从而找到能量较低的位置。从这一角度来讲,升高衬底温度有助于提高材料的质量,即降低缺陷态和微空洞的密度。另一方面,过高的衬底温度会使非晶硅中的氢含量降低,从而使材料中缺陷态的密度升高。这两个相反的效应使得非晶硅的沉积有一个最佳的衬底温度,通常这个最佳温度在200~300℃。最佳衬底温度还取决于其他参数,首先最佳衬底温度与沉积速率有关,高速沉积需要较高的衬底温度。在高速沉积过程中,在生长表面的粒子和离子需要有较大的表面扩散速度使其能在较短的时间内找到能量较低的位置。其次在较高的氢稀释条件下,大量的氢原子覆盖在生长表面,他们可以有效地增加粒子和离子的表面扩散系数,在此条件下最佳衬底温度可以相对较低。图5.35给出了非晶硅中缺陷态密度和衬底温度的关系。从图中可以看出,在特定的条件下,衬底温度为250℃时沉积的材料具有较低的缺陷态密度[135]。

非晶锗及非晶锗硅的最佳衬底温度要比非晶硅高,其原因是锗氢粒子(如GeH_3)比相应的硅氢粒子(如SiH_3)重。特别是在高速锗硅合金的沉积过程中衬底温度的优化尤为重要,较重的锗氢粒子和高速沉积都需要较高的衬底温度。而锗氢键又比硅氢键弱,过高的衬底温度会使得材料中存在很高的锗悬挂键。由于这个原因,非晶锗硅合金中缺陷态密度比非晶硅中高,而且随着锗含量的增加而增加。同时材料中氢含量也相应地降低。

(2) 其次讨论反应室的压力。不同的沉积方法中最佳反应室的压力相差很大。比如利用常规射频辉光等离子体沉积非晶硅和非晶锗硅合金,其最佳压力在

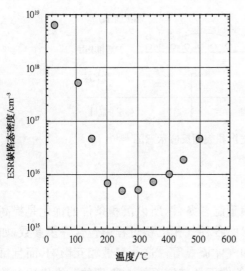

图5.35　非晶硅中缺陷态密度和衬底温度的关系[135]

1~2Torr。而最近的研究表明，微晶硅沉积的最佳压力相对较高，可以在 5～10Torr。而热丝化学气相沉积法的最佳压力在几个毫托到几十毫托范围内，微波等离子体沉积和电子共振等离子体沉积也都只需要毫托的压力。

由于目前在非晶硅基薄膜电池沉积过程中普遍应用的方法是射频和甚高频辉光等离子体，而这两种方法本质上是相同的，所以我们主要讨论在辉光等离子体沉积过程中的最佳压力。压力的高低对材料的质量有以下几方面的影响。压力的选择要考虑等离子体的稳定。根据帕邢曲线能够保持稳定等离子体的最低功率与反应室中的压力和阴极与衬底间距的乘积有关。通常条件下较小的阴极与衬底间距需要较高的压力，而较大的阴极与衬底间距需要较低的压力。另一决定最佳压力的因素是氢稀释的程度。纯硅烷等离子体需要较低的压力，而高氢稀释的硅烷等离子体需要较高的压力。一个简单的指导思想是在增加氢稀释的同时保持反应腔室内硅烷的分压不变。对于氢稀释对材料特性的影响将在以下各节中介绍。

（3）最后介绍激发功率的优化。等离子体激发功率是决定硅基薄膜材料特性的另一重要参数。首先为了维持稳定的等离子体，一定的激发功率是必不可少的。其次为了提高沉积速率，通常情况下高功率也是必需的。然而高功率引起许多不利于材料质量的副作用。如前所述，随着激发功率的增加，等离子体中电子的浓度增加。但是，相应的高能量使电子的能量增加，引起许多不利于材料质量的化学反应，产生一些除了 SiH_3 以外的粒子，如 SiH 和 SiH_2 等。高能量电子还激发那些产生带电离子的反应。首先带电离子间的相互吸附是产生大颗粒的原因。在通常的条件下，高功率等离子体易于产生粉尘。带正电的离子对沉积表面有轰击作用，对沉积表面产生破坏，进而增加材料中的缺陷态，降低材料的质量。因此在满足沉积速率的情况下，应当选用尽量低的激发功率。

2. 氢稀释的作用以及对薄膜硅材料微结构的影响

氢稀释在非晶硅、非晶锗硅和微晶硅的沉积和优化过程中起到重要的作用。早在 1981 年，S. Guha 和他的同事们发现在氢稀释条件下制备的非晶硅具有较低的光诱导缺陷态密度[8]。随后氢稀释在提高非晶硅[141-143]、非晶锗硅[144-145]和非晶碳化硅[146]的质量方面得到了广泛的应用，并被证明是提高材料性能的有效方法。特别是在微晶硅的沉积过程中氢稀释是不可缺少的沉积条件。由于氢稀释在高质量薄膜硅基材料中的重要作用，我们在此用一定的篇幅将氢稀释对材料性质的影响作一详细的介绍。

首先介绍氢稀释对非晶硅材料特性的影响。随着氢稀释度的提高，非晶硅材料的结构发生变化。在氢稀释到达一定程度时，非晶硅中会含有一定的微结构，或叫中程有序结构（medium range order），链状结构（chain-like structure）。D. Tsu 和他的同事们对含有微结构的非晶硅进行了深入地研究[147,148]。通过透射电镜

(TEM)，他们观测到在高氢稀释条件下制备的非晶硅材料中含有纳米大小的结构（图 5.36[148]）。通过电子散射图，这些微结构被确认为由不同晶相组成的晶粒。具有微结构的非晶硅表现出许多独特的性能。在红外（IR）吸收谱中[149]，单氢摇摆模（wag mode）在低氢稀释的材料中位于 635cm^{-1}，随氢稀释的增加，吸收峰移到 620cm^{-1}，对应于单晶硅（100）或（111）表面氢的摇摆模。因此红外吸收峰的移动表明在高氢稀释条件下制备的材料中含微晶粒结构。拉曼谱中[147-149]，在非晶硅中含有少量的微晶结构，通常观测不到晶体硅的拉曼峰（520cm^{-1}），而是观察到 480cm^{-1} 非晶峰向高能方向的移动。通过光谱分解可以发现在 490～500cm^{-1} 有一个附加峰，这个附加峰被认为是由纳米微结构所致。虽然在通常的拉曼谱中很难看到晶体拉曼峰，但通过微区拉曼（micro-拉曼）扫描，当激光光束正好打到晶粒区，明显的晶体拉曼峰会被观察到[150]。在高氢稀释条件下制备的非晶硅在氢释放谱中也存在一个显著的特征[151]。在低氢稀释条件下制备的非晶硅通常具有一个很宽的氢释放峰，其峰值在 500℃左右；而在高氢稀释条件下制备的非晶硅在较低的温度下（400℃）具有一个明显的氢释放峰。这个低温氢释放峰可能是由于在微晶晶粒周围的氢释放所致。如果在高氢稀释条件下制备的非晶硅中大部分的氢聚集在微晶晶粒的周围，那么在其非晶区域内相应的氢含量会较低。研究发现在一定条件下，热丝 CVD 制备的材料中氢的含量比通常的等离子体辉光制备的材料中氢含量低。同时热丝 CVD 法制备的氢含量低的材料表现出相对低的光诱导缺陷，所以在高氢稀释条件下制备的非晶硅中，由于大部分氢可能分布在微晶粒周围，而真正的非晶区的氢含量较低，所以稳定性较好。

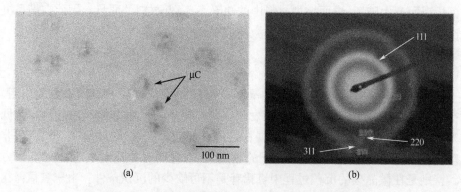

图 5.36　含有微结构的非晶硅平面 TEM 结构图（a）
和含有微结构的非晶硅选择区域背向散射电子影像图（b）
(a)发暗的区域为微晶晶粒结构；(b)圆环代表非晶结构，明显的散射斑是来自不同晶向的微晶晶粒结构[148]

光诱导发光谱（PL）在研究非晶硅材料的结构和电子特性方面得到了广泛的应用。G. Yue 和他的合作者发现，通常的 1.2～1.3eV 的发光峰移到 1.4eV，并且其发光峰的宽度也相应变窄[152]。一般认为这个发光峰是由于导带尾态和价带尾态间的复合所至,所以发光峰的蓝移预示着尾态宽度变窄或光学带隙变宽。太阳电池的研究发现在高氢稀释条件下制备的非晶硅电池的开路电压较高。根据 E. A. Schiff 的理论和模拟计算,在相同的禁带宽度条件下非晶硅电池的开路电压由价带尾态的宽度决定[153,154],因此我们可以肯定氢稀释条件下制备的非晶硅不仅带隙变宽而且尾态宽度较窄。

在过去的 20 年中,氢稀释对非晶硅和非晶锗硅太阳电池特性的影响得到了广泛的研究。表 5.3 列出了在高氢稀释和低氢稀释条件下制备的非晶硅和非晶锗硅太阳电池的特性参数。从这些数据中可以看出,在高氢稀释条件下制备的电池不仅初始效率高,而且稳定性也较高[155]。

表 5.3　在高、低氢稀释条件下制备的非晶硅和非晶锗硅太阳电池的 *J-V* 特性参数的比较[155]

材料类型	T_s	氢稀释率	状态	$J_{SC}/$ (mA/cm²)	V_{OC}/V	FF	$P_{max}/$ (mW/cm²)
a-Si:H	300℃	低	初始值	12.3	0.94	0.65	7.5
			稳定值	11.6	0.91	0.55	5.8
a-Si:H	300℃	高	初始值	11.6	0.96	0.68	7.6
			稳定值	11.2	0.94	0.61	6.4
a-Si:H	175℃	低	初始值	11.4	0.96	0.64	7.0
			稳定值	9.5	0.91	0.46	4.0
a-Si:H	175℃	高	初始值	10.9	1.00	0.69	7.5
			稳定值	10.5	0.97	0.60	6.1
a-SiGe:H	300℃	低	初始值	17.6	0.92	0.55	7.1
			稳定值	14.9	0.64	0.41	3.9
a-SiGe:H	300℃	高	初始值	18.0	0.74	0.59	8.1
			稳定值	16.3	0.69	0.45	5.1

当氢稀释增加到一定的程度,材料中晶粒的含量增加到一定的程度时,相应的太阳电池的特性发生急剧的变化。图 5.37 所示是非晶硅太阳电池的开路电压和氢稀释度 $R(H_2/SiH_4)$ 的关系。其中 $R=1$ 是制备非晶硅电池的最佳氢稀释度。图中给出了三组数据。在氢稀释度小于 $R=1$ 时,电池的开路电压随氢稀释度的增加而有微小的增加。这是由于材料的禁带宽度增加、尾态宽度变窄,以及缺陷态密度降低的结果。当氢稀释度超过一定的阈值,电池的开路电压随氢稀释度的增加而急剧下降,并且其开路电压的大小有较宽的分布。简单的理解是,在一定的氢稀释条件下,材料中的微晶晶粒达到一定的阈值,从而形成纵向的微晶连续结构,电子可以通过连续的晶相流过整个电池。由于晶相的禁带较窄,所以电池的开路电压急剧下降。当材料中的晶相成分达到一定的程度,电池的开路电压由微晶晶

相所决定,此时的电池叫微晶硅电池。在从非晶到微晶的相变过程中,电池的开路电压介于非晶和微晶硅电池的开路电压之间。并且在同一衬底上开路电压值的分布很宽,这是由于在过渡区材料的特性对等离子体的特性非常敏感,等离子体特性的起伏和区域不均匀会造成电池特性较为明显的差异。另外从非晶到微晶硅的转变还与样品的厚度有关。由于微晶晶粒的浓度(材料中的结晶度)随材料的厚度而增加,所以具有较厚的本征层的电池需要较低的氢稀释度来达到从非晶到微晶的过渡。图 5.38 所示是过渡区条件下制备的太阳电池的开路电压与厚度的关系,这种电池表现出许多有趣的特性,如光诱导的开路电压的增压[156,157]。

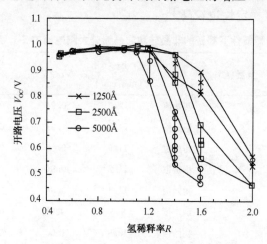

图 5.37　非晶硅太阳电池的开路电压和氢稀释度的关系[155]

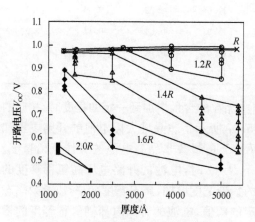

图 5.38　在过渡区沉积的混合相硅薄膜
电池的开路电压和厚度的关系[153]

对于非晶硅和非晶锗硅电池,在氢稀释达到从非晶到微晶硅的相变之前,材料的性能最好。表 5.4 列出在不同氢稀释条件下沉积的非晶硅单结电池的特性参数。其电池结构是沉积在不锈钢衬底上 n-i-p 结构。从表中可以看出最佳的氢稀释是在向微晶硅过渡之前。在此条件下电池的开路电压和填充因子都有明显的改进。然而当氢稀释超过一定的程度时,材料中微晶晶粒导致开路电压和填充因子明显降低,这是由于大部分材料仍然处于非晶结构,小部分的微晶硅形成的局部电流通道,相应地降低了电池的并联电阻,从而降低器件的开路电压和填充因子。

表 5.4　不同氢稀释条件下沉积的硅薄膜电池的特性参数[155]

氢稀释率	$J_{SC}/(\text{mA/cm}^2)$	V_{OC}/V	FF	$P_{max}/(\text{mW/cm}^2)$
接近最佳条件	10.04	1.018	0.732	7.48
优化条件	9.88	1.028	0.761	7.73
混合相	9.82	0.624	0.426	2.61
微晶相	8.95	0.459	0.562	2.31

　　优化的氢稀释条件也适用于非晶锗硅合金电池。表 5.5 所列出的是非晶锗硅合金太阳电池的特性参数。其中第一组是沉积在不锈钢衬底上的电池,这种电池被用作三结电池的中间电池,表中的参数是用 AM1.5 光源并用 530nm 长通滤光片所测量。而表中的第二组数据是沉积在镀有银/氧化锌(Ag/ZnO)背反射膜的不锈钢衬底上的窄带隙非晶锗硅电池,而测量是通过 630nm 的长通滤光片,此种电池是用作三结叠层电池的底电池。从这两种非晶锗硅电池的特性参数可以看出,优化的氢稀释条件下沉积的电池在性能上具有明显的提高。当氢稀释超过优化值时,电池的性能随氢稀释度的增加而明显变坏,此种情况与非晶硅相似。

表 5.5　不同氢稀释条件下沉积的锗硅合金薄膜电池的特性参数[155]

类型	氢稀释率	$J_{SC}/(\text{mA/cm}^2)$	V_{OC}/V	FF	$P_{max}/(\text{mW/cm}^2)$
a-SiGe:H	接近最佳条件	10.70	0.738	0.596	4.71
(中间电池)	优化条件	10.60	0.756	0.654	5.24
	混合相	10.64	0.617	0.607	4.00
	微晶相	10.94	0.447	0.439	2.15
a-SiGe:H	接近最佳条件	10.81	0.656	0.555	3.94
(底电池)	优化条件	10.78	0.654	0.639	4.54
	混合相	11.35	0.494	0.453	2.54
	微晶相	11.64	0.356	0.427	1.77

　　综上所述,氢稀释在非晶硅和非晶锗硅合金的优化过程中起到重要的作用。氢稀释度在到达从非晶到微晶的转变之前所沉积的非晶材料中含有一定量的纳米晶粒结构,或叫中程有序结构。利用这种材料制备的非晶硅和非晶锗硅薄膜电池不仅具有较高的初始效率,而且电池的稳定性也得到了改进。

3. 氢稀释与从非晶硅到微晶硅相变的关系

　　从含有孤立纳米晶结构的非晶硅近一步增加氢稀释度,所沉积的材料叫微晶硅。图 5.39 所示是在不同氢稀释度条件下沉积的薄膜硅的 X 射线衍射图[76,158,159]。从图中可以看出,在硅烷含量为 8.6％时,材料中没有晶化的特征;当硅烷浓度为 7.5％时,在(220)衍射峰处出现晶化的迹象;随着氢稀释度的增加(硅烷含量的降低),材料中(111)、(220)和(311)三个衍射峰明显增强,说明材料中晶相成分的增加。通过分析衍射峰的宽度,人们发现随着氢稀释度的增加,材料中晶粒的大小随之增加。进一步与拉曼相结合,人们发现材料中的晶相体积比也相应增加。根据这一结果,人们提出了氢稀释与非晶硅到微晶硅的相变模型。图 5.40 所示为氢稀释度与晶相结构的关系模型。在氢稀释度较低时,材料中只含有孤立的小晶粒,这时的材料基本上呈现非晶的特征,但是材料的性能具有明显的改进,如稳定性得到提高。增加氢稀释度材料中的晶相比和晶粒的尺寸都会随之增加。在氢稀释度到达一定程度时,锥形结构的微晶硅形成。过高的氢稀释条件下,材料中形成较大的柱形晶相结构。

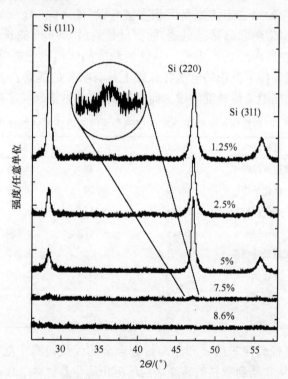

图 5.39　不同氢稀释度条件下沉积的薄膜硅的 X 射线衍射图[76]

　　如前所述,氢稀释是导致从非晶硅到微晶硅转变的主要参数。在低氢稀释条件下沉积的硅薄膜呈现典型的非晶特性,随着氢稀释度的增加,材料中出现孤立的微晶晶粒;进一步增加氢稀释度,非晶硅和微晶硅混合相材料形成;最后当氢稀释到达一定的阈值时,沉积的材料含有大量的微晶晶粒。

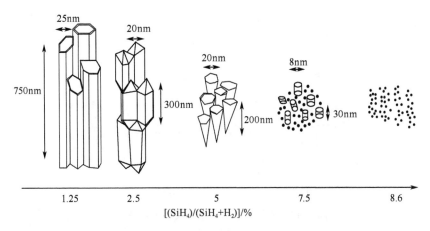

图 5.40　材料结构与氢稀释度关系示意图[76]

　　关于氢稀释导致从非晶到微晶的转变有以下三种模型进行解释。第一个模型是表面扩散模型。图 5.41 所示是表面扩散模型示意图[160,161]，从高氢稀释的等离子体中流向衬底表面的氢原子饱和薄膜硅表面的硅悬挂键,同时释放一定的能量,这两个作用使得从等离子体中到达生长表面的粒子的扩散系数增加。具有较高扩散系数的粒子和离子容易在沉积表面找到能量较低的位置,这些低能量的位置通常是在晶粒表面,所以在氢稀释条件下容易形成微晶硅。

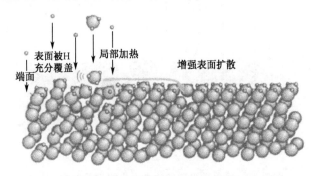

图 5.41　微晶硅形成的表面扩散模型示意图[161]

　　第二个模型是刻蚀模型[162]。这个模型是根据在氢稀释条件下非晶硅的生长速率比没有氢稀释时低。另外,氢气等离子体对非晶硅的刻蚀速率比对晶态硅的刻蚀速率高。图 5.42 所示是刻蚀模型示意图,到达生长表面的原子氢将 Si—Si 弱键打断,而将此硅原子从生长表面刻蚀掉。因为氢原子易于将 Si—Si 弱键打断,而 Si—Si 弱键通常是在非晶相,所有氢原子将非晶相刻蚀掉,同时新到达生长表面的含硅粒子和离子在生长表面形成稳定的晶相结构。由于晶相结构稳定,表面 Si—Si 键多为较强的键结构,所以晶相的生长比非晶相宜于形成。

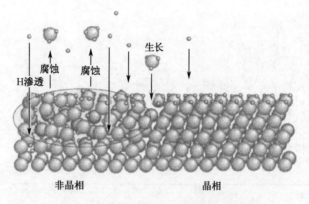

图 5.42　微晶硅形成的刻蚀模型示意图[161]

第三个模型是化学退火模型[163]。这个模型是根据利用一层一层的沉积,在每一层沉积后用氢等离子体将沉积的材料进行处理。通过调整氢等离子体处理时间和每层的沉积时间可以沉积出微晶硅材料。在氢等离子体处理过程中没有明显的厚度降低。根据这些实验结果,人们提出了化学退火模型。图 5.43 所示是化学退火模型示意图,在氢等离子体过程中,原子氢进入材料的次原子层,进入薄膜次原子层的氢原子使非晶结构转化为晶体结构。

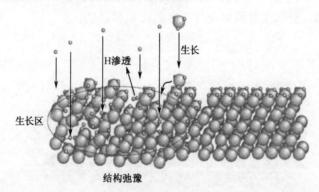

图 5.43　微晶硅形成的化学退火模型示意图[161]

为了鉴别哪种模型更为正确,人们设计了许多实验来研究微晶硅的生长机理[161]。通过分析和测量从等离子体中到生长表面的粒子和离子的浓度和生长速率的关系,A. Matsuda 总结出刻蚀模型不能解释微晶硅的沉积机理。进一步,他们在一层一层的沉积过程中在阴极表面加入快门挡板,在氢等离子体处理时用挡板将阴极挡住,这样氢气等离子体不能将从阴极刻蚀的硅沉积到衬底上。通过这种方法进行一层一层沉积的材料与没有挡板的一层一层沉积的材料结构有明显的不同。在没有挡板时,一层一层沉积的材料表现出明显的微晶结构,而有挡板时沉积的材料是完全的非晶结构。由此证明在没有挡板时，在氢气等离子体处理时，实际的过程是原子氢将阴极上的非晶硅刻蚀后，沉积到衬底上。由于氢气等离子体处理相当于很高的氢稀释等离子体，所以沉积的材料具有明显的微晶晶粒结构。最后他们设计了其他实验证明表面扩散模型可以合理地解释在高氢稀释条件下微晶薄膜的沉积机理。

4. 硅基薄膜沉积的表面粗糙度的测量

如前节所述，在薄膜硅的优化过程中，氢稀释是其中最重要的手段。优质非晶硅是在氢稀释接近微晶硅形成，但是还没有形成微晶硅的条件下沉积的；而优质微晶硅是在氢稀释度刚刚超过从非晶硅向微晶硅过渡的条件下沉积的。因此，无论是非晶硅还是微晶硅，优化沉积条件都是在接近从非晶到微晶的转变区，或称过渡区。由此可见，有效地测量从非晶到微晶的转变并合理地控制和利用这种转变是制备优质材料的重要手段。

近年来，实时椭偏仪(real time spectroscopic ellipsometry)成为测量薄膜硅表面粗糙度(roughness)的重要手段。R. Collins 在开发和应用实时椭偏仪方面作出了重要的贡献。在文献[164]中，他总结了近年来的研究成果。其中典型的表面粗糙度的测试结果如图 5.44 所示，其中图 5.44(a)为氢稀释度(H_2/SiH_4)$R=0$ 和 $R=10$，图 5.44(b)为 $R=20$。实验中薄膜硅是用射频辉光放电法沉积在带有自然

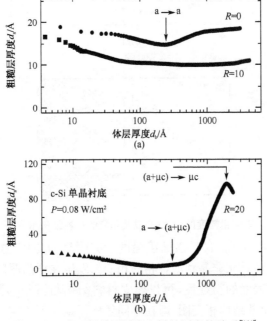

图 5.44　表面粗糙层厚度和样品厚度的关系[164]

氧化层的单晶硅衬底上的。沉积过程中衬底温度为 200℃，RF 功率密度为
0.08W/cm²。从图可以看出，对于这三种氢稀释条件，在最初 10nm 的沉积过程
中，薄膜的粗糙度随薄膜厚度的增加而降低。这种最初的粗糙度的降低是由于分
离的岛状结构逐渐连接到一起。当氢稀释为零（$R=0$）时，在样品厚度为 25nm 左
右有一个明显的粗糙度增加。由于在粗糙度转变两侧材料的结构都是非晶相，所
以这种微弱的粗糙度变化被定义为从非晶到非晶的转换（a→a），此时，粗糙度的增
加是由于生长表面粒子的扩散长度的降低。在这种条件下，材料的稳定性降低。

当氢稀释度 $R=20$ 时，在样品厚度大约为 30nm 时，材料的粗糙度随样品的厚
度迅速增加，这种粗糙度的明显增加是由于从非晶硅到非晶＋微晶硅混合相的相
变所引起的（a→a＋μc），而在样品厚度为 190nm 时，材料的粗糙度随样品的厚度
的增加而降低，这是由于从混合相向微晶硅的相变。图 5.45 给出了在此种条件下
材料的粗糙度随样品厚度的变化以及相应的材料结构变化示意图。

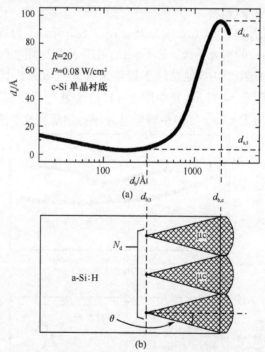

图 5.45　表面粗糙度的变化（a）以及相应的材料结构示意图（b）[164]

在氢稀释度 $R=10$ 时，材料表面粗糙度没有明显的变化，这是由于无论是从
非晶到非晶的变换还是从非晶到混合相的相变都发生在样品厚度大于 400nm。

通过测量材料表面的粗糙度，可以建立材料结构与沉积参数的关系相变图。
图 5.46 所示是薄膜硅结构相变图，即在不同氢稀释条件下相变发生时对应的样品
厚度。类似的相变图可以用其他沉积参数为变量，如衬底温度、激发功率和压力。

通过分析材料相变与反应条件的关系可以知道材料质量的优化。例如,优质非晶硅沉积在接近非晶到混合相转变区的非晶区的一侧;而优质微晶硅沉积在接近非晶到混合相转变区的微晶区的一侧。相变图为连续控制氢稀释的变化来控制材料的结构提供了指导依据。

　　近年来用实时椭偏仪测量材料粗糙度被广泛地应用在材料质量的控制。美国再生能源研究所和日本 ASIT 利用这种技术控制非晶/单晶异质结(a-Si:H/c-Si,HIT)电池的优化[165,166]。

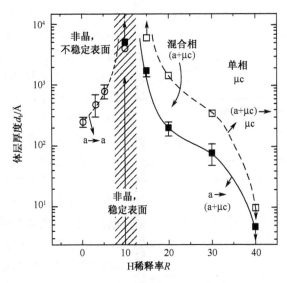

图 5.46　薄膜硅结构相变图[164]

5.4　硅基薄膜太阳电池结构及工作原理

5.4.1　单结硅基薄膜太阳电池的结构及工作原理

　　在常规的单晶和多晶太阳电池中,通常是用 pn 结结构。由于载流子的扩散长度很长,所以电池中载流子的收集长度取决于所用硅片的厚度。但对于硅基薄膜太阳电池,所用的材料通常是非晶和微晶材料,材料中载流子的迁移率和寿命都比在相应的晶体材料中低很多,载流子的扩散长度也比较短。如果选用通常的 pn 结的电池结构,光生载流子在没有扩散到结区之前就会被复合。如果用很薄的材料,光的吸收率会很低,相应的光生电流也很小。为了解决这一问题,硅基薄膜电池采用 p-i-n 结构。其中,p 层和 n 层分别是硼掺杂和磷掺杂的材料;i 层是本征材料。图 5.47 所示是非晶硅 p-i-n 电池的能带示意图[167],其中 E_C 和 E_V 分别是导带底和价带顶;E_F 是费米能级。对于 p-i-n 结构,在没有光照的热平衡状态下,p-i-n

三层中具有相同的费米能级,这时本征层中导带和价带从 p 层向 n 层倾斜形成内

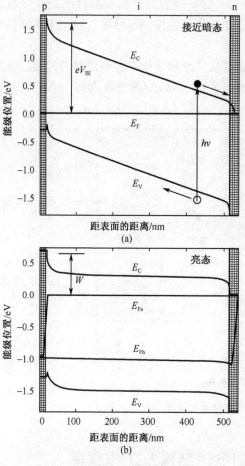

建势。在理想情况下,p 层和 n 层费米能级的差值决定电池的这个内建势,相应的电场叫内建场。鉴于掺杂层内缺陷态浓度很高,对光电流有贡献的光生载流子主要产生在本征层中。在内建势的作用下,光生电子流向 n 层,而光生空穴流向 p 层。在开路条件下,光生电子积累在 n 层中,而光生空穴积累在 p 层中。这时积累在 p 层和 n 层中的光生电荷在本征层中所产生的电场抵消部分内建场。如是 n 层中积累的光生电子和 p 层中的光生空穴具有向相反的方向扩散的趋向、以抵消光生载流子的收集电流。当扩散电流与内建场作用下的收集电流这两个方向相反的电流之间达到动态平衡时,本征层中没有净电流。此时在 p 层和 n 层中累积的电荷产生的电压叫开路电压,用 V_{OC} 表示。开路电压是太阳电池的重要参数之一,其大小与许多材料特性有关。首先它取决于本征层的带隙宽度,宽带隙的本征材料可以产生较大的开路电压,而窄带隙的材料产生较小的开路电压,如非晶锗硅电

图 5.47　非晶硅 p-i-n 电池的能带示意图
(a)在暗态;(b)强光照条件下的能带分布[167]

池的开路电压比非晶硅电池的开路电压小。其次开路电压也取决于本征层的带尾态的宽度和缺陷态的密度,较宽的尾态宽度和较高的缺陷态密度都会降低开路电压。开路电压的大小还取决于掺杂层的特性,特别是掺杂浓度和掺杂效率。n 层和 p 层的费米能级的差值决定开路电压的上限,所以掺杂层的优化也是相当关键的,特别是 p 层。为了增加开路电压,人们通常采用非晶碳化硅合金(a-SiC:H)或微晶硅(μc-Si:H)作为 p 层材料。虽然非晶碳化硅合金通常有较高的缺陷态,但其较宽的带隙,使其费米能级可以较低。另外其宽带隙可以减少 p 层中的吸收。而微晶硅的带尾态宽度较小,掺杂效率高,费米能级可以接近价带顶,所以微晶硅也可以增加开路电压的幅度。

1. p-i-n 单结非晶硅薄膜太阳电池

非晶硅基薄膜电池通常分为两种结构,即 p-i-n 和 n-i-p 结构。所谓 p-i-n 结构的电池一般沉积在玻璃衬底上,以 p,i,n 的顺序连续沉积各层而得。此时由于光是透过玻璃入射到太阳电池的,所以人们也将玻璃称为衬顶(superstrate)。在玻璃衬底上先要沉积一层透明导电膜(TCO)。透明导电膜有两个作用,其一是让光通过衬底进入太阳电池,其二是提供收集电流的电极(称顶电极)。在透明导电膜上依次沉积 p 层、i 层和 n 层,其中 p 层通常采用非晶碳化硅合金(a-SiC∶H)。由于非晶碳化硅合金的禁带宽度比非晶硅宽,其透过率比通常的 p 型非晶硅高,所以 p 型非晶碳化硅合金也叫窗口材料(window material)。一方面使用 p 型非晶碳化硅合金可以有效地提高电池的开路电压和短路电流。另一方面由于 p 型非晶硅碳合金和本征非晶硅在 p/i 界面存在带隙的不连续性,在界面处容易产生界面缺陷态,从而产生界面复合,降低电池的填充因子(FF)。为了降低界面缺陷态密度,一般采用一个缓变的碳过渡层(buffer layer),这样可以有效地降低界面态密度,提高填充因子。在过渡层上面可以直接沉积本征非晶硅层,然后沉积 n 层。在沉积完非晶硅层后,背电极可以直接沉积在 n 层上。常用的背电极是蒸发铝(Al)和银(Ag)。一方面由于银的反射率比铝高,使用银电极可以提高电池的短路电流,所以实验室中常采用银作为背电极。另一方面由于银的成本比铝高,而且在电池的长期可靠性方面存在一些问题,在大批量非晶硅太阳电池的生产中铝背电极仍然是常用的。为了提高光在背电极的有效散射并降低 n 层/金属界面的吸收,在沉积背电极之前可以在 n 层上沉积一层氧化锌(ZnO)。氧化锌有三个作用,首先它有一定的粗糙度,可以增加光散射;其次它可以起到阻挡金属离子扩散到半导体中的作用,从而降低由于金属离子扩散所引起的电池短路;最后它还可用有效地改变 n 层/金属界面从的等离子体频率,从而降低界面的吸收。具体细节将在以后章节中讨论。

2. n-i-p 单结非晶硅薄膜太阳电池

与 p-i-n 结构相对应的是 n-i-p 结构。这种结构通常是沉积在不透明的衬底(substrate)上,如不锈钢(stainless steel)和塑料(polyimide)。由于非晶硅基薄膜中空穴的迁移率比电子的要小近两个数量级,所以硅基薄膜电池的 p 区应该生长在靠近受光面的一侧。以不透光的不锈钢衬底为例,制备电池结构的最佳方式应该是 n-i-p 结构,亦即首先在衬底上沉积背反射膜。常用的背反射膜包括银/氧化锌(Ag/ZnO)和铝/氧化锌(Ag/ZnO)。同样考虑到性能和成本的因素,银/氧化锌常用在实验室中,而铝/氧化锌多用在大批量太阳电池的生产中。在背反射膜上依次沉积 n 型,i 型和 p 型非晶硅或微晶硅材料,然后在 p 层上沉积透明导电膜。常用的透明导电膜是氧化铟锡(indium tin oxide,ITO)。由于ITO膜的表面电导率不如通常在玻璃衬底上的透明导电膜的表面电导率高,加上为达到起减反作用,ITO厚度一般仅为70nm,厚度很薄,所以要在ITO面上添加金属栅线,以增加光电流的收集率。

与p-i-n结构相比,n-i-p结构有以下几个特点。首先是在背反射膜上沉积n层,由于通常的背反射膜是金属/氧化锌,氧化锌相对稳定,不易被等离子体中的氢离子刻蚀,所以n层可以是非晶硅或微晶硅。另外,电子的迁移率比空穴的迁移率高得多,所以n层的沉积参数范围比较宽。其次,p层是沉积在本征层上,所以p层可以用微晶硅。使用微晶硅p层有许多优点。微晶硅对短波吸收系数比非晶硅小,所以电池的短波响应好。微晶硅p层的掺杂效率比非晶硅高,相应的电导率高,所以使用微晶硅p层可以有效地提高电池的开路电压。

n-i-p结构也有一些缺点。首先,由于要在顶电极ITO上加金属栅电极来增加其电流的收集率,所以电池的有效受光面积会减小。其次,由于ITO的厚度很薄,ITO本身很难具有粗糙的绒面结构,所以这种电池的光散射效应主要取决于背反射膜的绒面结构,因此对背反射膜的要求比较高。

3. 单结非晶锗硅合金薄膜太阳电池

由于非晶硅的禁带宽度在$1.7\sim1.8eV$,相应的长波吸收比较少。为了提高电池的长波响应,非晶锗硅(a-SiGe:H)合金成为本征窄带隙材料的首选。通过调整材料中的锗硅比,材料的禁带宽度可以得到相应的调整。随着锗含量的增加,材料的禁带宽度相应降低。电池的长波响应随之得到提高,相应的短路电流会增加。然而作为代价,电池的开路电压会降低,表5.6列出了a-Si:H/a-SiGe:H/a-SiGe:H三结电池中相应的a-Si:H顶电池、a-SiGe:H中间电池和a-SiGe:H底电池参数的一般示例[168]。其中中间电池的本征层中锗的含量在$15\%\sim20\%$,而底电池的本征层中锗的含量在$35\%\sim40\%$。为了模拟单结电池在三结电池中的特性,a-Si:H顶电池和a-SiGe:H中间电池是沉积在不锈钢衬底上,而a-SiGe:H底电池是沉积在Ag/ZnO背反射膜上。表中顶电池是直接在AM1.5太阳能模拟器下测量的,而中间电池和底电池分别是在AM1.5太阳能模拟器并通过530nm和630nm长通滤波片测量的。背反射薄膜起到提高长波光吸收的作用,进而提高电池的短路电流密度。图5.48给出了沉积在不锈钢衬底和Ag/ZnO背反射膜衬底上的单结a-SiGe:H电池的量子效率光谱。从实验结果可以看出,一方面沉积在背反射薄膜上的电池的光谱响应明显比沉积在不锈钢衬底上电池的要宽,特别是长波响应得到显著的提高。另一方面也注意到,随着锗含量的增加,在增加短路电流和降低开路电压的同时,电池的填充因子也随之降低。这是由于随着材料中锗含量的增加,缺陷态密度也相应地增加。其原因是非晶锗硅合金中锗氢键的强度比硅氢键的强度低。

表 5.6　a-Si：H 顶电池,a-SiGe：H 中间电池和 a-SiGe：H 底电池的特性参数[168]

电池类型	状态	J_{SC}/(mA/cm²)	V_{OC}/V	FF	P_{max}/(mW/cm²)
a-Si：H 顶电池	初始值	9.03	1.024	0.773	7.15
	稳定值	8.76	0.990	0.711	6.17
a-SiGe：H 中间电池	初始值	10.29	0.754	0.679	5.27
	稳定值	9.72	0.772	0.600	4.21
a-SiGe：H 底电池	初始值	12.2	0.631	0.671	5.17
	稳定值	11.1	0.609	0.622	4.21

和 a-Si：H 材料一样,a-SiGe：H 中空穴的迁移率比电子的迁移率低得多,S. Guha 和他的同事利用这一特性设计了一种新颖的方式来提高 a-SiGe：H 太阳电池的转换效率。这一方法叫能带渐进法(bandgap profiling)[169]。图 5.49 所示是四种能带渐进分布图,其中图 5.49(a)是通常的平能带结构;图 5.49(b)是能带增加的结构;图 5.49(c)是能带降低的结构;而图 5.49(d)是先有一个小部分的能带降低,再有大部分的能带增加的结构。首先从载流子传输的角度来考虑,能带增加的结构图 5.49(b)比平能带结

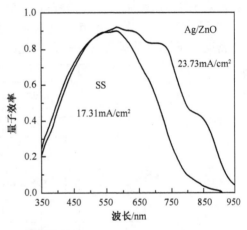

图 5.48　美国联合太阳能公司报道的沉积在不锈钢衬底和 Ag/ZnO 背反射膜上的单结 a-SiGe：H 电池量子响应谱的比较[168]

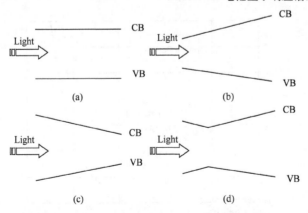

图 5.49　a-SiGe：H 太阳电池中的不同能带渐进结构
light：光；CB：导带底；VB：价带顶

构图 5.49(a)有利于空穴的收集,一方面因为在靠近 p 层的区域本征层的禁带较窄,光生电子空穴对密度较高,大部分空穴只要经过较短的距离就可以到达 p 层而被收集,另一方面变换的能带结构有利于空穴传输,而降低电子的传输,这两种因素弥补了电子和空穴迁移率不同的问题。从光吸收的角度来考虑,能带降低结构图 5.49(c)对于光的吸收较为合理,靠近 p 层处较大的能带吸收短波光,而在靠近 n 层处较窄的能带吸收长波光。然而 a-SiGe:H 电池的主要问题是填充因子较小,因此逻辑上讲能带增加结构图 5.49(b)应有利于电池的性能。实验结果也证明了这种推断的正确性。然而能带增加结构也有一个问题,就是在 p/i 界面处 a-SiGe:H 较小的能带容易和 p 层形成能带的不连续,从而形成较高的界面缺陷态,降低电池的填充因子。解决界面缺陷态的方法是加入一个较薄的过渡层,在过渡层中能带是逐渐降低的,这样形成"V"字形能带结构(图 5.49(d)),这样既改进了空穴的输运,又降低了 p/i 界面的缺陷态密度,从而有效地提高 a-SiGe:H 电池的性能。图 5.50 所示是美国联合太阳能

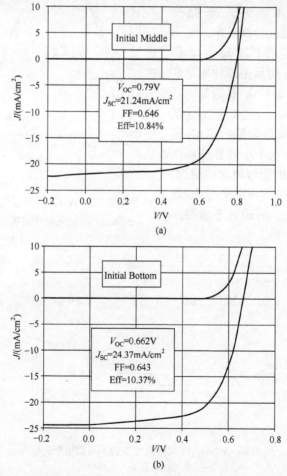

图 5.50　美国联合太阳能公司报道的 a-SiGe:H 中间电池(a)和底电池(b)的特性曲线[170]

公司报到的利用优化的"V"型能带结构所制备的高效 a-SiGe：H 中间电池和底电池的特性曲线[170]，两个电池的效率都超过了 10%。

4. 单结非晶和微晶混合相薄膜太阳电池

如前所述，氢稀释在非晶硅和非晶锗硅的优化过程中起到了重要的作用。当氢稀释度达到一定程度时，材料的结构从非晶转变到出现原子排列有序的纳米尺度小晶粒。当材料中的这种小晶粒含量较小时，可称为纳米晶。它们表现出许多奇特的性质。我们把这种含有少量纳米晶的材料称为混合相材料，相应的电池称为混合相电池。混合相电池的典型特点是电池的特性参数对沉积参数非常敏感，比如辉光等离子体中很小的变化都会引起材料特性及电池性能的明显变化。其次是电池的开路电压介于非晶硅电池和微晶硅电池之间。通常较好的非晶硅电池的开路电压在 1.0V 左右，而微晶硅电池的开路电压在 0.5V 左右。混合相硅薄膜电池的开路电压介于 0.5～1.0V，并随材料中纳米晶成分的多少而有明显的变化。

由于混合相材料的结构对辉光等离子体的特性非常敏感，所以通常在一块衬底上可以得到不同特性的电池分布。图 5.51 所示是在 $4 \times 4\text{in}^2$（$1\text{in}=2.54\text{cm}$）衬底上电池开路电压的分布[171]。从图中可以看出，在衬底的中间，电池表现出常规的非晶硅电池的特征，其开路电压在 0.9～1.0V，而在边缘区域电池的开路电压在0.7～0.8V，而衬底的四个角，电池的开路电压在 0.4～0.6V。由此可见，在衬底的边缘区，电池中材料的结构具有明显的混合相特征。

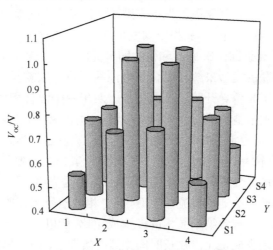

图 5.51　在 $4 \times 4\text{in}^2$ 衬底上混合相硅薄膜电池开路电压的分布[171]

混合相电池具有一些独特的特性。首先是光诱导使开路电压增加。对于通常的非晶硅电池，由于 Staebler-Wronski 效应，经过长时间的光照非晶硅和非晶锗硅电池的开路电压都有明显的降低，这是由于材料中的缺陷态的增加。而混合相电池表现出相反的结果。图 5.52 所示是光诱导开路电压的变化和电池初始开路电压的关系。从图中可以看出,当电池具有非晶结构时(高 V_{oc} 区)光诱导开路电压的变化为负值;而当电池具有混合相特性时(中间区),光诱导开路电压的变化为正值;随着材料中微晶硅成分的增加,电池表现出明显的微晶硅特性(低 V_{oc} 区),此时的光诱导开路电压的变化又变成负值。

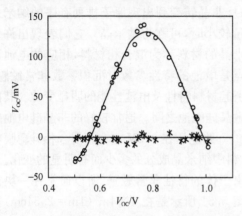

图 5.52　在过渡区沉积的混合相硅薄膜电池的
光诱导开路电压的变化和初始开路电压的关系[156]
(〇)是光照后的开路电压变化;(×)退火后的开路电压变化

对于混合相硅薄膜电池的光诱导开路电压的增加的最初的解释为光诱导的结构变化[156]。由于非晶硅电池的开路电压高于微晶硅电池的开路电压,并且电池的开路电压随纳米晶相的增加而降低,所以人们自然地会认为在长时间的光照条件下材料中的部分纳米晶相结构变成非晶相结构。这种假设得到了理论分析和计算机模拟的证实[172]。然而人们试图通过各种测试手段来观察混合相材料中光诱导的结构变化。但是到目前为止还没有可靠的证据来证明光诱导的晶相结构变化。其原因首先是光诱导结构变化可能根本难以发生。其次是即使在长时间光照条件下,其晶相结构发生变化,但变化量太小,通常的拉曼谱和 X 射线散射难以观察到。B. Yan 和他的同事提出了一个补充解释[173]。他们提出了两个二极管并联的模型来解释混合相电池的开路电压随晶相比的变化,他们利用这一模型解释了光诱导开路电压的增加。对于一个混合相的电池,可以将其看成是由两个并联的电池构成,其一具有非晶硅电池的特性,开路电压为 1.0V 左右;其二是具有微晶硅电池的特性,开路电压为 0.5V 左右。当外加电压介于两个开路电压之间时,含微晶硅的电池处于正电流状态(其电流主要是二极管的正向注入电流),而非晶硅电池处于负电流状态(其电流主要是光电流)。当含微晶硅的电池的正电流和非晶硅电池的负电流相等时,混合相电池处于开路电压状态。由于微晶硅电池的正向电流与含纳米晶相的多少成正比,所以混合相电池的开路电压与纳米晶相结构的多少成正比。在长时间光照的条件下,不仅非晶硅电池在衰退,微晶硅电池也有一定的衰退。如果长时间光照使微晶硅的正向电流降低,测量开路电压时,为了达到相同的微晶硅电池正向注入电流和非晶硅电池的负向光电流相抵,所需外加的正偏压就要增加,由此导致混合相电池具有光诱导的开路电压增加。这一解释得到了导电模式的原子力显微镜(C-AFM)测量的证实[174]。

5. 单结微晶硅薄膜太阳电池

近年来微晶硅电池作为多结电池的底电池或中间电池得到了深入的研究和初步的应用。与非晶硅相比,虽然本征微晶硅中载流子的传输特性有了明显的提高,但材料中载流子的扩散长度仍然较小,如较高质量的微晶硅中空穴的扩散长度仍然小于 $1\mu m$。为了提高电池对光生载流子的有效收集,微晶硅电池仍然采用和非晶硅类似的 p-i-n 或 n-i-p 结构。同样 p-i-n 结构一般是沉积在玻璃衬底上,而 n-i-p 结构沉积在不锈钢或塑料衬底上。

如图 5.15 所示,与非晶硅相比,虽然其长波吸收系数比非晶硅高,但短波吸收系数比非晶硅小得多。为了提高电池的短路电流,微晶硅电池的本征层要比非晶硅电池的本征层厚得多。通常情况下微晶硅的本征层厚度都在 $1\sim5\mu m$。由于微晶硅电池的优良长波响应,单结电池的短路电流比非晶硅电池的要大。图 5.53(a)所示是非晶硅和微晶硅太阳电池光电流的光谱响应曲线的比较[76]。从图中可以看出,非晶硅电池在波长为 800nm 时,光谱响应基本为零。这是由于非晶硅的禁带宽度一般在 $1.75\sim1.85eV$。而微晶硅电池的光谱响应延伸到超过 1000nm,在 1000nm 处,光谱相应还有将近 $15\%\sim20\%$。良好的长波响应是由于微晶硅的禁带宽度较小。微晶硅的光学禁带宽度介于非晶硅和单晶硅之间,根据材料中纳米晶粒成分的多少决定电池的长波响应。微晶硅的迁移率禁带宽度接近于单晶硅的禁带宽度,通过测量微晶硅电池的反向饱和电流的温度依赖关系,B. Yan 和他的同事们发现微晶硅的迁移率禁带宽度在 $1.1\sim1.2eV$[175],并且与材料中的晶相比无关。较小的禁带宽度决定了微晶硅电池的开路电压较小,一般条件下微晶硅电池的开路电压在 0.5V 左右。

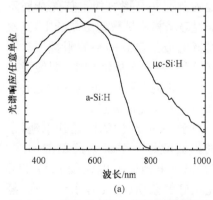
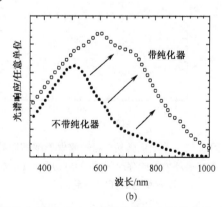

图 5.53　微晶硅电池与非晶硅电池量子响应曲线的比较(a)及含杂质较高和含杂质较低的
微晶硅电池量子响应曲线的比较(b)[76]

与非晶硅电池相比,微晶硅电池对杂质比较敏感。图 5.53(b)所示是两个微晶硅电池量子响应曲线的比较。其中一个电池是在没有气体过滤器(purifier)的条件下制备的,而另一个是在装有气体过滤器的条件下制备的。从图中可以看到,在没有气体过滤器时,电池的中长波响应较差,而在装有气体过滤器的条件下制备的微晶硅电池的中长波量子响应得到明显的改进。微晶硅电池对杂质的敏感主要是对氧,氧原子在微晶硅中形成弱施主掺杂,使微晶硅电池的本征层中费米能级向上移动。同时本征层中的内建场集中到 p/i 界面,而使本征层中大部分区域与 n 区之间的内建场强度降低,从而使电池的长波响应变坏。

对于非优化的微晶硅材料,其结构具有多孔性。制备好的材料放在通常的室温环境下,其电导率随时间的增加而增加。图 5.54(a)中所示是微晶硅材料在放置于大气条件下其电导率随时间的变化。图 5.54(b)所示是微晶硅 p-i-n 电池效率随储存时间的变化。其中电导率测量所用的样品是沉积在玻璃衬底上,并在薄膜的表面沉积两条金属电极而得。在这种条件下,在金属电极间的薄膜表面直接和空气接触,空气中的氧气和水汽扩散到材料中,引起材料的电导率增加。就图中的样品而言在室温环境下 70 天后,其暗电导率从 10^{-7} 增加到 10^{-4} (S/cm)。通过红外吸收谱和二次离子质谱仪测量,发现非优化的微晶硅材料中氧的含量随时间的增加而增加。杂质的扩散对微晶硅太阳电池的性能存在潜在的影响。然而从图 5.54(b)可以看出,电池的效率并没有衰退。这是由于这个电池是沉积在玻璃衬底上,而电池的背面是金属电极。首先杂质不能通过玻璃衬底扩散到微晶硅中,其次金属背电极是良好的杂质阻挡层。因此在这种 p-i-n 电池结构中,即使微晶硅存在一定的多孔性,电池的性能并不会随时间有明显的衰退。

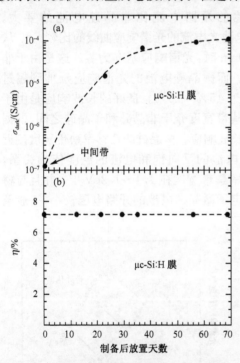

图 5.54　非优化微晶硅材料暗电导率随样品在室温环境下储存时间的关系(a)和 p-i-n 电池效率随时间的关系(b)[76]

对于 n-i-p 结构的微晶硅电池,杂质的扩散就是一个较为严重的问题。因为 n-i-p 电池的上电极是 ITO,ITO 不是很好的杂质(主要是水和氧气)隔离层,所以 n-i-p 微晶电池的杂质扩散问题更为突出。B. Yan 和他的同事们对 n-i-p 微晶硅电池中杂质扩散问题进行了深入的研究[176]。他们发现非优化的微晶硅电池的转换效率随时间的增加而明显降低,其中电流的降低最为明显,主要是由于长波区量子响应的降低。小角度 X 射线衍射测量发现此种测量中存在较高的微空洞。通过优化微晶硅的沉积条件,微晶硅的致密性可以得到明显的提高,从而降低由于杂质扩散所引起的微晶硅电池效率的衰退。微晶硅电池的另一个主要特征是光诱导稳定性较好。许多研究机构发现微晶硅电池不存在光诱导衰变。图5.55所示是早期的微晶硅电池的光照实验结果[76]。由于微晶硅结构的多样性,不是所有微晶硅电池在长时间光照后都是稳定的。特别是那些含有较大比例非晶成分的微晶硅电池,在强光照条件下产生衰退也是不足为奇的。

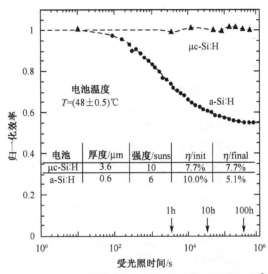

图 5.55　非晶硅和微晶硅太阳电池光稳定性的比较[76]

　　许多微晶硅电池表现出不同程度的光诱导衰退。美国联合太阳能公司的研究发现,微晶硅电池的光诱导衰退主要是由于短波长的光引起的[177]。表5.7列出了在不同光照条件下非晶锗硅合金电池和微晶硅电池的 J-V 特性参数的变化。图5.56所示是两种电池在不同光谱的光源照射下电池效率的衰变曲线。其中所用的白光光源是一个接近于 AM1.5 的太阳能模拟器,红光是白光光源经过一个655nm 的长通滤光片(long pass)的光,而蓝光是白光光源经过一个 585nm 的短通滤光片(short pass)的光。在实验中,通过调节光强使微晶硅电池在三种光源下具有相同的短路电流,由此来确定电池中光生载流子的浓度近似相当。从图中可以看出,对于非晶锗硅合金电池,无论是红光还是蓝光,电池的效率都随光照时间明显降低;而对于微晶硅电池,在红光照射下电池的效率没有明显的变化。由于通过滤光片的光子能量小于非晶相的禁带宽度,这些光子只能在晶相中被吸收,由此可以断定在晶相中被吸收的光子不会引起微晶硅电池效率的衰退。而在白光和蓝光照射下,微晶硅电池的效率都表现出明显的衰退,并且在蓝光照射下电池的衰退比在白光照射下衰退的多。这是由于白光中含有部分光子能量小于非晶相禁带宽度的红光,而这些红光不会产生光诱导缺陷。通过以上实验他们总结出微晶硅电池的光诱导衰退主要是由于在非晶相中产生的光生电子空穴对,而在晶相中产生的电子空穴对不会引起微晶硅电池效率的衰退。

表 5.7　不同光谱光照条件下微晶硅(μc-Si：H)和非晶锗硅(a-SiGe：H)电池的 _J-V_ 特性参数的变化[177]

样品类型	光源	状态	J_{SC}/ (mA/cm²)	V_{OC}/V	FF	Eff/%
μc-Si：H	白光	初始状态	22.20	0.474	0.621	6.53
		光照后	22.00	0.467	0.598	6.14
		光诱导衰退率	0.9%	1.5%	3.7%	6.0%
	红光	初始状态	22.19	0.472	0.620	6.49
		光照后	22.11	0.473	0.619	6.47
		光诱导衰退率	0.4%	0%	0%	0.3%
	蓝光	初始状态	21.98	0.476	0.621	6.50
		光照后	21.78	0.469	0.591	6.04
		光诱导衰退率	0.9%	1.5%	4.8%	7.1%
a-SiGe：H	白光	初始状态	23.10	0.628	0.601	8.72
		光照后	22.88	0.601	0.567	7.80
		光诱导衰退率	1.0%	4.3%	5.7%	10.6%
	红光	初始状态	23.91	0.614	0.587	8.62
		光照后	23.48	0.601	0.563	7.94
		光诱导衰退率	1.8%	2.1%	4.1%	7.9%
	蓝光	初始状态	23.50	0.621	0.572	8.35
		光照后	22.91	0.591	0.539	7.30
		光诱导衰退率	2.5%	4.8%	5.8%	12.6%

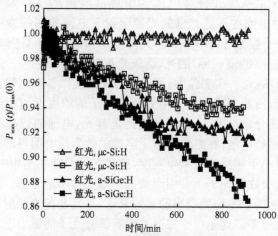

图 5.56　微晶硅(μc-Si：H)和非晶锗硅电池(a-SiGe：H)在不同光谱的
光源照射下电池效率的衰变曲线[177]

微晶硅电池稳定性中另一个有趣的现象是偏置电压对光诱导衰变的影响。对于非晶硅电池,在光老化实验中,如果在电池上加上负偏压,电池效率的衰退就会明显地降低或根本就没有光诱导衰退[178]。这是由于在负偏压条件下,在本征层中产生的光生电子、空穴对被电场分离并被外电路收集,在本征层中被复合的概率很小。通常的理解是光诱导缺陷的产生是由于光生载流子的复合引起的,外加电场有效地降低光生载流子的复合,因此降低光诱导缺陷的产生和电池效率的降低。令人惊奇的是在光老化实验中负偏压不仅不降低微晶硅电场的光诱导效率的衰退,反而增加效率的衰退[179~181]。表 5.8 列出了一组微晶硅电池的初始和稳定效率,其中稳定效率是在相同的光照条件下,但是在不同的电偏压条件下取得的,其中短路电流条件相当于零偏压,开路电压条件相当于 0.48V 正偏压。从数据中可以看出,光诱导 FF 的衰退随负偏压幅度的增加而增加。如在负 1.0V 的偏压时,FF 的光衰退率为 10.9%,零偏压时,FF 的光衰退率为 7.6%,而在开路电压和正1.0V 时,其 FF 的衰退率仅为 3.8%。反向偏压所引起的光诱导衰变的增加的机理并不很清楚。G. Yue 和他的同事们给出了一个形象的解释。他们认为在负偏压条件下,在非晶相中产生的光生载流子被电场移动到晶界处,从而增加了晶界处的复合,在晶界处产生更多的亚稳态缺陷。有兴趣的读者可以参考文献[179]～[181],其中有详细的解释。

表 5.8　微晶硅电池的初始和稳定效率[181]

电池号	偏压/V	状态	V_{OC}/V	ΔV_{OC}/mV	FF	ΔFF/FF_{in}/%	FF_b	ΔFF_b/FF_{bin}/%	FF_r	ΔFF_r/FF_{rin}/%
1	−1	初始	0.479		0.634		0.663		0.664	
		衰退	0.464	−15	0.563	−11.2	0.624	−5.9	0.579	−12.8
2	−1	初始	0.479		0.633		0.659		0.664	
		衰退	0.464	−15	0.566	−10.6	0.624	−5.3	0.580	−12.7
3	短路	初始	0.483		0.618		0.664		0.660	
		衰退	0.472	−9	0.580	−6.1	0.636	−4.2	0.617	−6.5
4	短路	初始	0.480		0.631		0.663		0.663	
		衰退	0.474	−6	0.574	−9.0	0.638	−3.8	0.599	−9.7
5	开路	初始	0.477		0.622		0.650		0.653	
		衰退	0.470	−7	0.600	−3.5	0.617	−5.1	0.622	−4.7
6	开路	初始	0.478		0.628		0.655		0.655	
		衰退	0.470	−8	0.603	−4.0	0.618	−5.6	0.622	−5.0
7	+1	初始	0.482		0.608		0.655		0.655	
		衰退	0.467	−15	0.587	−3.5	0.607	−7.3	0.621	−5.2

续表

电池号	偏压/V	状态	V_{OC}/V	ΔV_{OC}/mV	FF	$\Delta FF/FF_{in}$/%	FF_b	$\Delta FF_b/FF_{bin}$/%	FF_r	$\Delta FF_r/FF_{rin}$/%
8	+1	初始	0.478		0.629		0.656		0.651	
		衰退	0.465	−13	0.604	−4.0	0.612	−6.7	0.624	−4.1

注:表中光照测试是在不同偏压条件下进行的。FF 为填充因子,Δ为变化量,FF_b 和 FF_r 分别是用蓝光和红光照射下测量的填充因子;FF_{bin} 和 FF_{rin} 是在初始态下用蓝光和红光照射下测量的填充因子。

5.4.2　薄膜硅太阳电池中的陷光效应

如前所述,薄膜硅材料中载流子的迁移率和寿命比在单晶硅中低很多,所以薄膜硅电池通常作成 p-i-n 或 n-i-p 结构。光生载流子通过本征层中的内建电场来收集。即使有内建电场的帮助,本征层的厚度也不能太厚。对于 a-Si:H 太阳电池,最佳的本征层一般在 200~300nm。对于 μc-Si:H 太阳电池,虽然空穴的迁移率比在 a-Si:H 中高很多,但本征层的厚度一般也只能在 2~3μm,最多在 4~5μm。通常情况下入射光,特别是红光和红外线,不可能在通过很薄的本征层过程中一次性全部被吸收,因此需要背反射膜将到达衬底的光反射回本征层中被吸收。对于吸收系数很小的光,被反射的光在第二次通过本征层过程中也不能全部被吸收,从而从太阳电池中逃逸出来。为了降低光从太阳电池中逃逸出来的几率,人们通常利用绒面的衬底来散射到达衬底的光。当被反射和散射的光的角度大于全反射角时,反射光不能从太阳电池中逃逸出来。此时的光被陷置于太阳电池中。这种利用绒面层将光陷于太阳电池中的效应称为太阳电池中的陷光效应。

1. 太阳电池中的经典陷光原理

图 5.57 所示是 n-i-p 和 p-i-n 结构的薄膜硅电池陷光原理示意图。对于 n-i-p 结构的器件,上透明电极一般都是很薄的 ITO。ITO 的厚度设计成 1/4 波长的抗反射膜。对于 AM1.5 的太阳光,光能量的峰值在 550nm 附近,所以 ITO 的厚度为 70~75nm。在理想的情况下此时的反射光在 550nm 处为零。由于 ITO 的厚度太薄,很难在 ITO 上形成绒面,所以 n-i-p 结构的太阳电池的绒面主要来自于背反射膜。背反射膜的质量直接影响太阳电池的性能,特别是光电流密度。通常的背反射膜采用金属/导电电介质双层结构,其中的金属层起反射光的作用,而电介质层有明显地增加光电流的作用,但其物理机制有待进一步讨论。常用的金属层是银和铝。银有很好的反射率,但其成本较高,加之一些长时间稳定性方面的一些隐患,所以银主要用在实验室中,在大规模生产中用的较少。虽然铝的反射率不如银,但其较低的成本和良好的稳定性使之成为大规模生产的首选。

以 n-i-p 电池为例,入射光通过上透明导电膜进入太阳电池。在空气和 ITO 界面处有一定的反射。这部分反射光通常是损失掉。由于 ITO 的减反射作用,在

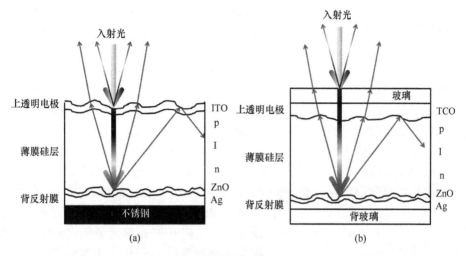

图 5.57　n-i-p(a)和 p-i-n(b)结构的薄膜硅电池中的陷光效应示意图

太阳光谱能量密集的波段反射较少。入射光进入薄膜硅层后,短波长的光在到达衬底之前被吸收;而长波长的光由于吸收系数较小很难被吸收,他们到达衬底,并被反射或散射回电池中。对于散射角度较小的光,它们通过薄膜硅和 ITO,而逃逸出来;对于散射角度较大的光,它们通过薄膜硅和 ITO 界面以及 ITO 和空气的界面被全反射回电池中。这部分光就被陷在了电池中。增加大角度的散射光是提高陷光的效率的有效方法。

对于 p-i-n 结构的太阳电池,其陷光的原理与 n-i-p 结构基本相同,但也有其不同之处。首先 p-i-n 结构的太阳电池是沉积在玻璃衬底上,光要通过玻璃进入到电池中。由于玻璃通常比较厚,在玻璃和空气界面有大约 4% 反射,所以通常 p-i-n 电池的量子效率的峰值比 n-i-p 电池的低,一般低于 95%。其次为了降低透明导电膜(TCO)的串联电阻,透明导电膜一般采用铝掺杂的氧化锌(AlZnO,简称 AZO)或二氧化锡(SnO_2)。透明导电膜的厚度一般在几微米,所以透明导电膜可以做成一定的绒度来散射光。透明导电膜的绒度对 p-i-n 电池的性能起到至关重要的作用。最后,p-i-n 电池中的背反射膜也是由氧化锌和银组成。由于背反射膜是沉积在薄膜硅上,薄膜硅本身已经具有一定的绒度,所以此时的背反射膜的优化就显得不那么重要了。

2. 太阳电池中陷光的经典理论极限

使用无序随机绒面结构的表面是经典的陷光问题。早在 1982 年,Yabonovitch[182,183] 从理论上推导出在非吸收的薄膜电解质层中光照强度的增强,并将此理论推广到弱吸收材料中。这一理论被称为陷光的经典理论。Yabonovitch 的理论是基于统计物理和能量细致平衡原理。其理论模型如图 5.58 所示,其理论推导基于以下基本假设：①薄膜厚度大于光波长；②介质材料的表面粗糙度是绝对随机的，即散射光均匀地分布在所有立体角；③介质材料的背表面具有完美的反射率（100%）；④理想的抗反射层，即入射光 100% 进入介质材料中。在以上假设条件下，当一束光线从顶面垂直照射，在非吸收性的平板介质层中的光强度将是材料外部光强的 $2n^2$ 倍，其中 n 为介质材料的折射率。因为平板介质层外的光强是入射光强度的 2 倍（反射光与入射光相同），所以材料中的光强是入射光强的 $4n^2$ 倍。他还讨论了弱吸收材料的情况。在相同的几何结构和假设条件下，他得出弱吸收光的的吸收率将增强 $4n^2$ 倍。有兴趣的读者可参阅文献[182,183]。

　　1984 年，Tiedje，Yabonovitch，Cody，和 Brooks 推导到出了在弱吸收条件下薄膜太阳电池中吸收率和光波长及吸收系数的关系[184]。此文中的方法不是很容易

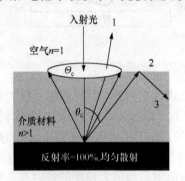

图 5.58　经典陷光效应几何光学示意图

理解。因此，我们给出一个简单明了的推导。公式推导是以几何光学为基础，即当薄膜厚度大于光的波长 λ，假设 α 为吸收系数，L 为材料的厚度，n 为材料的折射率。如图 5.58 所示并在前面所列的四个假设条件下，入射光到达背反射界面时被全部均匀地散射到各个方向。当散射光线小于全反射角 θ_c 时，如光线 1，此光线将从材料中逃逸出来；当散射光线等于全反射角 θ_c 时，如光线 2，此光线将沿着材料表面传播；当散射光线大于全反射角 θ_c 时，如光线 3，此光线将被陷获在材料中。

　　根据几何光学，全反射角和材料的折射率的关系为

$$\sin\theta_c = \frac{1}{n} \tag{5.21}$$

散射在具有立体角为 Θ_c 的锥体中的光将从介质材料中逃逸出来。立体角 Θ_c 和全反射角 θ_c 的关系为

$$\Theta_c = 2\pi(1-\cos\theta_c) \tag{5.22}$$

当 θ_c 很小时

$$\Theta_c \approx \pi\theta_c^2 \tag{5.23}$$

散射光从锥体中逃逸的几率为

$$P_c = \frac{\Theta_c}{2\pi} = \frac{\theta_c^2}{2} = \frac{1}{2n^2} \tag{5.24}$$

在假设背反射膜的反射率为 100% 的条件下，光在介质材料中走一个来回后在介质材料中的吸收率为

$$A_0 = 1 - \exp(-2\alpha L) \tag{5.25}$$

而光在介质材料中走一个来回后其强度衰减系数为

$$B=(1-P_c)\exp(-2\alpha L) \tag{5.26}$$

经过多次来回反射后,总得吸收率为

$$A = A_0 + BA_0 + B^2 A_0 + B^3 A_0 + \cdots = \sum_{k=0}^{\infty} A_0 B^n = \frac{A_0}{1-B} \tag{5.27}$$

将式(5.25)和式(5.26)中的 A_0 和 B 代入式(5.27)中

$$A=\frac{1-\exp(-2\alpha L)}{1-(1-P_c)\exp(-2\alpha L)}=\frac{1-\exp(-2\alpha L)}{1-\exp(-2\alpha L)+P_c\exp(-2\alpha L)} \tag{5.28}$$

式(5.28)是光吸收率的一般表示。在弱吸收条件下,即忽略级数展开的二次方以上的项,式(5.28)简化成

$$A=P_a=\frac{2\alpha L}{2\alpha L+P_c}=\frac{\alpha}{\alpha+\dfrac{1}{4Ln^2}}=\frac{4n^2\alpha L}{4n^2\alpha L+1} \tag{5.29}$$

当 $4n^2\alpha L$ 远小于 1 时,式(5.29)简化为

$$A\approx 4n^2\alpha L \tag{5.30}$$

在弱吸收情况下,光在薄膜材料中通过一次的吸收率为 αL,所以式(5.30)中 αL 前面的 $4n^2$ 为由于陷光所增加的光程倍数。也就是通常所说的经典极限为 $4n^2$。值得注意的是这里不是简单意义上的光程增加了 $4n^2$ 倍。我们不能简单的用

$$A=1-\exp(-4n^2\alpha L) \tag{5.31}$$

因为增强倍数 $4n^2$ 是在弱吸收条件下得到的,而式(5.31)是假设在所有吸收条件下都有 $4n^2$ 的增强倍数。

3. 实际硅薄膜太阳电池中的陷光效应以及各层中的损失

本节中我们将比较实际薄膜硅电池中的陷光效应和经典理论极限的差距。这些差别除了实际的陷光效应与理论极限有一定的差距外还有各种损失。其中包括上电极的反射、掺杂层中的吸收、背电极中的吸收等。下面就各种损失的估算作一介绍。

首先是通过反射所损失的光。就 n-i-p 电池而言,当光入射到 ITO 上电极时,部分光被反射。为了降低反射损失,ITO 通常设计成 1/4 波长的减反射膜。一般选用太阳光谱中能量最大的光谱区 550nm 为参考波长。在此种条件下 ITO 的厚度设计为 70～75nm。在给定 ITO 和硅材料的光学参数条件下,ITO 表面的反射率和透射率可以通过理论计算得到。图 5.59 所示是微晶硅的吸收系数和折射率与光波长的关系。假设 ITO 的吸收系数为零,折射率为 2,图 5.60 给出计算得到的透射率曲线。从图中可以看出在 500～700nm 透射率接近 100%。然而在短波区透射率随波长的降低而减少;而在长波区透射率随波长的增加而减少。这是由于 ITO 的厚度的设计是只对特定的 550nm 波长的光起到减反射的作用,它不能起到在宽光谱区减反射的作用。具有不同折射率的多层减反膜可以起到在宽光谱

区降低光反射作用。近年来人们利用微结构的表面也可以起到在宽光谱区降低反射的效果。

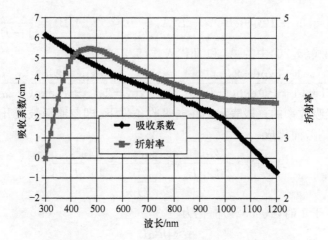

图 5.59　微晶硅(μc-Si:H)吸收系数和折射率与光波长的关系

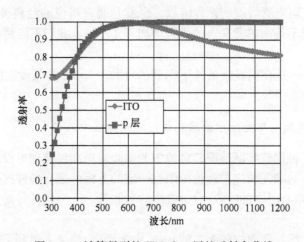

图 5.60　计算得到的 ITO 和 p 层的透射率曲线

　　光线在进入本征层之前首先要通过 p 层。p 层的吸收对光电流没有贡献,因此会降低短波区的光谱响应。在给定吸收系数的条件下,p 层的吸收率和透射率可以通过计算得到。图 5.60 也给出了计算得到的 p 层的透射率曲线。从图中可以看出在短波区光有一定的吸收;而在长波区,光在第一次通过 p 层时损失很小。

　　光在到达衬底后被背反射膜所反射。然而背反射膜的反射率并不是 100%。其中包含电介质层(ZnO)的吸收,金属/电介质的界面吸收等。还有在 n 型掺杂层中的吸收。对于光在这两部分的损失可以通过跟前面类似的推导方式得到。下面给出包含这两项损失在内的陷光公式。其推导方法与式(5.29)类似,有兴趣的读者可以自行推导。

$$A_i = P_i = \frac{2\alpha_i L_i}{2\alpha_n L_n + 2\alpha_i L_i + 2\alpha_p L_p + \delta + P_c} = \frac{\alpha_i}{\alpha_n \dfrac{L_n}{L_i} + \alpha_i + \alpha_p \dfrac{L_p}{L_i} + \dfrac{\delta}{2L_i} + \dfrac{1}{4Ln^2}}$$

(5.32)

其中，L_i 和 α_i 是 i 层的厚度和吸收系数；L_p 和 α_p 是 p 层的厚度和吸收系数；L_n 和 α_n 是 n 层的厚度和吸收系数，L 是 n-i-p 三层的总厚度，δ 是背反射膜的吸收率．

图 5.61 所示是计算得到的吸收率以及实际微晶硅太阳电池量子效率的比较。其中经典极限是通过式(5.29)得到。从图中可以看出，p 层的吸收主要降低短波响应；ITO 反射降低长波和短波响应；n 层的吸收和背电极的吸收主要降低长波响应。背电极的吸收包括两方面，其一是 ZnO 的吸收，其二是 ZnO/Ag 界面的吸收。ZnO 的吸收主要来自自由电子的吸收，其吸收率随波长的增加而增加；界面吸收主要来自金属表面等离子体吸收(plasmonic absorption)，其吸收率在共振频率处为最大。显然将背电极的吸收假设为常数是过于简单，而实际的境况较为复杂，在此不予讨论。将所有的损失考虑在一起，计算得到的吸收率接近从实际电池测量的量子响应曲线。虽然这些计算过于简化，但给出了大致的估算。这一结果表明图 5.61 中的 2.5μm 厚的 μc-Si：H 电池具有接近经典极限的陷光效应，其光电流密度为 29.2mA/cm²。所以进一步提高光电流的途径是降低各种损失，其中降低反射损失具有较大的潜力。降低背反射电极的吸收是另一个提高光电流的重要的方向。

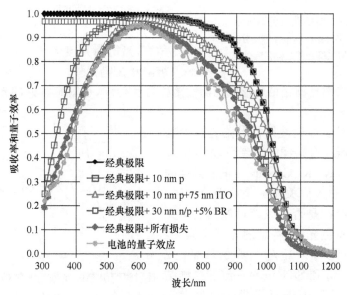

图 5.61　计算得到的吸收率以及电池量子效率的比较

4. 太阳电池的现代陷光理论及对经典理论极限超越

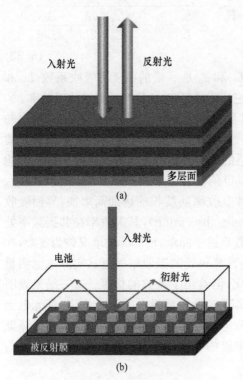

图 5.62　周期性被反射膜示意图
(a)多层结构的布拉格反射面;
(b)二维光栅结构背反射膜

随着薄膜太阳电池的深入研究,人们试图发明新的陷光技术来超越经典理论极限。首先经典理论是建立在绝对随机分布的绒面散射的基础上。人们首先想到的是利用周期结构的背反射膜。如图 5.62 所示,有两种简单周期性结构的背反射膜,其中图 5.62(a)所示是多层膜结构的布拉格背反射膜,图 5.62(b)是二维光栅结构的背反射膜。对于布拉格背反射膜其结构包括两种具有不同折射率的材料,通过调节两层的厚度可以实现在特定光谱区的高反射而在其他光谱区具有高透射率。平行的多层面不具有散射光的作用,因此只有多层膜结构的背反射膜不具有陷光的作用,它只能用来反射光。对于光栅结合的背反射膜,其结构可以是一维的也可以是二维的(图 5.62(b))。根据光栅的衍射原理,在给定的光栅周期,具有特定波长的光被衍射到特定的角度,当衍射角度大于全反射角时,光被陷获在电池中。人们可以将布拉格背反射膜和二维光栅相结合形成周期性结构背反射膜,也就是常说的光子结构背反射膜。

近年来对于周期性结构的陷光理论的研究非常活跃。有兴趣的读者可以参考 S. Mokkapati 和 K. R. Catchpole 的总结性的文章[185]。首先人们关注的是从理论上讲,利用周期性结构是否可以超过经典的陷光极限。对于单色光,在特定的光栅结构下,其陷光效应是可以超越经典极限的。Z Yu, A. Raman 和 S. Fan 对一维和二维结构的光栅背反射膜进行了理论计算[186]。图 5.63所示是他们得到的由于陷光所得到

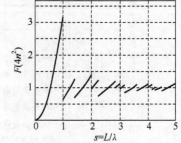

图 5.63　理论计算得到的由二维光栅背反射膜所引起的光程的增加倍数(F)(图中 $4n^2$ 是经典理论极限,L 是二维光栅的周期,λ 是光波长)

的光程的增加倍数,其中 $4n^2$ 是经典理论极限。从图中可以看出在特定的波长和光栅周期,光程的增加倍数 F 是可以大于经典理论极限的。

然而就整个太阳光谱而言,由于太阳光具有很宽的光谱分布,能否取得超过有随机分布的背反射膜所取得的陷光效应还有待深入的研究。R. Biswas 和他的同事进行大量的模拟计算[187,188]发现,在特定的波长下,利用光栅机构是可以达到超过经典极限的。但就整个太阳光谱而言,目前还很难给出确定的答案。

另一个有效的陷光手段是利用粗糙的金属表面或金属纳米颗粒。粗糙的金属表面和金属纳米颗粒具有吸收和散射光的效应。在金属材料中自由电子形成等离子体振荡。其共振频率 $\bar{\omega}_{\mathrm{p}}$ 为

$$\bar{\omega}_{\mathrm{p}} = \sqrt{\frac{ne^2}{\varepsilon_0 m^*}} \tag{5.33}$$

其中,n 为自由电子密度,e 为电子电荷,ε_0 为真空介电常量,m^* 为电子在金属中的有效质量。而在金属表面由于电子不能在三维空间自由运动,从而形成表面等离子体,表面等离子体的共振频率($\bar{\omega}_{\mathrm{sp}}$)比体内等离子体共振频率低,其相应的共振波长较长。另外,表面等离子体的共振频率与金属表面相接的介质层的介电常量 ε 有关,其值为

$$\bar{\omega}_{\mathrm{sp}} = \frac{\bar{\omega}_{\mathrm{p}}}{\sqrt{1+\varepsilon}} \tag{5.34}$$

对于相同的金属,其表面介质层的介电常量决定其表面等离子体共振频率的大小。较大介电常量导致较小的共振频率及较长的共振波长。在绝对平整的金属表面,光很难与表面等离子体耦合。通常需要借助三棱镜或光栅来耦合。对于粗糙的表面,可以将其看成是具有不同周期的光栅的组合,因此粗糙的表面可以将光耦合到表面等离子体中。对于金属纳米颗粒,电子被限制在纳米颗粒中,其共振频率进一步降低。对于表面等离子体和纳米颗粒等离子体,由于电子不能在三维空间自由运动,所以称其为局域等离子体。

局域等离子体对光有吸收和散射两个作用。对于任意形状的表面或任意形状的纳米粒子,其对光的散射和吸收比较复杂。最简单的情况是球形纳米粒子,其对光的吸收截面和散射截面与金属纳米颗粒的极化率有关。当纳米颗粒的直径(a)远小于光的波长时,其极化率 α 为

$$\alpha = 4\pi a^3 \frac{\varepsilon_{\mathrm{p}}(\lambda) - \varepsilon_{\mathrm{m}}(\lambda)}{\varepsilon_{\mathrm{p}}(\lambda) + 2\varepsilon_{\mathrm{m}}(\lambda)} \tag{5.35}$$

其中,$\varepsilon_{\mathrm{p}}(\lambda) = \varepsilon_{\mathrm{p}}'(\lambda) + \mathrm{i}\varepsilon_{\mathrm{p}}''(\lambda)$ 和 $\varepsilon_{\mathrm{m}}(\lambda) = \varepsilon_{\mathrm{m}}'(\lambda) + \mathrm{i}\varepsilon_{\mathrm{m}}''(\lambda)$ 分别是金属颗粒和周围介质的介电常量。纳米颗粒对光的散射截面 C_{sca} 和吸收截面 C_{abs} 分别为

$$C_{\mathrm{sca}} = \frac{1}{6\pi}\left(\frac{2\pi}{\lambda}\right)|\alpha|^2 = \frac{8\pi a^6}{3}\left(\frac{2\pi}{\lambda}\right)^4 \left|\frac{\varepsilon_{\mathrm{p}}(\lambda) - \varepsilon_{\mathrm{m}}(\lambda)}{\varepsilon_{\mathrm{p}}(\lambda) + 2\varepsilon_{\mathrm{m}}(\lambda)}\right|^2 \tag{5.36}$$

$$C_{abs} = \frac{2\pi}{\lambda} \text{Im}[\alpha] = 4\pi a^3 \left(\frac{2\pi}{\lambda}\right) \text{Im}\left[\frac{\varepsilon_p(\lambda) - \varepsilon_m(\lambda)}{\varepsilon_p(\lambda) + 2\varepsilon_m(\lambda)}\right] \qquad (5.37)$$

一方面,从上述公式中可以看出,当 $\varepsilon_p(\lambda) = \varepsilon_m(\lambda)$ 时,其散射截面 C_{sca} 和吸收截面 C_{abs} 都趋于最大值。在此条件下,散射截面 C_{sca} 和吸收截面 C_{abs} 可以远大于粒子的实际截面。此种条件称之为等离子体共振。另一方面,散射截面随粒子的直径的六次方增加,而吸收截面随粒子的直径的三次方增加,因此从散射和吸收的角度来看,较大的粒子有利于散射,同时降低吸收。

对于常用的 Ag/ZnO 背反射膜,绒面的银可以提供有效的反射和散射,但是在 Ag 和 ZnO 界面的等离子体吸收同样降低光电流。

在最近的几年里,利用纳米金属结构和纳米金属粒子的等离子体散射来提高薄膜太阳能电池的陷光效应异常活跃[189,190]。首先人们要回答的问题是利用等离子体散射是否可以超过经典的理论极限。E. A. Schiff[191]在光波导管的光量子态理论的基础上推导出界面等离子体散射对陷光的贡献[192],其主要的公式是

$$A = \frac{4n^2\alpha L}{4n^2\alpha L + 1} + \frac{n\lambda}{d} \qquad (5.38)$$

其中,$n\lambda/d$ 是界面等离子体的贡献。从中可以看出,界面等离子体的贡献对于薄的电池较为明显。值得注意的是界面等离子体的贡献主要集中在界面处,其强度随离开界面的距离迅速降低,因此界面等离子体是否对太阳电池的光电流的增加有贡献还有待进一步研究。首先在银表面有 ZnO 和 n 层,限制在这两层中的光对电池的光电流没有贡献。

5. n-i-p 结构的电池中背反射电极的优化

如前面提到的,n-i-p 结构的太阳电池中的陷光效应主要来自背反射电极,其中以下三个因素决定其陷光效应。首先是金属的反射率。为了得到最大的反射率,一般采用银(Ag)作为反射层。其次是金属层和电解质层(ZnO)的绒度(texture)。从散射的角度来看,较大的绒度易于产生较大角度的散射,从而增加陷光效应。然而较大的绒度引起硅薄膜质量的下降[193],特别是微晶硅的质量随衬底绒度的增加明显变坏。因此背反射膜的绒度的优化要兼顾陷光效应和薄膜硅的质量。就光散射而言,利用绒面的银和绒面的 ZnO 都可以实现对光的散射。然而金属表面的散射要比 ZnO 表面的散射更为有效,利用较小的金属表面绒度可以实现有效的散射,但是具有表面绒度的金属层容易引起界面的等离子体吸收(plasmonic absorption)。增加 ZnO 层的绒度同样可以对入射进行散射,但其需要较大的绒度才能达到所要求的散射效应。大绒度的 ZnO 导致薄膜硅质量的下降。所以最佳的 Ag 和 ZnO 的绒度要通过实验来优化。

B. Yan 和他的同事对 Ag/ZnO 的绒度进行了系统的优化[193,194]。他们发现具有绒度(均平方根,root mean square,简称 RMS)大约为 40nm 的 Ag 和较薄的

ZnO(120～140nm)是 μc-Si：H 电池的最佳选择。此时的 Ag 绒度起到足够的散射效应;较薄的 ZnO(120～140nm)起到在 Si/ZnO 界面增加反射和降低界面等离子体的作用,从而降低 Ag/ZnO 的界面吸收。图 5.64 所示是沉积在具有不同绒度的衬底上的 μc-Si：H 电池的量子效率曲线。其中电池的本征层厚度为 1.0μm。各太阳电池是在相同的工艺条件下沉积的。表 5.9 列出了相应电池的 J-V 特性参数。从实验结果中我们可以得出以下结论:首先,沉积在不锈钢衬底上的电池具有短路电流密度为 15.12mA/cm²。与沉积在不锈钢衬底上的电池相比较,沉积在背反射膜上的电池的量子响应具有明显的增加,特别是当 RMS＝40nm 时,J_{sc}＝24.62mA/cm²,其电流的增加量为 63%。其次,在 RMS 小于 40nm 时,量子效率随绒度的增加而增加,并且干涉幅度随绒度的增加而降低,表明陷光效益随绒度的增加而增加。再次,当绒度超过 40nm 后,电池的量子效率曲线不在随绒度的增加而增加。相反,电池的填充因子(FF)随绒度的增加而降低;反偏压和零偏压条件下从量子效率得到的光电流之差(ΔQE)随绒度的增加而增加,表明本征层的质量随衬底绒度的增加而降低。

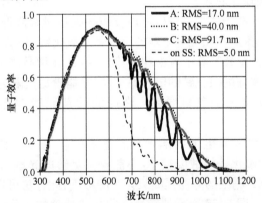

图 5.64　沉积在具有不同绒度的衬底上的 μc-Si：H
电池的量子效率曲线(其中电池的本征层厚度为
1.0μm,RMS 代表衬底的绒度)[193]

表 5.9　沉积在具有不同绒度的衬底上的 μc-Si：H 电池的 J-V 特性参数

样品号	光源	V_{OC}/V	FF	FF_b	FF_r	QE(0V)/ (mA/cm²)	QE(−3V)/ (mA/cm²)	P_{max}/ (mW/cm²)	ΔQE /%	RMS/nm
A	颜色			0.722	0.720					17.0
	>610nm	0.515	0.738			11.61	11.69	4.41	0.7	
	AM1.5	0.530	0.723			22.43	22.55	8.59	0.5	
B	颜色			0.716	0.72					40.0
	>610nm	0.522	0.726			13.86	14.16	5.25	2.1	
	AM1.5	0.541	0.711			24.62	25.03	9.47	1.6	

续表

样品号	光源	V_{OC}/V	FF	FF_b	FF_r	QE(0V)/ (mA/cm²)	QE(−3V)/ (mA/cm²)	P_{max}/ (mW/cm²)	ΔQE /%	RMS/nm
C	颜色			0.703	0.704					91.7
	>610nm	0.519	0.717			13.59	14.06	5.06	3.3	
	AM1.5	0.537	0.702			24.30	24.98	9.16	2.7	

注:V_{OC}为开路电压,FF 为填充因子,FF_b 和 FF_r 分别是用蓝光和红光照射下测量的填充因子,QE(0)和 QE(−3V)为从零偏压和−3V 偏压条件下测量的量子效应曲线所得到的电流密度,ΔQE 为两电流之差,P_{max}为最大功率值[193,194]。

6. 透明导电膜的优化和电池的陷光效应

p-i-n 结构的太阳能电池的陷光效应主要来源于透明导电膜(TCO)的绒面结构。广泛应用的 TCO 是二氧化锡(SnO_2)。日本的 Asahi 公司在早期的二氧化锡的优化方面取得了较好的成果。他们为世界各地的太阳能企业和研究机构提供了大量的二氧化锡/玻璃衬底。

二氧化锡在氢等离子体中会发生还原反应导致透过率降低,而微晶硅的沉积需要大量的氢稀释,因此在微晶硅电池的沉积中二氧化锡/玻璃衬底受到一定的限制。而氧化锌(ZnO)在氢等离子体中相对稳定,因此在微晶硅太阳电池的沉积中得到广泛的应用。本征的氧化锌的电导率不高,不能满足太阳电池的需要,因此通常采用掺杂的方式来提高其电导率。常用的掺杂元素有铝(Al)、硼(B)、镓(Ga)等。

氧化锌的绒度对太阳电池的陷光具有重要的作用。一般情况下利用溅射(sputtering)制备的氧化锌的绒度较小,不能提供足够的光散射。德国 Juelich 研究所利用 HCl 和 HF 刻蚀的方法提高氧化锌的绒度,此方法可以有效的增加和控制表面绒度[195−197]。图 5.65 所示是经过不同刻蚀处理的氧化锌表面的结构。从

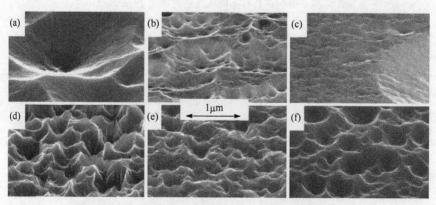

图 5.65　经过不同化学刻蚀处理的氧化锌表面的结构[197]

图中可以看出经过化学刻蚀处理,材料的表面绒度可以得到较大的变化。根据薄膜硅太阳电池的结构可以采取不同的表面绒度结构。通过化学刻蚀,镀有氧化锌的玻璃弥散透射谱得到了明显的提高。

　　氧化锌的绒度也可以通过调整溅射的工艺来改善。溅射过程中的气压、功率和衬底温度都对样品的表面绒度有一定的影响。Q. Huang 和她的同事们发现在溅射过程中加入氢气可以有效地提高氧化锌的绒度,并提高微晶硅太阳电池的效率[198]。

　　另外一个常用的制备氧化锌的方法是低压化学气相沉积法(LP-CVD),此方法沉积速率快,而且沉积的材料自身具有良好的绒度,不需要化学刻蚀就能达到微晶硅太阳电池陷光的要求。瑞士的 Neuchatel 大学和 Oerlikon 公司的研究人员对 LP-CVD 制备氧化锌进行了深入的研究,并研发出了适用于微晶硅太阳电池的氧化锌透明导电膜[199,200]。图 5.66 所示是由 LP-CVD 方法制备的氧化锌的表面形貌(右图)和 SnO_2 表面形貌(左图)的比较,两者的表面结构很相似。进一步的透射和反射谱的测量显示此材料具有良好的光学特性。目前由 LP-CVD 制备的氧化锌在非晶硅/微晶硅双结电池中得到广泛的应用。

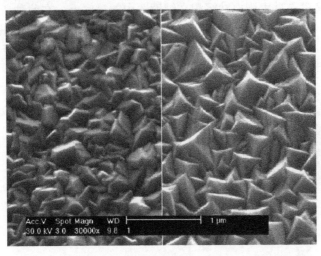

图 5.66　LP-CVD 沉积的氧化锌的电子扫描电镜形貌图[199]

7. 衬底的绒度对微晶硅太阳电池性能的影响及其解决方法

　　单从光散射的角度来讲,绒度较大的衬底有利于电池的光电流的增加。然而实际情况并非这样简单。首先衬底的绒度直接影响薄膜硅的生长,其次由于沉积在背反射膜上的太阳能电池的光电流较大,相应的填充因子会降低。对于非晶硅和非晶硅锗太阳电池,其非晶材料的沉积与衬底的绒度关系并不很大,非晶材料的形貌基本保持衬底的形貌,另外材料中的缺陷态密度并不随衬底绒度的增加而有明显的增加。而对微晶硅的沉积情况就较为复杂。首先微晶硅本身的结构是由晶粒和非晶相组成,微晶硅材料的表面绒度会随材料的厚度及材料中晶相比的增加而增加。实验中观察到微晶硅太阳电池的填充因子随衬底绒度的增加明显的降低[201-203]。通过仔细的微结构分析人们发现在衬底较为尖锐的峰和谷处,微晶硅材料中形成局部微缺陷。图 5.67 所示是沉积在两种不同绒面衬底上的微晶硅太阳电池的断面高精度电子显微镜图片[203],其中图 5.67(a)是沉积在具有"V"形表面结构上的样品;而图 5.67(b)是沉积在具有"U"形表面结构上的样品。从图中可以看到沉积在具有"V"形表面结构上的样品,在衬底的谷处有明显的微缺陷。这些微缺陷自上而下贯穿整个样品厚度。在这些微缺陷处不仅容易使杂质扩散到电池中,而且还容易形成复合中心,从而降低太阳电池的填充因子和开路电压。相反沉积在具有"U"形表面结构上的样品观察不到明显的微缺陷。整体而言,具有尖锐的峰和谷的高绒度衬底不利于微晶硅太阳电池的质量。

从光学角度来讲,微晶硅太阳电池应该沉积在绒度较大的衬底上,然而从材料质量和器件的电学性能来讲微晶硅太阳电池应该沉积在较平的衬底上。这样矛盾的两个方面为电池的设计和制造提出了难题。为了兼顾电学和光学两方面的要求,人们可以将微晶硅太阳电池沉积在绒度适中的衬底上。在此种条件下,陷光效应和材料的质量都做出一定的牺牲,但电池的转换效率得到一定的提高。为了从根本上解决衬底绒度对微晶硅太阳电池性能的影响,人们研究了各种新方法。在此介绍两种方法。

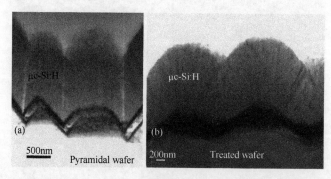

图 5.67　沉积在两种不同绒面衬底上的微晶硅太阳电池的断面高精度电子显微镜图片[203]
(a)沉积在具有"V"形表面结构上的样品;(b)沉积在具有"U"形表面结构上的样品

瑞士 Neuchatel 大学研究组深入分析了绒面衬底对微晶硅太阳电池性能的影响,他们认为微缺陷主要产生在衬底上尖锐的峰和谷处。他们利用等离子体处理的方法将衬底上的尖锐的峰和谷变平缓,从而提高微晶硅电池的性能[204]。

日本 AIST 的研究人员发明了一种电学平整而光学绒面的背反射膜[205,206],其结构如图 5.68 所示。它由两种不同介电常量的材料组成,虽然实际的表面较为平整,但不同的介电常量同样可以起到散射光的作用。实际的结构是在平整的背反射膜上(Ag/ZnO(Ga))利用光刻的方法制备出周期性结构的 ZnO 岛状结构,如图 5.69(a)所示,然后沉积一层 n 型非晶硅,再用化学和机械抛光的方法将衬底抛光。此时得到的衬底结构如图 5.69(b)所示,其中二维的均匀的 ZnO 岛状结构分布在 n 型非晶硅中,而且样品的表面极为平整。通过反射谱测量证明这样的衬底具有良好的散射效应。研究人员将微晶硅太阳电池沉积在不同的衬底上进行比较。表 5.10 列出了电池性能的比较。其中平整衬底和绒面衬底分别是具有 Ag/ZnO 背反射膜的平面玻璃和 Asahi 玻璃。从结果可以看出,沉积在这种具有平整光栅结构的新衬底上的电池,具有良好的开路电压和填充因子;同时短路电流也有较大的提高。然而其短路电流比沉积在绒面衬底上的电池的短路电流低,使之电池的转换效率和沉积在绒面衬底上的电池的效率相当。有两个因素限制了短路电流的提高。首先衬底中的 n 型非晶硅吸收部分中等波长的光,使得电池的量子响应曲线在中等波长区有所降低;其次沉积在平整衬底上的太阳电池的上表面也相对平整,相应的抗反射效应较低,使之反射损失较大。

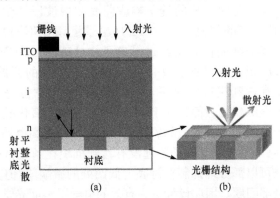

图 5.68　具有电学平整而光学绒面的背反射膜
(b)及沉积之上的太阳电池(a)

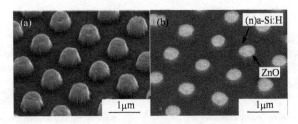

图 5.69　二维周期光栅扫描电镜图[205]
(a)利用光刻制备的 ZnO 点阵;(b)沉积了 n 型非晶硅后又经过抛光的光栅背反射膜

表 5.10　沉积在不同衬底上的微晶硅太阳电池特性的比较[205]

衬底	开路电压/V	短路电流/(mA/cm²)	填充因子	转换效率/%
平整	0.538	17.8	0.764	7.3
绒面	0.526	20.8	0.729	8.0
光栅	0.445	18.81	0.655	5.5
抛光光栅	0.539	19.3	0.757	7.9

　　利用相同的原理,瑞士 Neuchatel 大学的研究人员也制备了电学平整而光学绒面的衬底[207,208]。他们是在随机分布的绒面 glass/Ag/ZnO 衬底上沉积一层本征的非晶硅,然后利用化学和机械抛光的方法将非晶硅层抛光使之形成平整的表面。由于 ZnO 表面不平整,在一些区域非晶硅层被全部抛掉,ZnO 露出来与电池的 n 层形成有效的点接触。图 5.70 所示是沉积在普通(右图)和抛光(左图)衬底上的微晶硅电池截面示意图。抛光的衬底具有较平的表面,有利于微晶硅的生长。然而用来填充 ZnO 凹陷区的非晶硅吸收部分中波段的光(~800nm),从而使电池的量子响应曲线在中波段区出现一个谷,在一定程度上影响了光电流的提高。表 5.11 列出了沉积在不同衬底上的微晶硅电池的特征参数,其中绒面衬底是经过等离子体处理的 LP-CVD 沉积的 ZnO。从表中可以看出,沉积在抛光的衬底上的电池具有较高的开路电压和填充因子,而短路电流没有达到应有的水平,其原因是衬底中非晶硅的吸收所造成。表中的第三个电池是沉积在绒面衬底上,并利用 p 型微晶氧化硅(p-nc-SiO$_x$:H),从电池的特性参数可以看出 p 型微晶氧化硅可以部分地提高电池的填充因子和短路电流,但是其开路电压和填充因子还远没有达到沉积在抛光衬底上的水平。虽然 p 型微晶氧化硅可以部分地抑制在衬底上低凹处的微缺陷,但其不能彻底解决由绒面所带来的全部问题。因此设计更为有效的电学平整而光学绒面的背反射膜仍然是一个提高电池效率的有效方法。

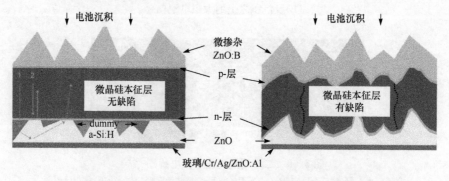

图 5.70　沉积在普通(右图)和抛光(左图)衬底上的微晶硅电池截面示意图[207]

表 5.11　沉积在不同衬底上的微晶硅电池的特征参数

衬底/p-层	填充因子	开路电压/V	短路电流/(mA/cm^2)	转换效率/%
绒面/p-μc-Si：H	0.58	0.494	28.0	8.0
抛光/p-μc-Si：H	0.67	0.520	27.3	9.5
绒面/p-μc-SiO$_x$：H	0.62	0.491	28.3	8.6

5.4.3　多结硅基薄膜太阳电池的结构及工作原理

由于太阳光具有很宽的光谱，对于太阳电池有用的光谱区覆盖紫外线、可见光和红外线。显然用一种禁带宽度的半导体材料不能有效地利用所有太阳光子的能量。一方面对于光子能量小于半导体禁带宽度的光在半导体中的吸收系数很小，对太阳电池的转换效率没有贡献；另一方面对于光子能量远大于禁带宽度的光，有效的能量只是禁带宽度的部分，大于禁带宽度的部分能量通过热电子的形式损失掉。基于这种原理，利用多结电池可以有效地利用不同能量的光子。如第 4 章所述，多结电池结构最先在高效Ⅲ-Ⅴ族化合物半导体太阳电池中得到了广泛的应用。在以非晶硅、非晶锗硅合金和微晶硅为吸收材料的太阳电池中，多采用双结或三结的电池结构。利用多结电池，除可以提高对不同光谱区光子的有效利用外，还可以提高太阳电池的稳定性。如前所述，非晶硅及非晶锗硅在长时间光照条件下产生光诱导缺陷。相同密度的光诱导缺陷态对具有薄本征层的太阳电池效率的影响比对厚本征层电池的影响要小。而在多结电池中每结的厚度都可以相对较薄，故而有利提高内建场（假定各子电池的 p、n 掺杂层与单结电池的相同），因此多结硅基薄膜电池不仅效率比单结电池高，而且稳定性也比单结电池好。

图 5.71 所示是非晶硅和非晶锗硅组成单结、双结和三结电池结构示意图[168]。对于多结太阳电池，通常顶电池的本征层选择禁带宽度较宽的非晶硅。在早期的研究中人们也曾采用过非晶碳化硅合金作为顶电池的本征层，但是由于其缺陷态密度太高，电池的转换效率太低，所以目前已经很少有人采用非晶碳化硅合金了。理论上讲底层电池的本征层应选用禁带宽度小的材料。早期使用的窄带隙材料为非晶锗硅合金。非晶锗硅合金是美国联合太阳能公司和日本富士电力公司（Fuji Electric）太阳电池生产中使用的窄带隙材料。自从微晶硅被用来作为太阳电池的本征层以来，微晶硅作为多结电池中底电池的本征层得到了深入的研究。经过了十多年的努力，目前非晶硅/微晶硅双结太阳电池已经进入大规模生产阶段。

在介绍具体多结电池之前，先介绍一下多结电池的工作原理。以双结电池为例，其结构是由两个 n-i-p 结串联而成。所以在理想情况下整体器件的光电压等于两个子电池光电压之和，而光电流等于两个子电池光电流中较小的一个。而整体器件的填充因子由两个子电池的填充因子和两个子电池光电流的差值来决

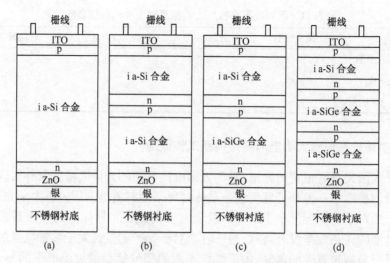

图 5.71　美国联合太阳能公司开发研究的以非晶硅和非晶锗硅为
本征层的单结、双结和三结电池结构示意图[168]

(a)单结;(b)同带隙双结;(c)两带隙双结;(d)三结

定[209]。另外一个重要的环节是两个子电池的连接。在两个电池的连接处是顶电
池的 n 层和底电池的 p 层相连,这是一个反向 pn 结,在此,光电流是以隧道复合的
方式流过的。简化的图像是顶电池的 n 层中的电子通过隧道效应进入底电池 p 层
中与其中的空穴复合,或者是底电池 p 层中的空穴通过隧道效应进入顶电池的 n
层中与那里的电子复合。为了提高隧道效应,提高载流子的迁移率是最为有效的
方法。在实际器件中通常采用微晶硅 p 层或微晶硅 n 层。不同的多结电池,在器
件的设计中会遇到不同的问题。下面就常用的几种多结电池作一介绍。

1. a-Si:H/a-Si:H 双结太阳电池

非晶硅/非晶硅(a-Si:H/a-Si:H)双结电池不仅是最简单的多结电池,而且曾
经是大规模生产中被广泛采用的一种器件结构。虽然其顶电池和底电池都是非晶
硅,但是通过调整顶电池和底电池中本征层的沉积参数可以使其禁带宽度有所不
同。一般顶电池的本征层在较低的衬底温度下沉积。在低温下材料中氢的含量较
高,所以禁带较宽。而底电池的本征层可以在相对较高的衬底温度下沉积。高温
材料中氢的含量相对较低,材料的禁带宽度较小。但是无论如何非晶硅的禁带宽
度的可调整的范围都很小。为了使其底电池有足够的电流,底电池的本征层要比
顶电池的本征层厚得多。例如,以镀有银/氧化锌的不锈钢(SS/Ag/ZnO)为衬底
的 a-Si:H/a-Si:H 双结 n-i-p 结构的电池,其顶电池和底电池本征层的厚度分别为
100nm 和 300nm 左右。表 5.12 列出了两个 a-Si:H/a-Si:H 双结电池的特性参
数。其中第一个电池是采用通常的隧道复合结,而第二电池是采用优化的隧道复

合结。从这些数据可以看出,通过优化隧道复合结可以有效地提高电池的效率。

表 5.12　a-Si:H/a-Si:H 双结太阳电池特性参数[168]

隧穿结	$J_{SC}/$ (mA/cm²)	$V_{OC}/$V	FF	Eff/%	QE(top)/ (mA/cm²)	QE(bottom)/ (mA/cm²)	QE(total)/ (mA/cm²)	$R_s/$ (Ω·cm²)
标准	7.80	1.901	0.752	11.15	7.97	7.80	15.77	15.0
优化	8.06	1.919	0.766	11.85	8.06	8.28	16.34	14.3

注:其中短路电流是通过积分顶电池和底电池的量子效应与 AM1.5 光谱计算得到。

2. a-Si:H/a-SiGe:H 双结太阳电池

从上面的数据可以看出,限制 a-Si:H/a-Si:H 双结电池转换效率的主要参数是短路电流。从量子效应曲线可以看出主要问题是底电池的长波响应不好。为了提高底电池的长波响应,非晶锗硅合金(a-SiGe:H)是理想的底电池本征材料。如前所述,通过调节等离子体中硅烷(或乙硅烷)和锗烷的比率可以调节材料中的锗硅比来调节材料的禁带宽度。对于 a-Si:H/a-SiGe:H 双结电池的底电池,其最佳锗硅比在 15%～20%。相应的禁带宽度在 1.6eV 左右。利用这种材料得到的单结 a-SiGe:H 电池的开路电压在 0.75～0.80V,短路电流可达 21～22mA/cm²。利用这种 a-SiGe:H 底电池和 a-Si:H 顶电池组成双结电池可以得到总电流为 22～23mA/cm²。美国联合太阳能公司所报道的最佳 a-Si:H/a-SiGe:H 的初始和稳定转换效率分别为 14.4% 和 12.4%[210]。

3. a-Si:H/a-SiGe:H/a-SiGe:H 三结太阳电池

为了进一步提高太阳电池的效率,三结电池成为研究的对象。早在 20 世纪 80 年代,美国能源转换器件公司(ECD)就开始了 a-Si:H/a-SiGe:H/a-SiGe:H 三结太阳电池的研究。其电池结构是以不锈钢为衬底,在衬底上沉积背反射膜,然后三结 n-i-p 电池依次沉积在衬底上。早在 1987 年 J. Yang 等就取得了 13.0% 的初始转换效率[211]。在 1997 年他们又取得了 14.6% 的初始效率和 13.0% 的稳定转换效率[12]。图 5.72 所示是高效三结 a-Si:H/a-SiGe:H/a-SiGe:H电池的电流-电压曲线以及量子转换效率曲线。首先三结电池可以有效地利用太阳光的光谱。从图 5.72(b)可以看出,其光谱响应覆盖整个300～950nm光谱区。其次三结电池的填充因子(FF)比单结电池的填充因子高。a-Si:H/a-SiGe:H/a-SiGe:H 三结电池中三个单结电池的填充因子不同。

由于顶电池是很薄的非晶硅电池,其本征层中的缺陷态的密度比非晶锗硅中缺陷态密度低,而底电池的本征层中锗的含量比中间电池本征层的锗含量高,相应的缺陷态密度高,所以底电池的填充因子最低。在 a-Si:H/a-SiGe:H/a-SiGe:H 三结电池的设计中一般的设计是顶电池的电流为三个电池中最小的,由此来限制三结电池的短路电流(也就是顶电池限制模式),从而提高三结电池的填充因子。表5.13列出了美国联合太阳能公司所报道的各种以非晶硅和非晶锗硅为本征层的多结电池的初始和稳定效率。因为 a-Si：H/a-SiGe：H/a-SiGe：H 三结电池不仅效率高,而且稳定性好,所以这种电池结构被美国联合太阳能公司用在大规模太阳电池的生产中。

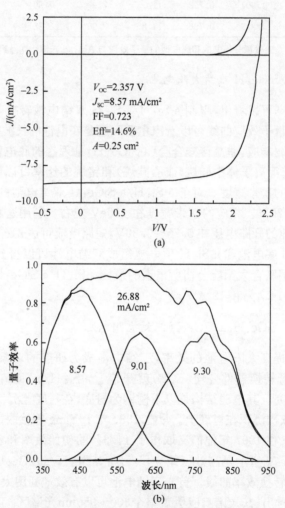

(a)

(b)

图 5.72 美国联合太阳能公司报道的 a-Si：H/a-SiGe：H/a-SiGe：H 三结电池的 J-V 曲线(a)和量子效率(QE)曲线(b),该电池的稳定效率为 13.0%[12]

表 5.13　United Solar 报道的各种非晶硅和非晶锗硅合金电池的最高稳定效率[168]

电池结构	状态	J_{SC}/(mA/cm²)	V_{OC}/V	FF	Eff/%	Deg./%
a-Si:H 单结	初始	14.65	0.992	0.730	10.6	12.3
	稳定	14.36	0.965	0.672	9.3	
a-Si:H/a-Si:H 双结	初始	7.90	1.89	0.760	11.4	11.4
	稳定	7.90	1.83	0.700	10.1	
a-Si:H/a-SiGe:H 双结	初始	11.04	1.762	0.738	14.4	13.9
	稳定	10.68	1.713	0.676	12.4	
a-Si:H/a-SiGe:H/a-SiGe:H 三结	初始	8.57	2.357	0.723	14.6	11.0
	稳定	8.27	2.294	0.684	13.0	

注：电池的有效面积为 0.25cm²。

4. a-Si:H/μc-Si:H 双结太阳电池

如前所述,微晶硅电池(μc-Si:H)在长波响应和稳定性方面比非晶锗硅要好,因此 a-Si:H/μc-Si:H 双结电池成为广泛研究的器件结构。特别是微晶硅的禁带宽度接近于单晶硅的 1.1eV,是理想的底电池的本征层。在具有良好的背反射膜的情况下,单结 μc-Si:H 电池的短路电流可以达到 27～29mA/cm²,甚至超过 30mA/cm²。为了与底电池的电流相匹配,要求顶电池的电流要达到 13～15mA/cm²,如此高的电流对于本征层的厚度控制要求很高。厚的 a-Si:H 本征层有两个问题。首先是顶电池的填充因子会下降,其结果是直接影响双结电池的转换效率。其次是影响双结电池的稳定性。正如前面提到的,厚的本征层直接导致本征层中内建电场强度的降低,导致载流子的收集困难。这种情况在光照后的电池中尤为明显。

为了解决这一问题,瑞士 Neuchatel 大学的研究人员发明了在 a-Si:H 顶电池和 μc-Si:H 底电池之间插入一层起半反射膜作用的中间层(interlayer)[212]。利用这层半反射膜将部分光子反射回顶电池,从而增加顶电池的电流。而作为代价,底电池的电流会相应的降低。半反射膜一般为氧化锌(ZnO)或其他电介质材料,其厚度和折射率是影响其作用的两个重要参数。顶电池的电流随半反射层厚度的增加而增加;相反底电池的电流随半反射层厚度的增加而减少。当半反射层超过一定的厚度,理论上讲在光干涉作用下,顶电池和底电池的光电流都会随半反射层的厚度发生周期性变化。但如果电池是沉积在有一定粗糙度的绒面衬底上,绒面结构对光的散射作用将部分消除光的干涉效应,这种周期性变化则不很明显。总体而言,虽然半反射膜增加了顶电池的电流,却降低了底电池的电流,并且顶电池电流的增加小于底电池电流的减少。其原因是部分被反射的长波光子不能被顶电池所吸收,所以半反射膜对双结电池的总电流没有正面贡献。不过可以通过对其优化,调节顶、底电池的电流匹配,以获得较大的双结叠层电池的输出电流。另外,在顶电池和底电池间插入半反射膜后,在顶电池厚度不是特别厚的情况下也可以使顶电池和底电池达到电流匹配,从而取得高转换效率和高稳定性的双结电池。

日本 Kaneka 公司利用半反射膜技术取得了高转换效率的 a-Si:H/μc-i:H 双结电池。图 5.73 所示是有和没有半反射膜的双结电池结构示意图。图 5.74 所示

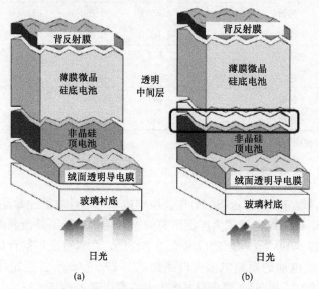

图 5.73 日本 Kaneka 公司有和没有中间层的
a-Si:H/μc-Si:H 双结叠层电池结构[214]

(a)常规非晶微晶组合电池;(b)新型非晶微晶组合电池

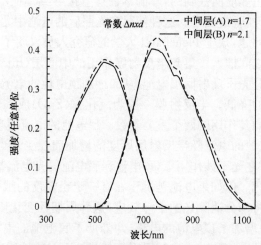

图 5.74 采用不同介电常量的中间层双结电池的光谱响应曲线[214]

是采用不同折射率的双结电池的量子响应曲线。从图中可以看出,折射率为 1.7 比折射率为 2.1 的效果好。利用这种电池结构,Kaneka 公司取得了初始转换效率为 14.7% 的双结叠层电池[213,214]。

a-Si:H/μc-Si:H 双结电池是新一代硅薄膜电池的主要电池结构。这种电池结构的转换效率比常规的纯非晶电池的转换效率高,电池的稳定性好,并且生产过程中不需要锗烷,可以降低生产成本。

5. a-Si:H/a-SiGe:H/μc-Si:H 三结太阳电池

近年来随着微晶硅电池研究的深入,美国联合太阳能公司利用微晶硅电池作为三结电池的底电池。他们利用 a-Si:H/a-SiGe:H/μc-Si:H 三结电池结构取得了 16.3% 的初始转换效率[13]。图 5.75 所示是高效 a-Si:H/a-SiGe:H/μc-Si:H 三结电池的电流电压曲线和量子效率(QE)曲线。从图中可以看出,电池的长波响应非常好,其中底电池的光谱响应可延伸到 1100nm。这是由于微晶硅电池的长波响应比非晶锗硅好,可以对太阳光谱进行有效的利用。与 a-Si:H/a-SiGe:H/a-SiGe:H 三结电池相比,a-Si:H/a-SiGe:H/μc-Si:H 三结电池有以下几个特点。首先是短路电流比较高。这是由于微晶硅底电池的禁带宽度较小,长波响应好。

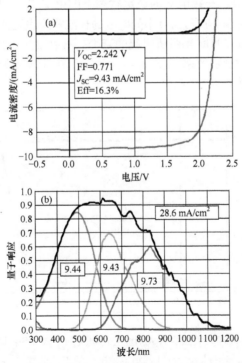

图 5.75　美国联合太阳能公司报道的高效 a-Si:H/a-SiGe:H/μc-Si:H 三结电池的电流电压曲线(a)和量子效率(QE)曲线(b)[13]

其次是电池的填充因子比较高,一方面这是由于微晶硅电池的填充因子比非晶锗硅电池的填充因子好,另一方面是由于微晶硅材料禁带宽度较小,电池的开路电压低[209]。这两方面因素使得在电池的设计中采用底电池限制的短路电流有助于提高电池的填充因子。与之前所报道的 15.4% 效率相比[216],新的电池结果在 a-SiGe:H 中间电池中采用了 n 型纳米硅氧(nc-SiO$_x$:H)层。不同于通常的中间反射层,这里的 n 型纳米硅氧层有两个作用,首先它是中间电池的 n 层,其次它起到中间反射层的作用。由于 n 型纳米硅氧的禁带比通常的 n 型非晶硅宽,所以其吸收损失较小;其次中间反射的作用是在中间电池和底电池间,被中间反射层反射出来的光可以有效地被中间电池和顶电池吸收。总体而言,利用 n 型纳米硅氧层后,电池的总电流密度并没有降低,但是电流在三个子电池得到了合理的分配。

6. a-Si:H/μc-Si:H/μc-Si:H 三结太阳电池

利用 a-Si:H/μc-Si:H/μc-Si:H 三结电池结构可以有效地提高电池的稳定性。美国联合太阳能公司利用这种电池结构取得了 14.5% 的初始效率,经过100mW/cm^2 白光,1000h,在 50℃ 下光照,稳定电池效率达到 13.6%[216],超过了用 a-Si:H/a-SiGe:H/a-SiGe:H 三结太阳电池得到的 13.0% 的稳定效率。图 5.76 所示是 a-Si:H/μc-Si:H/μc-Si:H 三结电池的稳定状态下的电流-电压曲线。此种电池的优点是不仅底电池的长波响应好,而且中间电池的长波响应也延伸到1100nm。更为重要的是它的稳定性好,长时间光照所引起的衰变一般在 3%~6%。最近韩国的 LG Solar 报道了 13.4% 的稳定效率,其电池结构是沉积在 TCO/玻璃衬底上的 a-Si:H/μc-Si:H/μc-Si:H 三结 p-i-n 电池。

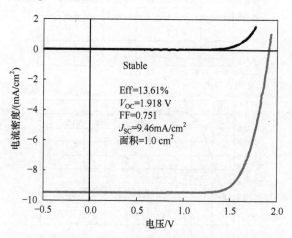

图 5.76　美国联合太阳能公司报道的高效 a-Si:H/
μc-Si:H/μc-Si:H 三结电池的电流电压曲线[216]

7. a-Si：H/a-Si：H/μc-Si：H 三结太阳电池

日本 Kaneka 公司[213,214]和 Sharp 公司[217]采用 a-Si：H/a-Si：H/μc-Si：H 三结太阳电池来提高电池的效率。其中 Kaneka 公司取得了 15.1％的初始电池效率。在这种电池结构中，首先遇到的困难是中间电池的电流很难与顶电池和底电池相匹配。为了克服这种困难，在中间电池和底电池间插入半反射膜，从而将部分光反射到中间电池中，提高中间电池的电流。Sharp 公司采用这种电池结构，使大面积电池的稳定效率提高到 10％[217]。

5.4.4　硅薄膜太阳电池的计算机模拟

半导体器件的计算机模拟，在今天的大规模集成电路设计中起到了重要的作用。相应的半导体器件和电路模拟的商业化程序也在不断的发展和更新。这些商业化程序大都是用于晶体半导体器件的，其中的材料参数，如载流子的迁移率和寿命，都是很确定的。

非晶半导体器件的计算机模拟要比晶体器件复杂得多。首先是非晶半导体材料的结构和特征参数比较复杂。以非晶硅为例，其材料中带隙态，包括价带尾态、导带尾态和各种缺陷态，相当复杂。虽然人们经过了若干年的研究，但对这些缺陷态的特性（如对电子和空穴的俘获截面）的了解还是很有限。其次是非晶半导体的材料特性，随着制备工艺的不同而不同。在优化条件下和非优化条件下沉积的材料的缺陷态密度可以相差几个数量级。载流子的迁移率和寿命也相应地变化很大。最后是非晶半导体的材料特性不稳定，特别是光诱导缺陷的产生。以上三个方面使得非晶半导体器件的模拟变得非常复杂。常规的商业化晶体半导体模拟程序都不能满足非晶半导体器件模拟的需要，特别是微晶硅材料中结构的非均匀性使得器件的模拟难度和复杂性更为增加。

虽然非晶半导体器件的模拟非常复杂，人们还是进行了不懈的努力。早在 20 世纪 80 年代初，M. Shur 等就开始了非晶硅太阳电池的模拟[218]，其中主要的设计思想是解一维泊松方程和电流连续性方程。根据当时所得到的材料参数，他们对非晶硅 p-i-n 电池进行了模拟，得到的电池的电压电流曲线和量子效率曲线与实际测量的结果相吻合。随着非晶硅太阳电池研究的不断深入，器件结构也变化多样，这样就要求计算机模拟程序能够处理这些不同的器件结构。具体来讲，除能够处理典型的非晶半导体特性，如连续的缺陷态分布外，模拟程序还应考虑以下几个有关器件结构的问题：首先是要能够计算多结电池。由于高效薄膜电池都采用多结、多带隙、光谱分段结构，因此模拟程序应能包含每一层的带隙宽度以及相应的吸收系数。同时应考虑到层与层间的导带和价带的不连续性。其次是要求模拟程序能够处理连续变化的禁带宽度。实验和理论都证明，渐进的变化非晶锗硅的禁带宽度，可以有效地提高电池的效率[219]。最后是模拟程序还要考虑电池的光学特性，如绒面结构对光子的散射作用。考虑到以上硅薄膜电池的特殊性,人们开发了针对硅薄膜电池的模拟程序,如美国宾夕法尼亚州立(Penn State)大学的 AMPS-1D 程序[220]、Ljubljana 大学的 ASPIN 程序[221]、Delft 工业大学的 ASA 程序[222,223]、Ghent 大学的 SCAPS 程序[224]和柏林 Hahn-Meitner 研究所的 AFORS 程序[225]。

为了提高半导体材料对入射光的有效吸收,通常采用具有一定表面粗糙度的绒面技术。因此计算机模拟程序不仅需要考虑电学特性还要考虑器件的光学特性。为此人们开发了可以计算光学散射的模拟程序,如 Ljubljana 大学的 Sunshine 程序[221]和 Delft 工业大学包含有光学散射模型的 ASA 程序[223]。

计算机模拟的重要作用在于优化器件结构和预期电池的最高效率。对于多结硅薄膜电池,结构的复杂性使进行实际工艺优化的难度增加。如果没有可靠的器件结构设计,即使有高质量的材料,也很难制备出高效的太阳电池。人们虽然可以通过实验手段来优化器件结构,但是所需的时间和经费都是庞大的。最佳的优化设计是将计算机模拟和实验相结合。图 5.77 所示是模拟的非晶硅/微晶硅双结和三结电池的电压电流曲线[223]。其中改进的电池包括了电学和光学两个方面的改进。从图中可以看出双结电池的效率可以达到 15.8%,而三结电池可以达到17.3%。目前实验室中的实际双结电池效率是 14.7%[214],而三结电池是16.3%[13]。尽管与模拟预期的最高效率仍有距离,但是要想进一步提高电池的效率是比较困难的。

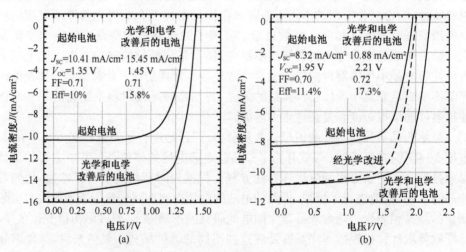

图 5.77 计算机模拟的非晶硅/微晶硅双结和三结电池的电压电流曲线[223]

5.5 硅基薄膜太阳电池制备技术及产业化

随着整个太阳电池市场的不断扩大,世界范围内的硅基薄膜电池的生产能力也在迅速增加。特别是传统的单晶硅和多晶硅电池的发展受到源材料的制约,硅基薄膜电池的发展尤为重要。目前在硅基薄膜太阳电池的生产中主要有两种技术。其中一种是以玻璃为衬底的 p-i-n 结构,另一种是以不锈钢或塑料薄膜等为柔性衬底的 n-i-p 结构。就所用的材料而言,早期的生产线是以非晶硅和非晶锗硅合金为主要材料。近年来随着微晶硅研究的深入,以微晶硅为底层电池的多结电池的生产也迅速崛起。在本节中我们分别介绍目前应用较为广泛的生产技术。

5.5.1　以玻璃为衬底的硅基薄膜太阳电池制备技术

以玻璃为衬底的硅基薄膜电池是目前广为应用的电池结构。世界范围内大部分硅基薄膜电池的生产都是采用玻璃为衬底,其中包括日本 Kaneka 公司[14,214,228]、日本 Sharp 公司、日本的三菱重工、美国的应用材料公司、德国的应用薄膜公司(Applied Thin Films)[229] 和瑞士的 Oerlikon 公司[230]。在硅薄膜太阳能板的制作方面中国企业占有较大的市场份额,如保定天威太阳能公司、汉能太阳能公司等。然而随着近年来多晶硅太阳能电池价格的急剧下跌,硅薄膜太阳能企业面临前所未有的挑战,一些企业不能有效地提高产品的转换效率和降低成本而被迫倒闭或重组。美国的应用材料公司已经停止硅薄膜太阳电池设备的研制、开发和制造;美国的联合太阳能公司已经于 2012 年倒闭,瑞士的 Oerlikon 公司也被日本的东京电子公司收购。一些硅薄膜太阳能电池板的生产企业处于停产或半停产的状态。与其他太阳能技术一样,硅薄膜太阳电池作为一个行业,正面临严峻的考验。降低成本和提高效率是目前亟待解决的两个问题。下面简单介绍一下硅薄膜太阳电池板的生产过程。

早期的生产线主要是以非晶硅单结电池为主。其特点是生产设备简单,生产成本低。但是由于电池的效率低,相应的后道工序成本会相应增加。随后应用较为广泛的是非晶硅/非晶硅双结和非晶硅/非晶锗硅双结电池。随着微晶硅电池转化效率和沉积速率的提高,一些公司已经开始非晶硅/微晶硅双结电池的生产。以玻璃为衬底的电池模板的生产分为以下几个步骤:制备透明导电膜,透明导电膜的激光切割,非晶硅电池的沉积和氧化锌的沉积,非晶硅层的激光切割,金属背电极的沉积,金属背电极的激光切割,漏电流的钝化,边缘绝缘处理,EVA 封装。我们将这一生产过程分为三个部分来介绍。

1. 玻璃衬底的制备

以玻璃为衬底的硅基薄膜电池的首道工序是制备透明导电膜。常用的透明导电膜是二氧化锡(SnO_2)。太阳电池需要大量的透明导电膜,因此有专门的公司生产透明导电膜。所用的玻璃是含钠离子较低的玻璃。为了阻挡金属离子扩散到半导体材料中,在沉积透明导电膜之前首先要沉积一层二氧化硅。二氧化硅的厚度在 50nm 左右。然后再用热分解或溅射等方法沉积二氧化锡。衡量透明导电膜的质量有三个指标。首先是电导率,由于透明导电膜本身是电池的正电极,因此透明导电膜的电导率直接影响电池的串联电阻,进而影响电池的填充因子。其次是光透过率,透过率的大小直接影响电池的电流。最后是透明电导膜表面的绒面织构(texture),绒面质量决定光的散射效果。由于非晶硅电池本身比较薄,光的散射效应对于增加电池的短路电流是极为重要的。常规的二氧化锡透明导电膜有一个重要的缺点,在高氢稀释的等离子体作用下,二氧化锡易被原子氢还原,大大降低透明导电膜的透过率。所以常规非晶硅电池模板的生产过程中通常采用 p 型非晶碳化硅作窗口层,而不是采用 p 型微晶硅窗口层,其主要原因是在沉积微晶硅时需要很高的氢稀释度,而高浓度的原子氢会损伤氧化锡透明导电膜。特别是在透明导电膜上沉积微晶硅电池,这一问题显得尤为突出。为了解决这一问题,人们开始研究新的透明导电膜。较为理想的材料是氧化锌(ZnO)。首先氧化锌在氢气等离子体条件下较为稳定,其次氧化锌的透光率较高。本征氧化锌的主要问题是电导率不够高。为了解决这个问题,人们采用掺杂的方法来增加其电导率。常用的掺杂元素是铝(Al)或镓(Ga)。为了提高光的散射效应,人们利用化学刻蚀的方法增加氧化锌的粗糙度[197]。

2. 硅基薄膜层的沉积

非晶硅薄膜的沉积设备是整个生产线中最重要的设备。其中最简单的是单室设备,也就是非晶硅电池的 p-i-n 层都在同一反应室中沉积。目前应用较广泛的是由美国 EPV 公司设计的单室设备,这种设备可以同时装入 48 片玻璃衬底,太阳电池中所有不同层都在同一反应室内沉积。设备的优点是成本低,运行稳定;缺点是气体的交叉污染。由于设备的成本低,所以相应的太阳电池的成本低,投资方可以在较短的时间内将投资收回。由美国 EPV 公司所提供的单室非晶硅生产线已经输入到好几个国家,所生产的电池是 a-Si:H/a-Si:H 双结结构,太阳能模板的稳定效率在 5%~6%。单室设备的最大问题是反应气体的交叉污染。电池的简单结构是 p-i-n,其中 p 层的生长过程中需要含硼的气体,常用的气体是硼烷(B_2H_6)、三甲基硼($B(CH_3)_3$),或三氟化硼(BF_3)。在沉积完 p 层后,反应室中总是会有一定的含硼的残留气体,这些含硼的残留气体影响本征层的质量。同样 n 层的沉积过程中需要含磷的气体,如磷烷(PH_3)。在沉积完 n 层后,残留的含磷气体也会对下结电池的 p 层产生一定的影响。为了将交叉污染的影响降低,在每层沉积后要用氢气对反应室进行冲洗。

虽然单室设备存在反应气体交叉污染的问题,但是由于设备造价低、运行稳定等特点,单室设备还是吸引了许多公司的重视。日本 Kanaka 公司最近利用单室设备制备出初始效率为 13.4% 的 a-Si:H/μc-Si:H 双结电池[213]。从这一结果可以看出,如果在技术上能有效地控制减少掺杂气体的交叉污染,利用单室反应系统是降低生产成本最为有效的方法。

　　多室反应系统是生产高效硅基薄膜电池的重要手段。多室系统可以有效地避免反应气体的交叉污染,降低本征层中的杂质含量,提高太阳电池的效率。同时电池的不同层可以同时沉积。多室系统的缺点是设备成本高,需要维护的部件多。对于生产规模较大的企业,多室分离沉积系统仍然是以玻璃为衬底的硅基薄膜太阳电池的重要沉积设备。目前一些主要半导体设备企业开始研究和开发为薄膜硅太阳电池生产用的大型等离子体辉光放电沉积设备。

　　近年来随着微晶硅太阳电池的深入研究,开发大面积高速沉积微晶硅成为硅基薄膜电池生产设备的重要课题。如前所述,超高频等离子体是高速沉积微晶硅的重要手段。然而随着激发频率的增加,电磁波的波长降低,因此引起大面积沉积的均匀性问题。为了提高超高频等离子体沉积的均匀性,新型反应室,特别是各种新型阴极结构和气体分布系统的研发尤为重要。特别是在微晶硅本征层的沉积过程中,在高功率、高压力、阴极和衬底窄间距条件下实现大面积、高速率沉积是一个极具挑战的课题。

3. 硅基薄膜太阳电池的串联和封装

　　以玻璃为衬底的 p-i-n 型硅基薄膜电池的生产工艺中,电池的串联和封装是非常重要的。为了提高电池的电压,通常采用激光刻蚀的方法将大面积的电池分割成较窄的电池条,然后将每一条电池串联起来,这样可以提高电池板的电压。图 5.78 所示是电池串联结构示意图[81]。在沉积非晶硅或微晶硅之前,先用激光将透明导电膜刻成相互绝缘的条形电极,电极的宽度通常设计在 1cm 左右;激光刻蚀的刻痕宽度为 $10\sim20\mu m$。刻蚀透明导电膜的激光一般是 Nd-YAG 激光。

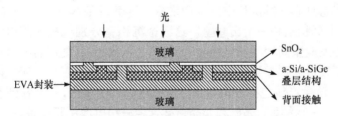

图 5.78　以玻璃为衬底的非晶硅薄膜电池串联结构示意图[81]

　　在非晶硅或微晶硅电池沉积完成后,第二次激光切割将薄膜硅切成条。薄膜硅的激光切割线要接近透明导电膜的切割线,如离透明导电膜的切割线 $10\mu m$。在完成第二次激光切割后,进行金属背电极的沉积。背电极的沉积一般是用溅射法。在被激光刻蚀的硅薄膜处,金属背电极与前面透明导电膜相连接。在完成背电极的沉积后,在靠近第二道激光刻痕处进行最后一道激光切割,第三次激光切割将背电极和薄膜硅层一同切开,这样就实现了每条电池间的串联。在电池的边缘还要进行最后一次激光切割将背电极、薄膜硅和透明导电膜一同切掉,从而实现电池与周边的绝缘。

在完成所有的激光切刻后要进行超声波清洗,将激光切刻的残留物清除。之后还要进行电池的钝化,利用反向偏压产生的电流将所有的短路区烧掉。在进行最后封装之前要进行特性的测试。一般是在大面积太阳模拟器下测量电池的短路电流、开路电压和填充因子,并将不合格的产品去除。生产电池板的最后一道工序是电池的封装,包括利用乙烯醋酸乙烯酯共聚物(ethylene-vinyl-acetate,EVA)将另一块玻璃封装到电池板上,将电池接上引线,装上框架等。在出厂之前还要进行电池特性的测量。

太阳电池板的生产是一个非常复杂的多步骤过程。任何工艺过程中的失控都会影响产品的质量,因此生产过程中的在线监测和控制是非常重要的。特别是非晶硅和微晶硅各层的沉积过程必须严格稳定的控制。除了通常的监测等离子体的偏压外,人们还利用监测等离子体发光光谱(OES)来监测等离子体的稳定性。随着现代自动化控制水平的不断提高,硅基薄膜太阳电池的生产工艺得到改进,产品合格率逐渐提高。

5.5.2　柔性衬底,卷到卷非晶硅基薄膜太阳电池制备技术

与玻璃衬底相对应的另外一种非晶硅基太阳电池生产技术是卷到卷(roll-to-roll)的连续沉积法。美国能源转换器件公司(Energy Conversion Device, Inc., ECD)和其子公司联合太阳能公司(United Solar Ovonic LLC)在卷到卷连续沉积方面曾经处于国际领先地位,然而该公司已于 2012 倒闭。但是作为一种独特的生产技术,还是有必要作一简单的介绍。

第一代的卷到卷连续沉积实验设备始建于 20 世纪 80 年代初。1982～1983年建成第二代卷到卷连续沉积中试生产设备。这套设备具有 5 个分离室,包括一个装卷室、三个沉积室和一个出卷室。这三个沉积室分别沉积太阳电池的 p 层、i 层和 n 层。各反应室间用气筏(gas-gate)隔离。从此以后,能源转换公司和联合太阳能公司不断改进卷到卷连续沉积技术。第一个大型 5 兆瓦(5MW/年)生产线于1997 年建成。该生产线包括一个卷到卷连续衬底清洗设备,一个卷到卷连续背反射膜沉积设备,一个大型非晶硅和非晶锗硅合金三结电池沉积设备,一个上电极透明导电膜卷到卷连续设备,以及一套电池的封装设备。这个 5MW 生产设备的设计、制造和生产为以后更大型的卷到卷连续沉积生产线的建造奠定了稳定的基础。

2002 年新一代的大型 30MW 卷到卷非晶硅太阳电池设备在美国密西根建成投产。随后他们又建成了多套类似的生产线,到 2007 年底,联合太阳能公司具有118MW 的生产能力[116]。

1. 卷到卷非晶硅基薄膜太阳电池沉积的前道工序

联合太阳能公司的卷到卷太阳电池的生产过程分成几个步骤。首先是衬底的清洗。具有一定光洁度要求的 0.13mm 厚的不锈钢卷,经过一个连续的卷到卷清

洗设备将衬底清洗干净。然后经过另外一个卷到卷的背反射膜沉积设备在衬底上沉积背反射膜。由于非晶硅和非晶锗硅合金中载流子（特别是空穴）的迁移率和寿命积比较低，所以非晶硅基电池的本征层不能太厚，否则电池的填充因子会比较低。为了在有限厚度的本征层中有效地吸收阳光，背反射膜成为非晶硅电池的重要组成部分。特别是在以不锈钢为衬底的 n-i-p 结构中尤为重要，因为在这种结构中，上电极通常采用氧化铟锡（ITO）。为了使 ITO 起到抗反射的作用，ITO 的厚度一般取最佳光谱区光波长的 1/4。对于非晶硅基电池，ITO 的厚度一般为 70nm。这样薄的 ITO 不可能具有绒面结构，所以光的散射效应主要来自衬底的绒面结构。由于不锈钢的反射率不高，为此必须在不锈钢上镀一层高反射的金属，常用的材料是银或铝。虽然银是最好的光反射材料，但是由于成本等方面的考虑，目前生产中所采用的背反射膜为铝/氧化锌材料。虽然铝的反射率不如银高，但从成本和可靠性等方面考虑，目前铝/氧化锌背反射膜仍然是生产线上常用的材料。

　　在卷到卷连续太阳电池的生产系统中，最主要的生产设备是非晶硅薄膜的沉积设备。图 5.79 所示是 30MW 生产线中非晶硅基薄膜卷到卷沉积设备。图 5.80 所示是卷到卷非晶硅三结电池的沉积原理图。这个设备可以同时装载六卷 2.6km 长、36cm 宽的不锈钢卷。其中在射频（RF）电极的两侧各有三卷衬底连续运转。射频电极采用立式结构，这样两侧的衬底和电极的结构是对称的。六卷衬底一次装入沉积设备中，经过 62h 的连续沉积，组成三结电池的九层不同结构的半导体材料在不同反应室中依次沉积在衬底上。反应室间是用气体隔离阀相隔离，能够有效避免不同反应气体间的相互交叉污染。在完成非晶硅沉积后，最后一个卷到卷设备是 ITO 上电极的沉积。以上卷到卷连续沉积是太阳电池生产过程的核心部分，也叫前道工序。

图 5.79　美国能源转换器件和联合太阳能 30MW
卷到卷非晶硅太阳电池连续沉积生产线[231]

　　日本富士电力公司是另外一家具有特色的非晶硅太阳电池研究和生产企业。他们也是用卷到卷的沉积技术。他们所用的衬底是柔性塑料。其设备可以同时在

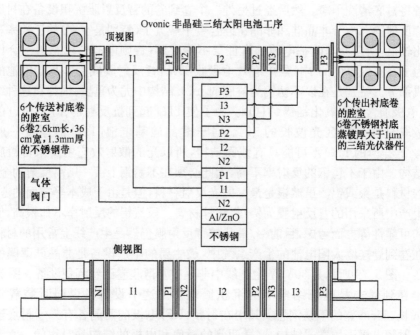

图 5.80　美国能源转换器件和联合太阳能 30MW
卷到卷非晶硅太阳电池连续沉积过程示意图[231]

两卷 1.5km 长、0.5m 宽的塑料上沉积 a-Si：H/a-SiGe：H 双结电池。与美国联合太阳能公司的卷到卷工艺不同,日本富士电力公司的是"卷停卷"(stepping-roll-apparatus)生产工艺。在衬底的传输过程中是不沉积的,当衬底移动到指定的反应室后,衬底就停在反应室中,这时衬底会被加热到指定的温度,而且每个反应室被隔开,并同时在各反应室中沉积太阳电池所需的不同层。

2. 卷到卷的非晶硅基薄膜太阳电池生产的后道工序

太阳电池的后封装是整个生产过程中不可缺少的组成部分。图 5.81 给出了后封装生产过程的流程图。从前道工序生产出来的 2.6km 长的太阳电池首先要经过切割过程。根据对电池电流的要求,将电池切成一定的大小。经过切片后,首先要经过质量监测。然后是对电池的微缺陷进行钝化。在非晶硅的沉积过程中,等离子体中总是有一定的颗粒物。这些颗粒物沉积在衬底上会引起漏电流。经过钝化后,这些微缺陷被去除。然后要再进行质量监测。

下一道工序是上电极的栅线。70nm 厚的 ITO 起到透明导电的上电极以及抗反射的双重作用。但是这样薄的 ITO 不能提供足够的电导去无损收集光生电流,因此要在 ITO 上制作栅线来保证电流的有效收集。栅线的间距要根据电流的大小来设计。在完成栅线后将电池的边缘切除,然后还要进行质量监测。到此太阳电池模块就已经完成。下一步是根据系统的要求,将多块太阳能模块连接起来。最后是 EVA 封装和边缘封装。在出厂之前还要进行最后的测试。图 5.82 所示是美国联合太阳能公司生产的软衬底的太阳能组件。从图中可以看出该产品具有较好的柔性,比较适合建筑一体化的应用。

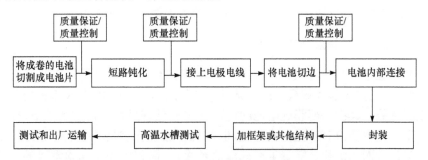

图 5.81　美国联合太阳能公司非晶硅太阳电池后道封装工序流程图[168]

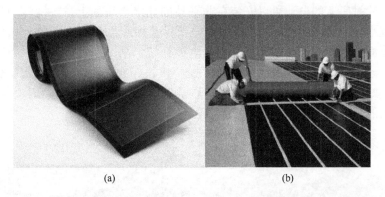

(a)　　　　　　　　　　　　　　(b)

图 5.82　美国联合太阳能公司生产的非晶硅太阳电池组件(a)及安装图(b)

5.6　硅基薄膜太阳电池的产业化:现状、发展方向以及未来的展望

硅基薄膜电池是薄膜电池家族中的一个重要成员。由于原材料的短缺,常规单晶硅和多晶硅太阳电池在超大规模生产中或许受到了限制。在这种条件下,新型薄膜太阳电池的发展尤为重要。在 2007 年,美国薄膜太阳电池的产量已经超过了多晶和单晶硅太阳电池的产量。其中主要的薄膜电池是非晶硅和碲化镉电池。联合太阳能公司(United Solar Ovoinc LLC)曾经是最大的非晶硅太阳电池生产企业。然而随着近几年多晶硅价格的降低,硅薄膜太阳电池在成本上的优势已经不复存在,相反硅薄膜太阳电池的低转换效率成为其发展的主要问题。由于硅薄膜

太阳电池的转换效率低,为获得相同的系统功率,利用硅薄膜太阳电池就需要面积更大的支架和平衡系统(balace of systems, BOS)。基于成本和转换效率两方面的压力,许多硅薄膜太阳电池企业被迫倒闭,如美国的联合太阳能公司于2012年倒闭。但从长远的发展来考虑,硅薄膜太阳电池仍然是可行的技术。作为行业整体,必须集中解决降低成本和提高电池的转换效率两方面问题。

5.6.1　非晶硅基薄膜太阳电池的优势

与晶体硅电池相比薄膜硅太阳电池有明显的优势。首先是所需的原材料较少,特别是在晶体硅超大规模生产的条件下,对原材料较弱的依赖关系是薄膜硅电池的重要优势。其次是薄膜硅电池的生产成本较低。虽然在目前条件下,薄膜硅电池的生产成本还没有碲化镉电池低,但是比单晶硅和多晶硅电池低。另一个重要的优势是大面积沉积。随着生产规模的扩大,大面积沉积是非常重要的。除了以上三条主要优势外,硅薄膜电池还可以沉积到柔性衬底上,如塑料、铝箔、不锈钢片等。柔性衬底上的电池可以安装在非平整的建筑物表面上,这种特点对于可利用空间较小的地区尤为重要。图5.83(a)所示是由美国联合太阳能公司生产的,安装在曲面建筑物上的柔性非晶硅太阳电池系统。从图中可以看出,与常规晶体硅太阳电池系统(图5.83(b))相比,此系统不仅很好地利用弯曲的建筑物表面,而且具有良好的装饰效果。硅薄膜电池这种美观的特点,特别是由美国联合太阳能公司开发的屋瓦型产品,很适合别墅型建筑物。

(a)　　　　　　　　　　　　　　　(b)

图5.83　由美国联合太阳能公司生产的,安装在曲面建筑物上的柔性非晶硅太阳电池系统(a)和晶体硅电池系统(b)的比较

5.6.2　硅基薄膜太阳电池所面临的挑战

在具有一定优势的同时,硅基薄膜电池也有其难以克服的弱点。首先,与单晶和多晶硅电池相比,薄膜硅电池的转换效率还较低。目前产品电池的效率较高的非晶硅电池板是三结电池,其稳定效率在7.5%～8.5%,而单结非晶硅电池的效

率就更低,因此对于硅基薄膜电池的重大挑战是提高电池的效率。较低的效率使薄膜硅电池难以进入对电池效率有严格要求的市场。对于相同的发电量,硅基薄膜需要较大的空间,并且需要较多的支承结构,这样从系统的角度讲,硅基薄膜电池可能失去成本低的优势。其次,非晶硅和非晶锗硅合金电池的光诱导衰退。就单结电池而言,其衰退率可达 30%,即使是多结电池,其衰退率也在 10%～15%。虽然在过去的几十年里,人们对非晶硅电池光诱导衰退进行了深入的研究,并试图降低光衰退的幅度,但是非晶硅电池的光衰退并没有得到彻底的解决。在目前的情况下,与碲化镉电池相比,非晶硅基电池的生产成本还较高。为了实现太阳电池的电价与电网电价相同的目标,非晶硅电池的成本还需进一步降低。随着产量的增加,非晶硅电池的生产成本会随之降低,同时人们还在不断地提高材料的质量,优化器件设计,优化生产工艺。人们有信心将硅基薄膜太阳电池的电价降低到与电网电价相同的水平。

5.6.3　硅基薄膜太阳电池的发展方向

目前硅薄膜电池产品有主要的三种结构:以玻璃为衬底的单结或双结非晶硅电池,以玻璃为衬底的非晶硅和微晶硅双结电池,以及不锈钢为衬底的非晶硅和非晶锗硅合金三结电池。无论是哪一种电池结构,硅薄膜电池的长远发展方向是很明显的。在充分利用其独特的优势外,主要是要克服产品开发、生产和销售方面存在的问题。首先是进一步提高电池的效率。如前所述,利用微晶硅电池作为多结电池的底电池可以进一步提高电池的效率,降低电池的光诱导衰退。目前非晶硅和微晶硅多结电池板的稳定效率在 10% 以上。人们预计在不远的将来,多结硅薄膜电池的稳定效率可以达到 12% 左右。如果微晶硅大面积高速沉积方面的技术难题可以在较短的时间里得到解决,预计在不远的将来,非晶硅和微晶硅相结合的多结电池将成为硅基薄膜电池的主要产品。非晶硅和微晶硅多结电池可以沉积在玻璃衬底上,也可以沉积在柔性衬底上,因此无论是玻璃衬底还是柔性衬底的硅薄膜电池都可以采用非晶硅和微晶硅多结电池结构。在提高电池转换效率的同时,增加生产的规模是降低生产成本的重要途径。随着生产规模的增加,单位功率的成本会随之降低,相应的原材料的价格也随之降低。另外,开发新型封装材料和优化封装工艺也是降低成本的重要研究和开发方向。

非晶硅薄膜电池从发明到真正的产业化生产经过了 30 多年的历史[2],目前硅薄膜电池已经发展成太阳电池产业的一个重要分支。随着原油价格的不断攀升和太阳能价格的持续降低,太阳能的市场规模会不断扩大。由于在不同的环境中对太阳电池的要求不同,因此不同的电池结构都有其独特的发展空间。硅基薄膜电池有许多优点,同时也存在一些技术问题。我们相信经过科学技术领域的不断研究和开发,硅薄膜电池必将成为太阳能产业中的一个重要组成部分。

参 考 文 献

[1] Spear W E, LeComber P G. Solid State Commun. ,1975, 17: 1193

[2] Carlson D, Wronski C. Appl. Phys. Lett. ,1976, 28: 671

[3] Anderson P W. Phys. Rev. , 1958, 109: 1492

[4] Mott N F. Adv. Phys. ,1967, 16: 49

[5] Mott N F. Phil. Mag. ,1966, 13: 989

[6] Cohen M H, Fritzsche H, Ovshinsky S R. Phys. Rev. Lett. , 1969, 22: 1065

[7] Staebler D L, Wronski C R. Appl. Phys. Lett. ,1977, 31: 292

[8] Guha S, Narasimhan K L, Pietruszko S M. J. Appl. Phys. , 1981, 52: 859

[9] Koh J, Lee Y, Fujiwara H,et al. Appl. Phys. Lett. ,1998, 73: 1526

[10] Tawada Y, Tauge K, Kondo M, et al. Appl. Phys. Lett. , 1982, 53: 5273

[11] Ovshinsky S R. 18th IEEE Photovoltaic Specialists Conference. New York,1985

[12] Yang J, Banerjee A, Guha S. Appl. Phys. Lett. ,1997,70: 2975

[13] Yan B, Yue G, Sivec L, et al. Appl. Phys. Lett. ,2011,99, 113512

[14] Yamamoto K, Nakajima A, Yoshimi M, et al. Record of the 4th World Conference on Photovoltaic Energy Conversion, Waikoloa, Hawaii, 2006,P. 1489

[15] Basore P A. Proc. of 3rd World Conference on Photovoltaic Energy Conversion. Osaka, Japan, 2003

[16] Okamoto H, Tanaka K, Maruyama E. in Amorphous Silicon, John Wiley & Sons, 1999

[17] Sriraman S, Agarwal S, Aydil E S, et al. 2002. Nature, 418: 62

[18] Mott N F, Davis E A. in Electronic *Process in Non-crystalline Materials*. 2nd edition Oxford: Clarendon Press, 1979

[19] Ishidate T, Inoue K, Tsuji K, et al. Solid State Commun. ,1982,42: 197

[20] Pantelides S T. Phys. Rev. Lett. ,1986,57: 2979

[21] Veprek S. Thin Solid Films, 1997,297: 145

[22] Voyles P M, Gerbi J E, Treacy M M J, et al. J. Non-Cryst. Solids, 2001, 293: 45

[23] Stuke D J, Euwema R N. Phys. Rev. B,1970,1:1635

[24] Adler D. J. Phys. , 1981, 42: C4-3

[25] Matsuda A, Matsumura M, Nakagawa K, et al. in *Tetrahedrally Bonded Amorphous Semiconductor*, edited By Street R A, Biegelsen D K, Knights J C. American Inst. Phys. , New York, 1981,P. 192

[26] Khomyakov P A, Andreoni W, Afify N D, et al. Phys. Rev. Lett. , 2011,107: 255502

[27] Topics in Applied Physics V56. The Physics of Hydrogenated Amorphous Silicon I and II, edited By Joannopoulos J D, Lucovsky G. New York Tokyo, 1984

[28] Stutzmann M, Street R A. Phys. Rev. Lett. ,1985, 54: 1836

[29] Wronski C R, Lee S, Hicks M, et al. Phys. Rev. Lett. ,1989. 63: 1420

[30] Urbach F. Phys. Rev. ,1953, 92: 1342

[31] Fritzsche H, Kakalios J, Dernstein D. *in Optical Effects in Amorphous Semiconductors*,

1984, Edited by Taylor P C, Bishop S G. AIP Conference Proceedings, American Institute of Physics, New York, 1984,P. 229

[32] Street R A. Advances in Physics,1981, 30: 593

[33] Han D,Wang K, Yang L. J. Appl. Phys. 1996, 80: 2475

[34] Joannopoulos J D, Lucovsky G. Topics in Applied Physics V56, The Physics of Hydrogenated Amorphous Silicon I and II, New York Tokyo, 1984

[35] Langford A, Fleet M, Nelson B, et al. Phys. Rev. B, 1992, 45: 13367

[36] Zhang S, Xu Y, Hu Z, et al. Proc. PVSC IEEE-29 New Orleans, Loisiana, USA, 2002,P. 1182

[37] Beeman D,Tsu R, Tporpe F M. Phys. Rev. B,1985, 32: 874

[38] Fortner J, Lannin J S. Phys. Rev. B,1989,39: 5527

[39] Stutzmann M, Jackson W B, Tsai C C. Appl. Phys. Lett. ,1984, 45: 1075

[40] Branz H M. Solid State Commun. ,1988,105: 387

[41] Fritzsche H. Solid State Commun,1995,94: 953

[42] Hari P,Taylor P C, Street R A. Mater. Res. Soc. Symp. Proc. ,1994, 336: 329

[43] Masson D P, Ouhlal A, Yelon A J. Non-cryst. Solids, 1995, 190: 151

[44] Fan J,Kakalios J. Phil. Mag. B, 1994, 69: 595

[45] Zhao Y,Zhang D, Kong G, et al. Phys. Rev. Lett. ,1995, 74: 558

[46] Hata N,Kamei T, Okamoto H, et al. Mater. Res. Soc Symp. Proc. ,1997, 467: 61

[47] Yue G,Kong G, Zhang D, et al. Phys. Rew. B, 1998, 57: 2387

[48] Kong G,Zhang D, Yue G, et al. Phys. Rev. Lett. ,1997, 79: 4210

[49] Shimizu K,Tabuchi T, Iida M,et al. J. Non-Cryst. Solids, 1998, 227: 267

[50] Mahan A H,Carapella J, Nelson B P, et al. J. Appl. Phys. ,1991, 69: 6728

[51] Sheng S,Liao X, Kong G. Appl. Phys. Lett. ,2001, 78: 2509

[52] Koh J, Lee Y, Fujiwara H, et al. Appl. Phys. Lett. ,1998, 73: 1526

[53] Cabarrocas P R i, Morral A F i, Poissant Y. Thin Solid Films, 2002, 403: 39

[54] van den Donker M N, Rech B, Finger F, et al. Appl. Phys. Lett. ,2005, 87: 263503

[55] Tawada Y, Tsuge K, Kondo M, et al. J. Appl. Phys. , 1982, 53: 5273

[56] Komuro S, Aoyagi Y, Segawa Y, et al. J. Appl. Phys. ,1984, 55: 3866

[57] Demichelis F, Pirri C F, Tresso E J. Appl. Phys. , 1992, 72: 1327

[58] Chevallier J, Wieder H, Onton A, et al. Solid State Comm. ,1977, 24: 867

[59] Paul W. in Amorphous Silicon and Related Materials, edited Fritzsche H. World Scientific Publishing Company, 1988,P. 36

[60] Bauer G, Neder C, Schubert M, et al. Mater. Res. Soc Symp. Proc. ,1989, 149: 485

[61] Lundszien D, Folsch J, Finger F, et al. Proc. of 14th European Photovoltaic Solar Energy Conference. Barcelona, Spain, 1997,P. 578

[62] Liao X, Du W, Yang X, et al. PVSC IEEE-31 Orlando, Florida, USA, 2005,P. 1444

[63] Konuma M, Curtins H, Sarott F A, et al. Philos. Mag. B, 1987, 55: 377

[64] Rath J K, Schropp R E I. Sol Ener. Mater. Sol. Cells, 1998, 53: 189

[65] Guha S, Yang J, Nath P, et al. Appl. Phys. Lett. ,1986, 49: 218

［66］Koval R J, Chen C, Ferreira G M, et al. Appl. Phys. Lett. , 2002, 81: 1258

［67］Liao X, Du W, Yang X, et al. J. Non-Cryst. Solids, 2006, 352: 1841

［68］Meier J, Dubail S, Fluckiger R, et al. Proc. of 1st World Conference on Photovoltaic Energy Conversion, 1994, P. 409

［69］Fischer D, Dubail S, Anna Selvan J A, et al. Proc. of 25th IEEE Photovoltaic Specialists Conerence, IEEE, New York, 1996, 1053

［70］Haintze M, Zedlitz R. J. Non-Cryst. Solids, 1993, 198-200: 1038

［71］Vetterl O, Finger F, Carius R, et al. Sol Ener. Mater. Sol. Cells, 2000, 62: 97

［72］Schropp R, Zeman M. *in Amorphous and Microcrystalline Silicon Solar Cells: Modeling, Materials and Device Technology*, Kluwer Academic Publishers, 1998, P. 48

［73］Saito K, Sano M, Okabe S, et al. Sol Ener. Mater. Sol. Cells, 2005, 86: 565

［74］Rech B, Roschek T, Repmann T, et al. Thin Solid Films, 2003, 427: 157

［75］Yue G, Yan B, Ganguly G, et al. Record of the 4th World Conference on Photovoltaic Energy Conversion, Hawaii, USA, 2006, P. 1588

［76］Shah A V, Meier J, Vallat-Sauvain E, et al. Sol Ener. Mater. Sol. Cells, 2003, 78: 469

［77］Zi J, Buescher H, Falter C, et al. Appl. Phys. Lett. , 1996, 69: 200

［78］Mahan A H, Yang J, Guha S, et al. Phys. Rev. B, 2000, 61: 1677

［79］Smets A H M, Matsui T, Kondo M. J. Appl. Phys. , 2008, 104: 034508

［80］Chapman B. in Glow Discharge Process: Sputtering and Plasma Etching, John Wiley & Sons, 1980, New York, Chichester, Brisbane, Toronto, Singapore

［81］Carson D. Sol Ener. Mater. Sol. Cells, 2003, 78: 327

［82］Kondo M. Sol Ener. Mater. Sol. Cells, 2003, 78: 543

［83］Curtins H, Wyrsch N, Shah A. Electron Lett. , 1997, 23: 228

［84］Curtins H, Wyrsch N, Favre M, et al. Plasma Chem. and Plasma Process. , 1987, 7: 267

［85］Shah A, Dutta J, Wyrsch N, et al. Mater. Res. Soc. Symp. Proc. , 1992, 258: 15

［86］Meier J, Fluckiger R, Keppner H, et al. Appl. Phys. Lett. , 1994, 65: 860

［87］Meier J, Torres P, Platz R, et al. Mater. Res. Soc. Symp. Proc. , 1996, 420: 3

［88］Yue G, Yan B, Yang J, et al. Mater. Res. Soc. Symp. Proc. , 2007, 989: 359

［89］Yan B, Yang J, Guha S, et al. Mater. Res. Soc. Symp. Proc. , 1999, 557: 115

［90］Guha S, Xu X, Yang J, et al. Appl. Phys. Lett. , 1994, 66: 595

［91］Jones S, Crucet R, Deng X, et al. Mater. Res. Soc. Symp. Proc. , 2000, 609: A4. 5

［92］Yan B, Yue G, Yang J, et al. Proc. of 3rd World Conference on Photovoltaic Energy Conversion, Osaka, 2003, P. 2773

［93］Shirai H, Sakuma Y, Ueyama H. Thin Solid Films, 1999, 345: 7

［94］Jia H, Saha J K, Shirai H. Jpn. J. App. Phys. , 2006, 45: 666

［95］Jia H, Shirai H, Kondo M. Mater. Res. Soc. Symp. Proc. , 2006, 910: 309

［96］Biebericher A C W, Burgers A R, Devilee C, et al. Proc. of 19th European Photovoltaic Solar Energy Conference, Paris, France, 2004, P. 1485

［97］Löffler J, Devilee C, Geusebroek M, et al. Proc. of 21st European Photovoltaic Solar Energy Conference, Dresden Germany, 2006, P. 1597

[98] Weismann R, Ghosh A K, McMahon T, et al. Appl. Phys. ,1979, 50: 3752

[99] Matsumura H, Tachibana H. Appl. Phys. Lett. , 1985, 47: 833

[100] Matsumura H. J. Appl. Phys. , 1987, 65: 4396

[101] Doyle J, Robertson R, Lin G H, et al. J. Appl. Phys. , 1988, 64: 3215

[102] Mahan A H. Thin Solid Films, 2001,395:12

[103] Mahan A H. Sol. Ener. Mater. Sol. Cells, 2003, 78: 299

[104] Molenbroek E C, Mahan A H, Gallagher A C. J. Appl. Phys. ,1997, 82: 1909

[105] Horbach C, Beyer W, Wagner H. J. Non-Cryst. Solids, 2001, 137-138: 661

[106] Mahan A H, Mason A, Nelson B P, et al. Mater. Res. Symp. Proc. ,2000, 609: A6. 6

[107] Holt J K, Swiatek M, Goodwin D G, et al. Mater. Res. Symp. Proc. , 2002, 715: 165

[108] Matsumura H. Thin Solid Films, 2001, 395: 1

[109] Ishibashi K. Thin Solid Films, 2001, 395: 55

[110] Masuda A, Izumi A, Umemoto H, et al. Mater. Res. Symp. Proc. , 2002, 715: 111

[111] Mai Y, Klein S, Carius R, et al. Appl. Phys. Lett. ,2005, 87: 073503

[112] Nishida S, Tasaki H, Konagai M,et al. J. Appl. Phys. ,1985, 58: 1427

[113] Veprek S, Marecek V. Solid State Electron. , 1986, 11: 683

[114] Madan A, Ovshinsky S R, Benn E. Phil. Mag. B. , 1979, 40: 259

[115] Tsu R, Izm M, Ovshinsky S R, et al. Solid State Commun. ,1980, 36: 817

[116] Yan B, Yue G, Guha S. Mater. Res. Soc. Symp. Proc. , 2007, 989: 335

[117] Guo L, Kondo M, Fukawa M, et al. Jpn. J. Appl. Phys. ,1998, 37: L1116

[118] Fukawa M, Suzuki S, Guo L, et al. Sol. Ener. Mater. Sol. Cells, 2001, 66: 217

[119] Gordijn A, Francke J, Hodakova L, et al. Mater. Res. Soc. Symp. Proc. , 2005, 862: 87

[120] Kakiuchi H, Ohmi H, Kuwahara Y, et al. Proc. of 21st European Photovoltaic Solar Energy Conference, 2006, Dresden, Germany,P. 1852

[121] Niikura C, Kondo M, Matsuda A. J. of Non-Crystal. Solids, 2004, 338-340: 42

[122] Niikura C, Itagakib N, Kondo M, et al. Thin Solid Films, 2004, 457: 84

[123] Smets A H M, Matsui T, Kondo M. Record of 4th World Conference on Photovoltaic Energy Conversion, Hawaii, USA,P. 1592

[124] Moustakas T, Maruska H, Friedman R. J. Appl. Phys. ,1985, 58: 983

[125] Abelson J, Doyle J, Mandrell L, et al. Mater. Res. Soc. Symp. Proc. , 1992, 268: 83

[126] Miller D, Lutz H, Weismann H, et al. J. Appl. Phys. ,1978, 49: 6192

[127] Shimizu T, Kumeda M, Morimoto A, et al. Mater. Res. Soc. Symp. Proc. ,1996, 70: 311

[128] Sakamoto Y. Jpn. J. Appl. Phys. ,1977, 16: 1993

[129] Dalal V, Maxson T, Girvan R, et al. Mater. Res. Soc. Symp. Proc. ,1997, 467: 813

[130] van de Sanden M C M, Severens R J, Kessels W M M, et al. J. Appl. Phys. ,1998, 84: 2426

[131] Smets A H M. Growth Related Material Properties of Hydrogenated Amorphous Silicon. Eindhoven: Eindhoven University of Technology, PhD. thesis, 2002

[132] Brinza M, Adriaenssens G J. Mater. Res. Soc. Symp. Proc. ,2006, 910: 169

[133] Kakiuchi H, Ohmi H, Kuwahara Y, et al. Jpn. J. Appl. Phys. ,2006, 45: 3587

[134] Kakiuchi H, Ohmi H, Kuwahara Y, et al. Proc. of 21st European Photovoltaic Solar Energy Conference, 2006, Dresden, Germany,P. 1582

[135] Matsuda A, Takai M, Nishimoto T, et al. Sol. Ener. Mater. Sol. Cells, 2003, 78: 3

[136] Howling A A, Strahm B, Colsters P, et al. Plasma Sources Sci. Technol. ,2007, 16: 679

[137] van den Donker M N, Rech B, Schmitz R, et al. Res. Soc. Symp. Proc. ,2006,910: 701

[138] Flewitt A J, Robertson J, Milne W I. J. Appl. Phy. ,1999, 85: 8032

[139] Robertson J. J. Appl. Phy. ,2000, 87: 2608

[140] Robertson J. Mater. Res. Soc. Symp. Proc. ,2000, 609: A1. 4. 1

[141] Yang J, Xu X, Guha S. Mater. Res. Soc. Symp. Proc. ,1994, 336: 687

[142] Lee Y, Jiao L, Liu H, et al. Technical Digest of 9th International Photovoltaic Science Engineering Conference, 1996,P. 643

[143] Yang L, Chen L F. Mater. Res. Soc. Symp. Proc. ,1994 336: 669

[144] Xu X, Yang J, Guha S. J. Non-Cryst. Solids, 1996, 198-200: 60

[145] Ganguly G, Matsuda A. J. Non-Cryst. Solids, 1996, 198-200: 559

[146] Lu Y, Kim S, Gunes M, et al. Mater. Res. Soc. Symp. Proc. ,1994, 336: 595

[147] Tsu D V, Chao B S, Ovshinsky S R, et al. Appl. Phys. Lett. , 1997, 71: 1317

[148] Tsu D V, Chao B S, Jonse S J. Sol. Ener. Mater. Sol. Cells, 2003, 78: 115

[149] Mahan A H, Yang J, Guha S, et al. Phys. Rev. B, 2000, 61: 1677

[150] Owens J M, Han D, Yan B, et al. Mater. Res. Soc. Symp. Proc. ,2003, 762: 339

[151] Xu X, Yang J, Guha S. J. Non-Cryst. Solids, 1996, 198-200, 96

[152] Yue G, Han D, Williamson D L, et al. Appl. Phys. Lett. ,2000, 77: 3185

[153] Schiff E A. Sol. Ener. Mater. Sol. Cells, 2003, 78: 567

[154] Zhu K, Yang J, Wang W, et al. Mater. Res. Soc. Symp. Proc. ,2003, 762: A3. 2

[155] Guha S, Yang J, Banerjee A, et al. Sol. Ener. Mater. Sol. Cells, 2003, 78: 329

[156] Lord K, Yan B, Yang J. Appl. Phys. Lett. ,2001, 79: 3800

[157] Yang J, Lord K, Yan B, et al. Mater. Res. Soc. Symp. Proc. ,2002, 715: 601

[158] Kroll U, Meier J, Torres P, et al. J. Non-Cryst. Solids, 1988, 227-230: 68

[159] Vallat-Sauvain E, Kroll U, Meier J, et al. J. Appl. Phys. ,2000, 87: 3137

[160] Matsuda A, J. Non-Cryst. Solids, 1983, 59/60: 676

[161] Matsuda A. Thin Solid Films, 1999, 337: 1

[162] Tsai C C, Anderson G B, Thompson R, et al. J. Non-Cryst. Solids, 1989, 114: 151

[163] Nakamura K, Yoshida K, Takeoka S, Jpn. J. Appl. Phys. ,1995, 34: 442

[164] Collins R W, Ferlauto A S, Ferreira G M, et al. Wronski, Sol. Ener. Mater. Sol. Cells, 2003, 78: 143

[165] Teplin C W, Levi D H, Wang Q, et al. Mater. Res. Soc. Symp. Proc. ,2004,808:A5. 1

[166] Fujiwara H, Kondo M. Mater. Res. Soc. Symp. Proc. ,2005, 862:A14. 1

[167] Deng X, Schiff E A. in Handbook of Photovoltaics Engineering, edited by Luque A, Hegedus S. John Wiley and Sons, Chichester, England, 2003

[168] Yang J, Banerjee A, Guha S. Sol. Ener. Mater. Sol. Cells, 2003, 78: 597

[169] Guha S, Yang J, Pawlikiewicz A, et al. Appl. Phys. Lett. ,1989, 54: 2330

[170] Yang J, Banerjee A, Glatfelter T, et al. Proc. of 1st World Conf. on Photovoltaic Energy Conversion Proc. , IEEE. New York, 1994,P. 380

[171] Yan B, Jiang C S, Teplin C W, et al. J. Appl. Phys. ,2007, 101: 033711

[172] Biswas R. Private communication

[173] Yan B, Yang J, Guha S. Proc. of 3rd World Conference on Photovoltaic Energy Conversion, Osaka, Japan, 2003,P. 1627

[174] Jiang C S, Yan B, Moutinho H R, et al. Mater. Res. Soc. Symp. Proc. ,2007, 989: 15

[175] Yan B, Yue G, Yang J, et al. Sol. Ener. Mater. Sol. Cells, 2013, 111: 90

[176] Yan B, Lord K, Yang J, et al. Mater. Res. Soc. Symp. Proc. ,2002, 715: 629

[177] Yan B, Yue G, Owens J M, et al. Appl. Phys. Lett. ,2004, 85: 1755

[178] Yang L, Chen L, Hou J Y, et al. Mat. Res. Soc. Symp. Proc. ,1992, 258: 365

[179] Yue G, Yan B, Yang J, et al. Appl. Phys. Lett. ,2005, 86: 092103

[180] Yue G, Yan B, Yang J, et al. J. Appl. Phys. ,2005, 98: 074902

[181] Yue G, Yan B, Ganguly G, et al. Mater. Res. Soc. Symp. Proc. ,2006, 910: 29

[182] Yablonovitch E. J. Opt. Soc. Am. ,1982, 72: 899

[183] Yablonovitch E, Cody G D. IEEE Trans. Electron Devices, 1982, 29: 303

[184] Teidje T, Yablonovitch E, Cody G D, et al. IEEE Trans. Electron Devices, 1984, 31: 711

[185] Mokkapati S, Catchpole K R. J. Appl. Phys. , 2012, 112: 101101

[186] Yu Z, Raman A, Fan S. Optics Express, 2010,18: A366

[187] Biswas R, Zhou D. Phys. Status Solidi (a), 2010, 207: 667

[188] Biswas R, Xu C. J. Non-Cryst. Solids, 2012, 358: 2289

[189] Atwater H A, Polman A. Nature Mater. , 2010,9: 205

[190] Haug F J, Söderström T, Cubero O, et al. J. Appl. Phys. ,2009,106:044502

[191] Schiff E A. J. Appl. Phys. ,2011, 110: 104501

[192] Stuart H R, Hall E G. J. Opt. Soc. Am. A, 1997, 14: 3001

[193] Yan B, Yue G, Sivec L, et al. Sol. Ener. Mater. & Sol. Cells, 2012, 104: 13

[194] Sivec L, Yan B, Yue G, et al. IEEE J. Photovoltaics, 2012, 2: 27

[195] MuKller J, Kluth O, Wieder S. Sol. Ener. Mater. & Sol. Cells, 2001, 66: 275

[196] Müller J, Schöpea G, Klutha O, et al. Thin Solid Films,2003, 442: 158

[197] Hüpkes J, Zhu H, Owen J I, et al. Thin Solid Films, 2012, 520: 1913

[198] Huang Q, Liu Y, Yang S, et al. Solar Ener. Mater. & Sol. Cells,2012, 103: 134

[199] Meier J, Dubail S, Golay S, et al. Sol. Ener. Mater. & Sol. Cells,2002, 74: 457

[200] Nicolay S, Despeisse M, Haug F J, et al. Solar Ener. Mater. & Sol. Cells, 2011, 95: 1031

[201] Nasuno Y, Kondo M, Matsuda A, Jpn. J. Appl. Phys. ,2001, 40: L303

[202] Li H, Franken R H, Rath J, et al. Sol. Ener. Mater. & Sol. Cells, 2009, 93: 338

[203] Python M, Madani O, Dominé D. Sol. Ener. Mater. & Sol. Cells, 2009, 93: 1714

[204] Bailat J, Dominé D, Schlüchter R, et. al. Proc. 4th World Conf. on Photovoltaic Energy

Conversion, Hawaii, USA, 2006

[205] Sai H, Kanamori Y, Kondo M. Appl. Phys. Lett. ,2011, 98: 113502

[206] Sai H, Saito K, Kondo M. IEEE J. Photovoltaics, 2012, 3: 5

[207] Söderströmn K, Bugnon G, Haug F J, et al. Solar Ener. Mater. &. Sol. Cells, 2012, 101: 193

[208] Söderströmn K, Bugnon G, Biron R, et al J. Appl. Phys. ,2012, 112: 114503

[209] Yan B, Yue G, Yang J, et al. Proc. of 33rd IEEE Photovoltaic Specialists Conference, IEEE, New York, 2008,PaPer No. 257

[210] Yang J, Banerjee A, Lord K, et al. Proc. of 2nd World Conference and Exhibition on Photovoltaic Solar Energy Conversion, 1998, Vienna, Austria,P. 387

[211] Yang J, Ross R, Mohr R, et al. Mater. Res. Soc. Symp. Proc. ,1986, 70: 475

[212] Fischer D, Dubail S, Anna Selvan J A, et al. Proc. of 25th IEEE Photovoltaic Specialists Conference, IEEE, New York, 1996,1053

[213] Fukuda S, Yamamoto K, Nakajima A, et al. 21st European Photovoltaic Solar Energy Conference, 2006, Dresden, Germany,P. 1535

[214] Yamamoto K, Nakajima A, Yoshimi M, et al. Proc. of 3rd World Conference on Photovoltaic Energy Conversion, Osaka, 2003,P. 2789

[215] Yan B, Yue G, Yan Y, et al. Mater. Res. Soc. Symp. Proc. ,2008, 1066: A3. 3

[216] Yue G, Yan B, Sivec L, et al. Mater. Res. Soc. Proc. ,2012, 1426: 33

[217] Reported in 2007 Photovoltaic Forum&.Exhibition Taiwan

[218] Shur M, Hack M. J. Appl. Phys. ,1985, 58: 997

[219] Guha S, Yang J, Pawlikiewicz A, et al. Appl. Phys. Lett. ,1989, 54: 2330

[220] Arch J K, Rubinelli F A, Hou J Y, et al. J. Appl. Phys. ,1991, 69: 7674

[221] Topic M, Smole F, Furlan J. J. Appl. Phys. ,1996,79: 8537

[222] Zeman M, Willemen J A, Vosteen L L A, et al. Sol. Ener. Mater. Sol. Cells, 1997, 46: 81

[223] Zeman M, Krc J. Mater. Res. Soc. Symp. Proc. ,2007, 989: 23

[224] Burgelman M, Nollet P, Degrave S. Thin Solid Films, 2000, 361-362: 527

[225] Froitzheim A, Stangl R, Elstner L, et al. Proc. of 3rd World Conference on Photovoltaic Energy Conversion, Osaka, 2003,P. 279

[226] Krc J, Smole F, Topic M. Prog. in Photovolt: Res. Appl. ,2003, 11: 15

[227] Krc J, Zeman M, Campa A, et al. Mater. Res. Soc. Proc. ,2006, 910: 669

[228] Tawada Y, Yamagishi H, Yamamoto K. Sol. Ener. Mater. Sol. Cells, 2003, 78: 647

[229] Repmann T, Wieder S, Klein S, et al. Record of the 4th World Conference on Photovoltaic Energy Conversion, Waikoloa, Hawaii, 2006,P. 1724

[230] Meier J, Kroll U, Benagli S. Mat. Res. Soc. Symp. Proc. ,2007, 989: 545

[231] Izu M, Ellison T. Sol. Ener. Mater. Sol. Cells, 2003,78:613

第6章 铜铟镓硒(CIGS)薄膜太阳电池

李长键 张 力

铜铟硒薄膜太阳电池是以多晶 $CuInSe_2$(CIS)半导体薄膜为吸收层的太阳电池,金属镓元素部分取代铟,又称为铜铟镓硒(CIGS)薄膜太阳电池。CIGS 材料属于 I-III-VI 族四元化合物半导体,具有黄铜矿的晶体结构。CIGS 薄膜太阳电池自 20 世纪 70 年代出现以来,得到非常迅速的发展,目前已经成为国际光伏界的研究热点,并将逐步实现产业化。此电池具有以下特点:①三元 CIS 薄膜的禁带宽度是 1.04eV,通过适量的 Ga 取代 In,成为 $CuIn_{1-x}Ga_xSe_2$ 多晶固溶体,其禁带宽度可以在 1.04~1.67eV 范围内连续调整。②CIGS 是一种直接带隙材料,其可见光的吸收系数高达 $10^5\,cm^{-1}$ 数量级,非常适合于太阳电池的薄膜化。CIGS 吸收层厚度只需 1.5~2.5μm,整个电池的厚度为 3~4μm。③技术成熟后,制造成本和能量偿还时间将远低于晶体硅太阳电池。④抗辐照能力强,用作空间电源有很强的竞争力。⑤转换效率高。2011 年德国氢能和可再生能源研究中心(ZSW)研制的小面积 CIGS 太阳电池的转换效率已达到 20.3%,是当前薄膜电池中的最高纪录[1]。⑥电池稳定性好,不衰减。⑦弱光特性好。因此,CIGS 薄膜太阳电池有望成为新一代太阳电池的主流产品之一。

本章将对 CIGS 薄膜电池的发展历史、CIGS 薄膜的制备方法及材料性能、CIGS 薄膜电池的典型结构和异质结特性等方面进行详细介绍。同时本章也将介绍该类电池的新工艺及新技术等发展新动向,如无镉电池和柔性衬底电池等。

6.1 CIGS薄膜太阳电池发展史

20 世纪六七十年代,人们开始研究 I-III-VI 族三元黄铜矿半导体材料(Cu,Ag)(In,Ga,Al)(Se,S,Te)$_2$ 的结构、光学和电学等基本物理特性[2]。1974 年,美国 BELL 实验室的 Wagner[3] 等首先研制出具有单晶 $CuInSe_2$(CIS)/CdS 结构的 p-n 异质结光电探测器,并首次报道了光电转换效率为 5% 的单晶 $CuInSe_2$ 太阳电池。晶体 $CuInSe_2$ 由熔体生长技术制备,经切片、抛光、王水刻蚀,最后在 Se 气氛下进行 600℃退火 24h 得到 p 型半导体材料。1975 年,Wagner 等通过器件优化,制备了单晶 $CuInSe_2$/CdS 太阳电池,光电转换效率达到了 12%(活性面积 0.79mm^2,入射光强 92mW/cm^2)[4]。

　　多晶 CIGS 薄膜电池的发展历史如图 6.1 所示,主要可分为以下几个阶段:
Maine 大学首先研制了 CIS 薄膜电池;波音(Boeing)公司采用共蒸发工艺在此后
的十几年中保持着世界领先水平;ARCO 公司的溅射后硒化工艺在 1988 年取得
世界纪录的效率;在 1992~1993 年,欧洲的 CIS 研究取得了短暂的领先水平;从
1994~2009 年,美国国家可再生能源实验室(NREL)一直保持着小面积电池的世
界纪录。2010 年,欧洲 CIGS 太阳电池再次取得了领先,小面积电池光电转换效率
达到了 20.3%[1]。

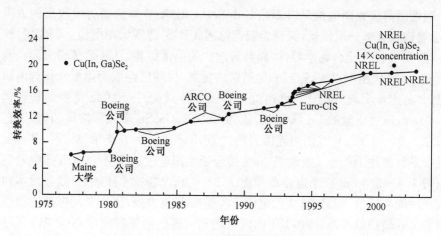

图 6.1　多晶 CIGS 薄膜电池的发展历史[5]

　　1976 年,Maine 大学的 L. L. Kazmerski 首次报道了 CIS/CdS 异质结薄膜太
阳电池,CIS 薄膜材料由单晶 $CuInSe_2$ 和 Se 二源共蒸发制备。厚度 5~6μm 的
p-CIS薄膜沉积在覆有金膜的玻璃衬底上,然后蒸发沉积 6μm 的 CdS 作为窗口层
形成异质结,电池的效率达到了 4%~5%,开创了 CIS 薄膜电池研究的先例[6]。

　　1981 年,Boeing 公司的 Mickelsen 和 Chen 等制备出转换效率为 9.4% 的多晶
CIS 薄膜太阳电池以后[7],人们才充分认识到 CIGS 薄膜电池在光伏领域的重要
性。Chen 等制备的电池具有图 6.2 所示的结构。衬底选用普通玻璃或者氧化铝,
溅射沉积 Mo 层作为背电极。$CuInSe_2$ 薄膜采用"两步工艺"制备,又称 Boeing 工
艺,即先沉积低电阻率的富 Cu 薄膜,后生长高电阻率的贫 Cu 薄膜。蒸发本征
CdS 和 In 掺杂的低阻 CdS 薄膜作为 n 型窗口层,最后蒸发 Al 电极完成电池的制
备,由此奠定了 CIS 薄膜电池的器件结构基础。在此后的 6~7 年内,Boeing 公司
一直处于多晶 CIS 薄膜电池研制的领先地位。他们制备的 CIS 薄膜电池的转换
效率稳步提高。1982 年,Chen 等采用蒸发 $Cd_{1-x}Zn_xS$ 代替 CdS 作缓冲层,提高了
器件的开路电压,使多晶 CIS 薄膜太阳电池的转换效率达到了 10.6%[8];1984 年,
达到了 10.98%[9];1986 年,转换效率达到了 11.9%[10]。

　　1988 年,CIS 薄膜电池的研究取得了重大进展。ARCO 公司(现美国 Shell 公司前身)采用溅射 Cu、In 预置层薄膜后,用 H_2Se 硒化的工艺制备了转换效率达到 14.1% 的 CIS 电池,电池 I-V 曲线及各性能参数如图 6.3 所示[11]。ARCO 制备的电池采用玻璃衬底/Mo/CIS/CdS/ZnO/顶电极结构,这种器件结构的设计增大了电池的短路电流密度(J_{SC})和填充因子(FF)。其中缓冲层 CdS 厚度低于 50nm,可以透过大量的光并拓宽了吸收层的光谱相应,使电池的短路电流密度达到了 41mA/cm² 。另外,织构 ZnO 抑制了光学反射也对 J_{SC} 的提高有贡献。ARCO 公司的成功使溅射预制层后硒化法和多元共蒸发法共同成为制备高效率 CIS 薄膜电池的主流技术。

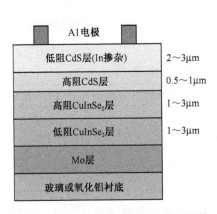

图 6.2　Boeing 公司 CIS 电池典型结构　　图 6.3　ARCO 公司 CIS 电池的 I-V 曲线

　　CIS 薄膜电池经历了连续十几年的发展以后,研究重点变为提高器件的开路电压,拓宽吸收层材料的带隙。$CuGaSe_2$ 和 $CuInS_2$ 比 $CuInSe_2$ 带隙宽,分别为 1.67eV 和 1.5eV。元素 Ga 和 S 的掺入可分别形成 $Cu(In,Ga)Se_2$ 和 $CuIn(S,Se)_2$ 合金,既可增加材料的禁带宽度,又使之与太阳光谱更加匹配,提高器件的性能。1989 年,Boeing 公司通过 Ga 的掺入制备了 $Cu(In_{0.7},Ga_{0.3})Se_2$/CdZnS 太阳电池,电池的转换效率达到了 12.9%。此电池的开路电压为 555mV,这是不含 Ga 的 $CuInSe_2$ 薄膜电池所达不到的[12]。

　　进入 20 世纪 90 年代,CIS 薄膜电池得到了快速的发展。1992 年,L. stolt 等采用四极质谱仪控制多源共蒸发制备 CIS 薄膜,并使用化学水浴法(CBD)沉积 10~20nm 厚的 CdS 作为缓冲层,太阳电池效率达到 14.8%。湿法制备的 CdS 层改善了 pn 结的质量,提高了电池的开路电压与填充因子[13]。1993 年,E. Tarrent 等采用掺入元素 Ga、S 的方法,制备了具有梯度带隙结构的 $Cu(In,Ga)(Se,S)_2$ (简称 CIGSS)吸收层[14],器件结构为苏打玻璃衬底/Mo 电极/梯度 CIGSS 吸收层/50nmCdS 过渡层/ZnO 窗口层/MgF_2 减反层,电池转换效率达到 15.1%。吸收层靠近背电极处的高 Ga 浓度可以提供强的背电场,表面高 S 含量可以降低界面复合。同时,Ga、S 元素的掺入也提高了吸收层沉积工艺容忍度,梯度带隙的引入增加了开路电压而保持着电流密度,为 CIGS 薄膜电池效率的进一步提高奠定了基础。

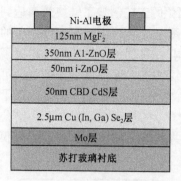

图 6.4　NREL 研制的 CIGS 电池的典型结构

1994 年,美国国家可再生能源实验室(NREL)在小面积 CIGS 电池研究领域取得突破,这主要归因于"三步共蒸发工艺"的成功应用。1994 年,使用"三步法工艺"制备的 CIGS 太阳电池的转换效率达到了 15.9%,器件结构如图 6.4 所示,这也是至今为止高效率 CIGS 薄膜电池的典型结构。

表 6.1　NREL 共蒸发 CIGS 电池的进展

年份	电池面积/cm²	电池效率/%	开路电压/mV	电流密度/(mA/cm²)	填充因子/%
1994	0.437	15.9	649	31.88	76.6[15]
1999	0.449	18.8	678	35.22	78.65[16]
2003	0.408	19.2	689	35.71	78.12[17]
2005	0.41	19.9	6903	35.5	81.2[18]

　　小面积 CIGS 薄膜太阳电池性能得以显著提高的主要原因是:①S 和 Ga 的掺入不仅增加了吸收层材料的带隙,还可控制其在电池吸收层中形成梯度带隙分布,调整吸收层与其他材料界面层的能带匹配,优化整个电池的能带结构。②用 CBD 法沉积 CdS 层和双层 ZnO 薄膜层取代蒸发沉积厚 CdS 窗口层材料,提高了电池异质结的质量,改善了短波区的光谱响应。③用含钠普通玻璃替代无钠玻璃,Na 通过 Mo 的晶界扩散到达 CIGS 薄膜材料中,改善了 CIGS 薄膜材料结构特性和电学特性,提高了电池的开路电压和填充因子。

　　CIGS 薄膜光伏组件发展始于小面积电池效率超过 10% 以后。很多公司一直致力于 CIGS 薄膜电池的产业化发展,并在组件的研制方面取得了很大的进展,如图 6.5 所示。在这些研究成果中,瑞典乌勒苏拉大学(ASC)小组件的研制处于最高水平,2003 年其 19.59cm² 的组件效率达到了 16.6%[19]。美国 ARCO SOLAR 在大面积 CIGS 组件研制中处于领先水平。1987 年,ARCO 公司采用溅射金属预制层,用 H_2Se 硒化的两步工艺在小面积(3.6cm²)电池效率 12.5% 的基础上,制备大面积组件。在 65cm² 的面积上制作 14 个子电池串联的组件效率为 9.7%,在 30cm×30cm 面积上制作 50 个子电池的组件效率达到 9.1%[20]。此后该公司几经转手,2001 年成为美国 Shell Solar 公司。该公司在溅射后硒化的基础上,开发了快速热处理(RTP)技术,使 10cm×10cm 组件的效率达到 14.7%,2004 年制备的 60cm×90cm 的大面积组件效率为 13.1%[21],单片输出功率可到 65W$_P$,达到产业化水平。

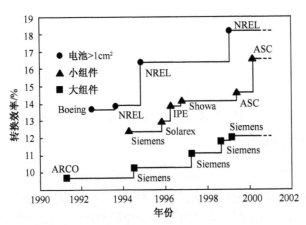

图 6.5　小面积 CIGS 电池及组件的发展[18]

德国氢能和可再生能源研究中心(ZSW)与斯图加特大学合作研究,采用共蒸发工艺制备吸收层 CIGS 薄膜,电池组件效率逐年提高。1995 年,100cm^2 组件效率达到 10%。到 1998 年,面积为 1000cm^2 的组件效率达到 12%。2000 年,ZSW 与德国 Würth 公司合作建立了 60cm×120cm 大面积组件中试线,年产量达到 1MW$_P$。到 2005 年,该公司 60cm×120cm 大面积组件的最高效率达到 13%,平均转换效率为 11.5%,是大面积玻璃衬底 CIGS 薄膜电池的最高水平[22]。

2005 年是 CIGS 薄膜电池产业化快速发展的一年。日本的 Showa Shell 和 Honda Motor 分别建立了 20MW/a 和 27.5MW/a 的生产线。德国 Würth 公司的 15MW 生产线也宣布投产,到 2007 年 CIGS 电池全球产能达到了 70MW。然而,与其他材料光伏电池相比,CIGS 薄膜电池的发展是处于中试向产业化开发阶段。大面积 CIGS 薄膜电池的研究进展见表 6.2,其中包括了目前生产线制造出的最高水平 CIGS 电池组件,由美国米亚所能公司(Miasole)制备的面积 10000cm^2、转换效率 15.7% 的柔性不锈钢衬底 CIGS 组件。从表中可以看出,CIGS 组件效率已经接近晶体 Si 组件水平,其进一步的发展需要提高电池的产量和成品率。

表 6.2　大面积 CIGS 薄膜电池的研究进展[23]

公司	吸收层	电池面积/cm^2	转换效率/%	功率/W	公布时间(月/年)
Globle solar	CIGS	8390	10.2	88.9	05/05
Shell solar	CIGSS	7376	11.7	86.1	10/05
Wurth solar	CIGS	6500	13	84.6	06/04

续表

公司	吸收层	电池面积/cm²	转换效率/%	功率/W	公布时间(月/年)
Shell solar GmbH	CIGSS	4938	13. 1	64. 8	02/04
Shell solar	CIGSS	3626	12. 8	46. 5	03/03
Showa shell	CIGS	3600	12. 8	44. 15	05/03
Miasole	CIGS	10000	15. 7		1/10[24]

6.2 CIGS 薄膜太阳电池吸收层材料

6.2.1 CIGS 薄膜的制备方法

CIGS 薄膜材料的制备方法很多,一般认为有真空沉积和非真空沉积两大类。从多年实验研究和产业化发展历史过程来看,依其工艺程序又可分为多元素直接合成法和先沉积金属预制层后在硒气氛中硒化的两步法。各种共蒸发工艺属于第一种方法,这种方法必须在高真空条件下沉积,因此属于真空沉积一类。后硒化方法中金属预制层可用蒸发、溅射等真空工艺沉积,也可用电化学法、纳米颗粒丝网印刷等非真空工艺制备。这里重点介绍多元共蒸发方法和金属预制层后硒化法,同时也对其他非真空工艺作简单介绍。

1. 多元共蒸发法

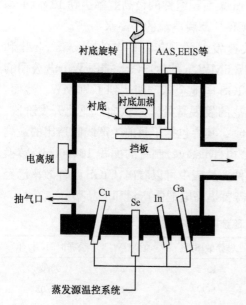

多元共蒸发法是沉积 CIGS 薄膜使用最广泛和最成功的方法,用这种方法成功地制备了最高效率的 CIGS 薄膜电池。典型共蒸发沉积系统结构如图 6.6 所示。Cu,In,Ga 和 Se 蒸发源提供成膜时需要的四种元素。原子吸收谱(AAS)和电子碰撞散射谱(EE-IS)等用来实时监测薄膜成分及蒸发源的蒸发速率等参数,对薄膜生长进行精确控制。

高效 CIGS 电池的吸收层沉积时衬底温度高于 530℃,最终沉积的薄膜稍微贫 Cu,Ga/(In+Ga) 的比值接近 0.3。沉积过程中 In/Ga 蒸发流量的

图 6.6 共蒸发制备 CIGS 薄膜的设备示意图 比值对 CIGS 薄膜生长动力学影响不

大,而 Cu 蒸发速率的变化强烈影响薄膜的生长机制。根据 Cu 的蒸发过程,共蒸发工艺可分为一步法、两步法和三步法[25]。因为 Cu 在薄膜中的扩散速度足够快,所以无论采用哪种工艺,在薄膜的厚度中,Cu 基本呈均匀分布。相反 In,Ga 的扩散较慢,In/Ga 流量的变化会使薄膜中Ⅲ族元素存在梯度分布。在三种方法中,Se 的蒸发总是过量的,以避免薄膜缺 Se。过量的 Se 并不化合到吸收层中,而是在薄膜表面再次蒸发。

　　所谓一步法就是在沉积过程中,保持 Cu,In,Ga,Se 四蒸发源的流量不变,沉积过程中衬底温度和蒸发源流量变化如图 6.7(a)所示。这种工艺控制相对简单,适合大面积生产。不足之处是所制备的薄膜晶粒尺寸小且不形成梯度带隙。

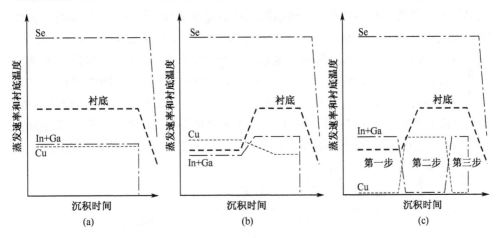

图 6.7　共蒸发制备 CIGS 工艺
(a) 一步法;(b) 两步法(双层工艺);(c) 三步共蒸发工艺

　　两步法工艺又叫 Boeing 双层工艺,是由 Boeing 公司的 Mickelsen 和 Chen 提出的。两步法工艺的衬底温度和蒸发源流量变化曲线如图 6.7(b)所示。首先在衬底温度为 400~450℃时,沉积第一层富 Cu(Cu/Ⅲ>1)的 CIS 薄膜,薄膜具有小的晶粒尺寸和低的电阻率。第二层薄膜是在高衬底温度 500~550℃(对于沉积 CIGS 薄膜,衬底温度为 550℃)下沉积的贫 Cu 的 CIS 薄膜,这层薄膜具有大的晶粒尺寸和高的电阻率。"两步法工艺"最终制备的薄膜是贫 Cu 的。与一步法比较,双层工艺能得到更大的晶粒尺寸。Klenk[26]等认为液相辅助再结晶是得到大晶粒的原因,只要薄膜的成分富 Cu,CIGS 薄膜表面就被 $Cu_x Se$ 覆盖,在温度高于 523℃时,$Cu_x Se$ 以液相的形式存在,这种液相存在下的晶粒生长将增大组成原子的迁移率,最终获得大晶粒尺寸的薄膜。

　　三步法工艺过程如图 6.7(c)所示。第一步,在衬底温度为 250~300℃时共蒸发 90% 的 In,Ga 和 Se 元素形成 $(In_{0.7} Ga_{0.3})_2 Se_3$ 预制层(precursors),Se/(In+

Ga)流量比大于 3；第二步在衬底温度为 $550\sim580℃$ 时蒸发 Cu 和 Se，直到薄膜稍微富 Cu 时结束第二步；第三步，保持第二步的衬底温度，在稍微富 Cu 的薄膜上共蒸发剩余 10% 的 In，Ga 和 Se，在薄膜表面形成富 In 的薄层，并最终得到接近化学计量比的 $CuIn_{0.7}Ga_{0.3}Se_2$ 薄膜。三步法工艺是目前制备高效率 CIGS 太阳电池最有效的工艺，所制备的薄膜表面光滑、晶粒紧凑、尺寸大且存在着 Ga 的双梯度带隙。

　　三步共蒸工艺生长模型如图 6.8 所示[27]，成膜相变路径沿着 Cu_2Se-$(Ga,In)_2Se_3$ 相图从富 In 侧经历富 Cu 区域最后形成表层具有 Cu 缺陷薄层的高质量 CIGS 薄膜。第一步，共蒸发 In，Ga，Se 形成纤锌矿结构的 $(In_{0.7}Ga_{0.3})_2Se_3$（(a)过程），它的结晶状态对其后 CIGS 膜的生长和晶面取向有重要影响[28]。第二步，蒸发 Cu 和 Se。首先，Cu，Se 与预制层反应，逐渐形成贫 Cu 的 $Cu(In,Ga)_5Se_8$，$Cu(In,Ga)_3Se_5$ 和 $Cu(In,Ga)_2Se_{3.5}$ 等有序缺陷化合物（(b)过程），这一系列化合物和黄铜矿 $Cu(In,Ga)Se_2$ 具有类似的晶格结构，不同之处是这些化合物中存在替位缺陷 In_{Cu} 和 Ga_{Cu} 以及 Cu 空位（V_{Cu}）。继续蒸发 Cu 和 Se，Cu 向缺陷化合物内部扩散同时伴随着薄膜中 In 和 Ga 的向外扩散，扩散出来的 In 和 Ga 和蒸发到薄膜表面的 Cu 和 Se 反应形成新的晶核，增加了薄膜的厚度。由于 In 比 Ga 的扩散速度快，导

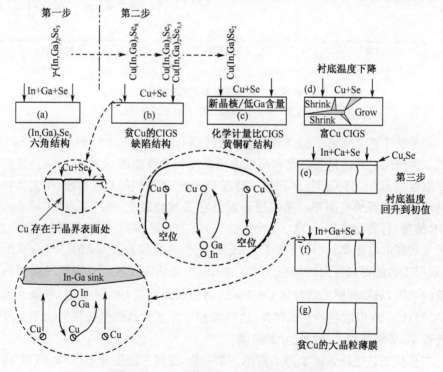

图 6.8　三步共蒸工艺 CIGS 薄膜生长模型

致表面形成低 Ga 含量的薄膜((c)过程)。在薄膜接近化学计量比后,继续蒸发 Cu 和 Se,薄膜变得富 Cu,过量的 Cu 以二次相 Cu_xSe 的形式存在((d)过程)。当温度高于 523 度时,Cu_xSe 以液相的形式存在。第二步完成后,薄膜由满足化学计量比的 CIGS 薄膜和存在于薄膜表面与晶界处的液相 Cu_xSe 二次相组成。第三步,蒸发 In、Ga 和 Se 元素,直至 Cu_xSe 被完全消耗掉,形成满足化学计量比的 CIGS 薄膜。这种在液相 Cu_xSe 存在下的 CIGS 薄膜的再结晶可以得到柱状大晶粒。第三步发生的扩散反应与第二步恰好相反,即 Cu 向外扩散与新蒸发的 In、Ga 和 Se 元素反应,同时 In、Ga 向薄膜内部扩散,导致形成富 In、Ga 的 CIGS 表面层。三步法制备薄膜各元素的分布及薄膜断面结构如图 6.9 所示[17]。从图 6.9(a)中可以看出 Cu 和 Se 元素分布均匀,而 Ga 存在着双梯度的分布,即背接触处和表面含量高,这种梯度的形成原因与三步法工艺以及 In、Ga 元素的扩散系数有关。从图 6.9(b)中可以看出,三步法工艺制备的 CIGS 薄膜晶粒尺寸为 $3\sim5\mu m$,且呈柱状生长,柱状大晶粒密集紧凑贯穿整个薄膜。

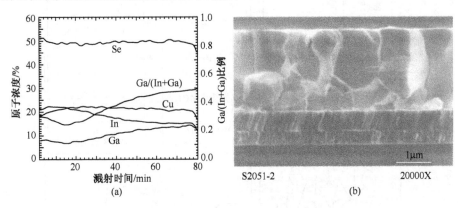

图 6.9　三步法沉积的 CIGS 薄膜
(a) 各元素的分布(Auger 谱);(b) 断面图(SEM)

2. 金属预制层后硒化法

后硒化工艺的优点是易于精确控制薄膜中各元素的化学计量比、膜的厚度和成分的均匀分布,且对设备要求不高,已经成为目前产业化的首选工艺。后硒化工艺的简单过程是先在覆有 Mo 背电极的玻璃上沉积 Cu-In-Ga 预制层,后在含硒气氛下对 Cu-In-Ga 预制层进行后处理,得到满足化学计量比的薄膜。与蒸发工艺相比,后硒化工艺中,Ga 的含量及分布不容易控制,很难形成双梯度结构。因此有时在后硒化工艺中加入一步硫化工艺,掺入的部分 S 原子替代 Se 原子,在薄膜表面形成一层宽带隙的 $Cu(In,Ga)S_2$。这样可以降低器件的界面复合,提高器件的开路电压。

　　后硒化工艺流程如图 6.10 所示。预制层的沉积有真空工艺和非真空工艺。真空工艺包括蒸发法和溅射法沉积含 Se 或者不含 Se 的 Cu-In-Ga 叠层、合金或者化合物。非真空工艺主要包括电沉积、喷洒热解和化学喷涂等。其中溅射预制层后硒化法已成为目前获得高效电池及组件的主要工艺方法。一般采用直流磁控溅射方法制备 Cu-In-Ga 预制层,在常温下按照一定的顺序溅射 Cu、Ga 和 In。溅射过程中叠层顺序、叠层厚度和 Cu-In-Ga 元素配比对薄膜合金程度、表面形貌等影响尤为明显,并直接影响薄膜与 Mo 电极间的附着力。后硒化工艺的难点在于硒化过程。硒化过程中,使用的 Se 源有气态硒化氢(H_2Se)、固态颗粒和二乙基硒((C_2H_5)Se_2:DESe)等,下面介绍这三种硒源的硒化过程。

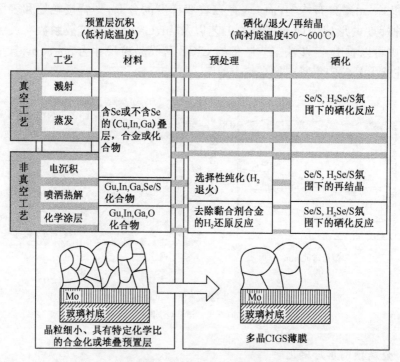

图 6.10　后硒化工艺制备 CIGS 薄膜的流程图[25]

　　在 H_2Se 硒化工艺中,气态 H_2Se 一般用 90% 的惰性气体 Ar 或 N_2 稀释后使用,并精确控制流量。硒化过程中,H_2Se 能分解成原子态的 Se,其活性大且易于与预制层 Cu-In-Ga 化合反应得到高质量的 CIGS 薄膜。H_2Se 硒化装置比较简单,如图 6.11 所示。硒化时,把惰性气体稀释的 H_2Se 通入硒化炉中,同时对预制层进行加热退火,即可得到 CIGS 薄膜。硒化过程中预制层的加热曲线对制备薄膜的质量有很大影响。目前使用 H_2Se 硒化最成功的工艺是快速热退火工艺(RTP)。RTP 工艺中,一薄层 Se 必须预先沉积在 Cu-In-Ga 预制层上,以防止薄膜缺 Se。然后在 1～2min 内把衬底温度快速提高到 500℃以上，加热速率达到 10K/s，对预制层进行退火。快速升、降温可以避免造成过多的材料损失和有害杂质的扩散和氧化。为提高表面的带隙可以通过 H₂S 或者单质 S 再作 S 化处理。这种工艺大大缩短了时间，降低了加热成本，同时不影响薄膜的均匀性。这是因为 RTP 工艺的加热源面对衬底而不是从边缘加热。德国 Shell solar GmbH 用此法制备的 30cm×30cm 组件的转换效率已经达到了 14%，并且已经完成了 20MW/a 的生产厂。H₂Se 作为硒源的最大缺点是其有剧毒且易挥发，需要高压容器储存。

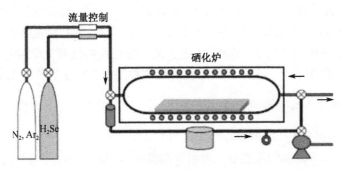

图 6.11　H₂Se 硒化装置示意图[29]

固态 Se 源硒化是将 Se 颗粒作为硒源放入蒸发舟中，用蒸发方法产生 Se 蒸气对预制层进行硒化。优点是无毒、廉价，缺点是硒蒸气压难于控制，Se 原子活性差，易于造成 In 和 Ga 元素的损失，降低材料利用率的同时导致 CIGS 薄膜偏离化学计量比。因此，需要对固态 Se 采用高温活化等措施。

固态硒源的硒化多以"密闭式硒化工艺"为主，该方法可在薄膜硒化时获得很高的硒气压强，图 6.12 为封闭式固态 Se 硒化装置图。在此装置中，Se 颗粒放在密闭的石墨盒中(也可以是不锈钢等密闭容器)中加热蒸发，对样片进行硒化。

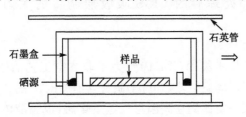

图 6.12　封闭式固态源硒化装置[30]

"密闭式硒化工艺"可以用于批量化生产，将大批的已配比好的预制层衬底放入很大的密闭式硒化室内进行一次性硒化，Se 源可采用固态或 H₂Se 气体。但由于硒化装置热容量大，升降温时间长，对于金属预置层采用真空溅射工艺，不能与 Se 化工艺连续化作业，是影响生产效率的重要因素。真空溅射金属预置层后进行移动式硒化，在真空条件下完成 CIGS 薄膜制备的"敞空间硒化工艺"具有生产效率高的优点,该工艺使用固态 Se 或 H_2Se 气体均可。固态 Se 源是将硒盒中的固态 Se 气化,由 Ar 气或其他惰性气体携带输送到加热的预置层衬底进行硒化,缺点是容易造成 Se 压不足,影响 CIGS 薄膜的质量和大面积均匀性。

有机金属 Se 源((C_2H_5)Se_2:DESe)有望成为剧毒 H_2Se 的替代硒化物。用 MOCVD 法已使用 DESe 制备出了高质量的 $Cu(Al,In,Ga)Se(S)_2$ 薄膜。相比于 H_2Se,DESe 在常温下是液体,可在常压不锈钢容器中储存,泄漏的危险更低。尽管目前每摩尔 DESe 的成本比 H_2Se 高 5 倍左右,但是由于 DESe 具有更高的分压,硒化等量的预制层的消耗量也仅为 H_2Se 的 $1/3 \sim 1/4$,综合比较使用 DESe 硒化的成本并不高。Shigefusa[31]等采用 DESe 硒化 Cu-In 和 Cu-In-O 预制层所制备的 CIGS 薄膜晶粒尺寸为 $1 \sim 2\mu m$,呈现了良好的结构特性和光学特性,薄膜与衬底间也有良好的附着力。进一步的研究将使这种工艺应用于器件的制备。

3. 非真空沉积方法和混合法工艺

1) 电沉积制备 CIGS 薄膜

电沉积 CIGS 薄膜的工艺是一种潜在的低成本沉积技术。沉积过程一般在酸性溶液中进行,使用的溶液体系大致分两类:氯化物体系和硫酸盐体系。其中氯化物体系制备的电池效率较高。氯化物体系主要用 CuCl 或 $CuCl_2$、$InCl_3$、$GaCl_3$、H_2SeO_3(或 SeO_2)作为主盐,溶液中加入导电盐如 KCl 或 KI 以及 KSCN、柠檬酸等络合剂。美国国家可再生能源实验室(NREL)采用一步电沉积工艺,溶液组成为:$0.02 \sim 0.05M①CuCl_2$,$0.04 \sim 0.06M\ InCl_3$,$0.01 \sim 0.03M\ H_2SeO_3$,$0.08 \sim 0.1M\ GaCl_3$ 和 $0.7 \sim 1M\ LiCl$,pH 为 $2 \sim 3$,室温下进行反应。沉积的薄膜组成范围为:$CuIn_{0.32}Ga_{0.01}Se_{0.93} \sim CuIn_{0.35}Ga_{0.01}Se_{0.99}$,厚度一般为 $2\mu m$。由于成分偏离化学计量比较大,必须用真空气相法再沉积一定的 In、Ga 和 Se,将成分调整到 $Cu(In_{0.7}Ga_{0.3})Se_2$,经处理后的 CIGS 吸收层制备的太阳电池转换效率达到 15.4%[32]。

2) 微粒沉积技术[33]

美国国际太阳能技术集团(ISET)致力于非真空工艺的研发,并取得了超过 10% 的器件转换效率。沉积工艺如下:①制备含有 Cu、In 的合金粉末。高纯度的金属 Cu 和 In 粉末按一定比例在高温氢气氛下熔融,成为液体合金。液体合金在氩气喷射下退火形成粉末,尺寸大于 $20\mu m$ 的粒子被筛选出来。②Cu、In 粉末被溶解于水,并加入润湿剂和分散剂。所制备的混合物在球形研磨器中研磨形成"墨水"。③"墨水"被喷洒在覆有 Mo 的玻璃衬底上,并烘干形成预制层。④预制层在 95%N_2+5%H_2Se 混合气体中 440℃ 硒化退火 30min,得到满足化学计量比的薄膜。

---

① 1M=1mol/L。

3) 喷雾高温分解法[34]

喷雾高温分解法(spay pyrolysis)是一种潜在的、低成本制备 CIGS 薄膜的方法。工艺流程如下:首先把金属盐或者有机金属溶解形成溶液,一般选用 $CuCl_2$、$InCl_2$ 及有机物混合溶液,然后把雾状溶液喷射在加热的衬底上,高温分解后得到 CIGS 薄膜。不同的溶液配比、衬底温度以及喷射速率都对制备的薄膜质量有影响。研究表明,通过控制工艺参数,可以抑制各种二次相的生成,并制备出厚度 $2\mu m$ 左右、具有良好结构和电学性能的 CIGS 薄膜。这种工艺的不足之处是制备的薄膜不致密,存在针孔,这将增大器件的串联电阻和降低填充因子。

4) 激光诱导合成法[35-36]

此法是先连续蒸发沉积 Cu、In、Ga 和 Se 元素,形成接近化学计量比的多层膜结构(sanwich),然后把多层膜快速高强度的加热(如 Ar 离子激光器等),形成 CIGS 薄膜。早在 20 世纪 80 年代,L. D. Laude 等采用这种工艺制备了厚度为 $0.1\mu m$ 的 CIGS 薄膜,但薄膜太薄不适合于制备器件。单元素 Cu 层在 In 层和 Se 层之间,先熔化的 In 和 Se 渗透到 Cu 层中形成化学计量比的薄膜。薄膜的晶粒尺寸在 $0.1\sim1\mu m$,在使用高能激光的情况下,增大晶粒尺寸是可能的,材料的光学带隙为 $(0.95\pm0.1)eV$。

5) 混合法工艺[37]

共蒸发工艺沉积的 CIGS 薄膜质量高,但是在大面积蒸发时,Cu 蒸发源的蒸发速率很难控制,这是目前大面积共蒸发工艺的一个难点。溅射工艺简单、易于大面积沉积,但薄膜质量稍差。

美国 EPV 公司很好地结合了蒸发、溅射工艺的优点,研究出了混合法三步工艺。第一步与"三步共蒸工艺"的第一步基本相同,采用线性蒸发源蒸发 In-Ga-Se 预制层,这样可以增强薄膜的附着力并易于调整 Ga 的分布;第二步溅射 Cu 层,这样既可以精确控制 Cu 的含量还可以降低热损耗;第三步继续共蒸发 In-Ga-Se 层,形成化学计量比的 CIGS 薄膜。

采用混合法工艺,在 CIGS 吸收层厚度为 $1.3\mu m$ 取得了 14.1% 的转换效率,甚至在厚度为 $0.71\mu m$ 时,电池的转换效率也达到了 12.1%。这说明混合法工艺在提高工艺重复性和降低材料成本方面具有广泛应用前景。

此外,制备 CIGS 薄膜的方法还有液相沉积法(liquid phase deposition)、电泳沉积法、气相输运技术[37]和机械化学法等。

6.2.2 CIGS 薄膜材料特性

CIGS 是 I-III-VI 族化合物半导体材料,结构与 II-VI 族化合物半导体材料相近。由于 CIGS 材料的研究起源于 CIGS 薄膜太阳电池的研究与发展,所以目前大家重点研究 CIGS 多晶薄膜。而对 CIGS 单晶材料的研究反而较少,这与 Si、Ge 及二元半导体 InSb 和 GaAs 的情况大不相同。尽管存在着晶界的影响,单晶和多晶薄膜材料依然有许多相似的特性。表 6.3 给出了 CIS 薄膜一般的特征参数。后面将对 CIGS 材料的结构、光电特性等作进一步阐述。

表 6.3 CIS 薄膜的特性[12]

材料特性	数值	单位
分子式	$CuInSe_2$	
分子量	336.28	
密度	5.77	g/cm
颜色	灰色	
闪锌矿结构转变温度	810	℃
熔点	986	℃
结构	黄铜矿结构	
空间群	$I42d\text{-}D_{2d}^{12}$	
晶格常数		
a_0	0.5789	nm
c_0	1.162	nm
热膨胀系数(273K)		
(a 轴)	8.32×10^{-6}	K^{-1}
(c 轴)	7.89×10^{-6}	K^{-1}
热导率	0.086	$W/(cm \cdot K)$
比热		
c_1	7.67×10^{-4}	K^{-1}
c_2	4.06×10^{-6}	K^{-2}
c_3	4.3×10^{-9}	K^{-3}
德拜温度	221.9	K
硬度(112 面)	3.2×10^9	N/m^2
抗压强度	1.4×10^{-11}	m^2/N
介电常量		
低频	13.6 ± 2.4	
高频	8.1 ± 1.4	
声速(纵向)	2.2×10^5	cm/s
电阻率(多晶薄膜)		
富 Cu	0.001	$\Omega \cdot cm$
富 In	>100	$\Omega \cdot cm$

续表

材料特性	数值	单位
迁移率		
电子($n=10^{14}\sim10^{17}$ cm^{-3})	$100\sim1000$(300K)	cm^2/(V · s)
空穴($p=8\times10^{15}\sim6\times10^{16}$ cm^{-3})	$50\sim180$(300K)	cm^2/(V · s)
有效质量		
电子	0.09	m_e
空穴(重)	0.71	m_e
(轻)	0.092	m_e
带隙(富 In 的多晶薄膜)	1.02	eV
dE_g/dT (77~330K)	$-2\pm1\times10^{-4}$	eV/K
dE_g/dP	2.8×10^{-11}	eV/Pa

1. CIS 和 CIGS 的晶体结构

热力学分析表明,CuInSe$_2$ 固态相变温度分别为 665℃和 810℃,而熔点为 987℃。低于 665℃时,CIS 以黄铜矿结构晶体存在。当温度高于 810℃时,呈现闪锌矿结构。温度介于 665℃和 810℃之间时为过渡结构。CIS 两种典型结构如图 6.13(a)和图 6.13(b)所示。在 CIS 晶体中每个阳离子(Cu、In)有四个最近邻的阴离子(Se)。以阳离子为中心,阴离子位于体心立方的四个不相邻的角上,如图 6.13(b)所示。同样,每个阴离子(Se)的最近邻有两种阳离子,以阴离子为中心,2 个 Cu 离子和 2 个 In 离子位于四个角上。由于 Cu 和 In 原子的化学性质完全不同,导致 Cu—Se 键和 In—Se 键的长度和离子性质不同。以 Se 原子为中心构成的四面体也不是完全对称的。为了完整地显示黄铜矿晶胞的特点,黄铜矿晶胞由 4 个分子构成,即包含 4 个 Cu、4 个 In 和 8 个 Se 原子,相当于两个金刚石单元。室温下,CIS 材料晶格常数 $a=0.5789$nm,$c=1.1612$nm,c/a 的比值为 2.006。Ga 部分替代 CuInSe$_2$ 中的 In 便形成 CuIn$_x$Ga$_{1-x}$Se$_2$。由于 Ga 的原子半径小于 In,随 Ga 含量的增加黄铜矿结构的晶格常数变小。如果 Cu 和 In 原子在它们的子晶格位置上任意排列,这对应着闪锌矿结构,如图 6.13(a)所示。

2. CIS 和 CIGS 相关相图

CIS 和 CIGS 分别是三元和四元化合物材料。他们的物理和化学性质与其结晶状态和组分密切相关。相图正是这些多元体系的状态随温度、压力及其组分的改变而变化的直观描述。与之相关的相图包括 In-Se、Cu-Se、Ga-Se 和 Cu$_2$Se-In$_2$Se$_3$、Cu$_2$Se-Ga$_2$Se$_3$、In$_2$Se$_3$-Ga$_2$Se$_3$ 等许多二组分相图。下面介绍 Cu$_2$Se-In$_2$Se$_3$

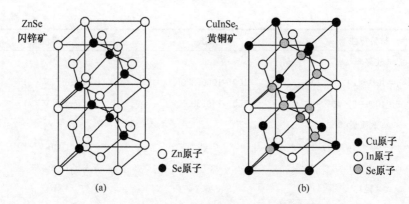

ZnSe
闪锌矿

○ Zn原子
● Se原子

(a)

CuInSe₂
黄铜矿

● Cu原子
○ In原子
◐ Se原子

(b)

图 6.13　闪锌矿和黄铜矿晶格结构示意图[38]

和 Cu_2Se-In_2Se_3-Ga_2Se_3 两个相图。

　　Cu_2Se-In_2Se_3 相图如图 6.14 所示。低于 780℃时，光伏应用的单相 α-$CuInSe_2$ 相存在的范围在 Cu 含量 24~24.5at%的窄小区域内。随着富 Cu 量的增大，薄膜为富 Cu 相和 α-CIS 的两相混合物。在相图贫 Cu 一侧存在着其他相，随着 Cu 含量的减低，依次存在着 β-CIS（$CuIn_3Se_5$, $CuIn_2Se_{3.5}$）和 γ-CIS（$CuIn_5Se_8$），最终到 In_2Se_3。

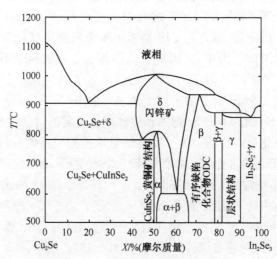

图 6.14　Cu_2Se-In_2Se_3 相图[39]

　　δ-CIS 是 α-CIS 的高温相，在室温下不能稳定存在。δ-CIS 具有闪锌矿结构，即 Cu 和 In 原子任意排布在阳离子位置。α-CIS 向 δ-CIS 的转变称为有序-无序转变。两种亚稳相分别为 Cu-Au 结构相和 Cu-Pt 结构相，它们的成分接近 CIS 化学计量比并在 CIS 薄膜沉积过程中有重要意义，其中 Cu-Au 结构相的形成能稍高于黄铜矿结构,而 Cu-Pt 结构相在富 Cu 生长条件下起重要作用。

四元化合物 CIGS 热力学反应较为复杂,目前对于 CIGS 相图的理解仍然只能基于图 6.15 所示的 Cu_2Se-In_2Se_3-Ga_2Se_3 体系相图(550~810℃)。此相图指出了获得高效率 CIGS 电池的相域(10~30at%Ga),与目前实际器件中约 25at% Ga 含量基本一致。室温下,随着 Ga/In 比例在贫 Cu 薄膜中的增大,单相 α-CIGS 存在的区域出现宽化现象。这是由于 Ga 的中性缺陷对($2V_{Cu}+Ga_{Cu}$)比 In 缺陷对($2V_{Cu}+In_{Cu}$)具有更高的形成能。同时 α 相、β 相和 δ 相也在该相图中出现。

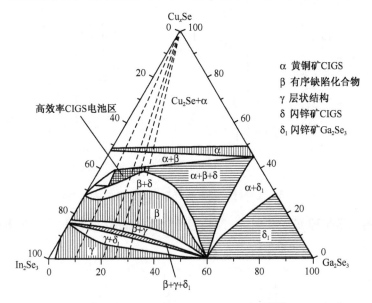

图 6.15　Cu_2Se-In_2Se_3-Ga_2Se_3 相图[40]

3. CIGS 薄膜材料的光吸收和光学带隙

半导体材料的光吸收过程其实是其价带电子吸收足够的能量之后的跃迁过程。这一过程与半导体的能带结构密切相关。研究证明,CIGS 材料是一种直接带隙的半导体,具有高达 $10^5\,cm^{-1}$ 的光吸收系数,是制作薄膜太阳电池的理想材料。图 6.16 给出了几种半导体材料吸收系数与光子能量的关系。

利用量子力学中电子跃迁的理论可以推导出半导体材料的光吸收系数与其能带结构的关系。对于直接跃迁的半导体,若其禁带宽度为 E_g,它对能量为 $h\nu$ 的光子的吸收系数为 α,且有

$$\alpha h\nu = Aa(h\nu - E_g)^{1/2} \tag{6.1}$$

式中,Aa 为与光子能量无关的常数。如果测量半导体材料在不同光子能量下的吸收,然后依照式(6.1)作 $(\alpha h\nu)^2 \sim h\nu$ 的关系图。此图线性区在 $h\nu$ 轴上的截距即

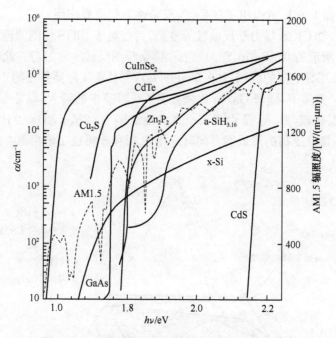

图 6.16　几种材料吸收系数与光子能量的关系[41]

为此材料的光学带隙 E_g。图 6.17 即是用此法描绘的相关曲线,由此得到的 CIGS 薄膜的带隙 E_g 为 1.32eV。

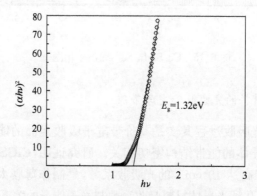

图 6.17　CIGS 薄膜的带隙计算结果示例

　　半导体薄膜的吸收系数 α,可以通过对该膜的反射率、透过率及厚度的测量得到。根据光在薄膜样品内多次反射和透过的叠加,在不考虑干涉的情况下,可得到其透过率(T)与反射率(R)及吸收系数(α)的关系

$$T = \frac{(1-R)^2 \exp(-\alpha d)}{1-R^2 \exp(-2\alpha d)} \tag{6.2}$$

其中，d 为薄膜厚度。在反射很小而吸收较大时上式可简化为

$$T=(1-R)^2 \exp(-\alpha d) \tag{6.3}$$

据此可得到

$$\alpha=\frac{1}{d}\ln\left[\frac{(1-R)^2}{T}\right] \tag{6.4}$$

因此通过薄膜厚度及其反射率和透过率的测量便可得到其吸收系数，进而可得到其光学带隙。

CIGS 薄膜带隙与 Ga/(In+Ga) 的比值直接相关，同时也和 Cu 的含量有关。当薄膜中 Ga 原子含量为 0 时，即 CuInSe$_2$ 薄膜，带隙为 1.02eV；当薄膜中 Ga 原子含量为 100% 时，即 CuGaSe$_2$ 薄膜，带隙为 1.67eV；带隙随其 Ga/(In+Ga) 比值在 1.02～1.67eV 变化[9]。假设薄膜中 Ga 的分布是均匀的，则带隙与薄膜 Ga 原子百分含量的关系式如下[10]

$$E_{g_{CIGS}}(x)=(1-x)E_{g_{CIS}}+xE_{g_{CGS}}-bx(1-x) \tag{6.5}$$

式中，b 为弯曲系数，数值在 0.15～0.24eV，$x=$Ga/(In+Ga)。

4. CIGS 薄膜的缺陷和导电类型

CIGS 薄膜的导电类型与薄膜成分直接相关。CIGS 偏离化学计量比的程度可以表示如下

$$\Delta x=\frac{[Cu]}{[In+Ga]}-1$$

$$\Delta y=\frac{2[Se]}{[Cu]+3[In+Ga]}-1 \tag{6.6}$$

Δx 表示化合物中金属原子比的偏差；Δy 表示化合物中化合价的偏差。[Cu]、[In] 和 [Se] 分别表示相应组分的原子百分比。根据 Δx 和 Δy 的值可以初步分析 CIGS 中存在的缺陷类型和导电类型。

(1) 当材料中 Se 含量低于化学计量比时，$\Delta y<0$，晶体中缺 Se 就会生成 Se 的空位。在黄铜矿结构的晶体中，Se 原子的缺失使得离它最近的一个 Cu 原子和一个 In 原子的一个外层电子失去了共价电子，从而变得不稳定。这时 V_{Se} 相当于施主杂质，向导带提供自由电子。当 Ga 部分取代 In，由于 Ga 的电子亲和势大，Cu 和 Ga 的外层电子相互结合形成电子对，这时 V_{Se} 就不会向导带提供自由电子。所以 CIGS 的 n 型导电性随 Ga 含量的增加而下降。

(2) 当 CIS 中缺 Cu，即 $\Delta x<0$，$\Delta y=0$ 时，晶体内形成 Cu 空位 V_{Cu}，或者 In 原子替代 Cu 原子的位置，形成替位缺陷 In$_{Cu}$。Cu 空位有两种状态，一是 Cu 原子离开晶格点，形成的是中性的空位，即 V_{Cu}；另一种是，Cu$^+$ 离开晶格点，将电子留在空位上，形成 -1 价的空位 V_{Cu^-}。此外，替位缺陷 In$_{Cu}$ 也有多种价态。Δx 和 Δy

取不同值时,CIS 中点缺陷的种类和数量有所不同,各种点缺陷见表 6.4。表中还列出了各种点缺陷的生成能、能级在禁带中的位置和电性能。

表 6.4　CIS 中点缺陷的种类及形成能级[42]

电缺陷类型	生成能/eV	在禁带中的位置/eV	电性质
V_{Cu}^0	0.6		
V_{Cu}^-	0.63	$E_v+0.03$	受主
V_{In}^0	3.04		
V_{In}^-	3.21	$E_v+0.17$	受主
V_{In}^{2-}	3.62	$E_v+0.41$	受主
V_{In}^{3-}	4.29	$E_v+0.67$	受主
Cu_{In}^0	1.54		
Cu_{In}^-	1.83	$E_v+0.29$	受主
Cu_{In}^{2-}	2.41	$E_v+0.58$	受主
In_{Cu}^{2+}	1.85		
In_{Cu}^+	2.55	$E_c-0.34$	施主
In_{Cu}^0	3.34	$E_c-0.25$	施主
Cu_i^+	2.04		
Cu_i^0	2.88	$E_c-0.2$	施主
V_{Se}	2.4	$E_c-0.08$	施主

研究认为 CIS 中施主缺陷能级有五种,分别用 D1~D5 表示;受主缺陷能级有六种,分别用 A1~A6 表示,它们都处于 CIS 的禁带中。这些缺陷能级均对应于某种晶格点缺陷,如图 6.18 所示。

从表 6.4 和图 6.18 可以看出,Cu 空位的生成能很低,容易形成,它的能级在 CIS 价带顶上部 30meV 的位置,是浅受主能级。此能级在室温下即可激活,从而使 CIS 材料呈现 p 型导电。V_{In} 和 Cu_{In} 也是受主型点缺陷,而 In_{Cu} 和 Cu_i 是施主型点缺陷。在一定条件下,能起作用的受主型点缺陷的总和若大于同一条件下能起作用的施主型点缺陷的总和,则 CIS 材料为 p 型,否则为 n 型。因此,通过调节 CIGS 材料的元素配比便可改变其点缺陷,从而调控其导电类型。

点缺陷 V_{Cu} 和 In_{Cu} 可以组合成复合缺陷对$(2V_{Cu}^-+In_{Cu}^{2+})$,这是一种中性缺陷。这种缺陷的形成能低,可以大量稳定地存在,对 CIGS 材料的电性能几乎没有影响。

复合缺陷对$(2V_{Cu}^-+In_{Cu}^{2+})$在 Cu-In-Se 化合物中以一定的规则排列,每 n 个晶胞的 $CuInSe_2$ 中有 m 个$(2V_{Cu}^-+In_{Cu}^{2+})$缺陷对,可用 $Cu_{(n-3m)}In_{(n+m)}Se_{2n}$ 表示,其中 $m=1,2,3,\cdots,n=3,4,5,\cdots$。Cu-In-Se 化合物满足这个关系式,则可以稳定

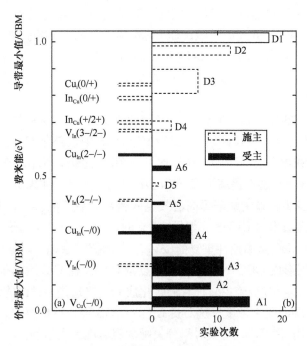

图 6.18　缺陷跃迁能级的对比

(a) 计算值；(b) 实际测试值[43]

存在。如 $CuIn_5Se_8(n=4, m=1)$、$CuIn_3Se_5(n=5, m=1)$ 和 $Cu_2In_4Se_7(n=7, m=1)$ 等，他们是贫 Cu 的 CIS 化合物。人们把这类化合物称为有序缺陷化合物(ordered defect compound, ODC)。

5. Na 对薄膜电学性能的影响

　　二十多年前，人们就发现以钠钙玻璃为衬底的 CIS 薄膜太阳电池的性能远优于其他衬底。研究表明，是玻璃衬底中的 Na 进入 CIS 中起到优化的作用。只要 Na 在 CIGS 薄膜中占 0.01%～0.1% 的原子比例，就能明显提高太阳电池的光电转换效率。可以认为少量的 Na 是高效率 CIGS 薄膜太阳电池中必不可少的成分。

　　加入 Na 的传统方法是采用普通廉价的钠钙玻璃作为电池的衬底，此种玻璃中含有的 Na 可以通过 Mo 背电极向 CIGS 薄膜中扩散。可以想到，Mo 层的结晶状态、形貌等性质会对 Na 的扩散产生影响。如果采用不含 Na 的其他材料作衬底，例如各种柔性金属衬底材料和聚酰亚胺(PI)衬底，则必须采用适当的方法向 CIGS 薄膜中掺入 Na。

　　多年来，人们对 Na 在 CIGS 薄膜太阳电池中的作用机理进行了广泛深入的研究，提出了许多看法，目前尚无统一认识，大体有以下两种说法[44]：

（1）如果 Na 的量足够大，Na 将取代 Cu 形成更加稳定的 $NaInSe_2$ 化合物，$NaInSe_2$ 比 $CuInSe_2$ 有更大的带隙。$CuInSe_2$ 中 1/8 的 Cu 原子被 Na 代替，按照理论推测，带隙将增加 0.11eV，带隙的提高可以增加开路电压；作为沿着 c 轴 [111] 取向的层状结构，$NaInSe_2$ 的存在可以改变 $CuInSe_2$ 的微观形态，使它具有 (112) 的择优取向。

（2）少量 Na 的掺入会形成点缺陷，而不是形成类似体材料的二次相。与 Na 相关的缺陷如下。Na_{Cu} 替位缺陷：一般情况下，CIS 中仅部分 Cu 空位被 Na 取代形成 Na_{Cu}，Na_{Cu} 在电学上不活泼，在 CIS 中不引入能级。Na_{In} 缺陷：Na_{In} 形成比 Cu_{In} 更浅的受主能级，这就提高了 $CuInSe_2$ 中的空穴密度。如果 In 在 Cu 的位置，Na 能有效地减少 In_{Cu} 施主缺陷提高有效空穴密度。后者的影响在 CIS 中可能是最重要的，因为高效率的 CIS 电池都是缺 Cu 的，含有大量的 In_{Cu} 施主缺陷束缚着受主 V_{Cu}。因为 ODC 是周期性重复的 $(2V_{Cu}{}^- + In_{Cu}{}^{2+})$ 缺陷对，Na 的存在可以去除 In_{Cu} 空位，抑制形成 ODC；Na 诱导的 O 点缺陷：Na 在 CIS 表面催化分解 O_2 成为原子氧替代 Se 空位（浅施主），把它们转化成 O_{Se}。O_{Se} 是一种深能级缺陷。这等于增加了 CIGS 层的受主浓度。这对贫 Cu 的 CIGS 层是很重要的。可以认为，正是 Na 的上述作用，使 CIGS 薄膜对组分失配的容忍度大大增加。

6. Ga 或 Ga/S 掺杂与梯度带隙

在吸收层制备工艺中通过掺入适当的 Ga 形成 CIGS 化合物来调整带隙，实现太阳光谱的匹配优化，是提高电池性能的主要途径之一。对于获得较高效率的电池，其吸收层稍微贫 Cu。在生长 CIGS 薄膜的过程中，由于 Cu、In 和 Ga 等元素扩散反应的机理不同，同时受化学组分、反应温度影响，薄膜中自然形成的线性带隙梯度为图 6.19(a) 所示。Mo 背接触处存在的高 Ga 浓度所产生的宽带隙，为提高光生电流收集提供了良好的背面场。进一步地优化带隙分布，使之形成双带隙梯度（图 6.19(b)），不仅可以增强薄膜在 $E_{g_2} \leqslant h\nu < 2.42eV$(CdS) 区间的光生载流子收集，而且通过 E_{g_1} 调整 ΔE_C 将 pn 结界面复合最小化，以获得最佳的 V_{OC} 和 I_{SC}。获得这种双带隙结构的关键在于表层梯度的形成。目前只有多元共蒸三步工艺，能有效地利用元素蒸发速率、生长温度等工艺参数调整，在薄膜表层形成宽带隙实

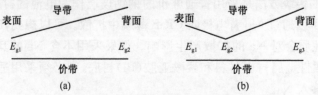

图 6.19　CIGS 梯度带隙结构
(a) 线性梯度；(b) 双梯度[45]

现薄膜带隙的双梯度。利用后续的表层硫化工艺也可以将硒化工艺制备的薄膜带隙结构转变为图6.19(b)的形状。Ga/S双掺杂是目前硒化法制备高效电池、组件的主要工艺。

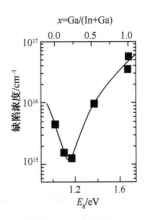

图 6.20　Ga 含量与 CIGS
薄膜中缺陷浓度的关系[46]

　　目前取得高效率电池的 Ga/(In＋Ga) 比率为 0.2～0.3。图 6.20 为 Ga 含量与薄膜中缺陷浓度的关系曲线,当 Ga/(In＋Ga)的比率在 0.30 左右时,薄膜的缺陷浓度最低。当 Ga 比率高于 0.5 后,离价带边 0.8eV 的缺陷能级移向带中形成附加的复合中心。同时薄膜中大量形成深施主 Ga_{Cu}(相对于 In_{Cu}),一方面减少了电子的自补偿能力而导致薄膜过高的空穴密度,另一方面通过降低缺陷对($V_{Cu}＋In_{Cu}/Ga_{Cu}$)的稳定性而抑制了 Cu 缺陷薄层的形成,导致薄膜表面 n 型薄层的消失。

6.3　CIGS 薄膜太阳电池的典型结构及光伏组件

　　图 6.4 已给出 CIGS 薄膜太阳电池的典型结构。除玻璃或其他柔性衬底材料以外,还包括底电极 Mo 层、CIGS 吸收层、CdS 缓冲层(或其他无镉材料)、i-ZnO 和 Al-ZnO 窗口层、MgF_2 减反射层以及顶电极 Ni-Al 等七层薄膜材料。下面将分别叙述除吸收层 CIGS 外的其他各层材料的制备方法和性能。

6.3.1　Mo 背接触层

　　背接触层是 CIGS 薄膜太阳电池的最底层,它直接生长于衬底上。在背接触层上直接沉积太阳电池的吸收层材料。因此背接触层的选取必须要求与吸收层之间有良好的欧姆接触,尽量减少两者之间的界面态。同时背接触层作为整个电池的底电极,承担着输出电池功率的重任,因此它必须要有优良的导电性能。从器件的稳定性考虑还要求背接触层既要与衬底之间有良好的附着性,又要求它与其上的 CIGS 吸收层材料不发生化学反应。经过大量的研究和实用证明[48-49],金属 Mo 是 CIGS 薄膜太阳电池背接触层的最佳选择。图 6.21 给出了 Mo/CIS 间的能带图,可以看出,由于 Mo 和 CIS 之间形成了 0.3eV 的低势垒,可以认为是很好的欧姆接触。

　　Mo 薄膜一般采用直流磁控溅射的方法制备。在溅射的过程中,Mo 膜的电学特性和应力与溅射气压直接相关,Ar 气压强低,Mo 膜呈压应力,附着力不好,但电阻率小;Ar 气压强高,Mo 膜呈拉应力,附着力好,但电阻率高。所以,采用先在

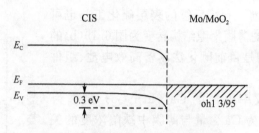

图 6.21　CIS/Mo 欧姆接触能带图[47]

较高 Ar 气压下沉积一层具有较强附着力的 Mo 膜,然后在低气压下沉积一层电阻率小的 Mo 膜,这样在增强附着力的同时降低背接触层的电阻,可以制备出适合 CIGS 薄膜电池应用的 Mo 薄膜。NREL 制备 Mo 背电极就是采用 DC-磁控溅射双层 Mo 工艺。第一层在 10mTorr 的气压下溅射沉积 $0.1\mu m$ 的 Mo 层,与玻璃具有较好的结合力,电阻率较高为 $6\times10^{-5}\Omega\cdot cm$。第二层在 1mTorr 的气压下沉积 $0.9\mu m$,电阻率为 $1\times10^{-5}\Omega\cdot cm$。这种双层的 Mo 工艺是目前制备高效率 CIGS 薄膜太阳电池背电极的通用工艺。

Mo 的结晶状态与 CIGS 薄膜晶体的形貌、成核、生长和择优取向等有直接的关系。一般来说,希望 Mo 层呈柱状结构,以利于玻璃衬底中的 Na 沿晶界向 CIGS 薄膜中扩散,也有利于生长出高质量的 CIGS 薄膜。

6.3.2　CdS 缓冲层

高效率 $Cu(In,Ga)Se_2$ 电池大多在 ZnO 窗口层和 CIGS 吸收层之间引入一个缓冲层。目前使用最多且得到最高效率的缓冲层是 II-VI 族化合物半导体 CdS 薄膜。它是一种直接带隙的 n 型半导体,其带隙宽度为 2.4eV。它在低带隙的 CIGS 吸收层和高带隙的 ZnO 层之间形成过渡,减小了两者之间的带隙台阶和晶格失配,调整导带边失调值,对于改善 pn 结质量和电池性能具有重要作用。由于沉积方法和工艺条件的不同,所制备的 CdS 薄膜具有立方晶系的闪锌矿结构和六角晶系的纤锌矿结构。这两种结构均与 CIGS 薄膜之间有很小的晶格失配。CdS 层还有两个作用:①防止射频溅射 ZnO 时,对 CIGS 吸收层的损害;②Cd、S 元素向 CIGS 吸收层中扩散,S 元素可以钝化表面缺陷,Cd 元素可以使表面反型。

CdS 薄膜可用蒸发法和化学水浴法(CBD)制备。CBD 法得到广泛的应用。它具有如下一些优点:①为减少串联电阻,缓冲层应尽量作薄,而为了更好地覆盖粗糙的 CIGS 薄膜表面,使之免受大气环境温度的影响,免受溅射 ZnO 时的辐射损伤,要求 CdS 层要致密无针孔。蒸发法制备的薄膜很难达到这一要求,CBD 法却可以作出既薄又致密、无针孔的 CdS 薄膜。②CBD 法沉积过程中,氨水可溶解 CIGS 表面的自然氧化物,起到清洁表面的作用。③Cd 离子可与 CIGS 薄膜表面发生反应生成 CdSe 并向贫 Cu 的表面层扩散,形成 Cd_{Cu} 施主,促使 CdS/CIGS 表面反型,使 CIGS 表面缺陷得到部分修复。④CBD 工艺沉积温度低,只有 60～80℃,且工艺简单。

化学水浴法中使用的溶液一般是由镉盐、硫脲和氨水按一定比例配制而成的碱性溶液,有时也加入铵盐作为缓冲剂。其中镉盐可以是氯化镉、醋酸镉、碘化镉和硫酸镉,这就形成了 CBD 法制备 CdS 薄膜的不同溶液体系,但其反应机理是基本相同的。一般是在含 Cd^{2+} 的碱性溶液中硫脲分解成 S^{2-},它们以离子接离子的方式凝结在衬底上。将玻璃/Mo/CIGS 样片放入上述溶液中,溶液置于恒温水浴槽中,从室温加热到 60～80℃并施以均匀搅拌,大约 30min 便可完成。CBD 工艺制备 CdS 薄膜的装置如图 6.22 所示。

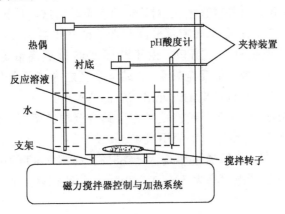

图 6.22　CBD 法制备 CdS 薄膜装置

CdS 材料存在着明显的绿光($h\nu > 2.42eV$)吸收,显然不利于短波谱段的光生电流收集。随 CdS 层厚度或 CdS 薄膜中缺陷密度($>10^{17}\,cm^{-3}$)的增加,不仅会降低短路电流密度 J_{sc},还会使 $CuInSe_2$ 和低 Ga 含量 CIGS 电池出现明显的 $J\text{-}V$ 扭曲现象(crossover)。薄化 CdS 层($\leqslant 50nm$)可以基本消除 $J\text{-}V$ 扭曲,从而提高填充因子值。另外,工艺过程中含 Cd 废水的排放以及报废电池中 Cd 的流失均造成环境污染,这无疑是使用 CdS 缓冲层的缺点。

6.3.3　氧化锌(ZnO)窗口层

在 CIGS 薄膜太阳电池中,通常将生长于 n 型 CdS 层上的 ZnO 称为窗口层。它包括本征氧化锌(i-ZnO)和铝掺杂氧化锌(Al-ZnO)两层。ZnO 在 CIGS 薄膜电池中起重要作用。它既是太阳电池 n 型区与 p 型 CIGS 组成异质结成为内建电场的核心,又是电池的上表层,与电池的上电极一起成为电池功率输出的主要通道。作为异质结的 n 型区,ZnO 应当有较大的少子寿命和合适的费米能级的位置。而作为表面层则要求 ZnO 具有较高的电导率和光透过率。因此 ZnO 分为高、低阻两层。由于输出的光电流是垂直于作为异质结一侧的高阻 ZnO,但却横向通过低阻 ZnO 而流向收集电极,为了减小太阳电池的串联电阻,高阻层要薄而低阻层要厚。通常高阻层厚度取 50nm,而低阻层厚度选用 300～500nm。

ZnO 是一种直接带隙的金属氧化物半导体材料,室温时禁带宽度为 3.4eV。自然生长的 ZnO 是 n 型,与 CdS 薄膜一样,属于六方晶系纤锌矿结构。其晶格常数为 $a=3.2496$Å,$c=5.2065$ Å,因此 ZnO 和 CdS 之间有很好的晶格匹配。

由于 n 型 ZnO 和 CdS 的禁带宽度都远大于作为太阳电池吸收层的 CIGS 薄膜的禁带宽度,太阳光中能量大于 3.4eV 的光子被 ZnO 吸收,能量介于 2.4eV 和 3.4eV 之间的光子会被 CdS 层吸收。只有能量大于 CIGS 禁带宽度而小于 2.4eV 的光子才能进入 CIGS 层并被它吸收,对光电流有贡献。这就是异质结的"窗口效应"。(如果,ZnO 和 CdS 很薄,可有部分高能光子穿过此层进入 CIGS 中)可以看出,CIGS 太阳电池似乎有两个窗口。由于薄层 CdS 被更高带隙且均为 n 型的 ZnO 覆盖,所以 CdS 层很可能完全处于 pn 结势垒区之内使整个电池的窗口层从 2.4eV 扩大到 3.4eV。从而使电池的光谱响应得到提高。

ZnO 的制备方法很多,其中磁控溅射方法具有沉积速率高、重复性和均匀性好等特点,成为当今科研和生产中使用最多、最成熟的方法。此法沉积的高低阻 ZnO 在波长 300～700nm 的透过率均大于 85%。高阻 ZnO 的电阻率为 100～400Ω·cm,低阻 ZnO 的电阻率为 $5×10^{-4}$ Ω·cm,均能很好地满足 CIGS 薄膜太阳电池的需要。

6.3.4　顶电极和减反膜

CIGS 薄膜太阳电池的顶电极采用真空蒸发法制备 Ni-Al 栅状电极。Ni 能很好地改善 Al 与 ZnO:Al 的欧姆接触,如图 6.23 所示。同时,Ni 还可以防止 Al 向 ZnO 中的扩散,从而提高电池的长期稳定性。整个 Ni-Al 电极的厚度为 1～2μm,其中 Ni 的厚度约为 0.05μm。

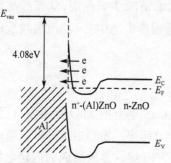

图 6.23　前电极 Ni-Al 与低阻 ZnO 之间的欧姆接触[50]

太阳电池表面的光反射损失大约为 10%。为减少这部分光损失,通常在 ZnO:Al 表面上用蒸发或者溅射方法沉积一层减反射膜。在选择减反射材料时要考虑以下一些条件:在降低反射系数的波段,薄膜应该是透明的;减反膜能很好地附着在基底上;要求减反膜要有足够的机械性能,并且不受温度变化和化学作用的影响。在满足上述条件后,减反膜在光学方面有如下一些要求:

（1）薄膜的折射率 n_1 应该等于基底材料折射率 n 的平方根，即 $n_1 = n^{1/2}$。对 CIGS 薄膜电池来讲，ZnO 窗口层的折射率为 1.9，故减反射层的折射率应为 1.4 左右，MgF_2 的折射率为 1.39，满足 CIGS 薄膜电池减反射层的条件。

（2）薄膜的光学厚度应等于该光谱波长的 1/4，即 $d = \lambda/4$。

目前，仅有 MgF_2 减反膜广泛应用于 CIGS 薄膜电池领域，并且在最高效率 CIGS 薄膜电池中得到应用。

6.3.5　CIGS 薄膜光伏组件

太阳电池组件一词来源于晶体硅太阳电池。为了适应实际应用中对电源电压和电流的要求，必须把多个单体太阳电池进行串联和并联，并使用能够经受自然环境等外界条件的支撑板、填充剂、涂料等进行保护。这样的大功率实用型器件称为太阳电池组件。

大面积、大功率薄膜太阳电池是用与小面积电池基本相同的工艺做成。虽然它也是由多个小电池串联而成，但互联工艺与电池生长工艺交互同时完成。可以认为大面积薄膜的互联是内部联接。人们习惯上把这种由若干个子电池串联而成的大面积电池也称为光伏组件。应当注意的是，目前大面积薄膜光伏组件子电池间只有串联。图 6.24(a) 为 CIGS 薄膜光伏组件极联集成原理图。首先对 Mo 电极进行激光划线（P_1），将之分割成宽 5～7mm 的条，是未来子电池的基础。沉积 CIGS、CdS 和 i-ZnO 层后，继续第二次划线（P_2），此次划线要将 CIGS、CdS 和 i-ZnO 全部划开而保留 Mo 层。此时多个子电池已经形成。最后沉积 ZnO：Al 作为电池上表面收集层，它将各个子电池又都连在一起。然后进行最后一步划线（P_3）将各子电池分开，形成多个子电池串联而成的薄膜光伏组件。对玻璃衬底 CIGS 薄膜光伏组件，除 P_1 外，P_2 和 P_3 均采用机械方法划线，划线宽度均为 $50\mu m$。

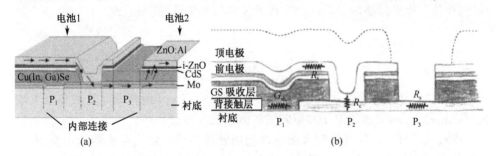

图 6.24　CIGS 光伏组件的内部极联(a)[51] 和极联技术引入的串、并联电阻(b)

可以看出，除了 P_1、P_2 和 P_3 线宽所占面积无光伏效应之外，P_1 和 P_2 之间及 P_2 和 P_3 之间的部分也基本上是不能收集的所谓死区。为了提高光伏器件的输出功率，不但希望三条线宽尽量小，而且希望三条线尽量靠近以减小它们之间的间隔。

CIGS 薄膜光伏组件制备工艺与单体电池的主要区别是大面积均匀性和极联技术两个问题。前者取决于大型设备的设计与加工,后者取决于划线技术的精度。图 6.24(b)给出了极联引入的串联和并联电阻示意图。ZnO:Al 和 Mo 层除引入横向串联电阻 R_s 外,还在 P$_2$ 处引入 ZnO:Al 和 Mo 层之间的接触电阻 R_c,在 P$_1$ 处则引入并联电导 G_{sh}。一般来说这几个参数越小越有利于提高组件的性能。

6.4 CIGS 薄膜太阳电池的器件性能

6.4.1 CIGS 薄膜太阳电池的电流-电压方程和输出特性曲线

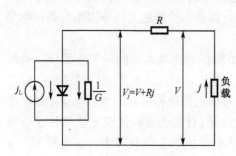

图 6.25 太阳电池等效电路图

太阳电池是一个大面积的 pn 结。太阳电池的电流-电压方程就是光照下 pn 结的电流-电压方程。为获得这个方程,我们画出图 6.25 的等效电路图。图中把光照下的 pn 结看成一个恒流源与一个二极管并联,恒流源的电流即为光生电流。二极管上的电流即肖克莱方程所表示的 pn 结电流,即太阳电池的暗电流。图中 R 为串联电阻,$1/G$ 为并联(分路)电阻。结上的电压为 $V_j = V + Rj$,由此可得到太阳电池的输出电流 j 和输出电压 V 的关系式如下

$$j = j_L - j_0 \exp\left[\frac{q}{AKT}(V+Rj) - 1\right] - G(V+Rj) \tag{6.7}$$

式中,A 为二极管品质因子。j_0 为二极管反向饱和电流,其表达式

$$j_0 = j_{00} e^{-E_g/AkT} \tag{6.8}$$

$$j_{00} = q N_C N_V \left[\frac{1}{N_A}\left(\frac{D_n}{\tau_n}\right)^{\frac{1}{2}} + \frac{1}{N_D}\left(\frac{D_p}{\tau_p}\right)^{\frac{1}{2}}\right] \tag{6.9}$$

式中,N_C、N_V 分别为导带和价带的有效态密度;N_A、N_D 分别为电离受主和施主浓度;D_n、τ_n 和 D_p、τ_p 分别为电子和空穴的扩散系数和寿命。

按式(6.7)作图,便可得到太阳电池输出特性曲线。此线与实测的电流-电压曲线相同,位于第一象限。若将此式乘上(-1),并用 $-j$ 代替 j,此方程就变为

$$j = j_0 \exp\left[\frac{q}{AKT}(V-Rj) - 1\right] - j_L + G(V-Rj) \tag{6.10}$$

实际上是将光照下的 $I\text{-}V$ 曲线翻转 180°,由第一象限到第四象限。而暗态 $I\text{-}V$ 曲线则与平常 pn 结方程一样,在第一象限。从式(6.10)可以看出,光照 $I\text{-}V$ 曲线相

当于暗态 I-V 曲线按短路电流值往下平移得到，如图 6.26 所示。此图是效率为 11.31% 的 CIGS 薄膜电池的光照和暗态的 I-V 曲线。

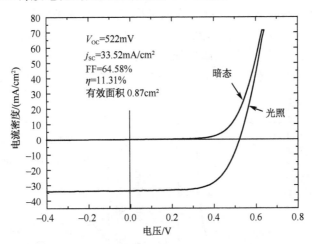

图 6.26　CIGS 薄膜电池的光-暗特性曲线[52]

从方程(6.10)可以看出，影响电池输出特性的参数有电池的串联电阻 R、并联电阻 $1/G$、二极管品质因子 A 和反向饱和电流 j_0。下面我们将对此方程进行分析并找出从电池的输出特性曲线得到上述四个参数的方法。利用方程(6.10)进行数学处理可以得到如下结果

$$\frac{\mathrm{d}j}{\mathrm{d}V} = j_0 \frac{q - R\dfrac{\mathrm{d}j}{\mathrm{d}V}}{AKT} \exp\left[\frac{q(V-jR)}{AKT}\right] + G \tag{6.11}$$

$$\frac{\mathrm{d}V}{\mathrm{d}j} = R + \frac{AKT}{q}(j + j_L - GV)^{-1} \tag{6.12}$$

$$\ln(j + j_L - GV) = \ln j_0 + \frac{q(V-jR)}{AKT} \tag{6.13}$$

在 $V \leqslant 0$ 的情况下，式(6.11)中的第一项可以忽略并简化为

$$\left(\frac{\mathrm{d}j}{\mathrm{d}V}\right)_{V \leqslant 0} = G \tag{6.14}$$

根据式(6.12)～式(6.14)，利用实测的光态和暗态 I-V 曲线便可以分别求出上述四个参数。

采用上述方法对电池的各项参数进行分析，需要满足如下条件：①测量时，注意电压取值范围要足够密，以保证 I-V 曲线在反向和大于开路电压的正向都有足够的数据点；②认为方程(6.10)是理想状态。不考虑经常发生在薄膜电池中的正偏压下光态与暗态曲线的交叉(cross-over)和反向偏压时早击穿(breakdown)等

现象。

图 6.27(a)是一个效率为 15.5% 的 CIGS 薄膜电池的光态和暗态 J-V 曲线。利用图 6.27(a)中的数据,以 $\mathrm{d}j/\mathrm{d}V$ 为纵坐标,以 V 为横坐标作图,如图 6.27(b)所示。在 $V \leqslant 0$ 的区域为一直线,此时 $\mathrm{d}j/\mathrm{d}V$ 为常数。从式(6.14)可知,此即为并联电阻的倒数 G。一般来说,太阳电池的并联电阻很大,因此此处得到的 G 值很小。从图中可以看出,光态和暗态得到的 G 值不同,而且光态下的曲线有很大的噪声。

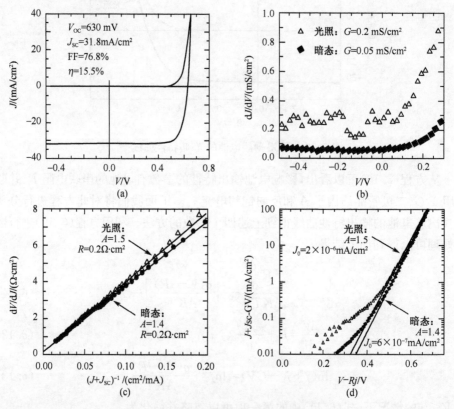

图 6.27 典型 CIGS 组件的光-暗特性曲线

(a) 标准的 J-V 曲线;(b) $G(V)$ 曲线;(c) $R(J)$ 曲线;(d) $\ln(J+J_{\mathrm{SC}})$ 与 $V-Rj(V)$ 曲线[53]

图 6.27(c)为 $\mathrm{d}V/\mathrm{d}j$ 与 $(j+j_{\mathrm{SC}})^{-1}$ 的关系图。图中已将式(6.12)中的光电流 j_{L} 改为短路电流密度 j_{SC},并忽略 GV 项。此图为一条直线,它在纵轴上的截矩即为串联电阻 R。此线的斜率为 AKT/q,因此 A 值亦可同时求出。如果 GV 项不忽略,则可利用图 6.27(b)求出的 G,用 $(j+j_{\mathrm{SC}}-GV)^{-1}$ 作图,对所得的 R 和 A 值进行修正。在恒定光照下,j_{SC} 为常数,而在暗态下 $j_{\mathrm{SC}}=0$,数据处理将更为简化。

图 6.27(d)为 $\ln(j+j_{\mathrm{SC}}-GV)$ 与 $V-Rj(V)$ 的关系图。其中同样将式(6.13)

中的 j_L 改为 j_{SC}，并分别利用了从图 6.27(c) 和图 6.27(b) 中求出的串、并联电阻的数据。此图至少在电流密度坐标上 1～2 个数量级的范围内是线性的，与二极管方程吻合很好。直线部分外推到纵轴的截矩即为反向饱和电流 j_0，而此线的斜率即为 q/AKT，从而又可求出二极管品质因子 A。

此电池具体的计算结果已列于图 6.27 中，除了图 6.27(b) 中并联电导 G 的计算结果有些不同外，其他各参数的光、暗态得到的结果基本一致，而且图 6.27(c) 和图 6.27(d) 中 A 的计算结果完全一致，表明此方法是相当可信的。

以上分析可以看出，测量太阳电池光、暗态 I-V 曲线，不但很容易得出太阳电池的短路电流密度、开路电压、填充因子和光电转换效率等输出参数，而且经过简单的数据处理还可得到串、并联电阻，反向饱和电流及二极管品质因子等与电池质量有关的物理参数，这对研究和提高太阳电池性能是至关重要的。上述分析也表明，作为异质结的 CIGS/CdS 太阳电池，其 I-V 特性与以同质结为基础的方程(6.10)吻合很好，这至少可以认为 CIGS 薄膜太阳电池虽然结构复杂，但却合理。

6.4.2　CIGS 薄膜太阳电池的量子效率

量子效率是指在某一波长的入射光照射下，太阳电池收集到的光生载流子与照射到电池表面的该波长的光子数之比。它是一个无量纲参数，与光子的波长有关，可以由实验直接测得，也叫外量子效率，记为 QE 或 EQE。太阳电池的电流密度 J_{SC} 就等于量子效率与光子流密度乘积在整个波长范围内的积分

$$J_{SC} = q \int_0^\infty F_{1.5}(\lambda) \cdot EQE(\lambda) \cdot d\lambda \tag{6.15}$$

其中，$F_{1.5}(\lambda)$ 为 AM1.5 光照下，波长为 λ 的光子流密度。

量子效率测试是确定太阳电池短路电流密度 J_{SC} 的有效方法，常用于分析影响 J_{SC} 的原因。如果入射光全部转变为电流，则电池的 J_{SC} 达到最大值。但是，由于电池的反射、吸收以及复合等造成的损失，J_{SC} 往往要小得多。这些损失可以分为两类，一类是电池反射、吸收等造成的光损失；另一类是吸收层内光生载流子复合造成的电学损失。

CIGS 太阳电池是由多层薄膜组成的，入射光照射在电池上，须通过窗口层和缓冲层，才能进入到吸收层。由于窗口层和缓冲层的反射和吸收，到达 CIGS 层的光已经减小了。CIGS 薄膜电池的光电流主要由 CIGS 吸收层产生。如果定义内量子效率 IQE(λ) 为每一个波长下收集的电子-空穴对数与这一波长进入到 CIGS 吸收层中的光子数量之比，则 EQE 与 IQE 之间存在以下关系

$$EQE(\lambda) = T_G(\lambda) \cdot (1 - R_F(\lambda)) \cdot [1 - A_{WIN}(\lambda)] \cdot [1 - A_{CdS}(\lambda)] \cdot IQE(\lambda) \tag{6.16}$$

其中,$T_G(\lambda)$是电池受光照的有效面积比,$R_F(\lambda)$为入射光到达吸收层之前各层薄膜对光的总反射率,$A_{WIN}(\lambda)$和$A_{CdS}(\lambda)$为窗口层和CdS层的光吸收率。

图 6.28 为 CIGS 太阳电池典型的 QE 模拟曲线。另有几条虚线将整个图分为几个区,由图中的数字标出,分析如下。

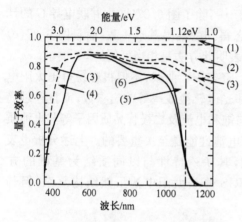

图 6.28　CIGS 薄膜电池的量子效率曲线

下实线为偏压 0V,上实线为偏压 -1V[53]

（1）区:电流收集栅极遮挡电池表面,减少了光照面积引起的光损失。

（2）区:空气与 ZnO/CdS/CIGS 界面间的反射损失,这种损失通过增加减反射层可以降低。

（3）区:ZnO 窗口层吸收造成的光损失,分为两部分,一部分是能量大于其禁带宽度的光子被吸收形成电子-空穴对,但是不能收集形成电流。另一部分是能量小的红外线被自由电子吸收,产生热能。

（4）区:CdS 吸收波长 λ 小于 520nm 的光子造成的光损失,这部分的光损失随 CdS 的厚度增加而增加,一般认为在 CdS 中产生的光生电子-空穴对是不能被收集的。

（5）区:光子能量在 CIGS 的 E_g 附近,不能完全被吸收。由于 Ga 浓度梯度变化,长波区的吸收边界不是很陡峭,而是以一定的坡度变化。如果吸收层的厚度小于 $1/\alpha$(吸收系数),则不完全吸收的损失就很明显。

（6）区:吸收层中的光生载流子不完全收集造成的损失,这是电学损失。

将上述各种损失换算成 J_{sc} 的损失见表 6.5。可以看出,上述各项损失总数为 11.4mA/cm^2。如果没有这些损失,可以用式(6.15)算出在大于 CIGS 光学带隙的光子全部被吸收的情况下最大的电流密度可达到 42.8mA/cm^2。这只是一个模拟的结果,从中大体上可以看出 CIGS 薄膜太阳电池的光电流损失途径。事实上,工艺条件的制约,以及各层膜的光学性质和器件结构设计的不同,可能使电流损失情况有所变化。

表 6.5　CIGS 薄膜电池光电流的损失[53]

图 6.28 中的区域	光损失机制	$\Delta J/(\mathrm{mA/cm^2})$	$\Delta J/J_{tot}/\%$
（1）	栅电极遮挡面积损失 4%	1.7	4
（2）	ZnO/CdS/CIGS 的反射	3.8	8.9
（3）	ZnO 的吸收	1.9	4.5

续表

图 6.28 中的区域	光损失机制	$\Delta J/(mA/cm^2)$	$\Delta J/J_{tot}/\%$
(4)	CdS 的吸收	1.1	2.5
(5)	CIGS 的不完全吸收	1.9	4.4
(6)	CIGS 的不完全收集	1.0	2.3

6.4.3　CIGS 薄膜太阳电池的弱光特性

太阳电池不但可以用于大型电站,而且也可以用于室内作为小型电器的电源。前者主要在室外安装,入射阳光大体上是 AM1.5 的光谱和大约 $100mW/cm^2$ 辐照度的标准条件。而室内光照的辐照度却要小三个数量级,只有 $0.05\sim5mW/cm^2$。为适应室内条件下的应用,要对太阳电池的弱光特性进行研究。图 6.29 是一个玻璃衬底 CIGS 薄膜太阳电池光电转换效率与入射光强的关系图。它在标准测试条件下的光电转换效率为 $14\%\sim15\%$。该电池的转换效率随光强的降低逐渐减小,在光强为 $5mW/cm^2$ 时,效率为 10%,到 $0.1mW/cm^2$ 时,效率只有不到 3%。

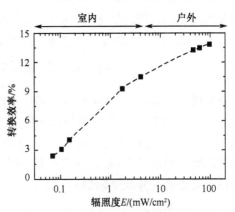

图 6.29　CIGS 电池转换效率与辐照度的关系[54]

是什么原因造成太阳电池效率随光强而下降呢?

太阳电池的短路电流是随光强而线性下降的,而开路电压和填充因子的变化趋势较为复杂。图 6.30 给出 CIGS 电池开路电压和填充因子与光强的关系曲线。

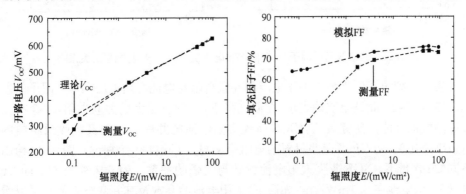

图 6.30　CIGS 电池开路电压和填充因子与光强的关系[54]

图中的理论和模拟曲线都是对串联电阻 $R_s=0$、并联电阻 $R_{sh}=\infty$ 的理想情况下作出的。开路电压的理论曲线中 $A=1.7$，$j_0=1.5\times10^{-8}$ A/cm²。可以看出，低光强下，V_{OC} 和 FF 的测量值均低于理论值。

图 6.31 分别给出二极管品质因子 A、反向饱和电流 j_0、串联电阻 R_s 和并联电阻 R_{sh} 与光强的关系图。可以看出，A 和 j_0 随光强的变化很小，它们不足以影响电池的开路电压和填充因子。而串联电阻和并联电阻均随光强的降低而明显增大。因此可以初步认为串、并联电阻的变化才是 V_{OC} 和 FF 偏离理想值的原因。串联电阻的增加会使电池性能下降是很明确的，但是并联电阻增加也使电池性能变差就值得研究。上面提到的太阳电池在标准条件下的串联电阻只有 $0.5\Omega\cdot$ cm²，是相当令人满意的。而并联电阻 $4k\Omega\cdot$ cm²，却是比较低的。考虑到并联电阻对开路电压的影响，太阳电池的开路电压可以表示为

$$V_{OC}=\frac{AKT}{q}\ln\left(\frac{j_{sc}-V_{OC}/R_{sh}}{j_0}+1\right) \tag{6.17}$$

在并联电阻较低时，它对电池的开路电压的影响是不可以忽略的。而低光强下，随着 J_{sc} 的线性减小，并联电阻的影响便更为明显。如上所述，虽然在低光强下，R_{sh} 稍有增加（如上面例子，由 $4k\Omega\cdot$ cm² 增加到 $15k\Omega\cdot$ cm²），仍抵挡不了开路电压下降的趋势。可以认为，若想改善在低光强下的电池开路电压，必须使其在标准测试条件下有更高的并联电阻值。

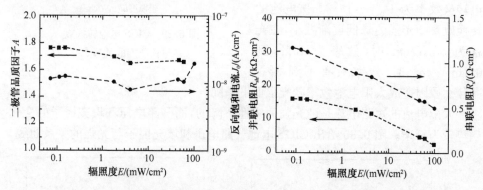

图 6.31 二极管品质因子 A、反向饱和电流 j_0 及 R_s、R_{sh} 与光强的关系[54]

表 6.6 列出了低光强下串联电阻和并联电阻对电池开路电压和填充因子的影响的模拟结果。此结果明确表示，在低光强下，必须有更大的并联电阻，才会有比较好的电池性能。研究表明，CIGS 薄膜太阳电池的并联电阻与其吸收层材料的电阻率成比例，而 CIGS 薄膜材料的电阻率又与其 Cu 含量有关[55]。图 6.32 给出不同 Cu 含量下，CIGS 薄膜太阳电池参数与光强的关系。表 6.7 列出了不同 Cu 含量下，该电池在 0.1 mW/cm² 光照下，太阳电池的参数及其并联电阻值。可以看出对于含 Cu 量 18% 的 CIGS 电池，其低光强下的并联电阻高达 $142k\Omega\cdot$ cm²。它

在 0.1mW/cm² 的低光强下光电转换效率达 6%,而在 5mW/cm² 光照下的效率为 10%,但在标准条件下的效率却只有 12.8%。这比标准含 Cu 量的 CIGS 电池的 14% 要低,这主要是由于其短路电流低造成的。

表 6.6　光强 0.1 mW/cm² 时,R_{sh} 和 R_s 对太阳电池参数的影响

光强(0.1mW/cm²)		FF/%	V_{OC}/mV	η/%
测量值				
$R_{sh}=15k\Omega \cdot cm^2$	$R_s=2.3\Omega \cdot cm^2$	34.9	289	3
模拟结果				
$R_{sh}(R_s=2.3\Omega \cdot cm^2)$	$R_{sh}=30k\Omega \cdot cm^2$	48.6	331	4.7
	$R_{sh}=50k\Omega \cdot cm^2$	55	340	5.5
	$R_{sh}=\infty$	61.5	346	6.3
$R_s(R_{sh}=15k\Omega \cdot cm^2)$	$R_s=0$	35	289	3
	$R_s=10\Omega \cdot cm^2$	34.9	289	3
	$R_s=40\Omega \cdot cm^2$	34.8	288	2.9

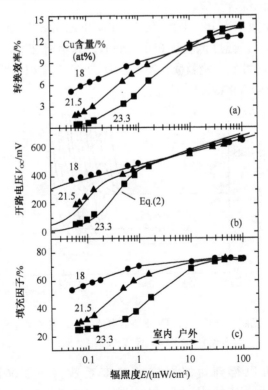

图 6.32　不同 Cu 含量时,CIGS 电池参数与光强的关系[56]

表 6.7　不同 Cu 含量下，CIGS 电池在 0.1mW/cm² 光强下的电池参数

Cu 含量/%	$R_{sh}/(k\Omega \cdot cm^2)$	FF/%	V_{OC}/mV	$Isc/(\mu A/cm^2)$	$\eta/\%$
23.3(富 Cu)	3.5	35.4	93.9	27.8	0.7
21.5(标准)	11.8	31.6	256	25.4	2.3
18(贫 Cu)	142	57.1	405	23.6	6

可以认为 CIGS 薄膜电池优良的弱光性能取决于其吸收层材料对 Cu 含量具有较大的宽容度，它允许使用偏离化学计量比的较低的 Cu 含量来提高其电阻率，并作出性能优良的太阳电池。

6.4.4　CIGS 薄膜太阳电池的温度特性

温度对太阳电池性能的影响主要来源于组成太阳电池各层半导体材料性能对温度的敏感。温度首先通过载流子浓度、迁移率等参数影响材料的电阻率；其次是影响半导体材料的禁带宽度；最后太阳电池各个界面上的缺陷态也由于温度的不同而呈现不同的激发状态，从而影响器件的性能。太阳电池性能参数随温度的改变是上述各种影响的综合反应。

图 6.33 是一个效率为 16.4% 的 ZnO/CdS/CIGS/Mo 太阳电池的 J-V 特性与温度关系的模拟曲线。温度范围从 350～200K。其中对 273K、298K 和 325K 三个温度进行了光暗特性的实验测量。表 6.8 为 298K 下模拟参数与实测参数的对比，表明模拟结果和实测结果符合得很好。

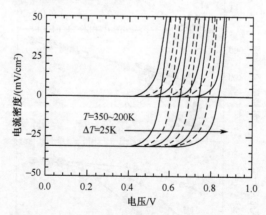

图 6.33　AM1.5 光照下，ZnO/CdS/CIGS/Mo 电池的光暗态 J-V 曲线与温度的关系
（实线为实测结果，虚线为模拟结果）[57]

由模拟曲线可以得到短路电流的温度系数为 + 0.0046mA/cm²/K = +0.014%/K。如果模拟中将 dE_g/dT 忽略，则短路电流的温度系数为 -0.007%/K。因此人们通常认为 CIGS 薄膜太阳电池的短路电流不随温度改变。

开路电压的温度系数为-1.85mV/K。模拟结果与实测结果完全一致。填充因子随温度降低而缓慢增加,到 200K 时达到 0.805。

表 6.8　当 $T=298K$ 时,CIGS 太阳电池的模拟和实测参数

电池参数	模拟结果		实测电池	
	暗态	AM1.5	暗态	AM1.5
$J_{SC}/(mA/cm^2)$		31.8		31.5
V_{OC}/mV		655		657
FF		0.785		0.786
效率/%		16.4		16.4
n	1.32	1.37	1.34	1.39
$j_0/(A/cm^2)$	8×10^{-11}		4×10^{-10}	
dJ_{SC}/dT		+0.014		-0.013
dV_{OC}/dT		-1.85		-1.86

图 6.34 给出了上述电池的二极管品质因子和反向饱和电流随温度变化的曲线。随着温度的下降,二极管品质因子逐渐增加,而反向饱和电流却逐渐下降。

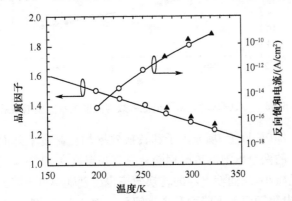

图 6.34　二极管品质因子和反向饱和电流与温度的关系[57]

图 6.35 是另一个效率大于 18% 的 CIGS 薄膜太阳电池的输出参数与温度关系的模拟结果[58]。可以看出,在 240~320K 的范围内短路电流密度几乎不随温度改变,而开路电压、填充因子和光电转换效率均随温度的升高而下降。这个结论与上述 16.4% 的 CIGS 电池是完全一致的。

如果温度范围向低温延伸到 100K,情况将稍有不同。表 6.9 是效率为 12.4% 的 CIS(不含 Ga)电池在标准光强下的 J-V 特性与温度关系的数据。其温度范围是从室温下降到 100K,这是一个实测结果。从这组数据可以看出:直到 122K 短路电流密度仍然是个常数;在 165K 以上开路电压的温度系数为

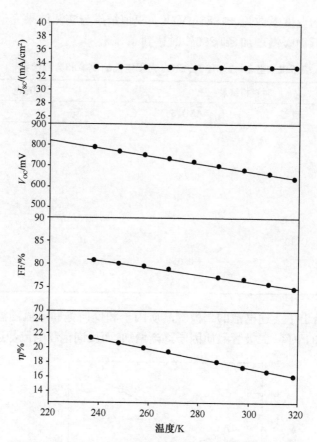

图 6.35　高效率 CIGS 薄膜电池参数与温度关系的模拟结果

—1.78mV/K；在 210K 以上，填充因子和转换效率均随温度下降而增加。这些均与 16.4% 和 18% 的两个电池的情况相同。只有当温度在 210K 以下到 100K 之间时，填充因子明显减小，从而使电池的转换效率也出现随温度下降的趋势。这种现象可用电池串联电阻随温度下降而升高来解释。表 6.10 和图 6.36 给出了电池串联电阻随温度变化的数据。研究表明，从室温下降到 77K，ZnO 的电阻只增加 8%。可以认为，低温下电池串联电阻的急剧上升，来源于 CIS 膜层的体电阻和 Mo/CIS 之间的接触电阻。

表 6.9　光照下，转换效率 12.4% 的 CIS 电池参数与温度的关系[59]

温度/K	$J_{SC}/(mA/cm^2)$	V_{OC}/mV	FF/%	效率/%
299	40.8	455	64.9	12.0
276	40.9	499	67.2	13.7
255	41.1	540	68.9	15.3

续表

温度/K	J_{SC}/(mA/cm^2)	V_{OC}/mV	FF/%	效率/%
232	41.1	581	69.9	16.7
210	41.4	621	69.9	18.0
188	41.1	659	68.8	18.36
166	40.7	691	66.1	18.6
144	40.6	718	60.3	17.6
122	41.0	738	47.9	14.5
100	38.7	742	25.3	7.3

表 6.10　串联电阻与温度的关系

温度/K	303	279	258	235	214	191	165	144	123	101
R_s/(Ω·cm^2)	0.37	0.41	0.49	0.73	1.12	2.46	7	17	60	240

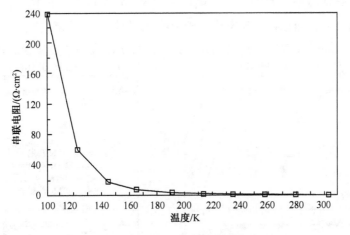

图 6.36　器件串联电阻与温度的关系

6.4.5　CIGS 薄膜太阳电池的抗辐照能力

CIGS 薄膜太阳电池,尤其是柔性衬底 CIGS 薄膜电池,由于其高效率、高比功率(kW/kg)和可弯曲性使之成为空间应用最有吸引力的薄膜太阳电池。空间应用的前提是太阳电池必须有较好的抗辐照能力。研究表明,CIGS 薄膜电池具有相当好的抗辐照能力。图 6.37 为几种太阳电池在 1MeV 电子辐照下,输出功率的衰减情况。可以看出,在这种辐照条件下,当大多数电池输出功率明显衰退时,CIGS 电池却无任何衰减。

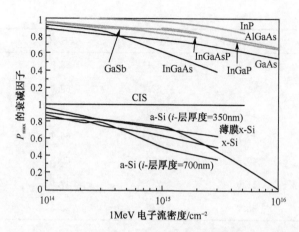

图 6.37　1MeV 电子辐射下,各种电池的功率衰减曲线[60]

　　图 6.38 给出在不同粒子流密度、不同能量的电子和质子辐照下,CIGS 薄膜电池的输出参数的衰减情况。以辐照前的电池参数为参考,该图纵轴表示辐照前后电池参数的衰减因子。对于 1MeV 的电子辐照,在粒子流小于 $10^{16}\,\mathrm{cm}^{-2}$ 时,电池参数无任何衰退。而在粒子流密度大于 $10^{17}\,\mathrm{cm}^{-2}$ 时,电池效率衰减 10%。这个粒子流密度比硅和砷化镓电池达到同样衰减时的粒子流大一个数量级。在粒子流密

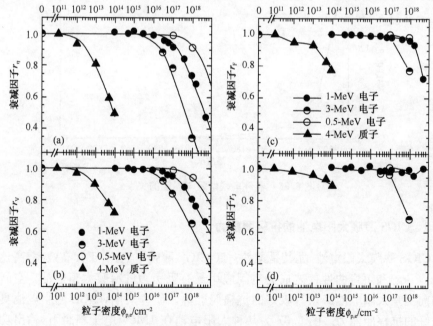

图 6.38　高能电子、质子辐照下电池参数的衰减

(a) 效率;(b) 开路电压;(c) 填充因子;(d) 短路电流[61]

度为 $10^{18}\,\mathrm{cm^{-2}}$ 时,CIGS 电池效率下降 21%。如果以 r_V、r_I 和 r_F 分别表示开路电压、短路电流和填充因子的衰减值,则 CIGS 太阳电池辐照后的效率为 $r_\eta = r_V \times r_I \times r_F = 0.80 \times 0.99 \times 0.96 = 76\%$。这表明,在 1MeV,$10^{18}\,\mathrm{cm^{-2}}$ 粒子流密度的电子辐照下,CIGS 电池效率的降低主要是由于其开路电压的衰减引起的。

从图 6.38 可以看出,电子能量在 1~3MeV 时,只有当其粒子密度大于 $10^{18}\,\mathrm{cm^{-2}}$ 时才对短路电流和填充因子有显著影响。因此有人认为,这时电子辐照只在太阳电池吸收层中产生起复合中心作用的缺陷损伤。

对于质子辐照,如图 6.38 中三角所示。在质子流密度为 $10^{14}\,\mathrm{cm^{-2}}$ 时,电池各个参数都有不同程度的衰减。其光电转换效率降到初始值的 49%:$r_\eta = r_V \times r_I \times r_F = 0.72 \times 0.89 \times 0.77 = 49\%$。高能质子造成的损伤使电池填充因子的衰减几乎与电子辐照时开路电压的衰减一样大。而电池的填充因子的大小与该电池的二极管品质因子 A、开路电压 V_{OC}、串联电阻 R_s 及并联电阻 R_{sh} 密切相关。这表明,质子辐射对电池造成的损伤机制是更为复杂的。表 6.11 列出了在 0.2~2MeV 质子辐照下,CIS 太阳电池的二极管品质因子 A 和反向饱和电流 J_0 的变化情况。可以看出,在相对较低的质子能量和粒子密度辐照下,CIS 薄膜电池的二极管品质因子和反向饱和电流便开始衰减了(A 和 J_0 变大)。虽然如此,CIGS 薄膜太阳电池对高能质子的耐受能力,仍然好于其他地面应用电池。而与专门为空间应用设计的外延 InP 太阳电池相当。因此可以认为 CIGS 薄膜电池具有非常好的抗高能电子和质子辐照的能力,其抗电子辐照能力更为优良。

表 6.11　0.2~2MeV 质子辐照下,CIS 太阳电池的二极管品质因子和反向饱和电流的变化[62]

能量/MeV	密度	A(品质因子)	$J_0/(\mathrm{A \cdot cm^2})$
	0	1.6	7.5×10^{-7}
2.0	5.0×10^{11}	1.7	1.6×10^{-6}
	5.0×10^{12}	1.8	2.4×10^{-6}
	0	1.5	5.3×10^{-7}
0.4	5.0×10^{11}	1.5	1.2×10^{-6}
	5.0×10^{12}	1.6	1.9×10^{-5}
	0	1.4	1.4×10^{-6}
0.2	5.0×10^{11}	1.5	2.5×10^{-6}
	5.0×10^{12}	1.6	9.3×10^{-6}

和其他太阳电池一样,CIGS 薄膜电池的辐照损伤可以用真空退火的方法得到部分恢复。图 6.39 是 3MeV 电子辐照后的 CIGS 薄膜电池进行退火处理的结果。退火时间为 100s,间隔为 20K,即每隔 20K 停留 100s,用来测量电池参数。其短路电流在稍高于室温下退火即开始恢复,到 360K 时基本恢复到辐照前的值。

而开路电压从 360K 才开始恢复,到 440K 恢复到 600mV,与 650mV 的初始值相比有 50mV 未能恢复[63]。

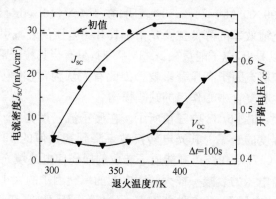

图 6.39　退火后,J_{SC} 和 V_{OC} 的恢复曲线[63]

6.4.6　CIGS 薄膜电池的稳定性

和任何半导体器件一样,太阳电池的稳定性是其作为产品的重要指标。稳定性的真正判据是它在工作环境条件下能正常工作的时间。这个时间当然是越长越好。对于单晶硅电池,人们总结多年经验,规定其使用寿命为 20 年。这也就成为许多新研制的太阳电池的目标。太阳电池性能的衰退包括以 pn 结为核心的各层半导体材料的衰减及其界面、外封装引线材料性能的退化等。太阳电池的稳定性是一个长期使用寿命的预期问题。为了预知其使用寿命,人们进行了大量的实验研究,也提出了许多所谓"加速老炼"的方法。但是至今为止,最可信的方法仍然是在室外太阳电池真正工作的环境下,进行长期的观察和细心测试,再进行总结和判断。

下面介绍 CIGS 薄膜太阳电池室外试验结果,也介绍一些加速老炼的湿热试验结果。

1. 户外长期稳定性试验

图 6.40(a)为科罗拉多太阳能研究中心(SERI)对 CIS 组件的户外稳定性的研究结果。CIS 组件在户外条件下工作 5 个月,电池的性能没有任何的衰减[64]。为了进一步验证 CIGS 电池户外的长期稳定性,Siemens 太阳能公司对 CIS 组件进行了 8 年的户外测试,结果如图 6.40(b)所示。除了 1989~1990 年更换模拟器时电池效率稍有变动以外,其他时间电池的平均效率基本不变甚至有所增加[65]。近来日本 Showa Shell 公司对 11kW 的 CIGS 电池方阵进行了户外测试。图 6.40(c)是该方阵的实物图。从方阵中定期取出相同的组件在标准条件(25℃,AM1.5)下测

试,测试时间持续 3 年,结果如图 6.40(d)所示。结果表明 CIGS 组件的效率没有发现任何的衰减,再次证明了 CIGS 电池的稳定性[66]。

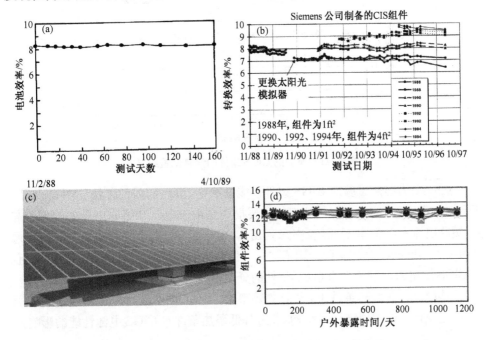

图 6.40　CIS 组件的户外测试

(a) SERI;(b) Siemens;(c) Showa Shell 户外测试电池方阵;(d) Showa Shell 方阵效率测试结果

可以得到初步结论:CIGS 薄膜太阳电池是相当稳定可靠的新型薄膜光伏器件,它将具有广阔的发展空间和产业化前景。

2. 湿热试验

研究表明,湿热试验对 CIGS 电池是有害的。对电池性能的主要影响是降低开路电压和填充因子[67]。Showa Shell 的湿热试验结果如图 6.41 所示,试验条件为相关国际标准 IEC 61646 所规定。从图 6.41 可以看出,电池输出功率随着试验时间的延长明显衰减,但在"光老炼"后可恢复到最初功率的 95% 左右。所谓"光老炼"(light soaking)是指在稳态模拟器或者户外阳光下进行一定时间的辐照。

湿热条件下,对小面积 CIGS 电池的研究表明,电池的填充因子降低 20%～50%,开路电压降低 5%～10%[68]。湿热试验引起电池性能衰退的原因如下:ZnO 电阻率的降低导致空间电荷区变宽,pn 结向 n 型区偏移,增大了光生载流子的收集势垒,降低了填充因子;导纳谱和变温 C-V 测试表明,湿热试验增加了 CIGS 薄膜中的缺陷态密度,这势必会增强复合并降低电池的开路电压,因此抗湿热的封装材料与结构对电池组件的长期使用具有至关重要的作用。

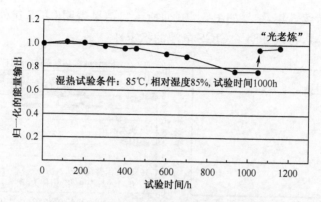

图 6.41　典型的 CIGS 组件的湿热试验结果

表 6.12 为湿热试验对 CIGS 组件性能的影响,组件的内部连接如图 6.24(b)所示。从表中可以看出,组件效率的主要损失是由于电压和填充因子的降低引起的,短路电流密度基本不变(表中未列出)。前电极 Al-ZnO 和背电极 Mo 的薄层电阻在 1000h 的湿热试验后分别增加了 3 倍和 1 倍,这都会增加电池的串联电阻。而 CIGS 层电阻率的降低会增加 P_1 处的分路损失,进而影响器件的开路电压。

可以看出,在湿热条件下,电池的效率会降低。必须通过改进封装工艺和材料,优化设计电池的内部连接结构,才可降低湿热条件对 CIGS 电池性能的影响。

表 6.12　湿热条件下,加速寿命测试导致未封装 CIGS 电池和材料的衰减

参数	测试前	500h	1000h
开路电压/mV	640	540	510
填充因子/%	75	62	58
ZnO:Al 前电极电阻/(Ω/□)	10	20	30
Mo 背接触层电阻/(Ω/□)	0.5	0.7	1
CIGS 吸收层电阻率/(Ω·cm²)	20	10	10
P_2 接触电阻/(Ω·cm²)	10^{-4}	10^{-3}	10^{-3}
P_3 处的 Mo 电阻/(Ω·cm²)	0.5	100	∞

6.5　CIGS 薄膜太阳电池的异质结特性

6.5.1　CIGS 薄膜太阳电池异质结能带图

CIGS 薄膜太阳电池的 pn 结是由 p 型 CIGS 膜和 n 型 ZnO/CdS 双层膜组成的反型异质结。目前常用的能带图如图 6.42 所示[58]。它的 p 型区只有 CIGS 薄膜,而 n 型区则相当复杂,不仅有 n⁺-ZnO、i-ZnO 和 CdS,而且还含有表面反型的

CIGS 薄层。

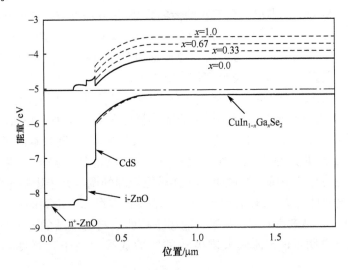

图 6.42 CIGS 薄膜电池 pn 结能带图(不同 Ga 含量)

研究表明,高效 CIGS 薄膜太阳电池的 CIGS 吸收层表面都是贫 Cu 的,它的化学配比与体内不同,可能变为 $CuIn_3Se_5$、$Cu(In,Ga)_3Se_5$ 或类似的富 In、Ga 的有序空位化合物(OVC)。不少研究小组测出 OVC 层是 n 型的,它的禁带宽度比 CIS 的大 0.26eV,而且禁带的加宽主要是由价带下移而导带基本不变,因此得到图 6.43所示的能带结构[69]。从图中可以看出,一个由 CIS 组成的同质 pn 结深入

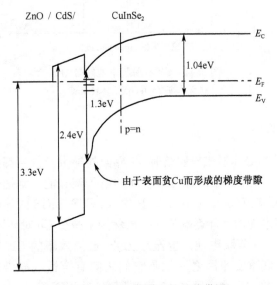

图 6.43 CIGS 薄膜电池的能带图

到 CIS 内部而远离有较多缺陷的 CdS/CIS 界面,从而降低了界面复合率。同时,吸收层附近价带的下降形成一个空穴的传输势垒,使界面处空穴浓度减小,也降低界面复合。因此,CIGS 表面缺 Cu 层的存在有利于太阳电池性能的提高。

由于本征 ZnO 层的费米能级离导带较远,它的存在必定使 CdS 和低阻 ZnO 间的能带有所调整。图 6.44 表明,高阻 ZnO 界面处导带底与平衡费米能级间的能量差 ΔE_F 增加,而使空穴势垒 Φ_b^p 减小[70],结果使界面处的复合增加。与上面关于 OVC 的存在使此空穴势垒增加而减小界面复合的作用刚好相反。从这个意义上讲,本征 ZnO 的存在似乎是不利的。但大量的实验证明,本征 ZnO 的存在能明显提高电池的开路电压。如果去掉这一层,电池的开路电压将下降 20 ~ 40mV,效率也将相应下降。这说明 i-ZnO 对能带图的调整并未影响电池的性能。至于为何使电池性能提高,还有待于研究。联系到本章 4.1 讲到的作为典型异质结薄膜太阳电池,高效率 CIGS 电池的输出 *I-V* 曲线与同质结的 *I-V* 方程很好地吻合。这充分说明 CIGS 薄膜太阳电池的实验成果远高于其器件物理的研究水平。

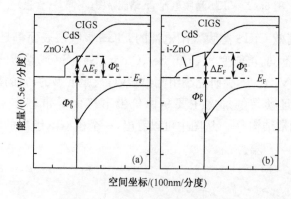

图 6.44　CIGS 薄膜电池能带图
(a) 无本征 ZnO;(b) 有本征 ZnO

6.5.2　能带边失调值

当两种不同的半导体形成异质结时,在界面处导带及价带都会产生连续或不连续的突变,这种突变来源于两种材料不同的电子亲和能。常把这种能带边的不连续称为能带边失调值(band offset)。其中,以 CdS/CIGS 的导带边失调值 ΔE_c 对 CIGS 薄膜太阳电池的性能影响最大。虽然为了减少 Cd 对环境的污染,人们大力研究无 Cd 的 CIGS 薄膜电池。但至今为止,最高效率的 CIGS 电池仍然使用 CdS/CIGS 结构。其重要原因之一就是它们之间有合适的导带边失调值 0.2 ~ 0.3eV 和很低的晶格失配率。图 6.45 为利用窗口层/OVC/CIGS 的结构模型,经过模拟计算得到的导带边失调值与太阳电池参数之间的关系图[71]。图中＋ΔE_c 表示窗口层导带边高于 CIGS 导带边，而－ΔE_c 表示窗口层导带边低于 CIGS 的导带边。图中符号表示窗口层/OVC 界面处的载流子寿命与 CIGS 体内载流子寿命的比值：“○”表示 1：1；“□”表示 1：10；“△”表示 1：100；“▽”表示 1：1000。

1) 短路电流密度 J_{sc}

导带边失调值 ΔE_c 在 － 0.7 ～ 0.4eV 的范围内变化时，J_{sc} 几乎不变；导带边失调值大于 0.4eV 时，J_{sc} 骤然下降。对于 CdS 的导带高于 CIGS 层的导带，即 $\Delta E_c > 0$ 时，两者之间的界面形成凹口(notch)。这个凹口对于 CIGS 中的光生电子来说是一个势垒，阻碍光生电子的输运。如果势垒高度超过 0.4eV，光生电子就不能越过势垒，因此 J_{sc} 骤然减小；当 CdS 的导带低于 CIGS 层的导带，即 $\Delta E_c < 0$ 时，不能形成光生电子的势垒，光生电子能被很好地输运，因此 J_{sc} 几乎不变，为一常数。

2) 开路电压 V_{OC}

导带边失调值 $\Delta E_c < 0$，即在－0.7～0eV 范围变化时，开路电压 V_{OC} 随着导带边失调值绝对值的增大或 CdS 与 CIGS 界面载流子寿命的减小而减小；当导带边失调值 $\Delta E_c > 0$ 时，V_{OC} 几乎为一常数。CdS 的导带低于 CIGS 层的导带时，CdS/CIGS 界面出现断续，形成尖峰(cliff)。在正偏的情况下，这个断续

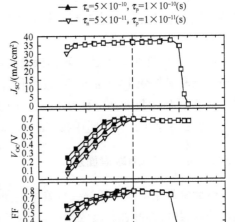

$\tau_n = 5 \times 10^{-8}, \tau_p = 1 \times 10^{-8}(s)$
$\tau_n = 5 \times 10^{-9}, \tau_p = 1 \times 10^{-9}(s)$
$\tau_n = 5 \times 10^{-10}, \tau_p = 1 \times 10^{-10}(s)$
$\tau_n = 5 \times 10^{-11}, \tau_p = 1 \times 10^{-11}(s)$

图 6.45 CdS/CIGS 的导带边失调值 ΔE_c 与电池性能各参数的关系

τ_n 和 τ_p 分别表示 CdS/CIGS 界面处电子和空穴的寿命

对于注入电子来说是一势垒，CdS/CIGS 界面多数载流子经由缺陷的复合归因于这一势垒。因此，整体复合增加，V_{OC} 随着导带边失调值绝对值的增大和 CdS 与 CIGS 界面处缺陷态密度的增大而减小；当 CdS 的导带高于 CIGS 层的导带时，引起多数载流子之间复合的势垒不存在，当然 V_{OC} 几乎为一常数了。

3) 填充因子 FF

当导带边失调值 $\Delta E_c < 0$，即在－0.7～0eV 范围变化时，填充因子 FF 随着导带边失调值绝对值的增大和 CdS 与 CIGS 界面载流子寿命的减小而减小。这与 V_{OC} 的变化趋势相同；当导带边失调值 ΔE_c 在 0～0.4eV 范围变化时，填充因子 FF

几乎为一常数;而当 ΔE_c 值大于 0.4eV 时,FF 骤然减小。这又与 J_{sc} 的变化趋势相同。

4) 转换效率 η

由上面的讨论可知,当 CdS/CIGS 的导带边失调值 ΔE_c 处于 $0\sim0.4\text{eV}$ 范围时,CIGS 薄膜太阳电池具有极好的性能,转换效率高(忽略界面载流子寿命的影响)。因此可以调节 CdS/CIGS 的导带边失调值 ΔE_c 来改善有镉或者无镉 CIGS 薄膜太阳电池的性能。这对 CIGS 薄膜太阳电池异质结材料的选取和工艺很具指导意义。

图 6.42 的能带图上还表示出随着 CIGS 中 Ga 含量的增加其禁带宽度变大,而电子亲和能却变小,表示导带顶逐渐上移。大约在 $x=0.5$ 时,其与 CdS 间的导带边失调值为 0,只有当 x 值在 0.3 以下时,其导带失调值才成为 0.2eV 左右。这从另一侧面说明 CIGS 薄膜中掺 Ga 量不能超过 30%。

6.5.3 贫 Cu 的 CIGS 表面层

绝大多数光伏器件都是一个单边突变的 pn 结。光伏效应的主体在有较高电阻率的基层区,亦即在其吸收层内。CIGS 薄膜作为高效 CIGS 薄膜电池的吸收层材料必须是具有较高电阻率的贫 Cu 材料。在形成异质结过程中,CIGS 表面会变成贫 Cu 的 n 型薄层。尽管人们关于这个表面层是否一定是以 $CuIn_3Se_5$ 为主的 OVC 或者 ODC 层尚存异议,但对于表面贫 Cu 层的存在还是取得了共识。这正是我们在讲述 CIGS 薄膜电池异质结结构时把 CIGS 表面层看成一个具有比其体材料层呈现更宽带隙的原因。

由于贫 Cu 表面层的重要性,近年来这方面的研究很多。其中很多人支持表面存在 OVC 或 ODC 层的看法。也有不少人持反对的观点。在此不再赘述。

6.6 柔性衬底 CIGS 薄膜太阳电池

6.6.1 柔性衬底 CIGS 薄膜太阳电池的性能特点

航空航天领域需要太阳电池有较高的重量比功率,即希望单位重量的太阳电池能发出更多的电量。而对于地面光伏建筑物的曲面造型和移动式的光伏电站等要求太阳电池具有柔性、可折叠性和不怕摔碰,这就促进了柔性衬底太阳电池的发展,所谓柔性电池是以金属箔或高分子聚合物作衬底的薄膜太阳电池。一般说来,所有薄膜太阳电池都可以作成柔性的。柔性 CIGS 薄膜太阳电池的结构如图 6.46 所示,除衬底和 CIGS 吸收层工艺略有不同之外,其他各层与玻璃衬底 CIGS 电池工艺基本相同。

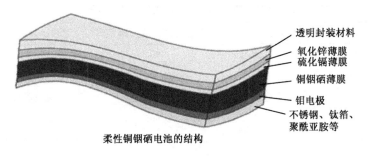

图 6.46　柔性 CIGS 电池结构

柔性 CIGS 薄膜电池具有以下优异性能：

（1）高的重量比功率（W/kg），见表 6.13。在空间电池领域，柔性 CIGS 电池具有最高的比功率和最低的成本，功率密度与硅、砷化镓薄膜电池相当。

表 6.13　几种空间应用的太阳电池的性能参数比较[72]

电池类型	重量比功率/(W/kg)	功率密度/(W/m²)	成本/($/W)
晶体 Si 电池	260	230	130
三结砷化镓电池	210	300	260
铜铟镓硒薄膜电池	1430	210	30~50

（2）相比于高转换效率的 Si 电池、单结和三结 GaAs 太阳电池，CIGS 电池耐高能电子和质子辐照的能力更强。

（3）适合于光伏建筑一体化（BIPV），尤其适合于在不平的屋顶上使用。柔性电池可以裁切成任何形状及尺寸，同时也可以作光伏瓦片。

（4）柔性衬底 CIGS 电池具有降低成本的最大潜能，适合大规模生产的卷-卷（roll-to-roll）工艺。

（5）适合单片集成，金属衬底材料可通过在其表面沉积绝缘层实现单片集成，PI 衬底由于其本身的绝缘性，在单片集成领域更有前景。

选择衬底材料首先考虑的是热稳定性，要求衬底可以承受制备高效率器件需要的温度，同时要有合适的热膨胀系数，并与电池吸收层材料匹配良好。其次是化学和真空稳定性，即在 CIGS 吸收层沉积过程中不和 Se 反应，水浴法制备 CdS 时不分解，真空稳定性则要求衬底材料加热不放气。最后，衬底材料要适合卷-卷工艺，这样可以实现吸收层的连续生长，降低制造成本。表 6.14 列出了几种典型的柔性衬底材料、电池吸收层和阻挡层的特性。

表 6.14　衬底材料、电池吸收层和阻挡层的材料特性[73]

材料	热膨胀系数/($10^{-6}K^{-1}$)	T_{max}(最高承受温度)	注释
苏打-石灰玻璃	9(200～300℃)	～600	玻璃衬底,含有 Na,K 等
Corning 玻璃	4.6	＞600	无碱玻璃
Cr 钢	10～11	＞600	Fe,Cr 等会扩散,成本低
Ti	8.6	＞600	Ti 的扩散很少
Ni/Fe 合金(Kovar)	5～11	＞600	与 CIS 热膨胀系数匹配很好
Al	23～24	600	低成本、低重量、高的热膨胀系数
Kapton E	17(20～200℃)	＜500	聚酰亚胺
Upitex	12～24(20～400℃)	＜500	聚酰亚胺
ETH-PI	3	＜500	聚酰亚胺
Mo	4.8～5.9(20～600℃)		背电极
CIGS	11.2～11.7/7.9～9.6(20℃)		垂直 c 轴/平行 c 轴
ZnO	4.75/2.9		垂直 c 轴/平行 c 轴
SiO$_2$	1～9	＞600	绝缘层或阻挡层
Al$_2$O$_3$	6～8	＞600	绝缘层或阻挡层

6.6.2　柔性金属衬底 CIGS 太阳电池

金属衬底主要指不锈钢、钼、钛、铝和铜等金属箔材料。美国、日本和德国的研究机构在柔性金属衬底 CIGS 电池研究方面处于领先水平。表 6.15 列出了目前的各种金属衬底 CIGS 电池的最高效率。美国国家可再生能源实验室(NREL)研制的小面积不锈钢衬底电池的最高转换效率达到了 17.5%[74],是柔性金属衬底 CIGS 电池的世界纪录。

从表 6.15 可以看出,与转换效率 20.3% 的玻璃衬底 CIGS 电池相比,不锈钢衬底电池仍有差距。这种器件性能的差异主要与衬底粗糙度、杂质阻挡层和 Na 的掺入等问题有关。

表 6.15　不同柔性金属衬底 CIGS 太阳电池的研究水平(AM1.5)

柔性衬底	转换效率/%	吸收层制备技术	研制单位
SS	17.5	CIGS(共蒸发)	NREL
Mo	11.7	CIGS(氧化物预置层,硒化)	ISET[74]
Cu	9.0	CIGS(电沉积预置层,RTP)	CIS Solartechnik[75]
Al	6.6	共蒸发 CIGS	ETH[76]
Ti	16.2	CIGS(共蒸发)	HMI[77]

1. 衬底粗糙度的影响

一般金属衬底的表面粗糙度在几百到几千纳米之间,而玻璃衬底的粗糙度低于 100nm。粗糙的衬底将通过以下三种机制影响 CIGS 吸收层质量,如图 6.47 所示:①粗糙的表面可以提供更多的 CIGS 成核中心,导致形成小的晶粒和更多的晶体缺陷;②金属衬底上的尖峰可穿过电池吸收层,导致 pn 结短路[78];③在高温生长 CIGS 期间,衬底存在大的突起会增加杂质从衬底向 CIGS 扩散。降低表面粗糙度须对柔性金属衬底进行抛光处理。覆盖一层绝缘层也能有效地降低粗糙度。

图 6.47　衬底粗糙度对吸收层质量的三种影响机制

2. 绝缘阻挡层

柔性金属衬底太阳电池的绝缘阻挡层一般夹在金属和 Mo 背接触层之间,它有两个作用:①在金属衬底和单片集成电池之间提供电绝缘层;②减少金属衬底中杂质向 CIGS 中扩散。因此柔性金属衬底大面积组件是必须有此阻挡层的。对于小面积单体电池,只要所选的金属衬底材料的纯度足够高,可以不用阻挡层。例如纯 Ti、纯 Mo 等衬底上的小面积 CIGS 太阳电池不需要阻挡层。而 Cr 不锈钢等含杂质的衬底,由于衬底中有害杂质的扩散会钝化器件的性能,需要阻挡层。研究表明,绝缘且稳定的氧化物 SiO_x 和 Al_2O_3 等是阻挡层的首选材料。SiO_x(等离子体 CVD 法)/SiO_x(溶胶-凝胶法)和 SiO_x(等离子体 CVD 法)/Al_2O_3(溅射法)等双层结构具有最佳的阻挡效果[79-80]。

3. Na 的掺入

Na 对 CIGS 薄膜电池性能的提高是不容置疑的。由于各类柔性衬底都不可能像钠钙玻璃那样向吸收层提供足够的 Na,因此为提高柔性衬底 CIGS 薄膜电池的性能,必须采取其他方式掺入 Na。

Na 的掺入工艺多种多样,图 6.48(a)为目前广泛使用的玻璃衬底 CIGS 太阳电池的情况,其 Na 来自于衬底本身。图 6.48(b)是 Na 预制层工艺,即在沉积 CIGS 之前,在 Mo 背接触层上预先沉积含 Na 的预制层,包括 NaF、Na_2S、Na_2Se 和 Na_2O 等化合物,厚度 10～30nm。厚度小于 10nm 时,掺 Na 的作用不大。而厚度超过 30nm 会影响薄膜的附着力,因为后续水浴沉积 CdS 缓冲层时,NaF 极易溶于水引起薄膜脱落。图 6.48(c)为 Na 共蒸发工艺,在 CIGS 沉积过程中,同时沉积 Na。这种方法与 CIGS 薄膜大规模生产工艺相兼容。图 6.48(d)为 Na 的后处理工艺:完成 CIGS 薄膜沉积、冷却后,在薄膜上沉积 30nm 厚的 NaF 层,400℃退火 20min(如果 CIGS 的沉积温度低,退火温度也随之降低)。由于是在 CIGS 薄膜生长以后进行 Na 的掺入,所以这种工艺不改变薄膜生长动力学、晶粒尺寸和择优取向,但明显提高了电池的性能。

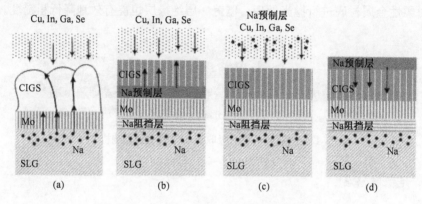

图 6.48　Na 掺入 CIGS 吸收层的主要途径[24]

6.6.3 聚合物衬底 CIGS 薄膜电池

　　与柔性金属衬底 CIGS 薄膜太阳电池相比,聚合物衬底重量更轻,适合于大规模生产的卷-卷工艺,是柔性电池研究发展的热点。目前,在聚合物衬底 CIGS 薄膜电池研究领域,聚酰亚胺(PI)是唯一取得成功的衬底材料。这主要是由于这种聚合物衬底相对较强的耐高温能力和低的热膨胀系数。

　　由于聚酰亚胺薄膜表面平整且具有较好的绝缘性能,在其使用温度下性能稳定无任何杂质向 CIGS 吸收层中扩散。因此不锈钢等衬底所考虑的粗糙度和绝缘阻挡层问题,这里无需考虑。Na 掺入问题与不锈钢衬底一样,也是通过含 Na 预制层、Na 共蒸发和后处理等方法来解决。由于性能最好的聚酰亚胺也只能承受450℃左右的温度,因此柔性聚酰亚胺衬底 CIGS 薄膜太阳电池只能采用低温沉积工艺。沉积温度低导致 CIGS 薄膜的结晶质量差,晶粒细小并产生大量晶界,降低了光生载流子的扩散长度使太阳电池的性能变差。但是低温工艺降低了能耗、缩短了升降温时间,降低了电池生产成本和提高了生产率。低温沉积工艺的研究工作大多首先在玻璃衬底上用蒸发工艺进行,使用温度在 350～450℃。得到的电池效率在 12%～15%[73]。使用 PVD 方法合成 CIGS 吸收层的最低温度通常超过350℃。在钠钙玻璃上,瑞典 Uppsala 大学在衬底温度为 310℃时作出了效率为

9.1%的 CIGS 电池。

2011 年,瑞士联邦工学院(ETH)制备的聚酰亚胺衬底 CIGS 电池的转换效率达到了 18.7%[81],其中电流密度为 $34.8mA/cm^2$,V_{oc} 为 712mV,填充因子为 75.7%,重量比功率超过 1800kW/kg。是 PI 衬底 CIGS 电池的世界纪录。其中 CIGS 吸收层采用低温三步共蒸发工艺,第一步,衬底温度为 400℃时沉积 In-Ga-Se 预制层;第二、三步衬底温度维持在 400℃与 500℃之间,分别沉积 Cu-Se 和剩余的 In-Ga-Se。Na 的掺入采用后处理工艺。电池的 I-V 曲线如图 6.49所示。2013 年 1 月,PI 衬底 CIGS 太阳电池转换效率再次被刷新,达到 20.4%(http://www. empa. ch)。

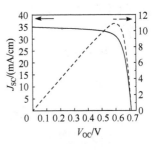

图 6.49 转换效率为 18.7%的 PI 衬底 CIGS 薄膜电池的 I-V 曲线

6.6.4 CIGS 柔性光伏组件集成技术

和玻璃衬底一样,CIGS 柔性光伏组件的集成互联工艺也需要三步划线工序。这种玻璃衬底 CIGS 电池中很成熟的集成技术,在柔性衬底上变得异常复杂和困难,而且此法对 CIGS 薄膜的绝缘性能要求较高。

近年来,人们发展了一种新的内部极联技术,它的三次划线均在所有膜层材料沉积完成后进行,可称为"后划线集成技术",如图 6.50 所示。在 P1 划线之后,可使用绝缘胶实现电学隔离。P2 划至 Mo 层,P3 只划开导电层 Al-ZnO。最后用丝网印刷技术实现两个子电池间的串联。此法避免了玻璃衬底组件集成技术中仅使用 TCO 作为串联导电层,也避免了使用 CIGS 膜作为绝缘层。而且把成膜工艺与组件集成工艺分开,互不影响。这种方法也可以用于玻璃衬底 CIGS 薄膜太阳电池的单片互联。

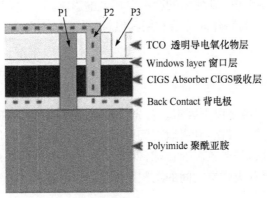

图 6.50 后划线集成技术

第三种集成技术是单片外联技术，如图 6.51 所示。第一步，将大面积的 CIGS 太阳电池切成一定尺寸的小电池，第二步，对子电池进行边缘处理，使之避免边缘短路并露出电池下电极。第三步是用互联条将各子电池进行互联（图上）。对于金属衬底 CIGS 电池，第三步可以采用外部互焊技术，即将一个子电池上电极与另一子电池下电极进行串焊，一片搭一片实现串联（图下）。由于衬底很薄，两片叠加后并不影响电池的整体封装。

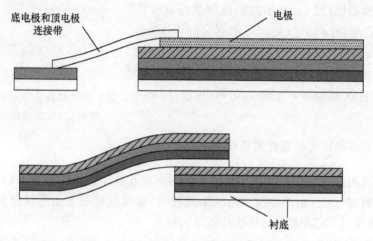

图 6.51　柔性 CIGS 太阳电池的外部级联技术

6.7　CIGS 薄膜太阳电池的发展动向

发展 CIGS 薄膜太阳电池有两个问题影响着产业投资者，一个是 In、Ga 等稀有金属元素的资源对该电池发展到多大规模时将受到制约，另一个是电池中的缓冲层 CdS 再薄，也要考虑 Cd 元素的存在对环境的影响。因此，人们进行了大量研究和试验，采用无 Cd 材料作缓冲层和用其他材料代替 CIGS 方面都取得了许多新成果。

6.7.1　无 Cd 缓冲层

缓冲层选取需要考虑以下因素。首先，缓冲层材料应该是高阻 n 型或者本征的，以防止 pn 结短路。其次，和吸收层间要有良好的晶格匹配，以减少界面缺陷，降低界面复合。再次，需要较高的带隙，使缓冲层吸收最少的光。最后，对于大规模生产来讲，缓冲层和吸收层之间的工艺匹配也是非常重要的。表 6.16 给出了目前研制的各种无镉缓冲层。

表 6.16　各种无 Cd 缓冲层 CIGS 太阳电池最高效率及研究单位[82]

缓冲层种类	制备方法	最高效率电池		研究单位
		面积/cm²	效率/%	
ZnS	CBD	0.155	18.6	NREL 和日本青山学院大学
Zn(O,S,OH)	CBD	30×30	14.2	日本 Showa Shell Sekuyu K. K.
	CBD	1.08	15.7	德国 Shell solar
Zn(Se,OH)	MOCVD	0.55	11	德国 HMI
In(OH)₃ : Zn²⁺	CBD	0.2	14	东京工业大学
In(OH,S)	CBD	0.38	15.7	德国斯图加特大学
ZnIn₂Se₄	PVD	0.19	15.1	东京工业大学
Zn₁₋ₓMgₓO	共溅射(co-sputtered)	0.96	16.2	日本松下
ZnO	ALD	0.19	14.6	东京工业大学
In₂S₃	ALCVD	714	12.9	德国 ZSW
	ALCVD	0.1	16.4	德国 ZSW

从表中可以看出,无镉缓冲层可以分为含 Zn 的硫化物、硒化物或氧化物,以及含 In 的硫化物或硒化物两大类,制备方法主要是化学水浴法。已经能够用于生产大面积 CIGS 薄膜电池的无镉缓冲层的有:化学水浴法(CBD)制备的 ZnS,原子层化学气相沉积(ALCVD)法制备的 In_2S_3。

ZnS 带隙为 3.8eV,可以增强太阳电池短波区的光谱响应,非常适合作为缓冲层材料。化学水浴制备的薄膜性能取决于沉积参数,如 pH、温度、络合剂、沉积时间、反应物浓度、超声波应用、溶液搅拌等。化学水浴法制备的 ZnS 成分比较复杂,其中含有大量的氧和氢,简单地记为 CBD-ZnS,有的记为 ZnS(O,OH) 或 $Zn(O,S,OH)_x$。

日本青山大学的 Nakada 采用锌盐、氨水和硫脲配成的溶液分三次连续 CBD 沉积 ZnS,所制备的 CIGS 电池效率达到 18.6%。用略微改进的 CBD 工艺制备的单层 ZnS(O,OH) 制备的电池效率达到 18.5%。此外,锌化合物缓冲层也用于大面积 CIGS 薄膜电池,面积为 51.7 cm² 和 864cm² 的电池效率分别达到 14.2% 和 12.9%。尽管在蓝光区具有较高的透过率和较高的电流收集效率,无 Cd 缓冲层器件的效率仍低于 CdS 器件约 1%。最近的研究表明,采用 CdZnS 缓冲层制备的 CIGS 薄膜电池取得了世界纪录的效率 19.5%。

ZnSe 和 ZnIn₂Se₄ 两种缓冲层均可采用"干法"工艺制备。采用 ZnSe 和 ZnIn₂Se₄ 制备 CIGS 薄膜电池的效率都在 15% 左右。一般采用 MOCVD 工艺制备 ZnSe 层,带隙为 2.67eV,高于 CdS 材料,所以采用 ZnSe 缓冲层的 CIGS 薄膜电池的光电流高于参考的 CdS 电池,但是开路电压低于参考电池。虽然 ZnIn₂Se₄ 的带隙仅为 2.0eV,从带隙角度考虑不大适合作为窗口层材料,但是 $ZnIn_2Se_4$ 材料与 CIGS 层有很好的晶格匹配,同时 $ZnIn_2Se_4$ 的制备工艺与在线共蒸发(in-line co-evaporation)工艺相兼容,非常适合大规模生产。

最近含 In 的缓冲层材料 In_2S_3、$In(OH)_xS_y$ 也受到了重视。采用 ALCVD 法沉积的 In_2S_3 的带隙为 3.2eV 左右,非常适合作为缓冲层材料。由于 ALCVD 是一种"软"方法,不会损伤 CIGS 薄膜的表面,德国 ZSW 采用这种工艺制备的 CIGS 薄膜电池效率分别达到了 16.4%($0.1cm^2$)和 12.9%($714cm^2$)。

$Mg_{1-x}Zn_xO$ 也是一种非常合适的缓冲层材料,通过调节薄膜中 Mg 的含量,可以调节薄膜的带隙在 3.3~7.7eV 变化。$Mg_{1-x}Zn_xO$ 可以通过直接溅射沉积和 ALCVD 等工艺制备。直接溅射沉积 $Mg_{1-x}Zn_xO$ 所制备的电池效率相对较低,为 11.3%,效率的损失是由于溅射工艺损伤表面引起表面复合所致。ALCVD 不损伤表面,制备的电池效率相对较高,超过 16%。Shell Solar 公司溅射 $Mg_{1-x}Zn_xO$ 作为缓冲层代替 i-ZnO 和 CdS 层,简化了电池的制备工艺,CIGS 薄膜电池的效率达到了 12.5%。使用相同的 CIGS 层,采用双层 ZnO 和 CdS 结构的电池效率为 13.2%,而仅使用 i-ZnO 无 CdS 的电池效率为 6.3%。

无 Cd 缓冲层 CIGS 电池的研究已经取得了巨大的进展,将取代 CdS 成为 CIGS 薄膜太阳电池缓冲层的主角。

6.7.2 其他 I-III-VI 族化合物半导体材料

Cu(In,Ga)Se₂ 薄膜太阳电池已经取得了超过 20% 的转换效率。但取得最高效率的 CIGS 薄膜带隙仅为 1.13eV,远不到太阳电池的最佳带隙 1.4eV。目前大量的研究集中在代替金属 In 和 Ga 或者采用 S 代替 Se 发展宽带隙的高效率电池。目的是在保证组件最大输出的同时,尽量提高器件的开路电压,减小电流密度,这样可减少组件集成时的划线次数,降低面积损失。高电压还可以降低器件的温度系数。另外,考虑到 In 和 Ga 材料为稀有金属及 Se 相对较高的价格等因素,所以研究其他 I-III-IV 族化合物半导体材料是很必要的。下面将对几种主要的 I-III-IV 族化合物半导体材料 $CuGaSe_2$、$Cu(In,Al)Se_2$、$Cu(In,Ga)Se(S)_2$、$CuInS_2$ 等进行介绍。

1. CuGaSe₂

$CuGaSe_2$(CGS) 和 $CuGa_3Se_5$ 为宽带隙的半导体材料,带隙值分别为 1.67eV 和 1.82eV。其制备方法包括 PVD、CVD、MOCVD 等。

CGS 材料的应用主要在以下几个方面:①$CuGaSe_2$ 可以作为叠层电池的顶电池,Cu(In,Ga)Se₂ 的带隙在 1~1.3eV,$CuGaSe_2$ 为 1.67eV,经理论计算 $CuGaSe_2/Cu(In,Ga)Se_2$ 串联叠层电池的效率可达到 33%;②这种宽能隙半导体

$CuGaSe_2$ 和 $CuGa_3Se_5$ 适合于制备各种光发射器件,光谱范围从可见光到紫外线;③富 Ga 的 $CuGaSe_2$ 器件的最高开路电压可以超过 950mV。

目前最高效率的 CGS 电池的转换效率已经达到 10.2%(V_{OC}=823mV,J_{SC}=18.61mA/cm²,FF=66.7%),其中 CGS 材料的制备采用三步法工艺[83]。CGS 薄膜沉积结束后在薄膜表面沉积少量的 In 元素来进行表面改性。从电池参数可以看出,CGS 薄膜电池具有高的开路电压,但是电流密度和填充因子都较低。

与 CIGS 薄膜电池相比,CGS 薄膜电池的效率还很低。这与 CGS 材料本身特性有关系。由于 CGS 材料不能掺杂形成 n 型,所以 CGS 电池不能形成类似 CIGS 电池那样的表面层,难以形成高质量的浅埋结。另外 CGS/CdS 之间的能带边失调值为负,而 CIGS/CdS 的为正,这就决定了 CGS 电池具有隧穿加强的复合和更大的界面复合。

2. Cu(In,Al)Se₂ 材料

使用 Al 元素代替 CIGS 中的 Ga 元素可形成 $CuIn_{1-x}Al_xSe_2$ 化合物半导体材料。通过改变 Al/(Al+In) 的比值,禁带宽度在 1.0~2.6eV 范围内可调。与 $Cu(In_{1-x}Ga_x)Se_2$ 相比,Al 替代了稀有金属 Ga,既降低了材料的成本又拓宽了带隙。

$CuIn_{1-x}Al_xSe_2$ 材料的制备方法包括蒸发法和后硒化法。蒸发法即采用与 CIGS 类似的蒸发工艺,共蒸发 Cu、In、Al 和 Se 四种元素形成薄膜。后硒化法即溅射沉积 Cu-In-Al 预制层,然后在 Se 气氛下退火。

IEC 制备了具有 $Mo/CuIn_{1-x}Al_xSe_2/CdS/ZnO/ITO/Ni-Al$ 电极/MgF_2 结构的太阳电池,单结太阳电池的转换效率达到了 16.9%[84]。效率的改进是通过在两层之间加入厚度为 5nm 的 Ga 薄层,提高了 $Cu(In_{1-x}Al_x)Se_2$ 和衬底之间的附着力来实现的。Ga 的掺入可以在背表面形成 Ga-In-Se 相,这种二次相和 Mo/玻璃衬底之间具有良好的附着力。

3. CuInS₂ 和 Cu(InGa)(SSe)₂

$CuInS_2$ 带隙为 1.5eV,更接近太阳电池的理想带隙,且无毒。

$CuInS_2$ 材料的研究始于 20 世纪 70 年代,与 $CuInSe_2$ 电池同步。小面积 $CuInS_2$ 电池的最高效率为 13.2%。目前,德国 HMI 研究中心已经建立了 $CuInS_2$ 薄膜太阳电池的中试线。采用溅射 Cu、In 预制层后进行硫化处理的工艺。其组件的最高效率达到了 9.4%。$CuInS_2$ 薄膜必须在富 Cu 条件下生长才能得到大的晶粒尺寸,而富 Cu 相会导致电池短路,因此需要使用消除富 Cu 相的表面刻蚀工艺。

部分 S 代替 $Cu(In,Ga)Se_2$ 中的 Se 元素可形成 $Cu(In,Ga)(S,Se)_2$ 材料。带

隙在 1.0~2.4eV。目前最高效率的 Cu(In,Ga)(S,Se)$_2$ 电池的转换效率为 11.2%(V_{OC}=770mV,J_{SC}=19.2mA/cm^2,FF=77.3%)。对于这种电池,高的填充因子是其他宽带隙材料所不具备的。

6.7.3　叠层电池

叠层电池结构对于发展高效率薄膜电池来讲是一种很有前景的技术。在叠层结构中,顶电池和底电池被串联起来,分别吸收蓝光和红光光子。CIGS 单结电池的转换效率已经接近 20%。与Ⅲ-Ⅴ族材料相似,Ⅰ-Ⅲ-Ⅵ族材料形成一系列多元合金的固溶体。在这一系列材料中,Cu 基黄铜矿化合物的带隙在 0.9~2.9eV,Ag 基黄铜矿化合物的带隙在 0.6~3.1eV,见表 6.17。近来的理论计算表明,最适合叠层电池的带隙分布为顶电池 1.71eV,底电池 1.14eV。CuGaSe$_2$ 和 Cu(In,Ga)Se$_2$ 材料非常适合理论设计叠层电池的带隙结构。

表 6.17　Ⅰ-Ⅲ-Ⅵ族化合物材料的带隙[1]

低带隙		高带隙	
材料	带隙/eV	材料	带隙/eV
CuInSe$_2$	1.0	CuAlSe$_2$	2.71
CuInTe$_2$	1.0~1.15	CuInS$_2$	1.53
CuInTe$_2$	1.0~1.1	CuAlTe$_2$	2.06
CuGaTe$_2$	1.23	CuAlTe$_2$	2.06
CuGaTe$_2$	1.23	CuGaSe$_2$	1.7
CuGaTe$_2$	1.23	CuGaS$_2$	2.5
AgInSe$_2$	1.2	AgGaSe$_2$	1.8
AgInSe$_2$	1.2	AgAlSe$_2$	1.66
AgInSe$_2$	1.2	AgInS$_2$	1.8
AgGaTe$_2$	1.1~1.3	AgGaSe$_2$	1.8
AgGaTe$_2$	1.1~1.3	AgGaS$_2$	2.55
AgAlTe$_2$	0.26	AgAlS$_2$	3.13

1988 年 ARCO 制备的 a-Si:H/CIS 叠层电池取得了成功。薄膜 a-Si 电池作为顶电池,CIS 电池作为底电池,两种薄膜电池采用聚合物在中间粘结,并使用四端输出,电池的效率达到了 15.6%[85],开创了 CIS 基叠层电池研究的先例。

近来,NREL 的研究者们采用表面 In 改性的 CuGaSe$_2$ 薄膜制备了转换效率 10.2% 的 CGS 电池,并应用于 CGS/CIS 叠层电池。叠层电池结构如图 6.52 所示,CuGaSe$_2$ 薄膜直接热蒸发沉积在覆有 ITO 的玻璃衬底上,顶电池具有 ZnO/CdS/CGS/ITO/苏打玻璃的结构。叠层电池的转换效率为 15.31%[83]。T. Nakada[86]等采用 Ag（In$_{0.2}$Ga$_{0.8}$）Se$_2$（AIGS）作顶电池，Cu（In，Ga）Se$_2$ 作底电池，制备了开路电压为 1.46V 的叠层电池。并通过采用高迁移率的 Mo 掺杂 In$_2$O$_3$ 和低Ga 含量的底电池吸收层，优化了器件的性能，电池的效率也达到了 8%。

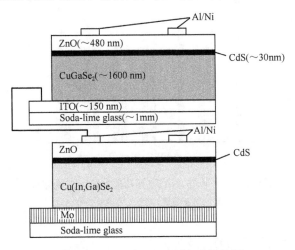

图 6.52　CIGS/CGS 叠层电池结构图

发展叠层电池的关键问题是：①发展合适的宽带隙材料作顶电池，带隙 1.5～1.8eV，效率超过 15%；②顶电池的生长工艺与底电池工艺兼容；③顶电池和底电池有效的内部连接。

6.7.4　CZTS 材料及太阳电池

1. 开发 CZTS 薄膜太阳电池的意义

虽然 CIGS 太阳电池在薄膜电池中具有最高的光电转换效率，但从长远看，稀有金属 In、Ga 的储量和价格以及有毒元素 Se 的使用都将限制此种电池的大规模产业化应用进程。因此，开发一种具有与 CIGS 薄膜材料类似的结构、光电性能，又不使用稀有金属的化合物薄膜材料并应用于薄膜光伏是非常必要的。Cu$_2$ZnSnS$_4$（CZTS）薄膜是替代 CIGS 光伏电池吸收层的最佳选择之一。CZTS 是一种直接带隙 p 型半导体材料，光学吸收系数超过 10^4cm^{-1}，光学带隙在 1.45eV 左右，非常接近光伏电池的理想带隙 1.4eV，从理论上讲可达到单结电池的最高转换效率[87]。金属元素铜 Cu、锌 Zn、锡 Sn 和非金属元素 S 都无毒且在地壳中储量丰富，对此类薄膜电池的持续长期应用有重要意义。图 6.53 列出地壳中 Cu、Sn、Cd、In、Se、Te 等几种元素的储量和价格的对比，可以看出制备 CZTS 太阳电池的各种原材料在地壳中储量丰富且价格低廉。S 和 Zn 的储量分别是 In 储量的 1500 倍和45 倍，而价格却低两个数量级。

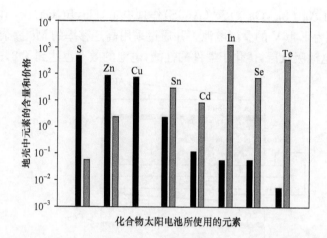

图 6.53　S、Zn、Cu、Sn、Cd、In、Se、Te 等几种元素的地壳储量和价格对比
黑色代表储量,灰色代表价格[87]

2. CZTS 薄膜太阳电池的发展历史

1988 年,Ito 和 Nakazawa 等首次报道了不锈钢衬底上生长 CZTS/Cd-SnO$_2$ 异质结薄膜太阳电池,电池的开路电压达到了 165mV。1989 年,Ito 等对 CZTS 器件进行了空气退火,电池的开路电压达到了 250mV,短路电流密度为 0.1mA/cm^2。1997 年,Fridlmeier 等通过共蒸发单质元素和二元化合物的方法制备了 CZTS 薄膜,采用 CdS/ZnO 作为 n 型层,电池的光电转换效率达到了 2.3%,其中开路电压为 570mV。在 CZTS 薄膜电池领域,日本长冈国家技术学院(Nagaoka National college of Technology)的 Katagiri 教授的团队是研究最早的团队。表6.18 给出近年来 CZTS 太阳电池研究水平的发展概况。

表 6.18　CZTS 太阳电池效率表

年份	电池面积 /cm^2	开路电压 /mV	短路电流 /(mA/cm^2)	填充因子	转换效率 /%
1996	0.15	400	6.0	0.277	0.66[88]
1999	0.15	522	14.11	0.355	2.63[89]
2003	0.15	582	15.5	0.60	5.45[90]
2007	0.15	662	15.7	0.55	5.74[91]
2011		661	19.5	0.658	8.4[92]

2011 年,美国 IBM 研发中心采用四元共蒸发工艺制备了转换效率为 8.4% 的 CZTS 薄膜太阳电池。电池的 *J-V* 曲线如图 6.54 所示,这是此类电池目前的世界

最高水平。

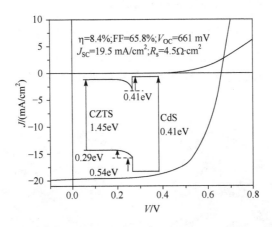

图 6.54　转换效率为 8.4% 的 CZTS 薄膜太阳电池的 J-V 曲线[92]

2010 年美国 IBM 公司采用一种溶液基方法制备出转换效率为 9.66% 的 CZTSSe(Se 部分替代 S 元素)太阳电池。2012 年,通过器件优化电池效率达到了 11.1%[93],是此类电池的最高纪录。

可以看出,CZTS 薄膜电池的转换效率逐年提高,早期电池效率提高缓慢,从 2003 年至 2008 年,电池效率得到显著提高。这主要是由于近年来,人们越来越意识到 CZTS 薄膜太阳电池在降低电池成本和提高转换效率等方面的优势,加强了这方面的研究,在制备工艺上取得了进步所致。

3. CZTS 薄膜太阳电池的器件结构

目前用各种方法制备的 CZTS 薄膜太阳电池都具有与 CIGS 太阳电池完全相同的器件结构,只是将其中的 CIGS 替换成 CZTS,如图 6.55 所示。

图 6.55　CZTS 太阳电池的基本结构[94]

4. CZTS 薄膜材料的晶体结构和制备方法

CZTS 材料和 CuInS$_2$ 具有相同的晶体结构，只是将其中 In 的一部分由 Zn 替代，另一部分由 Sn 代替。从晶体学上讲，它有黄锡矿（stannite）和锌黄锡矿（kesterite）两种结构，通常热力学上显示更为稳定的是锌黄锡矿结构，两种晶体结构如图 6.56 所示。

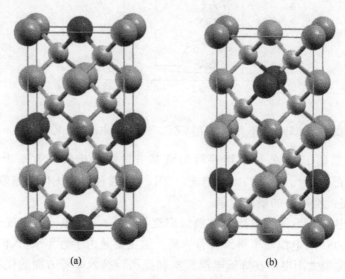

(a)　　　　　　　　　　(b)

图 6.56　黄锡矿结构（a）和锌黄锡矿结构（b）[95]

和 CIGS 一样，CZTS 薄膜的制备方法也有真空和非真空两大类。真空沉积包括四元共蒸发和溅射金属预制层后进行硫化两类方法。非真空方法包括联氨基溶液法（IBM 工艺）、喷雾热分解法、电沉积方法等。这是一个非常活跃的领域，各种新的沉积方法都在进行研究尝试。联氨基工艺就是把 Cu、Zn、Sn、S 和 Se 几种元素的单质和二元化合物溶于联氨（N$_2$H$_4$）溶液中，进一步把各溶液按照要求的化学计量比混合，涂覆（spin coating）沉积在苏打-石灰玻璃衬底上，形成均匀的CZTSSe 薄膜。最后把制备的薄膜在充满 N$_2$ 气的容器中热处理，此时温度保持在400～525℃。此工艺制备薄膜的优点是一次结晶形成薄膜，不需要后续的 Se、S 处理。（IBM 需要硫化）由于整个过程要在 N$_2$ 气氛下处理，这种工艺的缺点是很难实现规模化生产。

上文提到的四元共蒸发工艺中为避免在 CZTS/Mo 界面形成二次相 SnS，蒸发时衬底温度只有 150℃，然后在 570℃ 中进行 5min 空气退火。制备的 CZTS 薄膜的厚度约为 600nm。器件结构是 CZTS 上沉积 90～110nm 的 CdS、80nmZnO、450nmAl-ZnO 和 100nmMgF$_2$。CZTS 中少子的扩散长度为几百纳米，电池吸收层中的光生载流子能很好地被收集。

　　CZTS 薄膜太阳电池目前仍处于早期研发阶段,产业化尚待时日。为了进一步提高 CZTS 薄膜太阳电池的光电转换效率,更快实现 CZTS 电池的产业化,必须理论和实践双管齐下。理论上应深入研究 CZTS 材料的基本物理和化学性质,特别是各类点缺陷的形成本质和它们对材料性能的影响,通过各种理论和模拟手段指导人们进行科学探索和实践。而在实验研究方面,人们将借鉴 CIGS 薄膜太阳电池的各种成功经验,在科学指导下广泛进行各种工艺方法的尝试,使 CZTS 薄膜太阳电池光电转换效率大幅度提高,早日实现产业化。

6.7.5　高质量 CIGS 薄膜的辅助沉积技术

　　为了进一步提高 CIGS 薄膜太阳电池的光电转换效率,发展了各种新颖的辅助沉积技术,并逐渐应用于高质量的 CIGS 薄膜的沉积。这里以活化 Se、Ga 蒸发源为例,介绍辅助沉积技术。

1. 活化 Se 蒸发源

　　Se 元素在 CIGS 薄膜中非常重要,从结构特性上讲,缺 Se 的 CIGS 薄膜结晶质量差,晶粒细碎,存在大量空洞。从电学特性上讲,缺 Se 的 CIGS 薄膜存在着 Se 空位缺陷 V_{Se},V_{Se} 在 p 型的 CIGS 薄膜中形成浅施主缺陷,严重影响 CIGS 薄膜的光电性能。尤其是在低温工艺中,Se 的活性不足,扩散不充分,极易产生 Se 空位,因此提高 Se 的活性是低温生长高质量 CIGS 薄膜的关键。另外,如果 Se 原子反应活性增强,Se 的利用率随之提高,这样可以大大节省 Se 原料的消耗,这对于产业化过程中降低成本有重要意义(材料利用率低是 CIGS 产业化的主要问题之一)。

　　Se 蒸发源蒸发出来的 Se 蒸气是由各种不同大小的 Se_n 原子团组成的,n 值越小,Se 的活性越高。在一定温度和压强下,大小不同的 Se_n 原子团之间可以相互转化,达到一种动态平衡后,从宏观上看,Se 蒸气的组成固定。随着温度和压强的改变,Se 原子团之间的碰撞概率随之发生改变,Se 原子团可以从外界获取的能量也随之改变,这种热力学的动态平衡就会被打破。所以,不同温度下,Se 蒸气中不同大小的 Se_n 原子团的比例是不同的。可以从热力学的一系列参数估算不同温度下,各种 Se_n 的吉布斯自由能,进而根据吉布斯判据判断该温度下更容易生成哪种 Se_n,推出各种温度下 Se_n 原子团的组成比例。如图 6.57 所示,当温度低于 400℃时,Se 主要以 Se_5、Se_6、Se_7 等大原子团为主;当温度在 400～600℃时,Se_6、Se_7 含量在降低,Se_2 含量增加较大,摩尔分数最高的是 Se_5、Se_6、Se_2;当温度超过 600℃,Se 主要以 Se_5、Se_2 为主;当温度超过 800℃时,小分子 Se_2 占非常大的比例,而当温度达到 900℃时,活性最强的单原子 Se 也随之产生。图 6.58 为 Se 原子团随裂解温度和裂解能量的变化图,可以看出随着裂解温度的升高,Se 大原子团裂解成小原子团的能量在降低。因此,为了使 Se 大原子团裂解为小原子团,既可使用高温裂解方法,也可使用高能量等离子体在较低温度下完成。

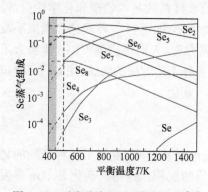

图 6.57　平衡状态下,Se 蒸气组成[96]　　　图 6.58　Se 原子团裂解温度和能量的关系

下面主要介绍高温裂解和射频活化两种方式。

1) 高温裂解 Se 蒸发源[97]

高温裂解 Se 源最初用于 Ⅱ-Ⅵ 族化合物半导体 ZnSe 的制备。3M 公司的 H. Cheng 等利用 600℃ 高温裂解的 Se 束流,在 150℃ 较低的衬底温度下制备得到高质量的 ZnSe 薄膜。通过四极透镜分析仪的观察,在 600℃ 高温裂解下,$Se_n(n>2)$ 几乎全部转化为 Se_2 甚至 Se,这为制备 CIGS 薄膜带来了启示。图 6.59(a) 为一种高温裂解蒸发源的示意图,从蒸发源中蒸发出来的 Se 蒸气在蒸发源出口处被高温裂解产生小分子团 Se。

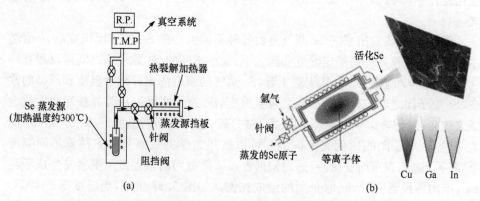

图 6.59　高温裂解蒸发源(a)和射频等离子体活化蒸发源(b)

2) 射频等离子体活化硒源

日本国家先进工业科技研究所(AIST)在共蒸发设备中使用射频等离子体活

化的 Se 蒸发源技术。从蒸发源中蒸发出来的 Se 蒸气被射频产生的等离子轰击，使其大分子团变成小分子团，从而达到裂解的作用，如图 6.59(b)所示。研究发现，射频等离子体活化 Se 源制备的 CIGS 薄膜与传统 Se 蒸发源相比，薄膜表面更致密、更平滑，且晶粒尺寸更大。原因是等离子体促进了大原子团 $Se_n(n \geqslant 5)$ 的分解，提高了 Se 元素的活性和蒸发原子在薄膜表面的迁移速率，促进了薄膜的二维生长，减少了薄膜中的缺陷密度。AIST 用等离子体活化固态 Se 源制备的玻璃衬底小面积 CIGS 太阳电池的效率最高达到 17.5%[98-99]，已经可与传统多源"三步共蒸发"工艺制备的电池效率相比，但大大提高了 Se 材料的利用率。

2. 离化 Ga 蒸发源

目前，在世界最高转换效率为 20.3% 的 $Cu(In_{1-x}Ga_x)Se$ 太阳电池吸收层中，Ga 含量为 30%，带隙为 1.12eV。随着 Ga 含量增加(x 从 0.30 升至 0.70)，材料带隙变为 1.4eV(太阳电池的理论最佳带隙)，CIGS 太阳电池的光电转换效率却降低到 14%。造成这种情况的原因是随着 Ga 含量增加，Ga 原子活性降低，导致高 Ga 含量的 CIGS 薄膜的结晶质量下降，缺陷增多。

日本东京工业大学的 YAMADA 等提出了离化 Ga 蒸发源的概念，结构如图 6.60 所示。其中灯丝在加速栅极的作用下发射电子，从 Ga 蒸发源中蒸发的 Ga 原子通过加速栅极时被电子碰撞电离。根据理论结果，Ga 原子的第一、二、三、四电离能分别为 5.99eV、20.51eV、30.7eV 和 64.05eV。离化 Ga 蒸发源所使用的加速电压为 100V，电子被加速后的能量理论上可达 100eV。因此，一部分蒸发的 Ga 原子被电离是可以实现的。电离后，蕴含在 Ga^+ 的能量可传递到衬底表面起到衬底本征加热的作用，还可以增强蒸发原子在衬底表面的活性，降低反应势垒，改善高 Ga 含量

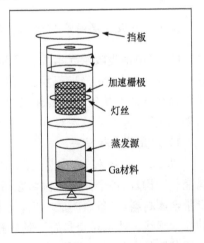

图 6.60　离化 Ga 蒸发源示意图[100]

CIGS 薄膜(带隙 1.4eV)的结晶质量，降低薄膜中的缺陷，进而提高电池的光电转换效率。

6.7.6　CIGS 薄膜太阳电池的产业化

1. 产业化现状

和其他光伏电池一样，CIGS 薄膜太阳电池经过二十多年的基础研究后进入产业化发展阶段。由于此类电池结构复杂、工艺难度大等原因，其产业化进程发展

缓慢。直到 2003 年,美国 Shell solar 公司制备出面积为 3626cm^2 的大面积组件才标志着 CIGS 太阳电池的产业化开始。表 6.19 列出了 CIGS 太阳电池的产业化成果,目前全球产能每年 600MW 左右,在所有太阳电池中市场占有率为 2%。

表 6.19　国外大面积 CIGS 薄膜太阳电池组件技术与产业化

公司	产能 MWp/a	衬底面积/ m×m	最高转换 效率	平均转换 效率	备注
美国 Shell solar	3	0.3×1.2(玻璃)	<13%	11%	组件已销售
德国 Würth solar	30	0.6×1.2(玻璃)	<13%	11.5%	已销售
美国 Global Solar	<0.4	0.3×1.2(金属带)	10.7%	8%	卷对卷工艺
日本 Showa shell	20	0.3×1.2(玻璃)	14.2%	11.8%	
日本 Honda	27.5	1.42×0.8(玻璃)		11.1%	已销售
美国 EPV		0.3×1.2(玻璃)	7.5%		也是设备厂商
德国 Shell Solar		0.6×0.9(玻璃)	13.1%	12.2%	13.4%
德国 solarion 公司	0.1	0.15×0.15(聚酰亚胺)	8%	5%	

2. CIGS 吸收层的产业化工艺路线

CIGS 电池吸收层元素配比及晶相结构是决定材料性能的主要因素。目前产业化主要分为"多元分步蒸发法"和"金属预制层后硒化法"两种技术路线,其他方法都是在这两类基础上发展起来的。下面介绍"多元分步蒸发法"和"金属预制层后硒化法"两种工艺及卷对卷(roll-to-roll)柔性电池工艺。

1) 多元分步蒸发法

以 Cu、In、Ga 和 Se 作蒸发源进行分步蒸发制备 CIGS 薄膜,其特点是薄膜材料晶相结构好,各个元素比例可在蒸发过程中调节。这种技术的生产周期短,节省贵重金属材料,设备紧凑成本低,是大规模生产铜铟硒薄膜太阳电池很有发展前景的技术路线。技术难点是解决精确控制每种元素蒸发速率及蒸发量、保证大面积沉积薄膜均匀性。目前国际上只有 Würth Solar 和 solibro 两家公司采用此技术制备玻璃衬底的 CIGS 薄膜太阳电池。德国 Würth 公司采用向下的蒸发技术,如图 6.61 所示。Cu、In、Ga 和 Se 四种材料从线性蒸发源中由上向下蒸发,衬底在沉积室下方连续移动。这种工艺的优点之一是线性蒸发源可保证大面积成膜的均匀性。另一优点是衬底在连续加热的热辊上运动,既可保证加热的均匀性也可以保证玻璃衬底在较高的加热温度(500℃)下不软化、变形。这种工艺的缺点之一来自线性蒸发源,向下蒸发的线性源结构复杂且不容易维护,同时由于蒸发量较大,蒸发源的蒸发速率很难控制,目前该公司只能通过控制蒸发源的温度粗略控制蒸发速率。而 solibro 公司采用从下向上蒸发技术,采用点蒸发源的阵列方式,既便于维护也保证了薄膜的均匀性。缺点是衬底温度难以提高到 500℃,因为玻璃衬底高于 450℃便出现软化、下垂现象,导致组件转换效率低。

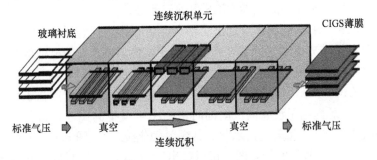

图 6.61 共蒸发技术路线

2) 金属预制层后硒化法

金属预制层后硒化法是预先在基底上按配比沉积 Cu-In-Ga 金属预制层,然后在 Se、S 气氛中进行高温硒化和硫化,最终形成满足配比要求的 $CuIn_{1-x}Ga_x(Se_{1-y}S_y)_2$ (CIGSSe)多晶薄膜。金属预制层成膜方法有溅射、蒸发,还有所谓的非真空化学法。溅射金属预制层可以保证大面积薄膜的均匀性,可以通过控制溅射速率和溅射时间实现对薄膜厚度和元素比例的精确控制。目前国际上除了 Würth Solar 和 solibro 两家公司外,绝大部分都是采用溅射后硒化技术。在这些公司中,日本的 Showa shell 是使用溅射后硒化技术最成熟的公司,其制备的面积为 $900cm^2$ 的 CIGS 组件的光电转换效率达到了 17%,$7200cm^2$ 组件的平均转换效率达到了 12%。

后硒化工艺的优点是易于精确控制薄膜中各元素的化学计量比、膜的厚度和成分的均匀分布,且对设备要求不高,已经成为目前产业化的首选工艺。与蒸发工艺相比,后硒化工艺中,Ga 的含量及分布不容易控制,很难形成双梯度结构,因此有时在后硒化工艺中加入一步硫化工艺,掺入的部分 S 原子替代 Se 原子,在薄膜表面形成一层宽带隙的 $Cu(In,Ga)S_2$。这样可以降低器件的界面复合,提高器件的开路电压。图 6.62 是日本 Showa shell 公司后硒化工艺的示意图,首先使用

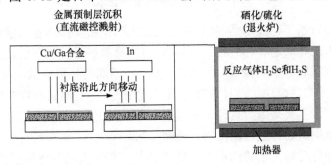

图 6.62 后硒化技术

Cu-Ga 靶和 In 靶溅射 Cu-In-Ga 预制层，然后把预制层放在含有 H_2Se 和 H_2S 气氛中退火硒、硫化，得到 CIGSSe 薄膜。

3）卷对卷（roll-to-roll）柔性 CIGS 电池沉积技术

柔性 CIGS 太阳电池具有重量比功率高（kW/kg）、空间性能好等优点，一直是航空航天及可携带充电装置的首选产品。由于柔性 CIGS 太阳电池的衬底一般选择不锈钢、钛、聚酰亚胺等材料，均可以卷绕折叠，因此卷绕沉积的卷对卷沉积技术是开发柔性 CIGS 太阳电池的关键技术。卷对卷沉积技术的优点在于可以实现大面积连续沉积，既提高了设备的产能同时也缩小了设备的尺寸。目前比较成功的两种卷绕沉积技术是"共蒸发技术"和"共溅射硒化技术"。图 6.63 为卷对卷"共蒸发技术"制备 CIGS 薄膜的示意图。可以看出，柔性聚酰亚胺衬底材料从第一步放入沉积室中，经过背电极、CIGS 吸收层、缓冲层、前电极等各层薄膜的沉积及划线技术，最终得到了柔性 CIGS 太阳电池组件。

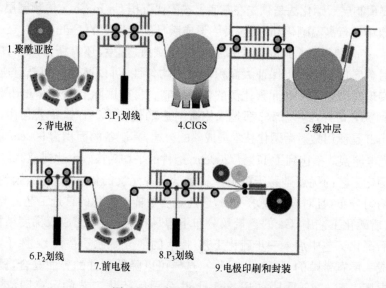

图 6.63　卷对卷"共蒸发技术"

另一种卷对卷工艺技术是"共溅射硒化技术"，是由美国米亚所能（Miasole）公司发展。和上述卷对卷"共蒸发工艺"类似，衬底材料进入沉积室后，经过各层薄膜的连续溅射沉积后形成柔性 CIGS 太阳电池。所不同的是形成的电池需要后续裁切、外连而形成柔性组件。卷对卷"共溅射后硒化"工艺是对目前现有的"后硒化工艺"的一种提升，主要是因为这种工艺溅射和硒化工艺同时进行，以前的工艺是先溅射形成预制层然后再进行硒化的后处理工艺。

上述两种卷对卷工艺的优点是可实现柔性 CIGS 太阳电池的连续、大面积沉积，可以增加设备的产能同时节省设备存放空间。缺点是连续进行薄膜沉积时如果其中某层薄膜、或者设备的某个环节出现问题,将最终影响整个器件性能。也就是说这种连续的、复杂的工艺进一步增加了生产产品的不确定性,降低产品的成品率。以米亚所能公司为例,目前该公司的成品率大约为 60%,这大大增加了组件的成本,降低了市场的竞争力。

3. CIGS 太阳电池的产业化关键技术

1) 组件效率的优化

从实验研究到大功率组件的产业化生产会遇到许多需要解决的技术问题。首先是大型生产设备的研制和生产线上在线质量监控的实施。目前美国、德国和日本已有大型 CIGS 生产线运行,他们的经验必然为 CIGS 的大型产业化设备和监控系统提供经验。快速热退火工艺和大型线性蒸发源及透明导电膜的高速沉积的成功运用也为后硒化和共蒸发工艺生产率的提高提供了依据。目前最先进的生产工艺制作的 CIGS 组件效率也要比小面积电池低 4~5 个百分点。例如,目前小面积电池的最高效率为 20.3%,而最高的组件(30cm×30cm)效率为 16%,比小面积电池低约 25%。研究表明,这些效率损失大体上是由以下几个原因造成:子电池之间级联接触电阻和旁路电阻损失约占 10%;ZnO:Al 的分布电阻损失约占 10%;而三条划线造成电池面积损失约占 5%。此外,大面积沉积薄膜的均匀性也会造成一定影响。组件效率的优化就是要设法减少上述损失,缩小组件效率与小电池效率之间的差距。

2) 优化沉积设备,提高大面积薄膜均匀性

改进沉积设备,提高大面积成膜的均匀性,包括膜的厚度、元素配比和结晶状态的均匀性。产业化均为非标设备,各公司采用自己选定的工艺技术,自行设计自己的非标设备,公司之间技术相互保密,这是很不利于整个行业发展的。随着CIGS光伏产业的发展,必须逐步形成取长补短的良性循环,CIGS产业化技术才能取得长足发展。对蒸发工艺,应采用合理蒸发源排列设计或者线性蒸发源达到CIGS薄膜的均匀性要求。对于溅射后硒化工艺,硒化过程中硒气流分布控制要求严格。

研究和开发原位(in-situ)工艺检测和控制技术,如检测表面发射率和 XRF 检测成分等。进一步发展需要适应快速工艺并及时反馈进行工艺控制的技术,以便提高产量和成品率。

3) 研究和优化组件互联和封装技术

目前玻璃衬底 CIGS 工业组件的封装技术与硅基薄膜电池基本相同,柔性CIGS 电池则需研制新型的用于封装的柔性薄膜材料。鉴于 CIGS 薄膜太阳电池对水汽非常敏感,有必要对 CIGS 电池各个膜层的抗湿性能进行认真研究并研发出相应的解决途径,这对 CIGS 电池的产业化进程有重要影响。

CIGS 电池的工艺窗口相对狭窄，需要工艺精确稳定。从国内外研发的结果来看，CIGS 薄膜本身具有一定的亚稳特性，因此，精确控制各层工艺薄膜特征参数是此类电池产业化的必要途径：研究材料特性与电池及组件的关系；研究薄膜生长与材料输运(delivery)的关系。

4. CIGS 太阳电池的发展潜力及局限性

1) CIGS 太阳电池的发展潜力

(1) 进一步提高小面积电池的光电转换效率。虽然目前 CIGS 薄膜太阳电池效率已经达到创纪录的 20.3％，但仍有进一步提高的可能。人们期望这个效率达到 25％。只有小电池转换效率提高了，才为大面积光伏组件产品在单位面积、单位重量下输出更大功率和降低成本方面提供充足的依据；也只有通过高效率小电池的研究，才能找到改进电池效率的关键和物理机制，才能帮助产业界通过改变沉积工艺和设备来提高光伏产品的效率和质量。

在 CIGS 小面积电池转换效率已经超过 20％以后，为进一步提高电池效率，需要研究以下一些基础问题：① CIGS 中的缺陷态起源及其化学和电学性能。②多晶 CIGS 中许多晶界和自由表面的本质及作用。③电池的多层结构中各层的作用。④Na 元素的作用机理。⑤异质结能带结构的调整及其影响。

进行这些基础研究需要有一些新的测试手段，包括电子束诱导电流方法(electron-beam-induced currents)来测试结区，用微区光致发光(PL)、微区 Raman 和导纳谱等来更好地理解材料中的复合机制等。

目前单结 CIGS 电池效率虽已达到 20.3％的转换效率，但硅基电池提高效率所采用的各种技术(埋栅，光阱结构，背反技术)还未得到应用，假以时日，通过使用各种光电增益方法，CIGS 太阳电池效率可接近单结电池的理论极限值。

(2) 叠层太阳电池。具有黄铜矿结构的 CIGS 材料科学及以其为基础的太阳电池是一个正在活跃发展的广阔领域。CIGS 材料带隙从 0.9eV 到 1.7eV 连续可调，可制备不同带隙的叠层太阳电池。

(3) Cu_2ZnSnS_4 薄膜太阳电池。具有锌黄锡矿(kesterite)结构的 CZTS 薄膜太阳电池是 CIGS 太阳电池下一步研究与应用的延续。CZTS 太阳电池与 CIGS 太阳电池除吸收层材料不同外具有完全相同的结构，不同的是 S、Zn、Cu、Sn 四种元素地壳中储量丰富，具有可持续发展的最大潜力。

2) 局限性(效率、资源、环境、能耗及价位)

材料的来源问题

(1) 金属铟。CIGS 太阳电池中，Cu、Ga、Se 三种元素的地壳含量丰富，只有 In 是稀有金属，表 6.20 列出了 1MW 铜铟镓硒产线薄膜材料用量表(转换效率为 10％，吸收层 2μm 厚)。

表 6.20　生产 1MWCIGS 薄膜材料用量表

材料	相对原子质量	$Cu(In_{0.7}Ga_{0.3})Se_2$	CIGS 相对原子质量/mol	mol/m^2	元素重量/(g/m²)	1MW(净量)/kg	1MW(加损耗)/kg
Cu	63.546	24%/mol	15.25	3.434×10^{-2}	2.182	24.2	32
In	114.818	18.2%/mol	20.90	2.604×10^{-2}	2.99	33.2	43
Ga	69.723	7.8%/mol	5.44	1.116×10^{-2}	0.778	8.6	11
Se	78.96	50%/mol	39.48	7.155×10^{-2}	5.65	62.8	188
合计		100%	81.07	0.1431	11.6		

可以看出,生产 1MWCIGS 太阳电池消耗的 In 为 43kg,如果吸收层厚度降低到 1μm,电池效率为 13% 时,消耗 In 为 16.6kg。通过以上计算,如果年产 10GW 的 CIGS 太阳电池,则可消耗 In 总量 430t。

目前全球铟的年销售量为 700t(含再生铟 30%),70% 用于 ITO(约 500t),未来铟价上涨,必然促使用其他材料替代 ITO,将 250t 用于 CIGS 电池,就可生产 10GW(2010 年全年,全球的各种光伏电池总产能为 15GW)。目前世界已探明可开采铟的储量为 16000t,中国储量占世界储量 70%,我国政府已将铟作为战略物资严格控制出口,未来全球发展 CIGS 电池,中国将是最大的生产国。铟是锌伴生矿,有锌矿就有可能有铟的存在。随着科技发展,太阳电池又有新的元素替代铟元素。但铜铟硒电池能够在市场上作为主流产品几十年,今天的产业化开发就具有重大意义。

(2) 金属 Ga。自然界中镓常以微量分散于铝土矿、闪锌矿等矿石中,少量存在于锡矿、钨矿和铅锌矿中。主要有以下几个来源:煤中的镓、锗、钒、铀,都是有益的伴生元素;从铝锌冶炼的物料中富集提镓;从锌工业废渣中回收镓;从煤气厂烟尘中提取镓。中国 Ga 源主要分布在山西铝土矿,河南铝土矿,广西铝土矿,贵州铝土矿,云南锡矿、铝土矿和银铅锌矿中。

截止 2008 年底,我国镓矿查明矿区总数 166 个,在全国 25 个省(市、区)均有分布。资源储量 13.66 万吨,其中,基础储量 0.71 万吨。广西的资源量最高,达 2.90 万吨,占全国的 21.2%。排列在前 5 位的分别是广西、贵州、河南、山西、云南,查明资源储量合计占全国的 88.2%。

2008 年,镓的世界资源储量约为 18 万吨。国外镓的资源储量约 4 万~5 万吨,国内镓的储量约为 13 万~14 万吨。我国金属镓的资源储量约占世界总量的 75%。2010 年,内蒙古准格尔发现与煤伴生的超大型镓矿,储量 85 万吨,导致全球储量巨变。

依据表 6.20 中的计算,1MWCIGS 太阳电池需要 11kg 镓,生产 10GWCIGS 太阳电池需要金属镓 110t,这对于 Ga 的总储量来说并不多。

(3) 金属 Mo。世界钼资源分布极度不平衡。世界钼资源主要集中在美国、智利、加拿大、俄罗斯和中国。五国产量合计占世界总产量的 90%，其中美国是世界最大产钼国，占总产量的 49%～61%。西方世界钼供应来源于四个方面：一是铜矿的副产品和共产品；二是单一钼矿产品；三是从中国、俄罗斯和蒙古进口；四是从废弃的石油精炼催化剂中回收。

根据中国国土资源部 2001 年全国矿产资源普查表明。中国共有钼矿山 232 个，钼金属储量 195.01 万吨，基础储量 322.383 万吨，资源储量 961.89 万吨，中国钼储量占世界总储量（673 万吨）的 29%，居世界第二位，分布于全国 27 个省、市、自治区，钼相对集中于河南、陕西、吉林、辽宁、山东，这五省的储量占中国储量的 88%。可以看出，金属 Mo 不会成为 CIGS 太阳电池产业化的稀缺资源。

6.8 展　　望

CIGS 薄膜太阳电池经过近 30 年的研究和发展，其光电转换效率已经超过所有已知的其他薄膜电池。对高效电池的最大贡献莫过于对吸收层 CIGS 材料的成膜机理、导电机制等基础物理问题的科学认识和器件结构中各层薄膜的合理组合。此外，像共蒸发三步工艺，后硒化的快速热退火工艺和缓冲层 CdS 的 CBD 工艺等的完善也都功不可没。

由于 CIGS 太阳电池在结构和原理上相对比较复杂，而此材料的基础研究又相对薄弱，致使目前的许多成熟工艺技术都是经验的。因此电池产业化进程相对缓慢，目前 CIGS 不但在太阳电池中占很小比重，即使在薄膜电池中亦占不大比例。这为我们提供了广大的发展空间和机遇。我们应采取有力措施突破技术壁垒，突破设备难关走出一条 CIGS 健康发展的中国之路。

CIGS 薄膜太阳电池的研究发展和迅速产业化必将促进以 CIGS 材料为代表的黄铜矿结构材料学的发展，反之黄铜矿材料科学研究的进展也必将促进 CIGS 光伏科学和产业化更为迅猛的发展。CIGS 光伏产业和黄铜矿结构材料科学同步发展的良性循环的黄金时代即将到来。

几十年来，CIGS 薄膜太阳电池得到迅速的发展。目前已开始了产业化的新里程。随着研究工作的深入，新工艺、新技术还会不断出现，电池性能还会进一步提高。与此同时，与 CIGS 相关的材料物理和器件物理的研究也会有新的进展。这些基础研究工作又会促进 CIGS 薄膜电池向更高水平前进。

参 考 文 献

[1] Jackson P, Hariskos D, Lotter E, et al. New world record efficiency for Cu(In,Ga)Se₂ thin-film solar cells beyond 20%. Prog. Photovolt: Res. Appl. ,2011,19(7): 894-897

[2] Robert W. Birkmire. Compound polycrystalline solar cells: Recent progress and Y2K perspective. Solar Energy Materials & solar cells,2001,65: 17-28

[3] Sigurd Wagner, Shay J L, Migliorato P. CuInSe$_2$/CdS heterojunction photovoltaic detectors. Applied Physics Letters,1974,25: 434-435

[4] Shay J L,Sigurd Wagner, Kasper H M. Efficient CuInSe$_2$/CdS solar cells. Appl Phys Lett, 1975,27: 89-90

[5] Schock H W,Rommel Noufi. CIGS-based solar cells for the next millennium. Prog. Photovolt. Res. Appl. , 2000,8: 151-160

[6] Kazmerski L L, White F R, Morgan G K. Thin-film CuInSe$_2$/CdS heterojunction solar cells. Appl Phys Lett,1976,29: 268-270

[7] Mickelsen R A, Chen W S. Development of a 9.4% efficient thin-film CuInSe$_2$/CdS solar cell. Proceeding of 15th IEEE Photovoltaic Specialist Conf, 1981

[8] Mickelsen R A, Chen W S. Polycrystalline thin-film CuInSe$_2$ solar cells. Proc. IEEE PVSC. San Diego,California,1982

[9] Mickelsen R A, Chen W S, Hsiao Y R. Polycrystalline thin-film CuInSe$_2$/CdZnS solar cells. Proc. IEEE PVSC. Kissimmee,Florida,1984

[10] Michelsen R A, Chen W S. In proceedings of 7th International conference on ternery and multinary compounds,Snowmass,Colorado,1986

[11] Mitchell K W, Eberspacher C, Ermer J, et al. Single and tandem junction CuInSe$_2$ cell and module technology. Proceeding of 20th IEEE PVSC,Las Vagas,1988

[12] Rockett A, Birkmire R W. CuInSe$_2$ for photovoltaic applications. J. Appl Phys,1991,70: R81-R97

[13] Stolt L, Hedstrom J, Kessler J,et al. ZnO/CdS/CuInSe$_2$ thin-film solar cells with improved performance. Appl. Phys Lett,1993,62: 597-599

[14] Tarrant D, Ermer J. I-III-VI$_2$ multinary solar cells based on CuInSe$_2$. Proc of 23th IEEE PVSC,1993,372-378

[15] Gabor A M, Tuttle J R, Albin D S, et al. High-efficiency CuIn$_x$Ga$_{1-x}$Se$_2$ solar cells made from (In$_x$Ga$_{1-x}$)$_2$ Se$_3$ precursor films. Appl. Phys. Lett. , 1994,65:198-200

[16] Contreras M A,Brian Egaas, Ramanathan K,et al. Progress toward 20% efficiency in Cu(In,Ga)Se$_2$ polycrystalline thin-film solar cells. Prog. Photovolt: Res. Appl,1999,7: 311-316

[17] Kannan R, Contreras M A, Perkins C L,et al. Properties of 19.2% efficiency ZnO/CdS/ CuInGaSe$_2$ thin-film solar cells. Prog. Photovolt: Res. Appl. , 2003,11: 225-230

[18] Ingrid Repinsl, Contreras M A,Brian Egaas,et al. 19.9%-efficient ZnO/CdS/CuInGaSe$_2$ solar cell with 81.2% fill factor. Prog. Photovolt. Res. Appl. , 2008,16: 235-239

[19] Kessler J, Wennerberg J, Bodegard M. Highly efficient Cu(In,Ga)Se$_2$ mini-modules. Solar Energy Materials & Solar Cells,2003,75: 35-46

[20] Mitchell K, Eberspacher C, Ermer J, et al. Single and tandem junction CuInSe$_2$ cell and

module technology. Proceeding of 20th IEEE PVSC, Las Vegas, 1988

[21] Dhere N G, Dhere R G. Thin film photovoltaic. J. Vac. Sci. Technol. A, 2005, 23: 1208-1214

[22] Dimmler B, Powalla M, Schaeffler R. Cis solar modules: pilot production at wuerth solar. IEEE PVSC, 2005

[23] Rommel Noufi, Ken Zweibel. High-efficiency cdte and cigs thin-film solar cells: highlights and challenges. IEEE PVSC, 2006

[24] Martin A G, Keith E, Yoshihiro H, et al. Solar cell efficiency tables (version 39). Prog. Photovolt: Res. Appl. , 2012, 20: 12-20

[25] Romeo A, Terheggen M, Abou-Ras D, et al. Development of thin-film $Cu(In, Ga)Se_2$ and CdTe solar cells. Prog. Photovolt: Res. Appl, 2004, 12: 93-111

[26] Klenk R, Walter T, Schock H W, et al. A model for the successful growth of polycrystalline films of $CuInSe_2$ by multisource physical vacuum evaporation. Adv. Mater, 1993, 5: 114-119

[27] Gabor A M, Tuttle J R, Bode M H, et al. Band-gap engineering in $Cu(In, Ga)Se_2$ thin films grown from $(In_xGa_{1-x})_2Se_3$ precursors. Solar Energy Materials & solar cells, 1996, 41/42: 247-260

[28] 张力, 何青, 孙云, 等. $Cu(In, Ga)Se_2$ 集成电池吸收层的三步共蒸工艺研究. 太阳能学报, 2006, 27: 895-899

[29] Kapur V K, Bansal A, Le P, et al. Lab to large scale transition for non-vacuum thin film CIGS solar cells. Phase I Annual Technical Report 1 August 2002-31 July 2003

[30] Adurodija F O, Carter M J, Hill R. A novel method of synthesizing p-$CuInSe_2$ thin films from the stacked elemental layers using a closed graphite box. Proceeding of IEEE PVSC, Hawaii, 1994

[31] Chichibu S F, Sugiyama M, Ohbasami M, et al. Use of diethylselenide as a less-hazardous source for preparation of $CuInSe_2$ photo-absorbers by selenization of metal precursors. Journal of Crystal Growth, 2002, 243: 404-409

[32] Bhattacharyaa R N, Hiltnerb J F, Batchelora W, et al. 15.4% $CuIn_{1-x}Ga_xSe_2$-based photovoltaic cells from solution-based precursor films. Thin Solid Films, 2000, 361-362, 396-399

[33] Norsworthy G, Leidholm C R, Halani A. CIS film growth by metallic ink coating and selenization. Solar Energy Materials & solar cells, 2000, 60: 127-134

[34] Brown B J. Chemical spary pyrolysis of copper indium diselenide/cadmium sulfide solar cells. Stanford University, 1989

[35] Joliet M C, Antoniadis C, Andrew R. Laser-induced synthesis of thin $CuInSe_2$ films. Appl phys lett, 1984, 46: 266-267

[36] Laude L D, Joliet M C, Antoniadis C. Laser-induced synthesis of thin $CuInSe_2$ films. Solar cells, 1986, 16: 199

[37] Sang B, Chen L, Akhtar M, et al. Simplified hybrid process: application to normal, sub-

micron, and light-trapping CIGS devices. U. S. DOE Solar Energy Technologies Program Review Meeting, 2005, Denver

[38] Rudmann D. Effect of sodium on growth and properties of Cu(In, Ga)Se$_2$ thin films and solar cells. Swiss federal institute of technology (ETH), 2004

[39] Stanbery B J. Copper indium selenides and related materials for photovoltaic devices. Crit. Rev. Solid State, 2002, 27: 73-117

[40] Beilharz C. Charakterisierung von aus der Schmelze gezüchteten Kristallen in den Systemen Kupfer-Indium-Selen und Kupfer-Indium-Gallium-Selen für photovoltaische Anwendungen. Albert-Ludwigs-Universität, Freiburg i. Br. 1999

[41] Jaffe J E, Zunger A. Theory of the band-gap anomaly in ABC$_2$ chalcopyrite semiconductors. Phys. Rev. B, 1984, 29: 1882-1906

[42] Masse G. Concerning lattice defects and defect levels in CuInSe$_2$ and the I-III-VI$_2$ compounds. J. Appl. Phys., 1990, 68: 2206-2210

[43] Zhang S B, Wei S H, Zunger A. Defect physics of the CuInSe$_2$ chalcopyrite semiconductor. Physical Review B, 1998, 57(6): 9642-9656

[44] Wei S H, Zhang S B, Zunger A. Effects of Na on the electrical and structural properties of CuInSe$_2$. J Appl Phys, 1999, 85: 7214-7218

[45] 薛玉明. CIGS薄膜太阳电池的表界面研究. 天津: 南开大学, 2007

[46] Hanna G, Jasenek A, Rau U, et al. Open circuit voltage limitations in CuIn$_{1-x}$Ga$_x$Se$_2$ thin-film solar cells-dependence on alloy composition. Phy. Stat. sol. (a), 2000, 197: R7-R8

[47] Wada T, Kohara N, Nishiwaki S, et al. Characterization of the Cu(In, Ga)Se$_2$/Mo interface in CIGS solar cells. Thin Solid Films, 2001, 387: 118-122

[48] Orgassa K, Schock H W, Werner J H. Thin Solid Films, 2003, 431-432: 387-391

[49] Schmid D, Ruckh M, Schock H W. A comprehensive characterization of the interfaces in Mo/CIS/CdS/ZnO solar cell structures. Solar Energy Materials and Solar Cells, 1996, 41/42: 281-294

[50] Orgassa K, Schock H W, Werner J H. Alternative back contact materials for thin film Cu(In, Ga)Se$_2$ solar cells. Thin Solid Films, 2003, 431-432: 387-391

[51] Powalla M, Hariskos D, Lotter E, et al. Large-area CIGS module: processes and properties. Thin solid films, 2003, 431-432: 523-533

[52] Zhang L, He Q, Xu C M, et al. Structural, optical and electrical properties of Cu In$_x$Ga$_{1-x}$Se$_2$ films deposited in low temperature. Submitted to thin solid films, 2007

[53] Hegedus S S, Shafarman W N. Thin-film solar cells: device measurements and analysis. Prog. Photovolt: Res. Appl., 2004, 12: 155-176

[54] Virtuani A, Lotter E, Powalla M. Performance of Cu(In, Ga)Se$_2$ solar cells under low irradiance. Thin Solid Films, 2003, 431-432: 443-447

[55] Virtuani A, Lotter E, Powalla M. Influence of Cu content on electric transport shunting behavior of Cu(In, Ga)Se$_2$ solar cells. J. Appl Phys. 2006, 99: 014906

[56] Virtuani A, Lotter E, Powalla M. High resistive Cu(In, Ga) Se$_2$ absorbers for improved low-irradiance performance of thin-film solar cells. Thin Solid Films, 2004, 451-452: 160-165

[57] Topic M, Smole F, Furlan J, et al. Examination of CdS/CIGS solar cell temperature dependence. 14th EU-PVSEC, Barcelona, 1997

[58] Pudov A O. Impact of secondary barriers on CuIn$_{1-x}$Ga$_x$Se$_2$ solar-cell operation. In partial fulfillment of the requirements for the degree of doctor of philosophy colorado state university fort collins,Colorado, 2005

[59] Mitchell K W, Liu H I. Device anlysis of CuInSe$_2$ solar cells. IEEE PVSC, Las Vagas,1988

[60] Yamaguchi M. Radiation resistance of compound semiconductor solar cells. J. Appl. Phys. 1995,78: 1476-1480

[61] Jasenek A, Rau U. Defect generation in Cu(In,Ga)Se$_2$ heterojunction solar cells by high-energy electron and proton irradiation. J. APPL PHYS,2001,90: 650-658

[62] Mickelsen R A, Chen W S, Stanbery B J, et al. Electron and proton radiation effects on GaAs and CuInSe$_2$ thin film solar cells. Proc. 18th IEEE PVSC,NEW YORK,1985

[63] Weinert K, Jasenek A, Rau U. Consequence of 3-MeV electron irradiation on the photovoltaic output parameters of Cu(In, Ga) Se$_2$ solar cells. Thin solid films, 2003, 431-432: 453-456

[64] Laxmi Mrig. Outdoor stability performance of thin-film photovoltaic modules at SERI. IEEE PVSC,1989

[65] Gay R R. Prerequisites to manufacturing thin-film photovoltaics. Progress in photovoltaics: research and applications, 1997,5: 337-343

[66] Kushiya K, Kuriyagawa S, Tazawa K. Improved stability of CIGS-based thin film PV modules. Proc. IEEE PVSC,2006

[67] Wennerberg J, Kessler J, Stolt L. Damp heat testing of high performance CIGS thin film solar cells. Proceedings of the Second World Conference of Photovoltaic Energy Conversion,Vienna,1998

[68] Wennerberg J, Kessler J, Stolt L. Cu(In,Ga)Se$_2$-basedthin-film photovoltaic modules optimized for long-term performance. Solar Energy Materials & Solar Cells,2003,75: 47-55

[69] Dullweber T, Hanna G, Rau U. A new approach to high-efficiency solar cells by band gap grading in Cu(In, Ga) Se$_2$ chalcopyrite semiconductors. Solar Energy Materials & Solar Cells, 2001,67: 145-150

[70] Rau U, Schmidt M. Electronic properties of ZnO/CdS/Cu(In,Ga)Se$_2$ solar cells aspects of heterojunction formation. Thin Solid Films, 2001,387: 141-146

[71] Minemoto T, Matsui T, Takakura H. Theoretical analysis of the effect of conduction band offset of window/CIS layers on performance of CIS solar cells using device simulation. Solar Energy Materials & Solar Cells, 2001,67: 83-88

[72] Tuttle J R, Szalaj A, Keane J, et al. A 15.2% AM0 / 1433 W/kg thin-film Cu(In,Ga)Se₂ solar cell for space applications. 28th PVSC proceedings,2000

[73] Kessler F, Rudmann D. Technological aspects of flexible CIGS solar cells and modules. Solar Energy,2004, 77: 685-695

[74] Kapur V K, Bansal A, Le P, et al. Non-vacuum processing of CIGS solar cells on flexible polymeric substrates. Proceedings of the 3rd World Conference on Photovoltaic Energy Conversion,2003

[75] Kampmann A, Rechid J, Raitzig, et al. Electrodeposition of CIGS on metal substrates. Mater. Res. Soc. Symp. Proc. ,2003, 763: 323-328

[76] Brémaud D, Rudmann D, Kaelin M, et al. Flexible Cu(In,Ga)Se₂ on Al foils and the effects of Al during chemical bath deposition. Thin Solid Films,2007,515: 5857-5861

[77] Kaufmann C, Neisser A, Klenk R, et al. Transfer of Cu(In,Ga)Se₂ thin film solar cells to flexible substrates using an in situ process control. Thin Solid Films, 2005, 480-481: 515-519

[78] Batchelora W K, Repinsa I L, Schaefera J, et al. Impact of substrate roughness on CuIn_x Ga_{1-x} Se₂ device properties. Solar Energy Materials & Solar Cellsm 2004,83: 67-80

[79] Herz K, Kessler F, Wachter R, et al. Dielectric barriers for flexible CIGS solar modules. Thin Solid Films, 2002, 403-404: 384-389

[80] Herz K, Eicke A, Kessler F, et al. Diffusion barriers for CIGS solar cells on metallic substrates. Thin Solid Films,2003, 431-432: 392-397

[81] Chiril A, Buecheler S, Pianezzi F, et al. Highly efficient Cu(In,Ga)Se₂ solar cells grown on flexible polymer films. Nature material,2011, 10: 857-861

[82] 敖建平. CIGS 电池及无 Cd 缓冲层的研究. 天津:南开大学,2007

[83] AbuShama J, Noufi R, Johnston S, et al. Improved performance in CuInSe₂ and surface-modified CuGaSe₂ solar cells. Proc IEEE PVSC,2005

[84] Marsillac S, Paulson P D, Haimbodi M W, et al. High-efficiency solar cells based on Cu(InAl)Se₂ thin films. APPL PHYS LETT,2002,81: 1350-1352

[85] Mitchell K, Eberspacher C, Ermer J, et al. Single and tandem junction CuInSe₂ cell and module technology. Proc. IEEE PVSC, 1988

[86] Nakada T, Kijima S, Kuromiya Y, et al. Chalcopyrite thin-film tandem solar cells with 1.5 V open-circuit-voltage. Proc. IEEE PVSC, 2006

[87] Wang H X. Progress in thin film solar cells based on Cu₂ ZnSnS₄. International Journal of Photoenergy,2011

[88] Shin B, Gunawan O, Zhu Y, et al. Thin film solar cell with 8.4% power conversion efficiency using an earth-abundant Cu₂ ZnSnS₄ absorber. Progress in photovoltaics:research & applications,2011

[89] Ito K, Nakazawa T. Proceedings of the 4th International Conference of photovoltaic Science and Engineering,Sydney,1989

[90] Friedlmeier T M, Wieser N, Walter T, et al. Proceedings of the 14th European Conference of Photovoltaic Science and Engineering and Exhibition, Bedford, 1997

[91] Friedlmeier T M, Wieser N, Walter T, et al. Proceedings of the 14th European Conference of Photovoltaic Science and Engineering and Exhibition, Bedford, 1997

[92] Ito K, Nakazawa T. Proceedings of the 4th International Conference of photovoltaic Science and Engineering, Sydney, 1989

[93] Mitzi D B. Presented at the 38th IEEE Photovoltaics Specialists Conference (PVSC38), Austin, Texas, 2012

[94] Ahmed S, Reuter K B, Gunawan O, et al. A high efficiency electrodeposited Cu_2ZnSnS_4 solar cell. Adv. Energy Mater. , 2012, 2: 253-259

[95] Chen S, Gong X G, Walsh A, et al. Electronic structure and stability of quaternary chalcogenide semiconductors derived from cation cross-substitution of II-VI and $I-III-VI_2$ compounds. Physical Review B, 2009, 79: 165211

[96] Chang C H. Processing and characterization of copper indium selnide for photovoltaic applications. Florida: University of Florida, 1999

[97] Kawamura M, Fujita T, Yamada A, et al. $Cu(In,Ga)Se_2$ thin-film solar cells grown with cracked selenium. Journal of Crystal Growth, 2008

[98] Ishizuka S, Shibata H, Yamada A, et al. Growth of polycrystalline $Cu(In,Ga)Se_2$ thin films using a radio frequency-cracked Se-radical beam source and application for photovoltaic devices. Applied Physics Letters, 2007, 91 (4): 041902-041903

[99] Ishizuka S, Yamada A, Shibata H, et al. Large grain $Cu(In,Ga)Se_2$ thin film growth using a Se-radical beam source. Solar Energy Materials and Solar Cells, 2009, 93 (6-7): 792-796

[100] Li Z, Nishijima M, Yamada A, et al. Physica status solidi (c), 2009, 6(5): 1273-1277

《半导体科学与技术丛书》已出版书目

（按出版时间排序）